羊皮卷

Scrolls For Success

[美] 拉塞尔. H. 康威尔◎等著　陈静◎编译

长江出版传媒　长江文艺出版社

新出图证（鄂）字 03 号
图书在版编目（CIP）数据
羊皮卷／（美）拉塞尔·H·康威尔 等著　陈静 编译
武汉：长江文艺出版社，2014.5(2024.10 重印)
（最伟大的励志书）
ISBN　978-7-5354-7027-0

Ⅰ.羊…　Ⅱ.①拉…②陈…　Ⅲ.成功心里—通俗读物　Ⅳ.B848.4-49

中国版本图书馆 CIP 数据核字（2013）第 246845 号

责任编辑：黄　河　　远　林　　　　责任校对：毛季慧
封面设计：新华智品　　　　　　　　责任印制：邱　莉　王光兴

出版：长江出版传媒　长江文艺出版社
地址：武汉市雄楚大街 268 号　　　　邮编：430070
发行：长江文艺出版社
电话：027—87679360
http://www.cjlap.com
印刷：三河市百盛印装有限公司

开本：700 毫米×1000 毫米　　1/16　　印张：25.125
版次：2014 年 5 月第 1 版　　　　　2024 年 10 月第 3 次印刷
字数：441 千字

定价：78.00 元

目录
Contents

1

钻石宝地

(美)拉塞尔·H·康威尔

拉塞尔·H·康威尔(1843—1925),出生在马萨诸塞州东部山区的一个贫穷的家庭。为了成为牧师,他演讲了"钻石宝地",一举成名。许多人在听过演讲后,重新燃起了对美好生活的希望,创造了自己的新天地。而康威尔不断地将这些找到自己"钻石宝地"的人的故事与大家分享,也使这个激励了无数人的演讲焕发了长久的生命力。

《钻石宝地》是作者演讲的精粹。书中贯穿了这样一个简单而深刻的思想——把握现在,行动起来,美梦总会成真!钻石就在你家后院!

钻石在你家后院 <<<

一个人的伟大不在于他将来担任何种职务,而在于他环境窘迫时仍能成大事。

一个悲惨的故事

可是他却盲目地在陌生的土地上寻觅，历尽千辛万苦，饱受折磨，不仅一无所获，最后还白白地送了命。

这是很多年以前的事了，那时我还年轻，我跟着一队英国人一起沿着底格里斯河和幼发拉底河旅行。我们请了一位阿拉伯老人做向导，我感觉他的气质里有某些东西与我们的理发师颇为相似。他说他的职责不应当仅限于给我们带路，他还应该给我们讲故事，否则对不起导游费。他讲的这些故事或荒诞或庄重、或古老或现代、或陌生或熟悉，其中大部分我都忘记了，但是我并不感到遗憾，因为其中有一个故事，我至今记忆犹新。

沿着古老的河岸，老向导一边牵着我的骆驼缰绳前行，一边不停地给我讲故事，絮叨个没完，最后我不耐烦了，不想再听下去了，他还不停嘴。我不想听的时候，他会很生气，但是我从来不跟他计较。在这种时候，他总是把他那顶土耳其式的帽子摘下来，往空中抛成一个圆圈，来引起我的注意。我会从眼角斜瞥一下帽子，但是绝不与他正面对视，要不然他又要开始讲故事。尽管这样，到最后我还是会忍不住看他，我一看他，他就立刻打开话匣子，开始讲另一个新的故事。

他说："现在我要给你讲一个故事，这个故事我只会讲给特殊的朋友听！"说起"特殊的朋友"时，他特地加重了语气。这不禁引起了我的好奇心：会是一个什么样特殊的故事呢，竟然会使这个老向导如此郑重其事？于是，我冲他点了点头，示意他往下讲。

老向导讲述道：从前，有一个波斯人名叫阿里·哈菲德，住在离印度河不远的地方。他拥有一个很大的农场，里面有果园、田地，还有花园。他还把钱借给别人，收取利息。因为富裕，他过得很知足；因为知足，他也一直很富裕。

有一天，有一位僧侣前来拜访阿里。这位僧侣是来自东方的智者，他在火边坐下后，便开始给阿里讲述世界是如何形成的。他说，最初整个世界就是一团混沌的雾，万能的主将他的一根手指插进这团雾里，逐渐向外搅动，并越搅越快，到最后这团雾被搅成了一个结实的火球。火球燃烧着在宇宙中滚动，当滚过其他一团团雾时，这些雾中的水汽便慢慢凝结起来，变成瓢泼大雨，洒在高温的火球表面，使得这个火球外层的壳得以冷却并凝固起来。后来，火球中心的火冲出外壳，火球表面上耸起了山脉、丘陵，形成了山谷、草场，这样才有了我们现在所生存的美好的世界。而那些本已熔解的物质从火球里冲出来之后，最早冷却的形成了花岗岩；随后冷却的，依次形成了铜，银，金，而最后形成的就是钻石。

僧侣说："一颗钻石实际上就是一缕凝固的阳光。"即使在科学昌明的今天，这种说法也是有道理的，因为钻石是由碳元素沉积而成，而碳元素即来自于太阳。僧侣还跟阿里说，如果他搞到一块仅有拇指大小的钻石，他就可以把这个国家买下来；如果他能拥有一个钻石矿的话，那这笔巨大的财富可以使他的孩子们登上王位。

这天晚上，阿里・哈菲德觉得自己已经是个穷人了，这是他在听了钻石的故事，而且知道它们价值连城之后产生的感觉。实际上他什么也没有失去，可是他的内心却因为不满足而觉得贫穷，因为担心贫穷，越想越不满。他暗自发誓："我一定要找到一个钻石矿。"这一晚，阿里・哈菲德彻夜不眠。

第二天清晨时分，阿里就把还在睡梦中的僧侣摇醒，向他询问：

"请你快告诉我在哪能找到钻石？"

"钻石？你找钻石干吗？"

"有了钻石，我就会变得更富有。"

"那么好吧，你去找吧。你需要做的就是：去找钻石，然后拥有它们。"

"可是我该到哪里去找呢？"

"你可以这样，先去找一条河，这条河的两边都是高山，河水下面铺满了白色的沙子，然后在这些白沙子里你就能找到钻石。"

"世上真有这样的河吗？"

"当然有，而且很多。你需要做的就是：去找钻石，然后拥有它们。"

阿里回答："好的，我去。"

接下来，阿里卖了自己的农场，收回了外借的欠款，把家人托付给邻居照顾，他自己则在一个天色朦胧的清晨孤身上路，去寻找钻石。据我估计，他应该是从月亮山开始寻找的，然后到了巴勒斯坦，又一路奔波到达欧洲。最后，他已经身无分文，衣衫褴褛，贫困交加，变成了一个彻彻底底的穷光蛋。这一天，他漂泊到西班牙的巴塞罗那海湾，他站在岸边，周围是悬崖峭壁，这时一个巨浪扑面而来，这个饱受折磨，已经奄奄一息的可怜人，再也忍受不了了，在一种可怕的冲动下，跳进了迎面而来的海水中，顿时被巨浪涛涛的大海所吞没，再也不见踪影。

这个颇为悲惨的故事讲到这里之后，老向导便停了下来，回转身去把另一匹骆驼身上滑下来的行李扶正。趁他离开的间隙，我琢磨起这个故事来：他为什么要把这样一个故事留给“特殊的朋友”呢？这个故事听起来没头没尾，中间也没什么情节起伏，而且故事一开始主角就死了，这样的故事我平生还是头一次听到。

向导收拾完回来，拿起缰绳，紧接着开始讲故事的下半部分，好像没有经历中间的停顿一样。

有一天，买下阿里农场的那个人牵着骆驼，带它到花园的小溪去饮水。这条小溪很浅，当骆驼把鼻子伸到水里的时候，阿里的后继人——农场的新主人发现：小溪底部的白沙子里闪烁出一道奇异的光芒。顺着这道光芒，他挖出了一块黑色的石头，这不是一块普通的石头，它发出了如彩虹般绚烂的光芒。捡到石头后，新主人把它拿进了屋里，并且放在屋子中间的壁炉架上，很快，这块石头就被遗忘了。

几天之后，之前的那位僧侣又来拜访农场的新主人。一打开客厅的门，壁炉架上就发出夺目的光芒，僧侣冲过去，激动地喊道：“这是钻石啊！是不是阿里·哈菲德找到钻石回来了？”

“没有啊，他没回来。而且你说的那个东西也不是什么钻石，它不过是块普通的石头而已，我就是在我们家的花园里找到的。”

“肯定是钻石，”僧人说，“我告诉你，我会鉴别钻石，这块石头就是钻石。”

接着，他俩一块冲到花园里，用手把那些白色的沙子挖起来。我的老天！他们又找到一块钻石，这一块更璀璨夺目也更加昂贵。

老向导告诉我说：“人类有史以来最辉煌的钻石矿——戈尔康达钻石矿就是这样被发现的，它胜过了金伯利矿。无论是英国国王王冠上的科依诺尔钻石，还是俄罗斯国王王冠上的奥尔洛夫钻石，包括世界上最大的钻石，都是出自于这个钻石矿。”读者朋友们，老向导说的没错，历史上确有其事。

故事的第二部分讲完了，老向导又故伎重演，摘下他那顶土耳其式帽子，抛向空中，以此来提醒我好好思索故事背后所蕴含的深意。尽管整个故事中并没有直接涉及道德、伦理方面的问题，但是阿拉伯导游却总是告诫游客们要领会故事的寓意。老向导一边抛着他的帽子，一边对我说：“如果阿里安安分分地呆在家里，在自家的地窖里、麦田里，或是花园里，随便什么地方挖一挖，他就能找到钻石，拥有自己的钻石宝地。可是他却盲目地在陌生的土地上寻觅，历尽千辛万苦，饱受折磨，不仅一无所获，最后还白白地送了命。要知道，后来他农场的每一英亩地，每一铲土里，都挖出了钻石，而这些钻石又不知为多少国王和王后的桂冠做了装饰品。”

听老向导道出故事中深藏的寓意之后，我才明白，为什么他要把这个故事特地留给“特殊的朋友”。不过，我并没告诉他我已经明白他的意图。这个幽默的阿拉伯人就像律师一样，做起事来转弯抹角，他没有直接说出他的观点，而是通过这个故事来传达。那就是，他心底认为，一个美国的年轻人理应呆在家里守着自己的钻石宝地，而不是像此刻的我，沿着底格里斯河旅行！我可不想让他得逞，所以假装不明白，我还对他说，我也联想到几个故事，跟他刚才那个很类似。于是，我便给老向导讲起了我的故事。

财富就在你脚下

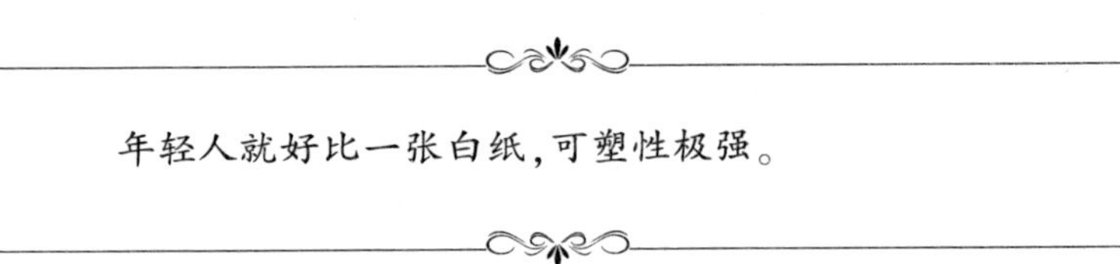

年轻人就好比一张白纸，可塑性极强。

我要讲的第一个故事，也是关于农场主的。故事发生在1847年的加利福尼亚。一个农场主听说有人在加利福尼亚南部发现了金矿，便起了淘金的想法。他把自己的农场卖给萨特上校后，便出门去淘金，就此一去不返。农场上有一条小溪横穿而过，萨特上校便在这条小溪之上修了一个磨坊。有一天，他的小女儿带回来一些湿沙子，沙子是从小溪里挖出来的，她迎着火光用手指筛沙子玩，碰巧被一位客人撞见，客人从这些落下的沙子里，捕捉到了真金的光芒。就这样，一个金矿被发现了。如果原先那个农场主能多多留意一下自己脚下所踩的这片土地，那这些财富也不会被别人后来居上而占有了。自从那天发现第一道金光起，在那面积仅几英亩的农场上，已经有价值3800万美元的金子被挖掘出来。照这样来算，这些年来，无论是白天醒着，还是晚上睡着了，这座农场的主人每15分钟就能得到价值360美元的金子，还不需要交税。这样的收入任谁做梦都想得到，如果不交所得税就更好了。

另外一个故事比这个更有说服力，它就发生在宾夕法尼亚州。故事中的这个宾州人跟你们平时见到的那些又穷又蠢的宾州人可不一样。他拥有一座农场，为了到外面的大世界里去闯荡一番，他考虑要把农场卖掉。但是在卖农场之前，他要先把工作找好，这份工作就是给他的表哥开采石油。表哥在加拿大做石油生意，那些最早在加拿大发现石油的人当中，就有他表哥的一席之地。于是这位宾州的农场主写信给表哥，信中希望表哥能给他安排一份工作。很明显，这个农场主一点也不蠢，在找到新的工作之前，他是不会轻易离开自己的农场的。表哥回信了，信上说："我没法雇用你，因为你对石油生意一窍不通。"

农场主没有放弃，他又继续写信说："放心吧，我会学会这门生意的。"于是，他怀着饱满的激情，开始学习有关石油的所有知识。说起石油，要从上帝创造世界的第二天开始，他就从这一天开始学起。他知道了那时陆地上覆盖着丰富的植被，后来这些植被形成了原始煤矿，再后来从这些丰富的煤矿里流出了更高价值的石油。除此之外，他还掌握了自流井的形成过程，煤油的性状、气味以及提炼方法等知识。这个时候，他又给表哥去了一封信，告诉他："我已经学会做石油生意了。"表哥回信应允说："好吧，你来吧！"

于是他卖掉了农场，据小镇的史料所记载，这个农场一共卖了 833 美元（恰好是 833 美元，不多不少）。在这个宾州人离开农场后没多久，新的主人就开始着手改造农场，好解决饮牛的问题。他发现谷仓后面的小溪里插了一块厚厚的木板，是农场过去的主人插的，一直在那里插了这么多年。木板斜插在水里仅有几英寸，插木板的目的就是为了在对岸形成一层颇具震慑力的泡沫，这样牛就不敢在上游饮水，而只能被赶到下游去。就这样，那个去了加拿大做石油生意的宾州人在这二十三年里，一直在亲手阻止着大量石油从地底下冒出来。十年前，宾州的地质学家宣布，在那里发现了石油。经过开采，当年就使宾州获利一亿美元；四年前，他们又宣布，农场的油井能为宾州带来十亿美元的财富。如今，在这片土地上耸立着提多城和乐城山谷，它曾经的主人，那个自学了石油课程，并从上帝创造世界的第二天开始一直研究到当代的宾州人，他熟悉这块土地，对它了然于心，最后却还是以 833 美元双手奉送给别人了。

还有一个故事是发生在马萨诸塞州的。我本人就是马省人，所以我对这个故事很熟悉。这个故事的主人公是一个年轻人，他在耶鲁大学学习矿产和采矿，表现非常出色，所以学校雇用他给成绩较差的学生补课。三年级的时候，做这份工作他获得的薪水是每周 15 美元。到了他快毕业的时候，学校希望他能留校任教，将工资由每周 15 美元升到 45 美元。可是，他却拒绝了学校的要求，而且马上回家去和母亲商议。如果校方对他的工资涨幅不大，只是从 15 美元涨到 15 美元 60 美分，他肯定就会留下，而且还会很有成就感。而现在当他的工资一下子飞涨到 45 美元时，他的想法却变了："妈妈，我怎么能接受这种每周只能赚 45 块钱的工作呢？这种待遇对于一个头脑聪明得如同等待开采的矿床一样的人，简直是一种羞辱。妈妈，我们一起到加利福尼亚去吧，去采金子和银子去，我们一定会发财的。"

妈妈回答道："我的孩子，金钱固然重要，可是幸福也同样重要啊。"

"是的，我明白，"查理说，"可是如果两样都能拥有不是更好吗？"母子二人说的都没错。由于他在家里是独子，母亲又是孀居，当然最好由儿子来做决定，这个家庭的传统也向来如此。

他们把马萨诸塞州的所有家业都处理掉了，但是没有去原定的加利福尼亚，而是改变主意，去了威斯康星州。在那里，他被苏必利尔铜矿公司所雇用，每周赚的钱还是 15 美元。但是他跟公司签的契约里还有一个附加条款：在工作期间，无论发现什么矿产，他都有权力获得相应的利润。不过我还没听说过他发现了什么矿藏。

他原来的老家发生的故事我倒是听说了。老宅新的主人在他刚离开后，就开始到地里去挖土豆，早在他买下这个农场的时候，这些土豆就已经成熟了。新主人把一袋摘好的土豆架到石头砌的墙上，后来他准备扛回去，就用力一拽，这时奇迹发生了：一块银子出现在他的面前，就在石墙的外上角，也就是大门的右边，银子就藏在里面，约8英寸见方。当时那位年轻人在卖出农场的时候，也就是坐在这块银子上跟新主人讨价还价的。他生于斯，长于斯，这些石头他都曾用袖子无数次地仔细擦拭，直到其光可鉴人。石块好像在等人来拿："这下面有10万美元，快来拿呀。"可是他却白白地错过了。

朋友们，世界上任何一个角落可能都有人在犯着同样的错误，我们有什么理由嘲笑那个人呢？他后来怎么样了，我一点也不了解，不过我们可以作个设想，他今晚可能跟朋友们在一起，在壁炉边围坐闲谈。他可能在说："你们知道费城那个叫康威尔的人吗？""知道啊，我听说过他。""有人听说过那个叫琼斯的费城人吗？""听说过，听说过。"

接下来他大笑了起来，晃动着身体对朋友们说："告诉你们，我所做的事跟他们没什么不同。"——这就把整个笑话给毁了，因为我们每个人，不管是你，我，还是他，都曾犯过类似的错误。当我们坐在这里嘲笑他之时，他更有理由坐在另一边讥讽我们。

今晚当我在讲台上环视坐在下面的听众时，我所看到的都是五十年见得最多的面孔——犯相同错误的人。我盼望能看到一些年轻的面孔，希望这里坐着的有更多的中学生和文法学校的学生，我打算好好地和他们交流沟通。我不得不承认我更加欣赏年轻的听众，这是因为年轻人就好比一张白纸，可塑性极强。他们还没形成成年人的偏见，没被顽固的风俗习惯所制约，没有经历过我们所体验的失败；我觉得我对年轻人的启发和帮助更多，如果和成年人相比的话。当然，即使这样，我仍然会对今晚的听众倾尽全力。我想让你们知道，就在费城——你们的故乡，也存在"钻石宝地"。也许在座有听众会不同意我的意见，"噢，如果你会这样看，那么说明你还不太了解费城这座城市。"

我想和大家分享一则报纸上的报道，有一个年轻人在北卡莱罗纳州找到了钻石，这是迄今为止世界上发现的最高纯度的钻石，以前也有人在附近的地区发现过几颗钻石。我特地向一位著名的矿物学教授请教，问他为什么会在这个地方发现钻石，它们从何而来。教授对美国大陆的地质构造图仔细地查看了一番，认真进行了研究。然后对我说，这些钻石可能深藏在地下的煤层里，这个煤层向西穿过俄亥俄河和密西西比河，但更可能是向东穿过弗吉尼亚州直接通向大西洋海岸。事实上，北卡莱罗纳州有钻石是肯定无疑的，而且已经给卖出去了。原先那里并没有钻石煤层，它们是在漂流时期从北部的某个地方慢慢漂移而来。除了那些手拿钻头到费城来寻宝的人，还有谁能追寻到钻石矿的足迹呢？朋友们，也许你们此刻正站在世界上最辉煌的钻石矿上，而世界上最纯的钻石也在等待着你们从中挖掘出来。

金钱就是力量

金钱如果被善良的人们所掌握,它就可以成就,事实上也的确成就了善的力量。

以上我所引的故事都是很好的例证,足以证明我的观点。需要特别指出的是,即使你不能拥有钻石矿,你仍然可以拥有一切有益于自己的东西。一个美国女人去参加在英国的一次招待会,身上没有佩戴任何珠宝首饰,但并没有受歧视,反而因此受到了英国女王所给予的高度赞扬。这一点说明了钻石几乎没有太大的用处。如果你想给人谦逊纯朴的感觉,那么最好是不戴或者少戴珠宝。

需要重申的一点是:此刻在我脚下的土地上,就在费城,就有发财的机会和得到巨大财富的机会。今晚到场来听我演讲的每一个人,几乎都有这样的机会。我站在这个讲台上,不是来机械地背诵东西给你们听,而是要把我所信仰的上帝和真理传达给你们。长期的生活积淀下来的经验,让我相信自己是正确的。在座的诸位今天能够掏钱买票来听我的讲座,就有机会拥有"钻石宝地",就有机会发财致富。到目前为止,世界上还没有哪个地方像今天的费城这样容易发财,费城所提供给每个人的机遇之多,在历史上还从未有过。在费城,一个一无所有的人可以依靠诚实很快发家致富。我说的都是事实,我也希望大家接受这个事实,否则我就是在浪费时间。如果你们听了我的演讲,下去之后仍然没有能力使自己富裕起来,那么我今天所做的一切努力就白费了。

你们理当富有,并且有让自己富裕的责任。很多人都问过我一个问题:"你是一名牧师,辛苦地奔波于全国各地到处讲道,只是为了教那些年轻人怎样才能发财致富吗?"

"是啊,一点也没错。"

他们说："太奇怪了！你怎么不去传播福音，反而传授起生财之道了呢？"

"教别人靠诚实致富也就是传播福音啊。"

我为什么这样说呢，发财致富的人可能是大家认为最诚实可靠的人。

"可是，"也许今晚在座的一些年轻人又有问题了，"我总是听说，一个人有了钱之后，就会变得虚伪狡诈，卑鄙无耻，小气抠门，十分惹人讨厌。"我的朋友，为什么你至今没有成为富人，这就是原因所在——因为你对有钱人怀有成见，你有一个完全错误的信仰基础。请允许我在此发表一个郑重而简洁的声明（因为这是一个需要讨论的问题，而我们现在时间不够）：美国的一百个富人中有九十八个都是诚实可靠的。这就是为什么他们会富有的原因，这也是为什么他们能拥有巨额财富，经营大企业，给很多人提供工作机会的原因，因为他们诚实可靠。

又有一个年轻人说："我曾经听说有人是靠欺诈的手段赚钱的。"其实，不仅是你听说过，我也听说过，包括在座的听众也都听说过。但是这样的例子并不是很多，所以报纸总是把这些消息放在新闻版面，以致让人产生了这种错觉：没有富人不是靠欺诈起家的。

朋友们，如果你愿意，可否用你们的车载我到费城郊外去？我们去拜访一下住在这座繁华大都市周边的人。他们住在漂亮的大房子里，拥有鲜花怒放的园圃，一幢幢建筑或设施都宛如一件件精美的艺术品。我要把这些费城人介绍给你，你会了解他们不仅人格最高尚，而且事业也最兴旺发达。只有拥有了属于自己的家，才能成其为一个真正的人。这个由他们亲手创建的家园，使得他们显得更正直、更诚实，也更纯洁。

一个人赚钱，包括赚大钱，并不会前后矛盾。平常在布道中，我们常告诫人们不要过于贪婪，并且要反复强调，不断重申，而"金钱是肮脏的"这类字眼也常会不绝于耳。结果自然会使得有的基督徒产生这样一种思想，包括我们这些站在讲坛上传道的人都对此深信不疑，那就是"赚钱对于任何人来说都是邪恶的"。可是，当募捐箱在人群中传递的时候，又可能有人在暗地里咒骂别人捐的钱太少，应该捐得更多一些。瞧瞧，关于金钱的理论就是这样前后矛盾。

金钱就是力量，你们应当下定决心去拥有它！你们应该有这样的雄心壮志，因为一个人有钱的时候能做更多的好事，这一点比他没钱的时候强多了。印制圣经，建造教堂，派遣传道士，这些都需要钱，牧师的工资也需要钱，没工资的话，有谁会愿意做牧师呢？我就一直盼着教堂能给我涨工资，因为能付最高薪水的教堂在募集钱方面也最容易，这一点几乎是没有例外的，大家凭生活经验就能发现。一个人工资越高，就越有能力去做更多的善事。只要他凭良心来安排自己的财富，他就一定可以做到这一点。

你们要知道，你们生来就应该有钱，也能够在费城依靠诚实来赚钱，这是作为一个基督徒的神圣职责。有些信仰上帝的人会认为人们只有依靠贫穷才能变得虔诚,这是一个彻底错误的诊断。

有人会不禁发问:“难道你会不同情那些穷人吗?”我当然同情他们,要不然这些年来我也不会在各地奔波到处演讲了。现在我依然同情他们,但是真正值得同情的穷人实在是少得可怜。对一个因罪恶而受到上帝惩罚的人施以同情,尤其是当上帝仍在对他执行正义的惩罚的时候去为他提供帮助,可以肯定这并不是在行善;但是我们却时常在做这样的傻事,甚至远远超过了帮助那些真正需要帮助的人。一方面,我们绝对有理由同情上帝那些处于困境的子民,也就是那些无以自助的人;但另一方面,我们也要明白,美国的穷人贫穷的原因,不是别的,都是由于自己或他人的缺点而造成的。不管怎样,贫穷是没有理由的。

一位先生走过来问我:“世界上有些东西比金钱更重要,难道你不这样认为吗?”我当然知道,这世上有的东西胜过金钱,但是我们现在讨论的是金钱的问题。我相信世界上有些东西比金钱更宝贵、更甜美、更纯净,我知道黄金并不就是最高贵最灿烂的东西。爱固然是伟大的,但是同时拥有金钱和爱的人不是更幸福吗?金钱就是力量,它能伤害人,但是也能用来做善事。金钱如果被善良的人们所掌握,它就可以成就,事实上也的确成就了善的力量。

我必须在这里澄清这个道理。我在参加一次祷告会的时候,听到一个男人在站着祷告,他说:“主啊,感谢你,我是上帝的一个穷孩子。”我的天,我想象不出他的妻子在听到这番话之后会有什么感受,家里的所有收入都是她辛苦工作所得来的,而这个丈夫却为了满足自己在阳台上抽烟的恶习,而挥霍掉其中的一部分收入。像这样的上帝的穷孩子,我实在不想再见到了,我想上帝也抱着跟我同样的想法。但是有的人却认为,只有那些极端穷困,极度肮脏的人,才有虔诚的信仰。这种想法肯定是不对的。虽然我们对于穷人也有同情心,但是也不能因此就宣扬这样一个怪论。

现在这个时代,对于基督徒(犹太人将他们也称之为“畏惧上帝的人”)发家致富不是持赞成和鼓励的态度。这种偏见非常普遍,以至于在许多年前,坦普尔大学神学院有一位年轻人认为,整个学院只有他自己才是惟一虔诚的学生。有一天晚上,他到了我的办公室,在桌前坐下来,说:“院长先生,我觉得我有必要就一些问题与您辩论一下。”

“哦,出什么事了吗?”

他说:“先生,我听说您在我们学院和皮尔斯学校的毕业典礼上发表演说,您认为年轻人渴望发财是一种远大的志向,这一志向使得他自我克制,促使他追求声誉,而且催促他勤奋向上。您说发财的渴求最终能够使一个人变成好人。先生,我到这儿来是为了跟您说,《圣经》上有一句话,‘金钱是万恶之渊薮’。”

我告诉他,《圣经》上没有这句话,我从来没读到过。我建议他到小教堂去,那里有一本《圣经》,他可以拿过来,给我指出原文的出处。于是他走出去取《圣经》。

一会儿,他就端着《圣经》大步跨进我的办公室,《圣经》已经打开了,他一脸得意,就像一个狭隘顽固的宗派之徒,看起来似乎他的宗教信仰完全是建立在对《圣经》的误解之上的。他把《圣经》摊开,放在我的桌子上,几乎是冲着我的耳朵在尖叫:"就在这里,院长先生,您可以自己读一下。"

我说:"年轻人,你太年轻了,等你年龄再大一些就会明白,你怎么能让另外一个教派来替你读《圣经》呢,你跟我是属于不同的派别。在神学院,我们是以注释为准来讲解这句话的。好,现在,请你捧起这本《圣经》,好好读一读,给它一个适当的解释,可以吗?"

他拿起《圣经》,骄傲地大声朗读道:"嗜好金钱是万恶之渊薮。"

这次他没有读错。当一个人能够正确地引用《圣经》时,那他引证的就是绝对真理。这半个世纪以来,我亲身体验了这本神圣的书给这个世界带来的巨大转变,亲眼看到自由的旗帜处处飘扬;这是有史以来世界上从未有过的现象,如此众多伟大的心灵都完全一致地认为《圣经》是真理——每字每句都是真理。

所以我说他刚才读的《圣经》上的那段话是完全正确的,是绝对真理。"嗜好金钱是万恶之渊薮。"有一点是毫无疑问的,那就是企图靠欺诈实现一夜暴富的人们将会落入无数陷阱。嗜好金钱象征着什么呢?如果把金钱作为偶像,那么《圣经》是不赞成任何形式的偶像崇拜的,所有有常识的人都会对其加以指责。如果仅仅是崇拜金钱,把金钱当做偶像,却不想想怎么来使用它,这就跟吝啬鬼没有两样,他们宁可把钱囤积在地窖里,或者藏在袜子里,也不愿拿出来投资,而使它发挥有益于世界的作用。这样的人死死抓住金钱不放,最后所有的罪恶会慢慢在他心里扎下根来。

发财的机会在何处

每个人都应该这样，尽心尽力地去帮助他人，并从付出中收获快乐。

现在我要回答一个问题，这个问题是今天在场的所有人都想问的："在费城有发财的机会吗?"事实上，找到机会并非一件难事，在你发现机会的同时，你也就拥有了机会。曾经有一个老人对我这样说："康威尔先生，你在费城呆了也有三十一年了吧，难道你还不清楚在我们这座城市要办点事有多艰难。就拿我来说吧，我开了一个小店，苦心经营，可是仔细地一核算，这二十年来，我的总收入才不过1000 元。"

其实我们可以通过你在这座城市里所获得的财富，反过来衡量你对这座城市的贡献，因为一个人的收入能够精确地体现出他的个人价值，也就是以他在某一段时期给予这个世界的利益多少为标准。如果你在费城做生意做了二十年，可是总收入还不到 1000 元，那么早在十九年零九个月时，费城就应该把你从这个城市踢出去。因为就算你把杂货店开在费城住宅区的街道拐角处，那这二十年里，你起码也应该赚了 50 万美元。

噢，朋友们，哪怕你仅仅只是在自己周围的四个街区范围内，做一个调查，看看人们需要什么，然后据此决定自己的经营项目，并把这些用笔记下来，严格地根据记录来购置这些货物，那么很快你就会获利。

也许有人会说："你对做生意根本是一窍不通，还从来没有哪个牧师能搞清楚做生意是怎么回事的。"那么，好，我就证明给你们看，我的确是一个经商专家。我并非为了夸耀，而是不得已而为之，因为假使我不能证明我是一个经商的专家，那还有谁会接受我的观点呢？谈到这一点，首先我要给大家说说我小时候的经历，那时候我的父亲在乡下开了一个小杂货店。如果说天底下有什么地方可以让人学到各式各样的生意经的话,那这个地方一定非乡村杂货店莫属。当时父亲外出的时候,我就会帮着照看一下小店。我记得曾经发生过这样一件事,一天,店里来了一个顾客,他问我:“有没有锄草的刀?”

“锄草刀?我们不卖这玩意儿。”我吹着口哨转身离开了。那个人需要什么关我什么事呢,我干吗要管他?

接着店里又来了一位农夫,问我道:“卖锄草刀吗?”

“我们这儿不卖锄草刀。”我又哼着另外一种曲调走开了。

可是不断地有人来到店里问:“你们有锄草刀吗?”

“没有,没有,为什么这儿所有的人来了都要买锄草刀呢?难道你认为我们开这家店就是为了让全村人都到这儿买锄草刀的吗?”

在费城,你们也是像我这样开店吗?今天我要向大家说明一点,信仰上帝和生意兴隆并不冲突,它们的原则是完全一致的。如果有人认为“我根本不可能把宗教信仰和做生意结合起来”,那么这无异于在向大家宣称,在做生意方面我就是个笨蛋,或者是我马上就要破产了,或者是我就是个小偷,这三种情况肯定有一种是事实。过不了几年,他绝对会一败涂地。如果一个人在生意中不能坚持自己的宗教信仰,那他注定会失败。如若当初我真的能够遵照基督教的宗旨和上帝的指示来为父亲照管杂货店的话,那么当有第三个人想买锄草刀的时候,我就能够满足他的要求了。如此一来,我不但帮了他的忙,我自己也能因此得到报偿,这样才能说我尽到了应尽的职责。

有一些虔诚过度的基督徒甚至有这样的看法,不管你卖什么东西,只要是赚了钱,都是不符合道义的。其实事实正好与之相反,如果你以低于成本的价格将商品卖了出去,那你就相当于在犯罪,因为你无权这样做。如果一个人连自己的钱都照管不好的话,还会有谁敢把钱托付给他呢?如果一个人连自己的妻子都不能忠实地对待,还有谁会欢迎他到家里来呢?如果一个人心术不正,常常撒谎,品性不刚直,那他就不值得信任。我应当把锄草刀卖给第三个或者再早些,卖给第二个顾客,同时自己也能获利,这是我的责任。但是我却无权以超出商品价值的价格把商品卖给顾客,当然我也无权卖了东西还不赚钱。正确的销售之道应该是“买卖双方获得同等利益”。

福音书上有一个基本原则就是,不但要自己生存,而且还要帮助别人生存。这也是可以通过生活常识而证明的。年轻人应该享受真正的生活,不要到了像我这种年龄,才对生活的乐趣有了一点点感受。这些年来,我也曾经有过发财的梦想,如果这些梦想得以实现,我就会成为百万富翁,或者至少也有好几十万的财富了。但是实现发财的梦想让我得到的快乐却仍不及今晚的聚会所能带给我的快乐。许久以来,我一直是以这样的方式来解释人生的,并且获得了回报。我就是在以这种方式帮助别人。每个人都应该这样,尽心尽力地去帮助他人,并从付出中收获快乐。如果一个人回到家中,脑子里想的尽是白天偷了一块钱,或者是将人家靠诚实赚来的血汗钱归于囊中,那他是没办法安心休息的。就算第二天早上他睡醒了,他仍然会觉得异常疲惫,心事重重地去上班,因为他的良心受到了谴责。即使他拥有上百万元的财富,也根本不能算是一个成功的人。与之相反,如果一个人不但令自己获得权利和利润,同时还乐于与他人分享,那么他不仅每天的生活都过得充满意义,而且还正在向一条通向巨大财富的辉煌之路迈进。无数个关于百万富翁的故事都可以证明这一点。

这样看来,那个说自己在费城开店却一无所获的人,他一定是坚持了错误的经商原则。倘若明天早上我进入你的商店问你:"你认识某人吗?你知道他住哪里吗?"

"哦,知道,我见过他,他就在街角的商店里打工。"

"他是哪个地方的人?"

"不太清楚。"

"他家里有些什么人?"

"这我也不知道。"

"那大选的时候,他投了谁的票你知道吗?"

"这个也没听说过。"

"他一般在哪儿做礼拜?"

"谁知道,我也不关心这些。你为什么要向我问这些问题呢?"

如果你在费城开店做生意,你也会有这样的回答吗?如果你的答案是肯定的,那么你今天的经营方式跟我当年在马萨诸塞的乡村帮我父亲照看杂货店时完全没有区别。你对于你的邻居在来费城之前住在哪儿是一无所知,也不在意。如果你真的在意的话,那现在你会是一个富翁了。要是你非常关心他,对有关他的事情也很感兴趣,更要紧的一点是你搞清楚了哪些东西是他所需要的,那你早就赚大钱了。"我哪有赚钱的机会呀!"你总是在这样抱怨。其实你错了,赚钱的机会就在你自己的家门口。

另外一个年轻人站起来说:"我可能没办法做生意。"当然,以上我所谈的都是关于做生意的道理,但其实它是有普遍性的,各行各业都可以用。

"为什么你没办法做生意呢?"

"因为我缺乏资金。"

看看,这种软弱的游手好闲之徒,其眼界是多么短浅!他们整天不务正业,却站在街道拐角处大放厥词:"要是我有足够多的本钱,我肯定能成为大富翁。"听起来真是毫无力量。

"年轻人,你以为有了本钱就一定能赚大钱吗?"

“那是当然。”

可是我要对你说:“不,你不能!”

如果你有一个富有的母亲,她可以给你提供足够的本钱,那么你就不是在为自己做生意,而只是在为“她”——你的母亲做生意。

年轻人一旦得到并非靠自己劳动所获的钱财时就相当危险了。对他们来说,继承财产有百害而无一利,如果你留给孩子的只有金钱,那其实就等于在害他们。但是如果与此相反,你给孩子留下的是自幼就接受的良好的教育,虔诚、高尚的信仰,还有很多朋友和一个好的名誉,这些将会令他们获益良多。让他们得到金钱,不仅对他们自己没有好处,而且对国家更是如此。各位年轻的朋友,如果你恰好继承了一笔财产,千万不要以为自己很幸运。金钱会成为你一生的牵绊,人生最美好的东西都会因为它而无法享受。这个世上最可怜的人莫过于那些生在富豪之家的孩子了,他们根本就没经历过真正的人生。可怜的富家子弟,他们永远都不可能体会人生最美好的东西。

这些最美好的事情不外乎是:一个自力更生的年轻小伙子与心上人订婚,两人决心共同打造一个属于自己的家。爱赐予他神圣的启示,让他渴求更美好的东西。于是他开始积蓄,把钱存到银行里,慢慢改掉坏习惯。当他的存款有了几百元的时候,就在乡村找了一所房子,虽然这所房子可能会花去他的一半存款。然后,他去接那心爱的女孩。当他第一次带着自己的新娘进入新家时,他会非常自豪地宣称:“这个家是我自己赚来的,它完全属于我,也属于你。”人生中最美丽的时刻就是现在了。

然而作为一个富翁的儿子,却永远不可能有机会体验这样的感觉。他带着新娘走进一所十分富丽堂皇的豪宅,陪她观赏各种布置摆设,但是却不得不这样解说:“这个是我母亲给的,那个是我母亲给的。”最后新娘简直都希望自己的结婚对象是他的母亲了。这样的富家子弟实在是太可悲了。

有一份调查表明,马萨诸塞州有十七个富翁的儿子都是在穷困潦倒中离世,无一例外。我真可怜这些富翁的儿子,如果他们能像范德比尔特的长子那样明智,也不至于有如此悲惨的命运了。这个长子曾经这样问老范德比尔特:“父亲,你的钱都是靠自己赚来的吗?”

“当然了,我的孩子,最开始我在渡船上打工的时候,每天的薪水只有25美分呢。”

“既然如此,”儿子说,“那我一分钱也不要你的。”

在这次谈话之后的一个礼拜六的晚上,他也想设法在一艘渡船上找点活干,但是却没被雇用。不过最后还是让他找到了一份工作,每个星期能赚3美元。如果一个富翁的儿子能做到这点,那他就会跟穷人家的孩子一样,经受人生的锤炼,这种锤炼对人的影响甚至超过了高等教育。这样他才有能力对父亲的百万资产进行经营管理。但是通常情况下,富翁都觉得自己当年是靠白手起家,就舍不得让自己的孩子也去体验那份艰苦,他们也不让孩子出去工作。而作为孩子的母亲,对于这点同样也是严令禁止!原因是什么呢?因为母亲认为,如果让她那从小养尊处优,没有经受半点磨难的可怜的儿子出去自食其力,那对他来说,将是一种耻辱。这种富人的儿子也不会有人同情。

我记得就在这附近,住着一个富家子弟。我曾经参加过他举办的盛大的宴会,当时许多绅士也都出席了。我身边坐着的是一位热心的年轻人,我正打算告辞的时候,他说:“康威尔先生,您生病已经有两三年了。您还是坐我的大轿车回家吧,这样会舒服些。”我向他表达了谢意。也许我不该把这件事通过现在这样一种方式来提起,但是我所说的的确是事实。我上了车,就坐在司机旁边的副驾位置上。当车子开到大街上的时候,我问他:“这样一辆车得花多少钱?”

“6800 美元,税钱是另外算的。”

“天哪!”我惊叹道,“这车子的主人自己有没有开过它?”

我的问题把司机逗得放声大笑,他笑得太厉害了,害得车子差一点就要失去控制,因为他根本没有预料到我会提这样一个问题。车子被他开到了人行道上,绕过街道拐角的一个灯柱之后,又重新回到了主干道上。一直到下车的时候,他都还是大笑不止,车子都被他笑得乱颤。他说:“他怎么开得了这个东西?要是我把车开到了地方,他自己知道怎么下车就算上帝保佑了。”

还有一个富翁的儿子的事情,我要给你们讲一讲,这个富翁来自尼亚加拉瀑布附近。有一天我布道讲经完了,返回旅馆,快要走到前台的时候,见到一个百万富翁的儿子,他从纽约来。要我怎么描述他呢?几乎人类所有的软弱无能、生理缺陷都集中在他身上。他头上歪戴着一顶瓜皮帽,帽子上面还垂下来一串金流苏;腋下拄着一根拐杖,拐杖顶端的金子比帽子上的金流苏还要多;鼻子上架着一副眼镜,挡得他连面前的东西都看不见了;脚蹬一双名牌皮靴,走起路来摇摇晃晃的;他的腿被裤子绷得紧紧的,根本没办法坐下来——他打扮得跟一只蝗虫别无二致。这个又有点像蟋蟀一样的家伙蹦到前台,把那副完全遮挡了视线的眼镜挪了挪,开始与服务员说话,他还自以为只有口齿不清才算是讲英语:“先僧(生),清(请)给我一塞(些)子(纸)和兴(信)封!”服务员对他瞥了一眼,从抽屉里拿了一些信封和纸,从柜台上扔给他,就转过身去查看登记簿了。信封扔过来的时候,那个年轻人是什么丑态,你们真应该亲眼看一看。他鼓起自己的身子,活像一只火鸡,把那副只是摆设的眼镜正了正,大叫道:“快肥(回)来,先僧(生),清(请)派个四(侍)者把这塞(些)子(纸)和兴(信)封放到那边的桌指(子)上。”唉,他就像一只可怜、可悲又可鄙的美国跳猴一样,现在只是要把一些纸和信封拿到二十步以外,连这一点他都做不到。我估计是因为他的裤子太紧以至于没办法弯下身去拿东西。对于这种畸形儿,我一点儿也不同情。所以说年轻人如果没有钱也并不就是一件坏事,常识对他来说,可能比金钱更重要。

致富的奥秘

真正伟大的人都看似平凡普通、毫不起眼，但是却深明常理。

这里有一个最好的例证，它是一个大家都听说过的真实的故事。纽约有一个穷孩子，名叫斯图亚特，他刚开始闯荡的时候手头只有1美元50美分。可是做第一笔生意，他就赔上了全部身家的二分之一——87.5美分。这个男孩子还算是幸运，因为初次冒险就经受了失败的教训。他说："以后我再也不会在生意上冒险了！"他也确实再没有去冒第二次险。究竟那87.5美分是如何损失的呢？可能大家都知道其中的缘由——他买了一些针线和纽扣，可是这些东西根本没人需要，所以一直滞销，钱也就这样亏进去了。过后他告诉自己："我再也不会像这样损失一分钱。"然后他挨家挨户地登门拜访，去了解人们需要些什么，调查清楚之后，他用仅剩的62.5美分来满足这些需要。不管做什么——是做生意，或是在公司任职，或是打理家务，简言之，生活中的所有事，都应当研究研究人们的需求，这就是一个人成功的秘诀。因为只有在对人们的需求有了一定的了解之后，你才能将自己完全投入到最需要你的地方。此后，斯图亚特赚了4000万美元，他所依据的也正是这种原则。他的后继者——沃纳梅克先生将他的伟大事业继续向前推进，对斯图亚特在纽约创建的商店进行打理。他的财富源于一个重要的教训，也就是必须把自己的资金投入到人们需要的东西里。推销员们，你们什么时候能从这个教训里得到启示？制造商们，你们什么时候能明白成功的第一要务是必须要先了解人们不断变化的需求呢？所有的人，所有的基督徒，无论你是制造商、商人，还是工人，都应该努力满足人们的需要。这条原则对全人类都适用，它就像《圣经》本身一样深刻。

另外一个明证是关于约翰·雅克·阿斯特，这个纽约阿斯特家族财富的创始人的。他年轻的时候一无所有，靠借钱才买了张船票渡过太平洋到达纽约，之后秉持一条原则，创造了阿斯特家族的奇迹。可能今晚在场的某个小伙子会说："但是，他们是在纽约致富的，换作是费城，就做不到！"朋友们，你们有没有读过里斯的一本书？这本书里面详细记载了1889年107位纽约巨富的数据资料。读过这些记录，你就会发现，他们当中在纽约发家的只有七位。这107位富翁当时拥有价值千万美元的房地产，而其中67位是在人口数不足3500人的小镇上发家的。如果有机会看看固定资产表，你就会发现，现在美国最富有的人，都终生居住在只有3500个住户的小城。你是谁，住在哪里，这些根本就不重要。如果在费城你不能发财致富的话，那么在纽约同样也是痴心妄想。

约翰·雅克·阿斯特的故事就可以证明这一点，无论是在什么地方，他都能成功。

他曾经接手了一家女帽专卖店，这家店严重亏损，原先的店主哀叹自己生不逢时，走了霉运。但阿斯特却不这样想，他坚信"世上无难事，只怕有心人"。他一个人来到公园，找了张树阴下的长椅，然后坐在那儿观察。他注意到大家的目光都集中在一位昂首挺胸的女士身上。当这位女士从他面前优雅大方地经过时，阿斯特对她的帽子研究起来，并靠自己的眼力，默默记下帽子的形状、花边的颜色和羽毛上的装饰物。接着他回到商店，对手下的店员说："你们赶紧根据我的描述做一顶帽子，摆在橱窗那里，因为我已发现有位女士中意这种式样的帽子。"然后，他又回到刚才的老位置，坐在那张长椅上，继续观察来来往往的女士们。根据观察的结果，吩咐店员们做出了一顶顶别致新颖的女帽。没过多久，他的商店就吸引了不少顾客。这家商店也就是纽约最兴盛的女帽和女服专卖店的前身。阿斯特用他的行动向世人证明了这样一条原则：成功在于不懈努力，在于迎合市场需求，在于预知未来潮流！

如果我走到听众当中，问你们："在一个工业已相当发达的城市，还有没有机会在制造业上发财？""有的，"可能有年轻人会这样回答，"如果有某个托拉斯的大力支持，或者有两三百万美元的创业资金，你就有机会在这儿发财。"年轻人，托拉斯已在打击"大企业"的重击之下分崩离析了，这段史实证明，现今发展小企业，正赶上绝佳时机。即使你身无分文，照样能在制造业中迅速发财，目前正是迄今为止最好的机会。

但是有人可能会有异议："这样的事，根本就不可能办到，没有本钱，还谈什么做生意呢？"对此我必须阐释清楚，因为我有责任让每一个年轻人明白这个道理，以使他们尽快按同一个计划来发展自己的事业。年轻人，你们要谨记，如果了解人们的需求，那么你所掌握的关于财富的知识比所有的资金都更重要。马萨诸塞州有个人失业了，贫困交加，却终日在家里懒散度日，直到有一天，妻子忍无可忍，把他撵出去找工作。他听从了妻子的劝告，离开家来到海湾，他坐在海岸边，无聊地把一块浸湿的木片削成了一个小人。当天晚上,因为这个小木人,孩子们竟然争吵不休,为了让孩子们安静下来,他又削了一个。正当他削第二个小人的时候,一个邻居恰好到他家来了。邻居兴致勃勃地看了一会,对他说:

"为什么你不削一些玩具去售卖呢?肯定可以赚钱的。"

"真的吗?"他说,"可我不知道该做些什么玩具。"

"干吗不去问问你的孩子应该做些什么呢?"

"那又有什么用呢?"这位木匠说,"我的孩子和人家的不一样。"

虽然这样说,他还是听从了邻居的建议。第二天一大早,女儿玛丽从楼上下来时,他问道:"玛丽,你想要什么样的玩具呢?"女儿告诉爸爸,她想要玩具床,玩具脸盆架,玩具马车,玩具小雨伞,还说了一大堆足以让他做一辈子的玩具名称。于是,靠着在家里向自己的孩子咨询,他获得了充分的灵感。因为没有钱买木材,他找来烧火用的劈柴,削出了一个个结实的,没有涂上色彩的玩具。许多年以后,这些玩具风靡世界各地。那个人最开始只是做玩具给自己的孩子,然后又照着这些式样,做出了更多的玩具,委托他家隔壁的鞋店代为售卖。开始的时候,他挣的钱不多,后来慢慢地,钱越赚越多。劳逊先生在他的《狂热金融》一书中写道,这个人曾经一度居于马萨诸塞州富豪之首。现今他的资产有1000万美元,而且三十四年来,他始终坚持靠同一条原则来获取财富——通过了解自己家的孩子喜欢什么来判断别人家的孩子喜欢什么;通过了解自己,自己的妻子和孩子而洞悉别人的内心,在制造业上这是一条通向成功的康庄大道。"噢,"你们要问,"难道他什么资本也没有吗?"呵呵,有的,一把小刀,不过这把小刀还不知道是不是他自己花钱买的。

在康涅狄格州新不列颠,我曾经讲过这个故事,当时有一位女听众,是坐在第五排的,她回到家后,想取下衣领,可是领子上的纽扣却卡在扣眼里了。她一把拽出纽扣,气恼道:"我要发明更好的系衣领的东西。"她丈夫说:"今晚刚听了康威尔先生的演讲,可巧你就发现需要发明更好更方便的系衣领的东西了。这就是人类的需求,这就是伟大的财富。很好,你就发明一种新的纽扣吧,你肯定会发财的。"他嘲笑了妻子,实际上也是间接对我进行了嘲笑,这是我所经历的最让我伤心的事了,它就像午夜漆黑的乌云将我笼罩着。虽然这半个多世纪以来我一直在不辞辛劳地劝导大家,但收获仍然颇为微小。今天晚上虽然你们大家对我赞赏有加,但是如果说你们当中能有十分之一的人因为听了我的演讲而赚上百万元,我是深感怀疑的;不过这可不能怪我,而应该怪你们自己,我是很诚恳地说这话的。如果大家从不依照我的建议行事,那么我的话又有什么用呢?当刚才这位女士被丈夫嘲笑的时候,她就下定决心要发明更便利的衣领纽扣;当一个女人一旦下定决心做某事,她就真能办到,而且她默不作声地就开始动手做了。正是这位新英格兰的女人发明了现在到处可见的按扣。要想把衣服解开,扯开扣子就行了。后来,她又发明了好几种不同的纽扣,并且投入了更多的资金来进行推广,于是有一些规模很大的厂家闻讯后便与她合作。如今,每年夏天这个女人都跟她的丈夫一起乘坐自己的私人汽艇在海上旅行！只要她想要,她有足够的钱给她的丈夫买一个外国的公爵、伯爵或是其他类似的现今最尊贵的称号。

这件事体现了什么道理呢？它告诉人们,财富与你们的距离是如此之近,可是你们的眼光却从它的上方越过而对之视而不见;不过这个女人却是不得不从它的上方看过去,因为她的财富就在她的颈项之上。

我曾经读到过一份报纸,其中有这样一个论断:女人从来没有发明过任何东西。那家报纸简直就应该停刊或是重办！

如果说女人发明不了任何东西,那么我想问大家,提花机的发明者是谁？你们身上的一针一线可都是靠这个机器织出来的。它的发明者是雅卡尔夫人。印刷工人用的滚筒,也就是最早的印刷机,是农民的妻子发明的。又是谁在南方发明了轧棉机,从而使我们国家的财富飞速增长呢？是杰纳瑞尔·格林夫人,惠特尼先生只是对其中的原理进行了讲解。缝纫机又是谁发明的呢？如果明天我到学校里去问你们的孩子,他们会齐声回答:"是伊利阿斯·豪。"

我和豪一起参加了南北战争,我们常常同宿在一顶帐篷里。我常听他说,他曾经花了十四年功夫想尝试着鼓捣出一个缝纫机出来,但是一直没有成功。直到有一天,他的妻子也下定决心,因为再不很快发明出这个东西的话,一家人就只能面临饿死的命运了。于是她只花了区区两个小时,就成功地发明了缝纫机。当然豪先生是用他自己的名字申请了专利,男人一向如此。除草机和收割机的发明者是谁呢？根据麦柯考米克先生最近刚刚发表的内幕揭露,它们的发明者是一位弗吉尼亚州的妇女。麦柯考米克先生的父亲和他本人都曾经尝试过发明收割机,但是两个人相继失败了,此后便放弃了进一步的努力。然而这个女人却很聪明地拿了很多把大剪刀,把它们的一支把柄合钉在一块木板的边上,剪刀的另一支把柄就是松动的,然后用线连接这些大剪刀,当你向一个方向拉动的时候,剪刀就会合拢,而向另外一个方向拉动时,剪刀就会打开。她就靠着这个方法发现了除草机的原理。你要是观察一下除草机,就会发现它不过是由许多把大剪刀组成的。如果说女人能发明除草机,发明提花机、轧棉机,发明具有重大意义的轧钢机(卡耐基先生说过,轧钢机为美国所有的钢铁厂奠定了基础),那么,我们男人就能发明天底下任何东西。当然,我这样说是为了对男人们进行鼓励。

现在我再一次向大家提出这个问题,谁是这个世界上最伟大的发明家？其实他就坐在你身边,或者就是你本人。"噢,"可能你会说,"我这一生可从来没发明过任何东西。"伟大的发明家们在最初也没有任何发明创造,直到有一天他们发现了一个重大秘密。你以为大发明家就应该顶着一颗大脑袋,或者像闪电一样行动飞快吗？事实根本不是这样。真正伟大的人都看似平凡普通、毫不起眼,但是却深明常理。如果不是看到他实际的成就,你做梦都不会把他跟一位天才发明家联系在一块。在他的邻居眼里，他也并不是一个伟人，人们在自家后院永远发现不了什么新奇的东西。于是他们常常会不解，自己的邻居中怎么可能出现伟人呢？伟人们都应该远在别的地方。身旁的伟大之处表面上总是这样简单普通，这样真实朴素，以至于邻居和朋友们从来也不曾注意到，即使看到了也不会与伟大联想起来。

真正的伟大总是被人忽视的，这是事实。人们对最伟大的男人或是女人几乎都是一无所知。我去加菲尔德将军家想为他写传记的时候，一大群人把他家的大门围满了。他的一个邻居知道我的事情很紧急，就带着我来到将军家的后门，喊道："吉姆！吉姆！"过了一会儿，"吉姆"出来开门把我迎进了屋。就这样，我为这位美国最伟大的人物之一写了传记。可是在他的邻居眼中，他还是过去那个"吉姆"。如果你认识费城的某位伟大人物，而且明天就能碰到他，那么你一定会这样跟他打招呼："你好吗，山姆？"或者是："嗨，吉姆，早上好。"

在南北战争时期，为了帮助我的一位战友——他即将被判处死刑，我生平第一次来到首都华盛顿，并进入白宫去拜见总统。当时我跟许多人一起在接待室里的长椅上等候，总统秘书向我们挨个询问每个人的要求。问完了一排人，秘书转身进去了，过了不一会又出现在门口，向我示意。我站起来走进前厅，秘书说："那扇门背后就是总统先生的办公室，你敲门进去就可以了。"当时我感到自己从来没有那么害怕过，我全身僵硬地站在美国总统的门前，没法动弹。我曾经上过战场，在安提他姆，炮弹就在我们身边嗖嗖掠过，但是我也没有像那天走进那扇门时那么害怕。不过最后，我终于还是鼓起了勇气——我自己也不知道从哪来的勇气。我伸直胳膊，敲了敲门。里面的人根本没来开门，只是喊道："进来，坐下！"

于是我走进去，稍微欠着身坐在椅子边上。心想此刻要是远在欧洲的家乡该有多好啊！坐在桌子后面的那个人并没有抬头看我。他属于世界上最伟大的人之列，单凭一条原则就能使他成为一个伟人。今天如果全费城的年轻人都在这儿倾听这番话就好了，我要把这条原则告诉他们，因为这条原则能给这座城市和整个人类文明带来深远的影响。这条原则使亚伯拉罕·林肯成为伟人，同样也几乎适用于所有的人。那就是：不论做什么，都应竭尽全力，坚持到底，直到最终完全胜利。这条原则在任何地方都能造就伟人。话说回来，总统先生继续埋头批阅桌上的文件，我坐在那儿，浑身不住颤抖。最后，他用绳子把文件系好放到一边，然后抬起头，一丝微笑浮现在他疲惫的脸上。他说："我很忙，只有几分钟时间。请你把你的要求用最简洁的话告诉我。"我开始介绍那件案子。他说："这件事的来龙去脉我都听说过，你不用再说了。就在几天前，斯坦顿先生还跟我提起这件事。回旅店去吧，你大可放心，总统绝不会签署命令，对一个不满 20 岁的男孩子实施极刑的，绝对不会。你可以把我说的话向他的母亲转告。"

然后，他问我："战场上的情况怎么样？"

我说："有时候我们会感到很沮丧。"

他说："不要担心。我们就快取得这场战争的胜利了，光明近在咫尺。这个美国总统的职位我也不指望做下去，等我任期一满，我会高高兴兴地和泰德一起回到伊利诺斯州斯普林菲尔德的老家去。我已经在那儿买了一座农场，即使又跟过去一样每天只能赚25美分，我也不会在意。泰德养了几头骡子，到时我们还打算种洋葱。"

接着他问我："你从小在农场长大吗？"

我说："是啊，我是在马萨诸塞州伯克郡山庄长大的。"

他从大椅子的一角伸出一条腿来，说："小时候我就常常听说，在你们伯克郡山庄，必须把羊的鼻子削尖，这样它们才能把嘴伸到岩缝里面吃草。"他看起来是那样亲切，那样平凡普通，就像个庄稼汉，以至于我的拘谨马上就消失得无影无踪了。

随后他又拿起了一卷文件，望着我说："再见。"我明白他的意思，起身走了出去。出门之后，我还是不敢相信，自己刚刚居然拜见了美国总统。几天后，我还留在那座城市，看到悲痛的人们从白宫东屋穿过，瞻仰林肯的遗容。看着遇刺的总统那微微上扬的下颚，不禁回想，就在几天前，我才刚刚见过他。他是那样朴实无华，但却身居上帝选定的最伟大的人之列，并带领一个国家走向最后的胜利。而在他的邻居眼里，他只不过是"老艾贝"。在举行第二次葬礼的时候，我也应邀扶送总统的灵柩，将其安放在斯普林菲尔墓地。对站在坟墓周围的林肯的老邻居们来说，总统仍然还是那个"老艾贝"。

你可否见过有人趾高气扬，大摇大摆地撞在正在干活的汽车修理工身上？这种人你会觉得伟大吗？他们不过是只吹起来的气球，被两只脚拽住。在他们身上毫无伟大可言。

哪些人称得上是伟大的男人或女人呢？几天前，我听说了一个故事，是关于一个小东西的，正是这个小东西使一个一无所有的人发了财。他曾经有过一次痛苦的经历，正是这次经历使他——一个既非发明家也非天才的人，发明了一种新的别针，也就是现在的安全别针。凭借这个小小的安全别针，他成了美国最富有的家族之一的创始人。

在马萨诸塞州，有一个制钉工厂的穷工人，38岁时因为工伤，不能继续留在车间里干活，只能到办公室里去做简单的工作——擦账单上用铅笔做的记录，这项工作不仅薪水很低，而且他每天用橡皮擦账单，很容易手就累得酸疼。后来，他把一块橡皮绑在一根小棍的一端，用它来擦账单，就像是在开飞机一样。他的小女儿看到了，说："你可以去申请自己的专利了。"这位父亲后来说："我女儿跟我讲，把橡皮绑在一根小棍的一头，这就是一项专利，我们最初的想法也就是这样简单。"他在波士顿申请了专利。现在我们所使用的带橡皮的铅笔就是来源于这项专利。这位工人后来也跻身于百万富翁之列。

坚信自己

一个人的伟大不在于他将来担任何种职务，而在于他在环境窘迫时仍能成大事。

我有一个问题想请大家为我解答：费城有哪些伟大的男人或女人？可能有听众会站起来说："费城哪里有什么伟人，伟人都不住在这里，遥远的罗马、圣彼得、伦敦、马纳温克，或者别的什么地方有伟人的存在，独独费城没有。"现在有一个最关键的问题我要谈一谈，这个问题一直让我百思不得其解：为什么费城没能发展成一座更富有、更伟大的城市？为什么纽约赶超了费城？或许有人会说："那是因为纽约有海港。"那为什么美国有很多其他的城市也超过了费城呢？原因只有一个：我们费城人把自己的城市贬低了。如果说世界上有哪座城市要靠强迫才能使其前进的话，那一定非费城莫属。在这里，修建林荫大道的提案被驳回；修建更先进的学校的提案被驳回；实行法制改革的提案也被驳回；一切的建议和改进，统统被驳回。费城一直待我不薄，但我必须向这座美丽的城市指出：我们需要好好地审视一下自己的城市——这里百业待兴，我们应当创造一番轰轰烈烈的事业，并向世人展示，就像芝加哥，纽约，圣路易斯和旧金山的市民一样。啊，只要我们能够在费城人中间树立这种信念，费城一定会被我们建设成一座伟大的城市！

努力奋斗吧，数十万的费城人民，让我们相信上帝的存在，相信人类自己的力量，相信就在这里会有绝好的机会——不是在纽约，也不是在波士顿，而是就在这片土地上——有发展商业的良机，有实现人生中一切有价之物的良机。让我们一起携手，行动起来，共同振兴费城的事业吧！

我冒昧地说出以上的这些内容，因为我讲的时间已经很长了。但是又出现另外两个年轻人，其中一个站起来说："一位伟人即将出现在费城，这是前所未有的。"

“噢,真的会这样吗? 你说说什么时候你能成为伟人?”

“当我获得政治选举的胜利,在政府中担任公职的时候。”

年轻人,难道你在政治学的初级课本里没有弄懂这样一个简单的道理吗:在现行体制下的政府中担任公职只不过是作为一个基本依据,来证明一个人有多渺小?在这个民权至上的国家,政府的主人翁是人民,它是为人民服务的,在这条基本原则之下,担任公职的人仅仅只是人民的公仆。《圣经》里说仆人永远不可能高过主人。还说道:“被派遣的人不可能高于派遣他的人。”如果真正的统治者是人民,那么让那些看起来很伟大的人担任公职是不被大家所认可的。要是真让这些伟大的人在政府中担任要职,那我们国家不出十年就会变成一个帝国。

在妇女即将获得选举权之时,我听到不少女青年说:“将来有一天我也要当美国总统。”我对妇女获得选举权是十分支持的,这一点也是势在必行,不可逆转的。也许以后我本人也想在政府中谋得一席之地;但是如果妇女因为有担任公职的野心而影响了她们的投票的话,那么,我对年轻男人的告诫同样也可以用在她们身上;仅仅只是拥有投一票的权利,其意义微不足道。只有当你控制了一张以上的选票时,你的力量才不会被人所忽视,否则没有人会在乎你。实际上,我们这个国家的统治不是单单依靠选票的。你真认为选票会有这么重要的作用吗? 事实上这个国家的统治是依靠影响力、依靠勇于控制选票的雄心和魄力。那些参加投票的年轻女人如果是为担任公职的话,她们其实犯了一个愚昧的错误。

另外一个年轻人又站起来说:“在这个国家,在费城,将会有一位伟大的人出现。”

“是吗,真的如你所言吗? 那你告诉我是什么时候?”

“当有一场伟大的战争发生的时候。由于墨西哥的有意挑衅或者英国人的愚蠢举动而引发了战争,或者跟日本、中国,或哪个遥远的国家之间发生了战争。到那个时候,我将会迎着对方的枪炮口猛冲过去,在不断闪亮的炮火中勇往直前,我要直捣敌军的老巢,扯下他们的战旗,并把它扛走,最后赢得战争的胜利。到那个时候,我将胜利凯旋,肩上佩戴着勋功星章,担任国家赐予我的某个职位,这时我将成为一个伟大的人。”

不,你不可能就这样成为一个伟人。你以为高居政府的要位就能使你变得伟大,可是你要记住,如果你在任职之前就是一个平庸之人,那么你在任职之后也不可能就成为伟人。这只会是个莫大的讽刺。

为了纪念西班牙战争胜利五十周年,那天我们举行了庆祝和平的活动。对此,很多欧洲国家表示难以理解,他们评论说:“再过五十年,在费城都不会有人记得什么西班牙战争了,现在何必大张旗鼓呢?”你们当中或许有些人看到过在布劳得大街上的游行队伍。很可惜,当时我不在费城,家里人在信中说,豪普逊中尉坐的四驾马车恰好就停在我们家大门外,人们高喊着口号:“豪普逊万岁!”要是当时我也在场，我也会跟着喊的，因为这个国家理当给予豪普逊更多的荣誉。现在我随便走进哪所学校问道："是谁在圣地亚哥把梅里马克号击沉的？"男孩子们就会齐声回答："豪普逊。"实际上他们的答案只说对了八分之一。因为当时那艘船上还有另外几位英雄，为了坚守岗位，他们一直暴露在西班牙军的炮火之下；而豪普逊，他作为一名军官，躲在烟囱后面指挥战士们作战也是无可厚非的。费城最聪明的人都聚集在此，但是，却没有人能说得出另外七位英雄的名字。

这样讲授历史并非我们的最佳选择，我们应该这样教育人们：不管一个人处于多么卑微的职位，只要他恪尽职守，那他就有资格同现任总统一样获得美国人民给予的荣誉与赞颂。但是很遗憾，我们不是这样教育人民的。我们在各地听到的都是，将军们是所有的战役的主力军。

我记得，那是在南北战争结束之后，我到南方去拜见罗勃特·爱德华·李将军。他是个很虔诚的基督徒，无论是南方还是北方，在人们心中他都是一个伟大的美国人，大家都以他为荣。将军讲了一个故事给我听，是关于他的一个随从的。这个随从名叫拉斯特斯，一个黑人，刚刚应征入伍。有一天，李将军把他叫了过来，故意逗他说："拉斯特斯，我听说你们全连的人都阵亡了，你怎么还活着呢？"拉斯特斯朝他眨了眨眼，说："因为每当战斗打响之时，我就和将军们一起后退。"

还有一件事我也记得。我紧紧地闭上双眼——请注意，是紧紧地闭上——啊！我看到了年轻时候结识的那些面庞。我记得没错，他们曾经告诉我："你的精力充沛，总是没有停歇地在工作，你永远年轻，你不会变老的。"此刻我跟任何一个同龄老人一样，当我一闭上眼睛，那些多年以前我爱过和失去的人的脸庞就不断在眼前浮现。我心知，不管别人怎样说，自己的确已经进入暮年。

现在，每当我闭上眼睛，就会感觉自己又回到了马省的家乡，我仿佛又看到了山顶上的牛栏，还有那儿的马棚。我仿佛看到了公理会的教堂、宽敞的市政厅以及供登山者歇脚的小屋。我还看见人们成群结队渐次而出，他们穿得鲜艳耀眼，广场上彩旗飘扬，手绢挥舞，我还能听见乐队演奏的声音。广场上列队走来一连应征入伍的士兵，虽然那时我只不过是个小男孩，但是已经担任连长了，心里得意得不得了。尽管一根缝衣针就能戳破我的气焰，但当时我却觉得世人所能经历的最了不得的事件也不过如此吧。如果你曾经有过梦想想当国王或者女王，那就去找被市长接见的机会吧。

伴着雄壮的乐曲声，人们纷纷向城外涌来，迎接我们这些士兵。我骄傲无比地领着我的军队列队从那片公众用地走过，下山走进了市政府。战士们穿过中央的过道后分别就坐，而我，那个特别自豪的人就坐在第一排。礼堂里又涌进来一大群人，大约有一两百人，他们把整个礼堂都塞满了，四周都站的是人。接着，政府官员鱼贯入场，他们在讲台上就坐，并坐成一个半圆形，位于中央的就是市长。此前市长从来没有在政府中担任过任何公职，但他是个好人，而且他认为公职可以使一个人变得伟大。市长在讲台上坐下后，无意之中看到了坐在第一排的我，他即刻走下讲台，邀请我上台去和他的政府同僚们坐在一起。在我入伍之前，这些人从来也没有注意过我——当然除了建议老师对我进行惩罚之外，可是现在一切都不一样了，我被市长邀请上台，并且与他们同居一席。噢，上帝啊！在那个时候，市长就相当于帝王，他是我们那个时代的国王。这如此巨大的荣誉令我无比激动，热血澎湃。

待我坐定之后，大会主席站了起来，走到桌边。当时我们都以为，接下来他会向大家介绍公理会的牧师，再由牧师为返乡的士兵作演讲，因为他几乎是大家公认的惟一的一位演说家。然而，观众们却发现那个老人家要亲自出马，这个时候，大家的脸上都禁不住露出惊异之色。在此之前可从来没见他发表过任何演说，错误倒是见他犯过不少，都是些普通老百姓常犯的错误。他似乎认为只要他担任了政府职务，就能旋即变成伟大的演说家。试想一下，如果一个人梦想长大以后能成为一名出色的演说家，但是从小却不晓得练练自己的嘴皮子，那该是一件多奇怪的事情。

那份演讲稿早就被大会主席记得烂熟于心了，以至于他在草场上来回踱步背诵稿子的时候，连牛都被他给震住了。只见他将演说稿平摊在桌上，推了推眼镜，并探身在讲稿上注视了一会，便昂首阔步走向演说台，他的脚步沉重而响亮，发出“咚，咚，咚”的声音。从这情形我们可以想象，他对将要演讲的题目一定研究得非常透彻深入，他脸上那慷慨激昂的神情正说明了这一点。他将身体的重心落在了左脚跟，肩膀向后仰，右脚成45度角稍微向前伸出，演讲的架势就此摆好了。可能有人会说：“这也太夸张了吧？”其实丝毫也没有夸张，演讲本来就是如此。

“公民们——”当他一听到自己的声音的时候，手指不由自主抖动起来，双膝不住打颤，接着全身开始发抖。他在这里哽住了，一句话也说不出来，他又回到桌边去查看讲稿。接着他握紧了拳头，鼓起勇气，又重新开始演讲：“公民们，我们——公民们，我们——我们——我们——我们——我们——我们很高兴——我们很高兴——我们很高兴。我们很高兴欢迎这些在沙场浴血奋战的勇士们回到家乡——哦，是重新返回家乡。我们尤其——我们尤其——我们尤其，我们尤其高兴看到今天跟我们共处一堂的这位年轻的英雄”（他说的“年轻的英雄”是指我）——“这位年轻的英雄，在想象中”（朋友们，记住他所说的“在想象中”这句话；如果他没有说这四个字，我在这里提出来就不免显得过于自以为是了）——“这个年轻的英雄，在想象中我们看见他率领——我们看见他率领——率领，我们看见他率领他的部队奔向最激烈的战斗。我们看到他明亮的——我们看到他明亮的——他明亮的——他明亮的剑——在阳光下——在阳光下闪耀，他向着敌人——敌人高喊，‘冲啊’！”

啊，我的上帝啊，上帝啊，上帝啊！那个好人对战争完全是一点也不了解。只要是合众国部队的战友今晚都可以告诉你们，在危险来临之际如果步兵军官冲在了士兵前面，那几乎可以称得上是犯罪。“他，举起那把在阳光下熠熠生辉的明亮的利剑,向着敌人高呼,‘冲啊’!”这样的事我可从来没做过。你们试想一下,如果我走在士兵的前面,不是被前方的敌人射死,就是被后面的士兵射死,我会这样做吗?军官根本不可能呆在那个位置上。事实上,在战争中,军官应处的位置是在战线后方,他的职位越高,就会越靠近后方。这不是因为他们比士兵怕死,而是因为战争法对军官制定了这样的要求。不论是军官或是士兵,只要他们牢牢守住各自的岗位,尽忠职守,都可称之为伟大!

啊,当时我从中学到这个教训,只要我的生命时钟继续运转,我就会时刻铭记。一个人的伟大不在于他将来担任何种职务,而在于他在环境窘迫时仍能成大事,低贱卑微时仍能创壮举。一个人若想有伟大之处,那么就在此时此刻,就在此地,就在费城,就应当能够成就伟大。如果他能使这座城市拥有更整洁的街道,更宽阔的人行道,更优良的教育,更优质的大学,更长久的幸福,更先进的文明,更虔诚的信仰,那么无论在什么地方他都是伟大的!在场的诸位,每一个男人和女人都请铭记:如果你想成为伟大之人,那么必须从自己的身边开始做起,从你现在所处的职位做起,从费城开始,从现在就有所行动。一个人应当能造福于他的家乡:能成为他住的地方的良好公民,能创造更美好的家园,无论是身为售货员、出纳员或是家庭主妇,无论境遇是富裕还是贫穷,都能够带来幸福。一个人无论在何处都可以伟大,首先他必须在自己的家乡——费城,变得伟大起来。

2

巴比伦富翁的秘密

(美)乔治·克纳森

乔治·克纳森(1874—1957),美国著名的成功学大师。为了能够让那些追求财富的人更好地理解金钱的本质,以帮助自己获得更多的财富,并更好地保有财富,他创作了《巴比伦富翁的秘密》一书。全书采用寓言的方式,以简易流畅的文字,展现11个成功的古巴比伦商人的传说,讲述了如何累积财富的法则。这些原则并没有随着时代的前进而显得过时,因而可谓西方的励志经典之作。

富翁的秘密 <<<

事前谨慎,好过事后后悔。

为什么你的钱包只够应付吃穿

我们挣的钱只能勉强糊口。到底是为什么？

一定是什么地方出了问题，不管我们怎样辛苦工作，都赚不到更多的钱，我们挣的钱只能勉强糊口。到底是为什么？

修造战车是巴比伦工匠班兹耳赖以谋生的职业。此刻他在家里的光秃秃的院墙上有气无力、呆呆地坐着，他脸上的凝重表情，好像在暗示他心里头有很多忧伤的事情，使得他心情烦躁。班兹耳悲伤地向着空空如也的小家和露天作坊凝望，一辆还未完工的战车孤零零地伫立在作坊里，满地都是零件。

班兹耳的妻子在门口徘徊，不时面带忧愁看他一眼，她的样子似乎在暗示着：家里已经要断粮了，要是你还不继续工作，挥起锤子，给车子打磨涂漆，把车轮圈上的皮带拉紧，直到完成这辆战车，然后再向有钱的客户兜售的话，我们就没有钱了。班兹耳的妻子想到这里，轻轻叹了口气。

尽管如此，这个壮实的造车匠依然靠在墙根下，他在苦苦思索一个问题，这个问题已经使得他好几天什么都没有做，就为了得到一个满意的答案。幼发拉底河的阳光特别炙热，毫无遮拦地照在他的身子上。他的额头不断渗出汗水，又滚落到他的胸脯上。

班兹耳家不远处就是皇宫，皇宫在那里巍峨地耸立着。再往前走一会，则是贝尔神殿的彩绘塔楼，高得直冲云霄。在皇宫和城墙巨大的阴影里，有许许多多像班兹耳家这样低矮的房舍，在皇宫的映衬下，显得更加简陋和寒碜。巴比伦城就是这样——富丽堂皇和破败污秽互相混杂，令人羡慕的有钱人和最可怜的穷人比邻而居。

热闹的大街上到处都是富人家的车子，就在这里，就在班兹耳的身后。街道上的行人,不管是穿着鞋子的小生意人还是赤足的乞丐,同样是行色匆匆。有时候,富人也得让路给服侍国王的奴隶,奴隶们经常捧着装满清水的羊皮袋,把它们运进皇宫,去给皇宫里的空中花园浇灌。

班兹耳过于专注于自己的问题,好像身处喧嚣而混乱的街道之外。忽然,传来一阵熟悉的七弦琴声,他一下子从冥思苦想中回到了现实。他回转身,弹琴的人是他最好的朋友——乐师柯比。

“愿诸神保佑你安乐自在,我的朋友。”柯比开口说话时,总是一副恭敬的语气,“慷慨的神把你暂时从辛苦的劳作中带走。我真为你的好运气感到高兴,我愿与你一起分享。现在你的钱袋一定是满满的,否则你肯定还在忙着呢。我要去参加今天晚上的贵族宴会,想跟你借两舍克勒,等宴会一结束,我就会如数奉还。”

“即使我有两块钱,”班兹耳有气无力地回答道,“我也不会借给任何人——哪怕是你,我最最亲爱的朋友,你要知道,我全部的财产就剩这些了。没有人会把他的所有财产借给别人,就算是他最好的朋友。”

柯比万分惊讶地说:“天啊!你现在身上连一个铜板儿都没有,竟然还能够这么悠闲自在地坐在这里,怎么不去工作、赶紧把那辆战车做完呢?除了做战车,难道你还能做别的什么来赚钱吗?这可不像你平时的行事方式,我的朋友。你平日里的那些热情都跑到哪里去了?到底有什么事情让你闷闷不乐?还是你遇到了什么麻烦?”

“这肯定是神在拿我开心。”班兹耳点头道,“我做了一个古怪的梦,我梦见自己变成了一个富翁,家财万贯,身上带着一个钱袋,里面装满了沉甸甸的金币。我可以任意地把钱抛给那些穷人和乞丐,我给妻子买最好的衣服——不必担心它有多贵。我可以想买什么就买什么。我有花不完的金子。我觉得非常满足和快乐。到时你根本不会认出我就是以前那个拼命干活的老朋友,你也一定不会认出我的妻子,她变得年轻了,就像美丽的少女一样,面容光洁得没有一丝皱纹,幸福的笑容洋溢在她脸上。”

“这的确是一个令人开心的美梦,”柯比说道,“但是做了这样的美梦,你怎么还会变得这样闷闷不乐呢?”

班兹耳深吸了一口气,对柯比意味深长地说:“是啊,原因是什么呢?因为每当我醒来的时候,发现自己仍然是一样的窘迫。现在,我们来谈谈这个问题。这么多年了,咱俩的处境几乎没有两样。从小我们一起跟着祭司学习智慧,长大后我们也一直跟从前一样亲密。我们长时间地工作,然后花自己辛辛苦苦挣来的钱,我们似乎都习惯于这样的生活。

“这么多年来,我们赚的钱也不少,但是我们却从来没有体验过财富带给我们的喜悦,这种喜悦只能到梦中去体会。难道我们真的没有那些有钱人聪明吗?”

班兹耳又加快语速说:“我们所居住的城市,是最富有的,所有的商人都说巴比伦城的财富没有哪一座城市能比得上。这座城市充满了财富,有钱人到处都是,可是我自己却穷困潦倒。你也一样,连参加贵族晚会的钱都没有,而我的钱包里只剩下了两舍克勒——它一直都是那样瘪——要是我能够这样回答你‘柯比,你瞧,我的钱包就在这儿,你想拿多少就拿多少’,那该有多好。一定是什么地方出了问题,不管我们怎样辛苦工作,都赚不到更多的钱,我们挣的钱只能勉强糊口。到底是为什么?

“柯比,我们为什么会这么穷,难道我们的孩子也要跟我们一样受穷,日子过得朝不保夕吗?等到他们也娶妻生子,建立自己的家庭,难道要他们的子孙后代还要像这样生活,在这个遍地都是黄金的城市,心甘情愿地忍受贫穷吗?”

眼前的班兹耳还是他的老朋友么?柯比惶惑地说:“班兹耳,我俩认识几十年了,我还从来没听你这样说话。你的意思我还不能完全明白。”

班兹耳说:“这些年来我也没有这样想过。我每天起早贪黑,拼命工作,努力造出最好的战车。我曾经有这样天真的想法,仁慈的神总有一天会因为我的善行而赐予我无穷的财富,但是这样的事却从来也没有发生过。今天我明白了一点,老天永远不会无缘无故地降下财富,我觉得非常郁闷而忧伤。

“我渴望成为富有的人,能拥有一切美好的事物,包括土地、牲口、满满的钱袋还有漂亮的房子。为了实现这样的梦想,我想尽一切办法,努力做到完美,可是我的努力并没有获得相应的回报,我的生活仍然没有改变。这其中的原因我要再好好思考一下,为什么所有的好的东西都不属于我,为什么我们不能像有钱人那样富有?”

“答案我也想知道!我也不甘心。”柯比盯着班兹耳的眼睛回答,“我弹七弦琴挣来的钱实在是太少了。我的琴已经破旧不堪,可是为了不让家人挨饿,我还是要将它擦拭干净。我多么盼望能拥有一把大的七弦琴,弹奏我喜欢的音乐。我相信,它演奏出的音乐会是世界上最美妙的,连国王也没有听过。”柯比说完,抚弄着那把旧琴,好像那把琴刹那间已经变成整个巴比伦最精美的七弦琴,柯比轻弹了几下。

班兹耳说:“是的,你确实是应该拥有那样一把琴。有了它,你会弹奏最美好的音乐,整个巴比伦都不会有比你弹得更好的人。不要说国王,连神灵听了也会被感动的。可是我们太穷,这个梦想怎么才能实现呢?

“你听,铃声响了,你瞧!”

班兹耳说着,指向一队正挑水进皇宫的奴隶,他们赤裸着上身,汗流浃背。他们五个人一起扛着一大羊皮袋的水,这使得他们佝偻着身子,艰难地向前迈进。

“你看最前面那个拿着摇铃的领头的人,他看起来真不错,”柯比说,“他应该可以算得上是我们国家的杰出人物了。”

“那里面肯定有不少能工巧匠,”班兹耳颇有同感,“许多人都跟我们一样技艺不凡。你看,那几个身强力壮的金发男人是北方人,那几个满脸微笑的年轻黑人是南方人，最后身材矮小的棕色皮肤的人来自附近各国。所有这些人每天都从河边取水，然后运到皇宫的花园里，日复一日，年复一年的，生活没有丝毫乐趣，可他们却继续着这样痛苦的生活。真可怜啊，柯比。"

"虽然我也觉得他们可怜，可是我们能好到哪里去呢？其实我们跟他们一样，只不过更自由一些。"

"是啊，这些让人感到难过，但是却是残酷的现实，柯比。我们的确和他们没有区别，工作，工作，除了工作，还是工作，生活就没有其他的东西。"

忽然，柯比好像找到了解决的办法，他激动地说："既然如此，那我们为什么不试着去打听别人致富的办法呢？只有这样我们才知道该怎么做。"

班兹耳似乎也若有所悟："也许我们可以去向那些精于此道的人请教，应该可以从中学到一些致富的窍门。"

"我知道可以去找谁，刚才我经过皇宫的正门，碰到了我的老朋友阿科德，他驾驶着自己那辆金色的战车。"柯比说，"阿科德可跟别的有钱人不一样，他不会高高在上，不会觉得我们身份卑微。他还微笑着跟我挥手，路上所有的人都看见他对一个乐师微笑致意，我觉得非常荣耀。"

班兹耳说："听说阿科德是全巴比伦最有钱的人，他的战车是由纯金打造的，我还参加了制作呢，想不到你跟他很熟悉。"

"阿科德可绝非一般的富有，连国王都要向他询问有关金钱方面的事呢。"柯比回答说。

班兹耳打断柯比的话："那他的钱到底会有多少啊！我想就算是在晚上，也会看到他钱包里闪闪发光的金子，就算他的衣裳单薄，恐怕也可以从他的钱包里掏出一大把金币来吧。"

"不可能！"柯比反驳道，"一个人的财富不是通过他手里有多少钱来体现的，如果金子不是像河流一样源源不断的话，不管是多鼓的钱包也会很快变空的。阿科德的收入就是这样源源不断的，所以他可以随意挥霍，钱包却一直是满的。"

"收入！"班兹耳突然大叫道，"问题的关键就是收入！我其实一直都期望我能拥有一份永远都不会断绝的收入，不管我呆在家中，还是在外面旅行。阿科德肯定知道该怎样去获得这样的收入。我找不到要领，不知道能不能向他讨教这样的致富之道。"

柯比回答说："我想他已经把他的致富之道传授给他儿子马希尔了。我听酒馆里的人说，马希尔也很了不起，他一个人来到尼尼微城，没有依靠他父亲阿科德的帮助，他也在很短的时间里就成为尼尼微城最富有的人。"

"柯比，我想到了一个好主意，"班兹耳欣喜若狂，眼睛发亮，"向好朋友请教并不需要花钱，而且阿科德一向都非常乐意免费给人提供建议。尽管我们去年还是囊空如洗的穷光蛋，但是这又有什么关系呢？只要我们一直渴望着发财致富。走吧，朋友，我们现在就去找阿科德，去问问他如何才能获得源源不断的收入。”

“这实在是一个好主意，班兹耳，你高兴的样子真令人激动。现在我终于明白了为什么我们一直这么贫困了，因为我们从来也不曾去寻找过。

“为了挣钱，你总是全副身心地投入到工作当中，努力制造出巴比伦最好的战车，巴比伦最好的造车匠非你莫属；而我热爱音乐，我一直努力要成为一位技艺超群的七弦琴乐匠，我也做到了。

“我们在各自的领域，都付出了最大的努力，可以说我们都获得了成功。神一定会帮助我们继续拥有成功。现在，有一线曙光在我们眼前，那一定是神赐予的光芒。这光芒会指引我们去探求更多的知识，有了新的认识，我们的愿望就会达成了。”

“我们现在就去阿科德那吧，”班兹耳催促道，“叫上那些跟我们一样窘迫的老朋友，大家一起去向阿科德请教，分享他的智慧。”

“班兹耳，你总是想到你的朋友们，怪不得你有这么多的朋友。好，我们就依你说的，今天就一起去拜访阿科德吧。”

巴比伦最富有的人

惟有决心,能使你完成任何微不足道的任务。

挣一个,花一个,就没法令钱财为你服务,更别指望能利用更多的钱,这不是很简单的道理吗?

阿科德是全巴比伦城最富有的人,他的财富的确很多,但他的乐善好施更为他赢得了人们的敬仰和爱戴。阿科德生性慷慨,经常帮助别人,或许是因为富有,他从不吝啬花钱,哪怕是施舍穷人,他的出手也同样阔绰。尽管这样,阿科德的财富仍然在逐年增加,这是所有巴比伦人有目共睹的。

那些年少时的朋友问他:"阿科德,你太幸运了,现在是巴比伦最富有的人,当你享尽荣华的时候,我们却在为生活而奔忙。我们每天辛苦工作也只能勉强让家人吃饱穿暖。现在回想一下,我们从前是站在同一起跑线上,受到完全相同的教育,玩一样的游戏。不管是读书还是游戏,你都没有超出我们很多。而在其后很长一段时间里,你也和我们一样普普通通,毫无二致。而且在我们看来,你工作起来也没有多么勤奋,可是为什么命运女神偏偏要把好运赐予你呢?难道她认为只有你才有资格享受生活的乐趣,而我们却只能让生活的重担将我们越压越垮?"

阿科德针对好友的疑惑,回答道:

"你们说赚来的钱仅够养家糊口,如果你们有这样的看法,那么说明你们根本没有掌握理财之道,也可以说你们完全没有朝着这方面作出任何努力。

"我们常常说命运女神是变化无常的,没有谁会永远得到她的青睐,也没有谁会得到她所赐予的永久的幸运。那些不劳而获的人也终有一天会失去他所拥有的意外之财。命运女神可以令你拥有万贯家财,任意挥霍,也可以在一夕之间就将你的所有收回,你会永远在无法满足的贪婪的欲望中饱受折磨。也许有一些人偶尔会得到她的眷顾,就变成了可怜的守财奴,他们一直到死都牢牢地看守着自己的钱财,生活得极其吝啬,他们根本没有因为自己所拥有的财富而享受到一丝一毫生活的快乐。可见他们的财富和他们的智慧之间是成反比的。

“有钱人中还有一种人,不费吹灰之力就得到了许多财富,并且利用这些财富创造出更多的财富,并继续他们快乐富足的生活。可是这种人太少了,我也只是听人谈到过,并没有亲眼见到。你们想一下,那些偶然得到一大笔意外之财的人,他们的命运是不是像我说的那样?”

朋友们承认阿科德所说的都是事实,他们认识的人里面那些意外发家的人,结局几乎都与此类似。朋友们开始央求阿科德讲一讲他是通过什么途径获得如此巨大的财富的。于是阿科德继续说道:

“我年轻的时候,很喜欢观察周围的世界,我发现世上到处都是可以给人带来快乐和满足的东西。后来我得出结论,穷苦人的快乐不同于有钱人的快乐,财富可以令一个人更有机会享受快乐和得到满足。

“财富就意味着快乐和力量。

“大家都知道,有了钱,许多事情都更好办了,而且充满了乐趣。

“你可以用最华贵的家具来为你的家装扮,令生活充满情调。

“你可以带上你的家人去全世界环游。

“你可以将所有的珍馐佳肴都尝尽。

“你可以佩戴最精美华丽的珠宝首饰。

“你甚至可以为神灵建造几座金碧辉煌的宝殿。

“除了这些,你还可以做更多使自己身心愉悦的事。

“在做出种种幻想之后,我下定决心一定要努力赢得这些人生中美好的事物。要我眼睁睁地看着别人享受生活,自己却一事无成,我做不到;我也不能容忍自己身上一辈子都穿着那些看似体面实则廉价的衣服,生活得很拮据,我没办法容忍让自己一辈子做穷人。与此相反,我要成为最有钱的人,我要自己主宰自己的命运。

“你们都知道,我的父亲只是一个一般的小商人,加上家里兄弟众多,要继承遗产的话根本轮不到我。而且,正如你们所说,我并没有过人的资质,也没有出众的才华。所以我明白,假如我不努力学习、钻研理财方面的知识的话,我将无法实现我的梦想,我会像你们一样一事无成。

“每个人所拥有的时间都是相同的,但是有人却任时间白白溜走,而不利用时间来赚钱。现在,你们除了美满的家庭之外,就没有其他值得炫耀的东西了。

“有一位睿智的哲人曾教导我们,知识分为两种:一种是可以从前人的经验中学习到的,而另一种则是需要我们不断地积累经验,通过磨炼去积累的。

“于是我努力探索致富之道,当我掌握了这些秘诀的时候,我便会全力以赴。当我们还能享受温暖的阳光时,就应该尽情去享受,否则等我们离开人世的时候,等待我们的就只有幽暗冥界那无尽的黑夜。

“知识就像一座宝库，而开启这座宝库的钥匙就是实践。刚开始我找到一份工作，在皇宫文史记录厅刻泥板，我每天的大部分时间都花在刻写泥板上了。

“时间很快流逝，我每天不停地工作，但是还是连一个子儿也没攒下。像吃饭、穿衣、祭祀这些日常生活所需，就耗尽了我所有的收入。但是我的决心并没有因此而有丝毫动摇。

“直到有一天，开钱庄的高利贷商人阿尔加米希到了文史记录厅，向我们订制了一套《第九法令》。阿尔加米希对我说，必须要在两天之内把这个法令刻写好，如果我办得到，将得到两个钱币的酬劳。

“于是我拼命地日夜赶工，可是这条法令实在是太长了，而两天的时间太少了，所以直到阿尔加米希来取件时，我还是没刻完。他很生气，说要不是因为我不是他的奴隶，他一定会痛打我一顿。皇宫里的法令是不允许打人的，他很清楚这一点，所以我并没有害怕。待他稍微平静之后，我小心翼翼地问他：‘尊敬的阿尔加米希，请原谅我没能把法令刻完，不过我很想知道您为什么会这么有钱，您能告诉我您是怎么致富的吗？如果您愿意告诉我，我会熬夜帮您刻泥板，我保证等到明天太阳升起的时候，一定会把法令刻完，并亲自交给您。’

“阿尔加米希面带笑意回答说：‘求学不论身份，我看得出来你是个非常好学的仆人，好吧，我就答应你的要求吧。’

“于是整整一夜，我都在拼命地雕刻泥板，直到我累得腰都直不起来，头昏脑涨，眼圈红肿，双眼模糊得无法看清东西，终于在天亮的时候刻好了所有的泥板，从他取件时对我投来的赞许的目光中，我知道自己没白费功夫。

“我对他说：‘现在该是您兑现诺言的时候了，您快把致富的秘诀告诉我吧！’

“阿尔加米希说：‘年轻人，我不会食言的。你知道，上了年纪的人都喜欢唠叨，不少年轻人都觉得老人的智慧已经过时了，没用了。其实他们不知道，开在自己窗口的玫瑰比远处虚幻的玫瑰园更美丽。我们的智慧都是由同一个太阳所赋予的，老人的智慧就如同恒星一样长久，而年轻人的不过是转瞬即逝的流星。

“‘你要记住，失败是向成功更靠近一步，而当所有通向失败的路都经历过后，就只剩下一条成功之路。相信这一点，你才能理解我后面所说的话的真理，否则你会以为昨夜的辛勤只是在白费功夫。’

“阿尔加米希的声音突然变得低沉有力：‘从我决定留下自己收入的一部分给自己的那一刻起，我终于找到了致富之路。你也不妨一试。’

“说完，他就停了下来，眼里闪耀着智慧的光芒。

“我急切地问：‘就这些吗？没其他的了吗？’

“他不紧不慢地答道：‘一个人凭借这些足够变得强大和富有。’

“‘可是那些钱本来就是我的。’

"阿尔加米希回答说:'根本就不是这样的。你要付钱给理发匠、裁缝师、鞋匠，你还要吃饭。什么都需要钱,你一直在付给别人钱,就跟奴隶没什么两样。你说说,你的工资还有剩余吗?笨蛋!如果你每次都把工资的十分之一存下来,一直存十年,算算会有多少?'

"我大致算了一下:'差不多是我一年的工钱。'

"他恼怒道:'傻瓜,这个数字谁都会算,毫无意义。你没有想过让钱再生钱吗?要想成为有钱人,就得那样做。这样积累下去,很快就能拥有你所渴望的财富。

"'年轻人,你以为我在骗你吗,让你白白工作了一个晚上?你这么勤奋,这么聪明,以后会慢慢理解我的话的。我敢保证你会因此得到无尽的回报,获得你无法想象的财富。

"'不管你赚的钱有多少,甚至少到没法生活,你都要保证每次给自己存下一部分,哪怕只是一个钱币。当然像吃饭、祭神、治病,这些钱是生活必需的。除此之外,一定要控制自己的欲望,不要买一些超出自己能力范围的东西。这样你就把你每天存下的第一个钱币当做你的种子,慢慢地,你的财富就会长成参天大树。你越勤奋,它就会长得越高。'说完,阿尔加米希就拿起刻板走了。

"我仔细思索着他的话,觉得很有道理,我决定要按他的话去做。不过,很奇怪,我每次都从收入里抽出十分之一存下来,可是我却并没有觉得自己有什么短缺。不过面对各种诱惑,我常常要加以克制,幸而每次我都成功地战胜了自己。

"一年过去了,我又碰到了阿尔加米希,他问我:'怎么样,年轻人,这一年你有没存下积蓄啊?'

"'当然了。'我自豪地回答。

"'好,很好,那你用这些钱干什么了?'

"我回答说:'我全交给了造砖匠阿斯姆,他说他可以到腓尼基的提尔城,买很多稀世珍宝回来出售,然后我们平分利润。'

"阿尔加米希竟然愤怒得咆哮起来:'真是个蠢人,你就得吃吃苦头。你居然相信一个造砖匠会懂珠宝?难道你以为小裁缝会懂恒星,面包师会懂哲学吗?这些应该去找天文学家和哲学家啊。这下,你的积蓄全没了。你太急于求成了,我看,你只能再试一次。记住,下次向珠宝商去请教有关珠宝方面的知识,向牧羊人请教有关养羊的问题,而不是其他的什么人。'

"阿尔加米希说完就离开了。

"果然,正如他所料,我一年的积蓄全没了。我还是按照阿尔加米希的教导,定时存钱,这时已经很轻松了,因为我已经养成了存钱的习惯。

"过了一年,阿尔加米希又来了,询问我的进展。

"我回答说:'今年我把存款都交给了盾匠阿格尔购买铜材,每隔四个月他就付一次利息给我。'

“阿尔加米希点头赞许道：‘不错，那这些利息，你是怎么处理的呢？’

“‘哦，我买来很多好吃的，还买了一件昂贵的袍子，我还想将来买头驴。’

“可是我遭到了阿尔加米希的嘲笑，他说：‘你真是愚蠢，居然将可以给你赚更多钱的钱币都花掉了，你这样赚一个花一个，只会再一次陷入困窘。只有让更多的黄金成为你赚钱的奴隶，你才可以高枕无忧。’说完便匆匆离开了。

“我再次见到他，是在两年之后，他看起来老了很多，满脸皱纹，眼皮下垂，似乎过得不太理想。一见到我，他就问：‘阿科德，怎么样，你梦想的生活实现了吗？’

“‘还没有，不过我已经攒了一笔钱，而且就按你说的，利滚利，我赚了更多的钱。’

“阿尔加米希开玩笑地问：‘你还去向造砖匠请教吗？’

“我也笑着答道：‘如果是造砖的事情，我会去。’

“阿尔加米希又说：‘阿科德，看起来你已经懂得了量入为出的道理，并且知道向经验丰富的人请教，样样都在行了。我是越来越老了，身体很糟糕，可气的是我的儿子根本不会赚钱，只会挥霍。我想请你做我的伙伴，跟我到尼普去，帮我照顾产业，我会将我的财产分给你的。’

“于是我跟着他来到了尼普，帮他管理产业。由于深谙理财之道，我帮阿尔加米希赚了更多的钱，而且，我自己也拥有了越来越多的财富，不仅包括黄金，还有知识。阿尔加米希去世后，根据巴比伦的法律程序，我也有份得到他的部分财产。”

阿科德的故事讲完了，大家都在回味它的精彩绝伦，其中一个朋友感叹道：“阿科德，你真幸运，不仅可以跟阿尔加米希成为朋友，还成了他的继承人。”

阿科德说：“其实在碰到他之前，我就一直在渴望成为富翁，后来又经受了很多考验，才有幸被幸运女神青睐。我的意志在最开始的四年里得到了磨炼，不管多艰难，我都坚持将收入的十分之一存下来。当第一次的积蓄全部付诸东流之后，我又重新振作起来。其实所依赖的并非意志力，而是决心。千万不要愚蠢地把意志力当做武器，它只不过可以让你继续坚持罢了。难道意志力能让骆驼搬运一座小岛吗？惟有决心，能使你完成任何微不足道的任务。所以拥有财富的决心是致富的首要因素。

“除了决心，还需要信心。强大的自信可以帮助我们渡过难关。如果我给自己定个任务，每天回家的时候往河里扔一块石头，并且有自信一定能够做到。倘若坚持五天之后，就想，算了吧，太冷了，明天再补上，或者是就此放弃，因为这样的事是毫无意义的。可是我不会让这些懒惰的借口将我打败，我告诉自己，我有信心，只不过是扔一块石头，我一定可以做到。

“所以，一旦我给自己定下任务，不论有多么微小，我也会坚持完成。当最后成功的那一刻，我会觉得非常开心。所以，做事要有始有终，而且要有完成的信心。”

这时，一位朋友问道：“如果所有的人都能够迈出第一步，并坚持不懈，那这个世上的财富可能不够分吧？”

阿科德笑道：“你们要明白一个道理，财富会通过人们的努力而慢慢增加。举个例子，一个有钱人花了万两黄金盖了一座神殿，他要付工钱给设计师和泥瓦匠，买材料也要花钱，那他的钱是不是就因此而消失了呢？其实不然，神殿建成之后，其所占的土地以及周围的土地都会因此而升值。财富是没有极限的，它会不停增长。像腓尼基人在沿海的荒地所建造的那些城市，其价值与财富就无法估量。”

最后又有人问：“可是这些致富之道有什么意义呢？我们已经老了，什么积蓄也没有。”

阿科德回答说：“什么时候都不晚，从现在开始，你们就照着阿尔加米希的方法去做，并时刻提醒自己。唉声叹气是没有用的，最好是每天将收入的一部分存下来，这是最明智也是最快捷的方法。你的财富会越来越多，并且会使你受到鼓励，去赚更多的钱。这样，金钱会成为你的奴隶，你可以从中享受到无穷乐趣。

“每个人都会有老的一天，所以为了确保自己的生活无忧，你要进行有效的投资，当然不是高利贷，它的风险太大了。一个有远见的男人应该防止一点，就是在自己死后，家人没法再像以前一样充足富裕地生活。只要你每隔一段时间存点钱就行了，一刻也不要耽搁，现在就开始储蓄吧。

“要向那些整天都跟钱打交道的人请教，让他们时刻提醒自己，不要焦躁。大家可千万别像我当初那样把自己的辛苦积蓄交给造砖匠去买珠宝，结果全都没了。要记住，小额报酬的投资的安全性远远高于高风险的投资。

“如果上面这些技巧你全部掌握了，那么你就可以好好享受生活了。如果为了存更多的钱，而使自己过度节俭，那就没有必要了。人生是如此美好，有很多东西等着我们去享受，不要做金钱的奴隶。”

阿科德说完了，似乎如释重负，因为这就是他要说的所有的话。朋友们道谢之后准备离开，其中不少人都眉头紧锁，沉默不语。很显然，他们不知道阿科德到底在说什么。还有几个人小声嘀咕：“阿科德这么有钱，应该分点给我们这些不走运的人。”

只有少数人领会了阿科德的智慧，他们明白，当年为什么阿尔加米希会多次到文史记录厅去找阿科德，因为他看到了一个努力工作的年轻人，一个渴望摆脱困境的年轻人。阿科德通过自己的奋斗，从黑暗迈向光明，等待他的是大好前程。而只有像阿科德这样深谙理财之道、时刻在为致富而做准备、并等待机会的人，才有可能获得财富女神的青睐，并拥有目前的地位。

此后，那些人又多次向阿科德求教，善良的阿科德每次都会倾囊以授，将自己在理财方面的智慧免费为他们讲授。后来，阿科德又教他们将存款用在安全的投资上，以免遭受损失或者被套牢而无利息可赚。

当阿科德的智慧被这些穷困的人慢慢领悟时，他们的生活开始逐渐好转，他们手中的财富也越来越多了。

脱贫致富七要诀

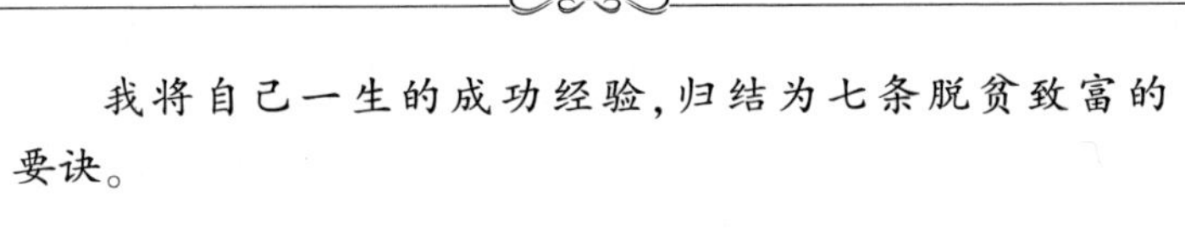

我将自己一生的成功经验，归结为七条脱贫致富的要诀。

这话听起来是不是很可笑？请不要见怪。我想向你们讲述的是我本人致富的要诀，也是我迈向财富之路的第一步。

巴比伦的长盛不衰是出了名的，在历史上有“全世界首富之都”的美誉，这一国度的财富数量超乎人们的想象。

然而这一国家并非“生来”就富足，它之所以能够昌盛发达，关键的原因还是源于其本国人民的理财智慧。要想成为一个名副其实的巴比伦人，就要具备致富的技巧。

巴比伦一代明君萨贡王，于公元前 24 至 23 世纪统一了两河流域，成为一代开国皇帝。在他打败埃兰萨贡人，回到巴比伦的时候，却遇到了严峻的问题。宫廷的宰相向这位明君解释道：

“吾皇英明，开凿了伟大的运河，为诸神建造了宝殿，为百姓谋福利。然则这些浩大的工程都已完工，现如今百姓整日无所事事，劳力无处雇用，商店顾客稀少，农人丰收的果实也很难卖掉，人们也无钱买粮。”

对此，国王感到非常困惑：“我们为建造这些工程而花费的金子都去了哪里呢？”

宰相答道：“所有的金子恐怕都流入了城中那几名巨富之手了。从百姓指尖流出的金子被富翁统统收归囊中，这比山羊奶流入挤奶人之手还要快。因为金子无法流通，很多百姓的手中无半点积蓄。”

国王思索了一阵，又问道：“如此少量的富翁如何能获得几乎全部的金子？”

宰相答道:“因为只有他们掌握了积攒金子的诀窍。而普通人并不会对这些懂得财富之道的人怀有敌意。做官的即使再怎样追求公正,也不会任意剥夺那些靠正当手段致富的人,将他们的财富分给那些没有技能的人。”

国王觉得更加困惑了:“为何会如此呢?我国的臣民难道不懂得学习积攒金子的方法,使自己变得富足起来吗?”

宰相又答道:“百姓当然能够学会怎样积攒财富,但是陛下,问题的关键是,谁来担当教导他们的重任呢?祭司是不可能做到的,因为他们自己都不知道怎么积攒财富。”

国王只好又问:“那么,全巴比伦城中,到底谁是具备致富技巧的人呢?”

宰相禀告道:“尊敬的陛下,答案就在您的问题之中。请想一想,全巴比伦城,谁积攒了最多的财富呢?”

“我最智慧的爱卿啊,阿科德是外界最负盛名的巴比伦首富。快请他前来觐见。”

第二天,阿科德得到国王的手谕,早早赶来面见皇帝,当时 70 岁高龄的阿科德脸色红润,精神矍铄。他来到国王面前,感到无比荣幸。

国王问道:“阿科德,你敢承认自己是全巴比伦城的首富吗?”

阿科德回答:“正如陛下您听到的那样,对于这一点,我无法否认。”

“那么你是如何获得这么多的财富的呢?”

“善于把握住时机。我所能遇到的机会,巴比伦城中的任何一位居民都曾遇到过。”

“难道不需要依靠任何基础吗?”

“只要拥有一颗极度渴求财富的心灵就已经足够了。”

“阿科德,正如你所看到的,现在城中的状况不尽如人意,一方面,由于致富的秘诀只掌握在少数人的手中,以致形成了财富垄断的局面;另一方面,众多的百姓缺乏理财的要诀,只得眼睁睁地看着财富流入少数人的口袋。”

国王继续说:“我一直盼望着巴比伦成为全世界最富足的城市。为了达到这一目标,首先要做的,就是使巴比伦城中的有钱人数量猛增,因此我们必须让城中所有的百姓都学会致富的诀窍。亲爱的阿科德,请你告诉我,致富有何诀窍吗?人们如何才能学会呢?”

“尊敬的陛下,这是一个非常现实的问题。任何一个懂得致富之道的人,都能够将这些诀窍施与他人。”

国王的眼中闪烁着喜悦的光芒:“亲爱的阿科德,我非常赞成你说的话。那么,你是否愿意奉献出你的心力来完成这项伟大的事业?你能否将你的理财智慧授给那些教师,让他们再教导其他的人,直到那些受过充分理财教育的人能够胜任教导全国百姓理财的诀窍?”

阿科德鞠躬施礼，说道："谨遵王命。为我百姓谋福利即为吾王增荣耀，我将竭尽所能将我所掌握的财富之道倾囊以授。承蒙陛下恩典，可先派大臣召集 100 人来，我将教授他们致富的七大要诀，让巴比伦城从此不再有穷人。"

两个星期之后，按照国王的旨意，挑选出了第一批学员，教授地点定于国家学习大厅，一百个人成半圆形围坐在一起。

阿科德坐在一张小桌前。桌子的上面，摆放了一盏圣灯，不时散发出奇妙而沁人心脾的香味。

在阿科德起身开始教授之前，一位学生轻推坐在身边的同学，悄声说道："瞧瞧！他就是城中最富有的人，可看上去并没有什么过人之处啊。"

就在此时，阿科德的话高声响起：

"承蒙皇上恩典，委以如此重任于我，老朽无以为报，只求来此不辱吾王赋予的使命。曾经，我也和你们中的一些人一样，贫困交加，梦想着发财；而此后因为掌握了致富的诀窍，才渐渐变得富足，因而皇上要求我将这些理财的智慧教予诸位。

"我跟任何一位普通的巴比伦臣民没什么两样，没有任何优势，完全是白手起家。

"一个破旧的钱袋就是我的首个仓库。但我无法想象身带空空如也的钱袋，我渴望富足的感觉，有无数的金币在其中叮当作响。因而，我想方设法找寻充实钱袋的诀窍。我主保佑，我最终发现了 7 项要诀。

"我能在这里向各位介绍这 7 项要诀，对此我感到十分荣幸。这要诀是我对所有不懈追求财富的人推荐的 7 项建议。我将在今后 7 日的时间内，每日向诸位解说一项要诀。

"请认真听取我所讲述的这些要义。你们可以与我辩论，或者在同学之间相互讨论。请尽心尽力去掌握这些要义，它们必将成为你们钱袋胀满的基础。这需要在座的各位都能够下定决心开创属于自己的财富之路，然后才能具备理财的能力。只有如此，你们才能担当起将这些智慧传授给他人的重任。

"我这里有几项简单的使钱袋饱满的方法，这也是迈向富人阶层的第一步。如果无法迈出这坚实的第一步，那么你将永远也不会踏入财富的殿堂。

"就此，我们来看看第一项要领。"

致富第一要诀：首先使你的钱袋鼓起来

阿科德边说边走到第二排，向一位若有所思的男性学员发问："我的朋友，你从事什么职业？"

这位学员答道："我是一名抄写员，负责刻写泥板。"

"我最开始从事的工作和你一样，也是刻板工人，"阿科德兴奋地说道，"这也就是说，我获得的第一枚铜钱，就是通过从事这项工作赚来的。因而，你们也具备相同的机遇来获得财富。"

阿科德又问了一位脸色红润、坐在后排的学员："你能否告诉我，你是靠什么养家的？"

这位先生回答："我是一名屠夫，我从牧人那儿买来山羊，宰杀后把羊肉卖给家庭妇女，羊皮则供给鞋匠做皮鞋。"

阿科德称许道："不错，你既肯付出辛勤劳动，又懂得从中赚取利益，就应该说你比我更具备致富的优势。"

接下来阿科德又陆续向每一位学员询问了他们所从事的职业，然后对大家说："或许大家已经看出来了，其实不论是经商还是出卖个人劳力，都能够挣到钱。而每一种赚钱的方式，都是一种通过自己的劳动来换取金币的过程。只不过有多少金币能真正到自己钱袋，那就要看个人能力。既然大家都想追求属于自己的财富，那么我们应从充分利用自己既有的财源开始，大家说，这是不是一项明智的做法？"

学生们纷纷点头表示赞同。

接着，阿科德问一位自称是从事鸡蛋买卖的人："假定你有一个篮筐放鸡蛋，你每天早上放进去 10 个，然后每天晚上又取出 9 个，你说结果会怎么样？"

"肯定有一天，篮筐会被装满。"

"那这是什么原因呢？其实道理很简单，因为我每天拿出来的鸡蛋总要比放进去的少一个。"

然后阿科德又转而向所有学员发问："诸位，你们谁的钱袋是空的呢？"

起初学员们都以为老师在跟自己开玩笑呢，于是大家都呵呵笑着挥舞自己的钱袋。

阿科德笑着说："各位，刚才我已经向你们传授了摆脱贫困的第一项要诀。请大家按照我刚才提供给鸡蛋商的建议去做：你们每天放进钱袋 10 个硬币，最多只能花掉 9 个。这样一直坚持，要不了多久你就会发现，你的钱袋开始鼓起来了，你感觉将鼓鼓的钱袋握在手里是如此美妙，而且你的灵魂也得到了满足。

"这话听起来是不是很可笑？请不要见怪。我想向你们讲述的是我本人致富的要诀，也是我迈向财富之路的第一步。

"我刚才讲过，我曾经跟你们一样穷困潦倒，我对此深恶痛绝，钱袋空空，什么愿望也满足不了。不过自从我开始按照刚才我教你们的那样做时——每天赚 10 个，最多花 9 个——我的钱袋慢慢鼓起来了。我坚信你们也会得偿所愿的。这个真理的确很奇妙，因为当我存下十分之一收入的时候，我还是过得很轻松。这个时间并不长，而且储蓄财富会变得更加轻松。看来，老天的定律就是如此：金钱属于那些不将自己的收入全部花光而储蓄一部分的人，而非钱袋空空之人。

"所以，我亲爱的朋友们，请记住我的第一项建议是：一次赚 10 个钱币，只花 9 个。

"接下来，大家可以讨论。如果有谁认为这不是真实的，明天课上可以告诉我。”

致富第二要诀：做好开支的预算

第二天，阿科德又开始接着上课，他首先发问：“很多学员都有一个问题，倘若一个人的收入还不能保证自己的日常生活，那他怎么存下十分之一呢？昨天，大家告诉我，你们的钱袋都是空的。但事实上你们赚的钱不可能一样，但为什么却是一样的结果呢？现在，我要告诉你们一个真理：我们的必要支出将永远与我们的收入是持平的。

“有两个概念你们很容易混淆，那就是必要支出和欲望。如果说要满足你们还有家人的欲望的话，那赚多少钱也不够。因为人的欲望是无穷的。所以实际上，你们有很多都是不必要的花销，这些完全可以避免。应该把钱‘花在刀刃上’，充分利用它。

“大家可以把自己的花销全部写在泥板上，把其中确实是必要的留下来，其他的全部涂掉。如果对自己一味放纵，只会使贪婪的恶习得到助长，最终会追悔莫及。然后，针对这些必要的开支，你要做精细的预算，千万不能动用自己的积蓄。还要根据实际情况随时调整自己的预算。总之，你一定要把正在饱满的钱袋牢牢拽在手里。”

“我可不打算做预算的奴隶，”大师的话突然被一位身穿红黄相间袍子的人打断，“我不用工作就能养活自己，我想我也有享受人生的权利。如果要像驴子一样一生都背负沉重的负担，那样什么乐趣都没了。”

阿科德说道：“我的朋友，你的预算是由谁决定的呢？”

“当然是我自己了。”

“那么，我们就用你刚才的比喻吧。假设这头驴子要给自己负重的东西做预算，那它只会把从田间驮回的稻草、谷物和水一类的东西算在内，不可能会有珠宝、地毯以及金条一类的东西。

“我们做预算的惟一目的就是要帮你攥紧饱满的钱袋，它既可以使你享受一般人所享有的乐趣，还能让你在自己可以承受的范围内，满足其他一些愿望。它会让你最渴求满足的欲望得以实现，而不会让你的钱花在那些不切实际的欲望上。

“这就是脱贫致富的第二项要诀：为支出做好预算。惟有这样，你才能将自己的支出控制在收入的90%以内，攒足够的钱在必要的花费上，满足基本的享受，并使正当的欲望得以实现。”

致富第三要诀：每一分钱都要花在刀刃上

第三天的时候，阿科德对学员们说：

“好了，你们正在按照我所说的第二条，严格地将自己收入的十分之一存下来，你们的钱包正在鼓起来。下面，我们要考虑一下，怎样将积蓄的财富变成可以为我们带来更多收入的财富。我们把钱攒下来，只是一个开始，通过它们来赚的那一部分钱，才是我们真正财富的基础。

“那么，怎么才能使这些积蓄运作起来呢？我得承认，我的第一次投资是失败的，待会我会把这个故事告诉大家。我第一笔赚钱的投资，是从一个名叫阿格尔的制盾匠那里来的。我把资金借给他从海外买铜回来。每次借钱给他之前，我都会把利息先拿回来。这样，我不仅能增加积蓄，本身又能赚取相应的利息，而且所有的钱最后都会回到我的钱袋中，这一点是最让人放心的了。

“那么，今天我想告诉大家的是，一个人有没有钱，不是取决于他钱袋里的钱，而是要看他是否可以使其收入日渐增多，并能增加财源，以及是否有决心使钱袋一直饱满。无论你是在家，或是工作，或是在外旅行，你都要保证有源源不断的钱在涌向你的钱袋。

“很快，我就赚了大笔的钱，成为了富翁。我人生的第一桶金是从投资阿格尔的铜材生意而来的，而我的智慧也因此有所增长。我的资本不断增加，投资规模也越来越大，我把钱借给很多人。我的理财手段越来越高明，财源滚滚而来。

“为了说明合理投资能够加快财富增长速度的道理，我再给大家举个例子：一个农夫于第一个儿子出生之时，在钱庄里存了 10 枚银币，一直存到儿子满 20 岁。钱庄老板说可以每隔 4 年付他 25%的利息，因为农夫并不急着用钱，所以他说把这些利钱也放到本金里。等到儿子 20 岁时，老农夫到钱庄向老板取回这笔钱。老板跟他讲，他原来存的 10 枚银币根据复利计算方法，已经涨到 31.5 枚银币了。农夫非常高兴，因为儿子还小，还用不到这笔钱，他决定继续存着。最后农夫去世，儿子满 45 岁了，钱庄老板交给了他 167 枚银币。在这 45 年时间里，10 枚银币经过利滚利之后竟然增长了将近 17 倍。

“这就是致富的第三大要诀：要利用‘利滚利’的办法，使每一分钱都发挥最大效用，让财富源源不断地流进你的钱袋。”

致富第四要诀：投资谨慎，防止风险

到了第四天，阿科德大师的新课程又开始了：

“灾祸总是突如其来。我们往往由于疏忽而损失钱财，所以我们要时刻攥紧钱袋，直到老天给我们更多的金币。有时候有了钱，人们总是受不了各种宣称会有高收益的投资的诱惑。在投资之前，一定要调查清楚借款人的偿还能力与信誉度，还要彻底调查清楚项目的风险度，否则危险性极高。

“我人生的第一笔投资，几乎可以算是一场悲剧。我把自己整整一年的积蓄交给了一个名叫阿斯姆的砖瓦匠，让他去买珠宝，结果他带回来一些玻璃，害得我血本无归。从这件事当中，我明白：绝对不能向一名砖瓦匠投资去做珠宝生意。

“我也想通过这次教训，告诉大家，一定要头脑清楚，别掉到投资的陷阱里去了。一定要向经验丰富的人请教，他们会帮助你很快获得自己设想的投资回报。这些建议的真正价值就是可以确保万无一失，事实已经对此做出证明。

"脱贫致富的第四要诀就是这样,这一点至关重要,它不会让你饱满的钱袋变空。因此投资一定要避免风险。要多向那些富有智慧、经验丰富的人请教,并谨遵其训。"

致富第五要诀:拥有自己的房产

阿科德开始了第五天的新课程:

"一个人凭借收入的十分之九已经足以维持生活与享受生活。不过,要是他能再从这十分之九中拿出一部分来投资的话,那么他将会更加富有,而且原有的生活质量也不会改变。

"绝大多数巴比伦男人都是整个家庭的支柱。因为没有自己的土地,他们得向地主交房租,也不能提供足够的空间让妻子养些花花草草;他们的孩子们没有玩耍的地方,只能整天在肮脏的小巷子里乱跑。

"如果能有一大块干净整洁的场地,孩子们可以在上面尽情玩耍,妻子们可以布置花园,甚至还能开辟出一片菜园来,那么这一切将是多么幸福的生活。所有男人都喜欢吃自家菜园种的无花果和葡萄,当然,每个男人也都渴望能有一个真正属于自己的房产。他会为之心甘情愿付出自己的一切。所以我认为,任何一个人都应该拥有一套属于自己的房子。

"只要你是真心地想拥有房子,那你肯定能实现自己的愿望。现在城里有很多闲置的土地,因为我们的国王几次下令扩建城墙。如果价位适合,我建议你们早点买下来。而且那些钱庄都很乐意借钱给你们买房,只要你的购房计划可行,双方谈好细节之后,就可以贷款买房了。

"一旦有了自己的房子,你就再也不用向地主交房租了,以后你要用分期付款的方式向钱庄老板还款。等到若干年之后,这栋房子就真正属于你了。难道一个拥有自己房产的人,不应该感到快乐吗?到那个时候,你就只需要向国王,而不用向其他任何人纳税了。这样一来,你那美丽的妻子到河边洗衣服的时候,人们会投以羡慕的眼光;洗完衣服回来,还可以顺便装一袋水浇灌自家的花草和蔬菜。

"所以,拥有自己的房产不仅可以使家庭生活费用的支出有所降低,而且你还可以用剩下的钱去享受更多的乐趣,使自己更多的欲望得到满足。这样的人生是多么幸福啊。

"拥有属于自己的房产,就是脱贫致富的第五要诀。"

致富第六要诀:为将来的生活做好准备

第六天的时候,阿科德告诉学员们:

"不管是什么人,其人生的必经之路就是生活,除非他一出生就被神灵召唤走了。所以,在青壮年的时候,每个人都要为自己的晚年生活做好打算,要存一笔足够的钱养老,还要考虑在自己死后,家人如何生活,要把足够的生活费预留出来。因此,今天我要告诉大家的就是,如何在相对困难的时候,做好这些事情。

"依靠合理手段来累积财富的人,应该早为自己将来的生活作打算。一个合理的投资计划是有必要的，这可以使他后半生的生活得到保障，到了晚年，他就可以用来养老了。

“其实要确保将来生活得无忧无虑，并不是很难，途径很多。如果你只是想着要把自己的财富藏在某个隐蔽之处，不管手段有多高明，都有可能被盗。所以这种方法，我并不建议。

“我们的房产本身就可以生金，只要你选对地方。所以可以多置几处房产，如果升值，能卖个好价钱，那我们就可以靠这个利润来养老了。

“还有一种方法就是把小额的款项存入钱庄，只要定期续存，加上利息，不断地利滚利，也是可行的。一个名叫安萨的铁匠，就靠这样存了一大笔钱，他坚持每周存两块银币到钱庄，坚持了八年，最后到手的远远高于原来的小数目。我也很为他高兴，我还给他算了一笔账，如果他继续这样坚持 20 年的话，那么，他最后到手的是 4000 块银币，够他一辈子用的了。所以这种定期存入小额存款的积蓄方式，可以作为长期投资。

“无论一个人现在的生意有多火爆，利润有多丰厚，等他老的时候都有可能生活无着，陷入贫困。

“我觉得还要对此作进一步的解释。我坚信将来一定会有智者设计出合理的保险策略，将老百姓定期支付的小额款项，汇集成大笔财富，以保证在他们死后其家人仍能生活下去。这是一项很有价值的计划，不过目前还无法实现，因为它实行的时间太长，必须等到这项计划足够稳固才有可能。

“当然这个设想距离我们太遥远了，我们还是要根据现实情况，来制定出适合我们的养老计划。所以，在此，我要告诫各位，要提早为你年老时的生活和家庭做好经济上的准备，这就是脱贫的第六要诀。”

脱贫致富第七要诀：提高你的赚钱技能

这是阿科德大师最后一天的课程了：

“今天，我将告诉你们一个最有效的脱贫方法，不过它与金币无关，而是关系到诸位自身。我先给大家举一个例子，你们可以看看，这个例子里的主人公是如何思考成功或失败，以及如何生活的。

“不久前，有个年轻人找我借钱，我问他借钱干吗，他跟我讲他的钱总是不够用。我说，这就表明你的还款能力太差了，所以你每个月都没有足够的钱还贷。我问他知不知道该如何提高自己的赚钱技能。他回答我说，他总是去找主人要求加薪，在两个月的时间里，就找了 6 次，不过被主人拒绝了，主人说还没碰到像他这样多次要求加薪的人。

“他这种简单的做法，可能会被有些人嘲笑。但是在他身上我们却能看出使收入增加的关键因素，那就是，对更多金钱的渴望。我认为这是正当的，也是值得肯定的。首先只有你的内心充满了对金钱的强烈渴望，你才有成为有钱人的可能。

如果只是随便想想自己也要成为富翁,那肯定是进取心不够。

“如果你渴望拥有5块黄金,那很容易实现,然后再用同样的方式赚到10块、20块,甚至1000块,都并非难事。这样,你很快就能成为富翁。在实现这些简单愿望的过程中,你就掌握了获得更多收入的方法。积累财富的过程就是这样:就算你从最小的数额开始,只要你掌握了增加收入的方法,那你一定会赚到更多的钱。

“不要制定过多的目标,简单专一就够了,多了会显得繁杂,也难以实现。

“如果一个人能不断提高自己的工作技能,那他会容易获得更多的收入。大家都知道,我以前是一个刻泥板工人,每天只能挣几个铜板。后来我决定要提高自己的刻板技术,超过所有人,因为我发现,泥板刻得越多,薪水就越高。于是我开始研究前辈的成功经验,并且投入更多的兴趣和精力。经过一段时间之后,我成了工作效率最高的人,这样,我的收入自然也增加了。当然,我也不会像刚才讲到的那个年轻人一样,连续6次要求加薪都没有成功了。

“如果我们提高自己的智慧,就会有更多机会增加收入,同时虚心向有经验的人请教,努力使自己的工作能力得到加强,也会带来意想不到的回报。如果你是一名技工,你可以向技术高超的前辈请教;如果你的职业是一名医生或律师,你可以与同行相互切磋、交流;如果你是一名从商人员,那么你就要尽力为大家提供物美价廉的商品。

“不断改进技艺,获得进步,是任何行业都需要的。那些对工作充满激情的人最渴望自己能够获得更为娴熟的技艺,这样的雇员也是最受雇主欢迎的。在此,我祝愿诸位能够不断超越,永居前列。

“那些成功人士之所以能够迈向致富之路,其中的关键因素就是他们做好各种准备,以下几点是大家需要注意的:

“尽可能把所有债务都还清,别去买那些华而不实的东西;全心全意照顾好自己的家人,让他们常将你挂在嘴边;为了以防万一,尽量事先立下遗嘱,合理分配你的所有财产;对于那些身处不幸的人,要尽量关心并给予适当帮助。

“我所说的最后一条脱贫致富的要诀就是:提高自己的工作技能,掌握更多增加收入的方法,不断累积智慧和经验,同时也要学会谦虚。只要做到这样,你的致富愿望一定能实现。

“在这一周的时间里,我将自己一生的成功经验,归结为七条脱贫致富的要诀,并传授给你们,希望所有渴望财富的人都可以从中有所启发。

“我亲爱的朋友们,巴比伦城是个遍地黄金的城市,它的财富不可胜数,就算所有巴比伦人来分也不可能分完,它们在等着跑到你的钱袋里去呢。

“大胆地去实践吧,希望大家都能像我一样富有。如果真的能实现,我愿意向更多的人传授我的理财之道,让国王统治下的每一位光荣的臣民都能自由分享我们这座美丽的城市所蕴藏的巨大财富。”

谁能得到幸运女神垂青

只有那些遇事果断，敢于行动的人才能最终博得她的厚爱。

真让人无法理解，我去赌场的时候，幸运女神好像从来就没有照应过我。你们的运气怎么样？

“如果你不知道一个被幸运女神眷顾的人还能享受多长时间的好运，那么你就将他扔到幼发拉底河，看看他能不能游上岸，并且怀里兜着一捧珍珠。”

任何人都希望自己是个幸运儿，即使是4000年前的巴比伦人，他们也有着和我们这些现代人同样的想法。任何人都盼望幸运女神时刻陪伴着自己。有什么办法能够达成这一愿望，并随时得到她的注意与赞许，而且还能获得她那慷慨的馈赠呢？

幸运女神何时来敲我们的门呢？

古巴比伦人同样渴望这样的美事降临到他们身上，曾经，他们也苦苦思索着这一问题的答案。精明而敏锐的巴比伦人，他们的积累与创造，使得巴比伦成为当时最为强盛与富庶的城市。

在古时的巴比伦，没有一座大学或者学院，然而巴比伦人却有着一个具备务实教学风格的学习场所。城中高大的建筑比比皆是，国王的宫殿当数最负盛名的建筑，诸多的空中花园和诸神的庙宇也闻名于世。在留存的巴比伦的史书记载上有一座备受冷遇的建筑，现代早已无法查考。然而，这座建筑却对当时的思潮产生了极大的影响。

在这座被古巴比伦人称为“学习院”的建筑中，有许多授课的教师，他们都是义务讲课阐释圣人的智慧，谈论公众关心的话题，在公开场合展开激烈的辩论。任何人都能够进入学习院学习,因为所有人都是平等的。在这里,常常可以看到卑微的奴隶与贵族子弟辩论的场景。

被当时的国人称为全城首富的阿科德,是个才智非凡的人,他是学习院的常客,并有权在学习院中享用一间大厅。每天晚些时候,就会有一大群中年人汇聚于这座大厅内,就他们感兴趣的话题展开激烈的辩论。倘若我们有机会听听当时的辩论,就可以知道得到幸运女神眷顾的不二法门。

又一天夕阳西下,太阳犹如一颗巨型的火球渐渐沉入无边的沙海中。像往常一样,阿科德准时登上大厅中的讲台。此时这里已有40多个人斜倚在地毯上,而且还有人陆陆续续进来。

正当阿科德思考着今晚发言的顺序时,一个人打破惯例自行站起来首先发言。他是位身体健壮的纺织匠:"起初我害怕大家会笑话我,所以不曾提出来。但是现在,我提出这个话题,希望大伙儿踊跃参加讨论。"

在大伙儿的催促下,他继续说道:"我今天非常幸运,拾到了一袋黄金。我希望自己能长久地享有这样的好运。我想大家都和我有着同样的想法,因此我建议今晚,大家都来讨论一下:如何才能让幸运女神常伴在我们的左右。"

阿科德开口了:"这是个非常有意思的话题,非常值得大家讨论,有的人觉得,幸运就像是意外,都是偶然间无缘无故发生在人们身上的事情;另一些人则认为,这一切都是拜幸运女神艾希妲的慷慨所赐,那些善于取悦她的人最容易走运。朋友们,请大家畅所欲言吧!你们觉得,是否应该寻出有效的办法使每一个人都有好运?"

"当然!这个问题值得探讨!"所有人都渴望获得一个满意的结果。

"大家别着急,"阿科德说,"先让我们来看看,在座的各位,有谁会像刚才的这位兄弟一样不劳而获?请站到这儿来谈一谈这种不劳而获的经验。"

台下一片寂静,没有人说话,虽然人们希望听听别人的回答,但没有人肯站起来说一说。

阿科德又问:"像这样的好事实在太少了,不是吗?难道没有人愿意与大家一同分享经验吗?那么,接下来我们该如何把这个话题继续下去呢?"

这时,一位贵族青年站起身来说:"我先来发言吧。说到幸运,我们自然会想到赌场里的事,大家说,对不对?赌博有输有赢,大家都希望赢钱,因而想方设法讨好幸运女神,以便得到她的恩惠。"

说完这些,青年人就坐下了,下面有人喊:"说下去呀!为什么不说了呢?让我们听听,你在赌场里是如何讨好幸运女神的?她有没有帮你把骰子掷成赢钱的那一面,使你从庄家那儿赢来的钱足以把钱袋撑破;或者耍花招把你的血汗钱统统输给了别人?"

大伙儿不乏善意地笑了,青年人随后笑着说道:"真让人无法理解,我去赌场的时候,幸运女神好像从来就没有照应过我。你们的运气怎么样?你们当中,有谁看到过她的影子?她是不是总帮你掷出赢钱的骰子呢?我非常需要听到这样的例子,我想好好学习其中的技巧。”

阿科德接口道:“这是一个良好的开端!讨论各种各样的问题就是我们来这儿的目的。倘若撇开赌场里的问题,就忽视了赌博碰运气这一人类普遍存在的本能,几乎所有人都希望以少量的银钱赢回大笔的金币。”

有一位听众说道:“这使我想起昨天赌战车比赛的事。幸运女神如果经常去赌场,她一定会发现,赌金黄的战车与奔驰的马匹在赛场上的名次,要比其他赌博有趣得多。请你告诉我们,阿科德,昨天的赛事上,幸运女神是否轻拂着你的肩头,告诉你那群尼尼微城灰马拉的战车一定赢?当时我就站在你身后,我简直不敢相信,你会把赌注下在那些灰马一边。你一定比我们更了解,亚述国战车队的队员无论多么善于驾车,实力都不及我们所钟爱的巴比伦红马战车队。然而,让人无法预料的是,最后时刻,黑马的摔倒阻碍了红马的前进,才使灰马侥幸获得了一次胜利。难道是幸运女神要你赌灰马的吗?”

阿科德对这一番略带嘲讽的话不以为意,微笑着说:

“我们凭什么断定幸运女神的兴趣就是赌哪一匹马会赢呢?在我看来,她是一位博爱而尊贵的女神,愿意扶持每一个陷入困境的人,帮助那些值得救助的人。尽管我也期盼着与她相遇,然而却不是在那些让你们疯狂的赌场或赛马场上,而是在有更大价值,能够获得更多利润的事情上。

“无论从事什么行业,比如说耕种或经商我们都勤奋地工作与诚信地经营,这同样能够获得赚钱的机会。尽管不是每一次都能如愿,这可能是由于计划的失误造成的,也可能是因为遇到各种无法预料的恶劣天气,使人白费力气。但只要你继续坚持下去,总有一天会得到意想不到的回报。这或许可以成为这种人总是走运的原因吧。

“然而与此相反的是,在赌博时,赢钱的运气却总守在庄家那边。事实上,赌博就是庄家获取收入的手段,他们以此为业,因而想方设法赢取赌客的银钱。庄家赢钱的几率会有多高?恐怕没有人会研究这个问题;而赌徒们对自己输钱的几率也没有多少了解。

“请大家回想一下投注时的情形吧。在掷骰子时,我们赌骰子的点数如果是红心一点,庄家将按照赌注的四倍偿还我们的本金;一旦我们掷出其他的点数,赌注必定归庄家所有。按照这种赌法,掷一次骰子,我们只有六分之一的可能赢钱,却有六分之五的可能输掉本金。从这种计算结果来看,赌客们还能期待按照这样安排好的命运赢钱吗?”

正在这个时候,听众中有人大声喊道:“即便是这样,您又如何解释那种赢回一大笔钱的情况呢?”

阿科德说道:“的确有赌客会赢回很多钱。然而我想说的是:是否有人仅仅靠这种方式赢钱而财源滚滚呢?在我认识的成功人士中,绝对没有人靠这种方式致富。

“今晚到这儿的朋友,一定有比我更见多识广的人。那么我很想知道,你们是否认识有靠赌博发财致富的人呢?”

台下沉默了很久,有一位平日喜欢开玩笑的人问道:“这其中包不包括赌场庄家?”

阿科德笑道:“如果真的没发现有人靠做赌客为生,或是还未想到这方面的例子,那么就请大家思考一下,是否有人能逢赌必赢,却不敢透露其中的发财秘诀呢?”

阿科德一说完,所有人都笑了起来。

阿科德接着说道:“毫无疑问,那样的地方,幸运女神当然不会经常光顾啦。我们既没有拾到巨款的运气,也无法保证在赌桌上逢赌必赢,所以只能从别的方面想办法。提到赛马,事实上,或许你们并不知道,我输的钱要比我赢的钱多得多。

“好了,话说回来,我们应该好好检讨一下自己。我们靠自己勤劳地工作赚钱,用劳动换取相应的报酬,这难道不是天经地义的事情吗?在我看来,我们中的很多人对幸运女神给予人们的恩惠产生了错误的认识。实际上,她一直都陪伴在我们的身边,默默地帮助我们,可我们对此一无所知,对于这个问题,还有谁想发言?”

一位商人站起身来,尽管上了年纪,可依然保持着绅士的风度,他说道:“尊敬的阿科德先生以及诸位朋友,感谢你们愿意听听我这个老头子的发言。阿科德先生,如果事情真的如您所说,是靠个人的奋斗才在自己的行业中取得成功的话,那么您对我们在关键时刻错过的发财的机遇又如何解释呢?假如这些机会有可能变为现实,那真是难得的好运气,然而令人遗憾的是,它们最后都变成了泡沫,因而我认为,我们并没有得到应得的回报。我相信不少人都有这样的经历。”

阿科德并不否认这样的事实:“这个问题值得讨论。有谁跟这位老先生有过类似的经历吗?请举手。”

很多人举起了手,当然也包括那位商人。阿科德大师对他说:“既然您首先提出了这个话题,请谈谈您的看法吧。”

这位商人说道:“首先给大家讲个故事,看看故事中的主人公是如何使到手的好运又溜走的——那时候我还是个年轻的棒小伙,刚刚成家,一心准备赚大钱。一天,我父亲来到我家,建议我投资一项大事业。当时我世伯的儿子实地考察了一块荒地,这块地离城的外墙不远。由于这块地地势比较高,所以从来没有遭受过洪水的侵袭。

“他非常想买下这块荒地,在上面建筑三座大型风车,再买几头牛用来驮水,把水背到相对肥沃的土地。等那三座风车做好之后,他计划把地分成若干小块,卖给城里的农民，当做旱田来用。

“但要实现这一庞大的计划，他还缺少一部分资金。当时我们都是靠拿固定工钱养家的青年，家庭状况也差不多，都不富裕。因而他想找对此有兴趣的人合作。他找到了 12 名有此意向的人，他们都从事稳定的工作，大家商定一人拿出十分之一的收入作投资，直至土地能够被出售，然后大家平分所得的利润。

“我父亲讲述完这件事之后，对我说：‘儿子，趁现在还年轻。我希望你能利用这次难得的机会开创属于自己的财富之路，而不是走我过去的老路，错失良机。’

“我答道：‘当然，爸爸，我也不希望是这样。’

“他接着说道：‘所以我现在要提醒你：趁年轻，多做事。拿出自己收入的十分之一，做一些切实可行的投资。这虽然是小数目，但加上利息，足以使你不到我这把年纪就跨入富人的行列。’

“‘您说得没错，爸爸。我何尝不渴望变得富有呢？只是我现在的开销太大，我对您所说的投资感到力不从心。我现在还年轻，以后有的是机会。’

“父亲摇头道：‘我当年和你想得一样。可是你看看现在，都过去几十年了，我依然两手空空。’

“‘如今时代不同了，爸爸。我应该避免不必要的损失。’

“‘儿子啊，这种机会不是什么时候都能够遇到的，或许这就是一条引领你通向财富殿堂的道路。再不要犹豫了，明天一早你就去找他，告诉他你愿意加盟他的投资项目，帮他完成计划。赶快行动吧，这可是难得的机会啊！’

“虽然我的父亲如此苦口婆心地劝说我，可我仍然无法下定决心拿出钱来。当时我刚从商贩那儿买来几件具有东方色彩的华丽衣服，它们简直太漂亮了，我和妻子都非常喜欢。但如果我答应投资的事情，就意味着必须要放弃购买这些华丽衣服，这也意味着我们的生活会失去诸多的乐趣。所以我一直都犹豫不决，直到最后一切都已无法挽回，因为这项投资计划后来获得了巨大的成功，取得了丰厚的利润。这使我后悔不已。

“这就是我所经历的真实故事，你们也能够看到，运气如何与我擦肩而过。”

一位长着一张黑脸的沙漠壮士说道：

“故事正好说明，好运只属于那些懂得把握它的人。要想积累财富，需要有一个良好的开端，或许这就是从你能够从收入中拿出一部分钱财投资开始的。现在，我拥有属于自己的牛羊牧群。在我小的时候，就已经用自己存的银钱换来了一只小牛犊。可以说，这只小牛犊就是我日后不断走向成功的良好开端，因而它对我的人生来说，具有重大的意义。

“迈出积累资本的第一步，好运就等于陪伴在你的左右了。不管对谁都一样，这一步至关重要。在这以前，或许你一直靠劳动力赚钱，但在这之后，储蓄的利息就足够做你的生活费了。有人很幸运，在青年时代就迈出了成功的第一步，他们成为富人的机会远比那些上了年纪的人,或像这位商人的父亲那样从来没想过会发财的人所获得的机会大得多。

"像这位商人朋友,假如当时他把握住了机会,积极地迈出了第一步,或许他现在就不会坐在这里和我们一同学习了。我祝愿那位拾到黄金的朋友,能够借助这样的好运走好前方的路,这一定会成为他开创事业的良好开端。"

正在这时候,一位来自国外的陌生人说:"我十分感谢在座的每一位。此刻,我也想谈谈自己的一些看法。我从叙利亚来。我的巴比伦话说得不好。我想用你们的语言来形容刚才的这位商人,或许你们会觉得我这样做很不礼貌,可我并没有别的意思。可是——很抱歉,我并不知道用你们的语言如何表示这样的意思。恳请各位指点:如果想表示一个人因为不坚决而错过对他有好处的事,你们的语言是如何表达的呢?"

听众中有一个人回答:"错失良机。"

这位叙利亚朋友感到非常兴奋:"没错!就是机会来临,却不懂得把握住,因而他错失良机。时不我待,机会不等人啊。要想得到幸运女神的垂青,就别犹豫,马上行动。如若不这样做,就会像这位商人朋友一样,错失良机。"

众人都哈哈大笑,刚才那位商人又站起身来,向这位叙利亚朋友恭敬地鞠躬,说道:"请接受我最诚挚的敬意,远方的朋友,您的话真是精辟的概括啊。"

这时,阿科德大师说道:"那么,我们看看,还有哪位朋友愿意和大家分享自己的故事,为大家介绍自己的经验?"

有一位穿着红袍子的中年人说道:

"我也说两句。我是做畜类生意的,主要做骆驼和马匹生意,有时也买卖绵羊或山羊。然而一天夜晚,一个千载难逢的机会降临到我头上。可是或许这一切太让人吃惊了,以至于我都还没反应过来,它就匆匆溜走了。下面我要讲述的就是关于白白让机会溜掉的故事。

"那时候,我连着10天时间到处去买骆驼,但是总也买不到,只好沮丧地往回走。这时,城门早已关闭,我感到非常气愤。仆人们为我搭了帐篷,准备在城外过夜;当时我们仅剩下一些很少的食物,也没有水喝。

"这时,一位老农夫走了过来,他也被锁在了城门外面。他对我说:'大老爷,您好!从您的外表,我就知道您一定是个做大生意的人。如果真的是这样,我很希望能把这些上好的绵羊卖给您。我的太太得了很严重的热病,我必须马上回家。假如您能买了我的羊群,我就可以骑上骆驼,跟我的仆人赶快回家了。'

"天色很暗,我无法看清他的羊群,但是听着羊儿的叫声,我知道一定有很多羊。十天以来,我没有收到一匹骆驼,所以我高兴地与农夫达成了交易。他提出的价钱倒也很合理,所以我不假思索地接受了。我心里想着,明天一早就跟仆人赶着羊群进城,然后能够转手卖个好价钱。

“买卖谈妥之后，我让仆人举着火炬，到羊群中清点数目（农夫说大概有900只）。好吧，不说这些琐碎的事情了，因为想要数出数目真的很困难。最后，事实证明，我们根本无法得知具体的数目。

“于是，我提议天亮之后清点数目再付钱给他。但是，农夫央求道：‘拜托了，大老爷！那么，今天晚上您就付我三分之二的货款吧！我实在着急回家。要不，我把我的仆人留下，他很能干，你们绝对可以信任他。明天一早，他还可以帮助您清点数目，到时候您就把剩下的钱交给他吧！’

“但是，固执是我的天性，所以那天晚上，我无论如何也不愿意预支他一分钱。

“第二天早上，城门打开的时候我们也醒了。很快便有四个牲口贩子准备收购农夫的绵羊。城里遭受了严重的灾难，粮食已经少得可怜了，所以他们宁愿出高于昨晚农夫给出的3倍价钱购买羊群。唉！从天而降般的财富，就这样溜走了。”

阿科德叹息道：“是啊！这将给我们带来怎样的启示呢？”

这时，马鞍匠起身说道：“它告诉我们，当我们断定自己所做的交易是明智的，就应该立刻兑现。如果确定这笔买卖会为我们带来丰厚的利润，就不应该受任何影响，尤其是自己的。唉！人心是那么善变。在我看来，判断准确之后又将心意改变的人，往往比选择错误再将心意改变的人要多很多。当我们误入歧途的时候，我们总是看不清方向；当我们踏上正途的时候，却又容易犹疑不决，因而错失良机。就拿我来说吧！我很容易就做出最好的判断，但是我却很难勇往直前。所以，为了避免这种恶性干扰，我总是及时兑现货款，以免后悔。”

接着，那位叙利亚人也起身说道：“我还有两句话要说。你们所讲的这些故事都很相似。是的，机会总是因为这样的原因而消逝。每当机会降临的时候，总让人们觉得眼前满是希望；但是，每一个当事人又总会优柔寡断地不立刻付诸行动，他们总怕自己选择错误。既然如此，我们要如何成功地把握机会呢？”

他的话音刚落，做畜类生意的商人就说道：“我的朋友，您的话的确很有道理。这些故事，都说明了机会是不等人的。但是，这样的例子并不稀奇，很多人都有犹豫不决的坏习惯。我们总想拥有很多钱，但是，当机会出现在面前的时候，却又给自己找各种理由来拒绝机会。我认为，真正的敌人就是我们自己。

“是的，以前我怎么都无法理解叙利亚朋友所说的这些含义。刚开始，我以为是自己的判断力太差了，所以总会丧失成功交易的机会；后来，我又认为是自己固执的性格导致事情的这种结果。但是现在，我终于知道了，所有的失败都是因为我磨蹭的做事习惯。我真的很讨厌自己的这种恶习。它就像压着我让我无法喘气的重担一样，让我痛苦极了。”

叙利亚人说：“我还有一个问题需要问商人先生。就您的穿着来看，你应该很富有；而您的谈吐表明您的事业也很成功。我想知道，当您遇到这些情况的时候，您会怎样处理？”

商人回答道："我不得不承认，遇事拖延的恶习也已经成为我目前最大的敌人，它随时都有可能摧毁我辛苦得来的成就。我这一生有着很多失败的例子，今天所讲只是其中一例。而我失败的原因，正是因为没有及时把握机会。现在，我已经找到了自己失败的原因。没有任何一个人会愿意让机会白白溜走的。

"既然在座的每一位都想分享巴比伦的宝藏，我们就应该想尽办法克服它。您认为呢？阿科德先生。您是巴比伦最大的富翁，那么您同意我的看法吗？一个人想要获得成功就必须彻底改掉自己拖拉的毛病。"

阿科德点头说道："你说出了问题的关键。我这一生见到了很多在各种领域出类拔萃的人。机会总是会降临到每一个人的身上，但是有的人把握住了机会；而有的人却总是因为胆怯、犹豫而丧失了机会。"

阿科德转头对纺织匠说："您提出了有关幸运的话题。那么现在，就让大家听听您的想法吧！"

纺织匠说："最初我以为，幸运很难得到，一个人的一生当中很少会遇见幸运，而且它总是不劳而获的。但是现在，我才明白幸运会经常降临，但是必须及时把握，否则拥有再多的幸运也只会一无所获。"

阿科德微笑着说："您终于明白了我们想要表达的真理。现在我们知道：幸运总是跟着机会到来的。如果当初，我们的商人朋友领会到幸运女神的用意，那么他的好运气也会跟着机会到来。

"经过这次的讨论，我们找到了让幸运女神眷顾我们的惟一途径。那两位朋友向我们讲述的故事告诉我们，幸运是随着机会而来的。虽然他们并没有得到好运气，但是让我们明白了，只要把握机会，好运就会自动上门。

"只要抓住机会，幸运女神就会恩宠我们。只有那些遇事果断，敢于行动的人才能最终博得她的厚爱。

"让我们一起行动吧！只有行动才能带领我们踏上成功的道路。"

黄金使用五定律

让人们在黄金和智慧之间选择一样，那么他们选的是什么？

黄金的价值，我们可以计算出来，但是谁又知道智慧的价值呢？一个人如果缺乏智慧，他的黄金也很快就会失去。

“如果有两样东西摆在你面前任你选择，一个是钱袋，里面装满了黄金，而另一个是泥板，上面刻着智慧的话语，那么你会选择哪一个呢？”在场的 27 个人都扬着那被沙漠里的烈日晒成古铜色的脸，全神贯注地听着。然后这 27 个人异口同声地喊道：“黄金，当然是黄金，我们要黄金！”

卡伯拉仰望着天空，说：“听，你们听到那些生活在荒野上的野狗的叫声了吗？在这漆黑的夜里，它们因为饥饿，而狂吠、吼叫。可是当它们吃饱了之后，它们又会做些什么呢？当然就是彼此残杀、互相撕咬，或者是在荒野上昂着头四处走着；当它们停下脚步时，便又开始互相撕咬；战争结束后，它们继续高昂着头走来走去。至于它们是否能活到第二天，这是无人问津的话题。

“其实我们人类在最初的时期也是这样的，让人们在黄金和智慧之间选择一样，那么他们选的是什么呢？答案就是抛却智慧，人们当然会选择黄金，因为它可以为他们带来舒适、奢华的生活，他们也可以享受挥金如土的快感。但是当他们把所有的黄金都挥霍一空之后，剩下的就只有痛苦和眼泪，因为他们已经失去了黄金所带来的快乐。你们应该明白这一点，在这个世界上，只有那些懂得并遵守黄金定律的人才有资格拥有和享用黄金。”

沙漠里的黑夜十分寒冷，而在这种天气里，碰巧吹过一阵冷风，卡伯拉只能将身上的白袍拉紧，使自己稍微暖和点。

卡伯拉继续说道:"你们是忠诚善良的人,你们不仅服侍我走过这漫长的旅途,还把我的骆驼照顾得这么好;在炎热的沙漠里,你们一路上没有半句怨言陪我走完,还勇敢地将那些企图抢走我的货物的强盗击退。所以,为了表达我对你们的谢意,今晚我要把我所知道的有关黄金运用的五大定律的故事统统告诉你们,我敢说这些故事是你们从未听过的。

"听着,朋友们!你们要聚精会神地听我说,如果你们真的听懂了我所讲的故事的真谛,并且日后留心去做,那么,我保证在未来的日子里,你们将拥有数不尽的黄金。"

说到这里,卡伯拉突然停了一下,他的神情十分庄严。巴比伦的上空一片蔚蓝,群星在苍穹中闪耀着光芒,卡伯拉和他的仆人们,以及他们的帐篷都被这样的光笼罩着。扎在地上的帐篷很牢固,它们甚至可以防范突如其来的沙漠风暴。帐篷的旁边整齐地摆放着一些捆扎的货物,货物的上面盖了一张兽皮。四周的沙地上有一群骆驼,其中几只骆驼正在一边反刍,其他的则躺在地上酣睡。

一名负责包扎货品的工头说:"亲爱的卡伯拉先生,您已经给我们讲过许多故事了。我们十分希望在结束与您的雇工合约之后,能够依靠您赐予我们的智慧来改变我们将来的生活。"

卡伯拉说:"我记得我已经给你们讲了我在陌生遥远的国度里的冒险故事,那么今晚我就不再重复那些古老的经历了,我想给你们讲一个关于最富于智慧的富翁的故事,这个富翁名叫阿科德。"

这时,前面那个工头说:"关于这个人的故事我们知道得很多,因为在巴比伦,他堪称是有史以来最富有的人。"

卡伯拉表示赞同:"是的,他的确是巴比伦最有钱的人,但是你们知道他为什么如此富有吗?因为他深深地懂得如何合理地运用黄金。据我所知,几乎没有人比他更了解其中的道理了。所以我现在就要给你们讲这样一个故事,它也是阿科德的儿子马希尔讲给我听的。这已经是很多年前的事了,那时我只是一个生活在尼尼微的少年。

"那时,我陪着我的主人,在马希尔的家里——那是一座像宫殿一样豪华的宅子,在那里我与主人一直待到深夜。当时我抱着好多捆质地优良的地毯,与主人来到马希尔家里,只是让他看一下地毯的颜色,是否是他所喜欢的。当然,马希尔十分满意地毯的颜色。在他看过以后,便邀请我与主人坐下,并且请我们品尝他珍藏多年的香醇美酒——其实这样的款待并不是所有到他家里来的人都能享受得到的。马希尔一边喝酒,一边向我们讲述有关他的父亲阿科德的那些富有智慧的故事。这也就是我要讲给你们听的。

"你们应该知道,按照巴比伦的传统风俗,那些富人家的孩子都要与父母住在一起,这样做的目的是希望这些孩子将来可以继承父母的财产。但是阿科德不愿意遵守这种习俗。所以，当马希尔刚刚成年的那一天，阿科德就把儿子叫到自己跟前，十分严肃地说：‘我的孩子，我十分渴望你能够早一天继承我的财产。但是，在你继承我的财产之前，你必须向我证明你有管理这笔财产的智慧。所以我希望你能够到外面的世界去闯荡一番，因为我想了解你是否具有赚钱的本事和被别人尊敬的能力。

“‘当然，为了使你的第一步顺利进行，我可以为你提供两样东西。我当年可是白手起家，连这两样东西都没有。

“‘第一，我会给你一袋黄金，假如你是一个善于利用这些黄金的人，那么这袋黄金就是你成就事业的基础。

“‘然后，我还会给你一块泥板，上面刻有黄金运用的五大定律。如果你能够将这些定律付诸行动之中，那么这些定律将给你带来意想不到的资产和安全感。

“‘从今天开始算起，我们以 10 年为限。10 年之后，你必须回来，然后将你在外面赚到的资产数目报告给我。到那个时候，如果你赚到的钱的数目证明你有能力、有资格继承我的财产的话，那么我会指定你为我的财产继承人；如果情况相反，那么我只能将这份财产捐赠给祭司们，让他们用这笔钱祈求神灵安慰我的灵魂。’

“于是，马希尔带上那袋黄金和泥板，骑着马离开了巴比伦。他在外面整整闯荡了 10 年。10 年之后，马希尔履行了他和父亲的约定，回到了巴比伦，回到了父亲的家中。为了儿子的归来，阿科德摆设了豪华的盛宴迎接他，当时还邀请了众多亲朋好友。宴席结束后，阿科德夫妇走进大厅，坐在了如同国王宝座般的高贵座位上，而马希尔则恭敬地站在他们的身前。按照他同父亲之间的承诺，他开始清点自己在外面闯荡 10 年所赚下的资产。当时天色渐渐变暗了，大厅里油灯的灯芯不断地飘出一丝丝烟雾。

“身穿白色袍子的仆人们，不停地用他们的棕榈叶将那些烟雾扇开，大厅里飘散出怡人的气息来。马希尔的妻子带着两个年幼的儿子，同阿科德家的亲友们待在一起，他们都在马希尔的席子后面坐着，在场的所有人都期待着马希尔讲述自己在这 10 年中所发生的故事。

“这时马希尔开始恭敬地向他的父亲，以及其他人讲述他的创业史了：‘亲爱的父亲，我首先要为您所拥有的智慧深深地鞠一躬。10 年前，当我刚刚步入成年人的行列时，您要求我要勇敢地走出去，到外面的世界闯出属于自己的天下，创造自己的事业，而不是像一个无所事事的人一样窝在家里，坐等着继承您的财产。当然，我还要感谢您的慷慨，感谢您给予我的那一袋黄金，以及您将自己多年来积累的智慧赐予我。说到那袋黄金，哦！我觉得非常惭愧，我不得不承认我没有很好地利用它。事实上，由于当时我没有丝毫经验，导致这些黄金从我的手中全部溜走了，就好像是一个初次打猎的年轻人，由于缺乏射击技术而眼睁睁地让一只野兔从自己的手中跑掉。’

“阿科德表示理解地笑了笑,说:‘说下去,我的儿子,我想听你的所有故事。’

“马希尔继续说道:‘当我走出家门的那一刻,我就决定先到尼尼微去。因为它是一个新兴的城市,所以我想我可以到那里碰碰运气。在去尼尼微的途中,我成为了一个沙漠旅行商队的一员。不久,我便认识了队中的几个朋友。其中两个人非常热情,他们能说会道,而且各自有一匹十分漂亮的白马,这两匹马的奔跑速度和风一样快。一路上,这两位朋友告诉我,尼尼微城里住着一个富翁,他养了一匹神驹,这匹神驹跑得飞快,目前为止还没有哪匹马能跑得赢它。这个富翁曾断言道,他的这匹马是世界上跑得最快的。所以他打赌,如果谁能够找到一匹比他的马跑得还快的马,那么他愿意下巨大的赌注。这两位朋友在说这番话的时候显示出了十足的信心,他们说,那富翁的马与他们的马相比,不过是一匹驽马罢了,要击败它是轻而易举的事情。他们诚恳地希望我也能够加入这场赌博,并且和他们一起下赌注。当然,我被他们说动了心,对这场赌博很感兴趣,于是我投入了我的股份。但是最终,我们的马惨败,我赔掉大量的黄金。’

“阿科德一边听着,一边笑。马希尔继续说:

“‘后来,我终于看出这两个家伙其实是骗子,他们经常混入沙漠商队之中,然后找机会在商队中寻找欺骗对象。而那个号称是尼尼微的富翁,也是他们的同伙,他们 3 个人平分那些骗来的钱。这伙狡猾、可恶的家伙所带给我的教训是我在创业经历中学到的第一份知识。

“‘可是,不久之后,我又上了一堂令我损失更加惨重的课。当时在沙漠商队中,我还认识了一位年轻的、较要好的朋友。他和我有一个共同点:都出身于富裕的家庭。他到尼尼微去的目的是想找一个合适的落脚地。就在我们快要抵达尼尼微时,他告诉我,前几天,尼尼微的一个商人过世了,这个商人有一个店面,里面的商品种类十分齐全,这个商人因为有很多的店面,所以不得不转让出一些,而最吸引人的是他只要一点点的转让金。这位朋友想拉拢我成为他的合伙人,我们一起兑下这间店铺。但是当时,他说他手上没有现金,必须回巴比伦取本钱,所以他希望我能够先拿出一些黄金替他将他的那一半本钱垫上。当时我答应了,并且说好了是用我的黄金做本钱的,当他带来他的黄金之后再共同经营。

“‘但是,这位朋友一回到巴比伦,就彻底消失了。过了一段时间后,当他又与我在一起时,我发现很多不对劲的地方,从而证明了他也是个无耻之徒,而且还是个挥霍无度的家伙。所以最后我把他赶走了。而就在这时,我们兑下的那间店铺的生意并不好,甚至有时很糟糕。大量积压的货物摆在那卖不出去,我又没有足够的金子添购一些新货。最终出于无奈,我将这个店铺以最低的价钱转手给了一个以色列人。我的父亲啊,接下来的日子我便过得凄惨无比。没有了店铺我就四处去寻找工作,但是我总是碰壁,他们拒绝雇用我的原因就是因为我从未接受过职业训练,而且不懂得任何技能。最初我卖掉了几匹马,然后我又卖掉我的随从,后来我将那些来不及穿的华贵的衣裳也卖掉了,用换来的钱换取了食物和一个可以安身的地方,尽管这样,我的生活还是每况愈下。

"'虽然当时的生活是苦的,但是我却没有忘记您对我的期望。我知道您希望我出人头地,将来有能力继承您的事业,所以我下定决心,一定要将这个愿望实现。'

"听到这儿,马希尔的母亲再也忍不住,蒙着脸低声痛哭起来了。而这时的马希尔脸上露出坚毅的神情,继续说道:

"'在这种情况下,我突然想到了您送给我的那块泥板。我把它找了出来,真正仔细地念着您刻在上面的那些充满智慧的文字。此刻我才意识到,假如我事先就读过这些定律的话,那么我就可以避免发生那些被骗、损失黄金的事情。当时,我一丝不苟地研究着每一条定律,暗暗下决心要再一次赢得幸运女神的垂青,并且将这些充满智慧的训诫都铭记于心,我不要再像其他年轻人那样,蓦然地逞一时之勇。我想在座的各位也十分想知道,这块泥板上究竟刻了什么文字吧!所以在这里,我想朗读出我父亲在十年前刻于这块泥板上的,带给我智慧的至理箴言:

"'黄金运用的五大定律

"'一、凡是那些将自己收入的十分之一或者更多都储存起来,然后将这笔钱用在自己和家人身上来谋求未来更好的生活的人,那么黄金很愿意流到他的身边,而且黄金的数目会以成倍增长的方式迅速地增加。

"'二、凡是那些将黄金当做是获取利润的工具,而又懂得如何利用这种工具的黄金占有者,都会成为驾驭黄金的人,这样的人能够榨取每一块黄金所带来的每一分利润,而且这样的人利用黄金获取利润的速度远远超过那些生长在田地里的粮食所带来的利润。

"'三、凡是那些对黄金十分谨慎,并且愿意听从聪明的人的指导,将黄金运用得恰到好处的人,他会牢牢地占有越来越多的黄金。

"'四、凡是那些将黄金投入在自己并不熟悉的行业中,或者是在有经验的投资者眼里不具有投资潜力的领域中的人,将永远与黄金擦肩而过。

"'五、凡是把黄金运用在那些不可能获得利润的事业上,诸如轻易听信那些能说会道的骗子所说的诱人建议,或者由于自己缺乏经验,不懂得投资的概念而轻易投入黄金的人,黄金会像细沙一样从你的手中流失。

"'这就是我父亲的经验之谈,也是他总结出来的黄金运用的五大定律。那么接下来我将用下面这个故事证明这些定律的价值其实远远超过了黄金的价值。'说完这话,马希尔再次面向他的父亲,说:

"'刚才我说到我是缺乏生活经验的,所以刚开始,我的生活糟透了。但是,灾难总会有结束的时候。最终,我找到了一份管理一群建造城墙外廓的奴隶的工作。根据黄金运用定律中的第一条,每个月我都要从我的收入中取出一块铜板,把它存下来,并且决不放过每一个存钱的机会,坚持不懈地存钱,直到将一堆铜板换成一块银钱。由于每个月的生活费是一笔不小的开支,所以我存钱的速度有些慢。

“‘当我挣到钱以后,我开始过着节俭的生活。因为我决心要在10年内赚回当初父亲给予我的那一袋黄金,并且还要在这段时间内赚到更多的钱来证明我的能力。

“‘有一天,我所负责管理的奴隶的工头来找我,他对我说:“看得出你是一个生活简朴的年轻人,你似乎从来不乱花钱。那么你是否已经存了许多你自己赚来的黄金呢?”我回答道:“是的,我最大的事业就是攒钱,来补偿我父亲当初给我的那一袋黄金,因为这些钱被我白白地浪费掉了。”

“‘他说:“你真是个有骨气的人啊!我对你表示佩服。但是我想你忽略了一个问题,你知道吗,你积攒下来的黄金能为你赚到更多的钱。”

“‘我说:“哎!是的,我曾经因为两次盲目的投资,受到了非常惨痛的教训,甚至将我父亲给我的黄金全部赔进去了,所以我怕了,我怕重蹈覆辙。”

“‘他说:“如果你相信我,我们一起投资,利用黄金挣钱。明年我们的工程就会结束,到时候为了抵御敌人的入侵,这座城墙的城门需要做成铜门。但是即使将全尼尼微所有的金属都堆起来,也不够做这些铜门的,我们的国王到现在还没有想到一个解决这个问题的方法。”

“‘工头说他已经设计好了一个计划。他想联合一群人,将这些人所存的黄金都凑在一起,然后派一支沙漠商队去远方那些产铜和锌的矿场,驮一些金属回来。当国王下令建造这四个城门的时候,我们正好垄断了所有金属的供应,这样一来,国王不得不出高价收购我们的金属。当然,即使国王不买我们的金属,我们也不用担心这些金属卖不出去。

“‘当他和我说完这个计划之后,我并没有当场答应他,而是将他所说的与您的第三条黄金定律放在一起考虑。您的这条定律上说,若要投资则要听从那些有智慧的人的指导。于是,我就听了他的话。最终,这次投资是我最明智的一次。我们的计划十分成功,我那一点微不足道的黄金竟然在这场投资交易中翻了几番。紧接着,我又一次与这伙人在其他事业上做了一些投资。他们所有人都是懂得理财之道的人。在准备投资之前,他们会十分谨慎地讨论整个行动内容,注重每一个环节。而且这些人从不冒险,也不盲目投机;他们几乎没有赔尽老本的情况,也不会将钱压在那些无利可谋的投资上等着被人骗。假如这些人知道我曾被骗去赌赛马,或者轻易地在毫无经验的事业上投资的话,他们一定会认为我考虑得不细致,而且他们会马上找到这种投资计划的漏洞。

“‘与这些人交往一段时间之后,我渐渐学会了如何更安全地理财,并且从中增加利润。就这样一年又一年地过去了,我的财富也迅速地增长起来了。最后,我赚回了那些失去的黄金,并且赚到了更多。从不幸、历练,到最后走向成功,我的经历充分证明了,父亲赐予我的这个黄金运用的五大定律是正确的,而且它经得起任何考验。

"'如果你不理解这五大定律中的真谛,那么你积累黄金的速度一定很慢,而你花得却很快;相反,如果你能够遵循这五大定律,那么你将得到滚滚而至的黄金,用它们来为你服务。'

"说完,马希尔便招呼着等候在大厅外面的仆人,将3只沉重的皮箱抬进来。马希尔让其中一个仆人把一个特殊的皮箱放在父亲的跟前,然后说:'在我离开家之前,您将一袋巴比伦的黄金赐予了我。看吧!现在我要还给您一袋同样重量的尼尼微黄金,我想在座各位都会认为这是等量的交换。看!这是您在十年前送给我的刻着智慧话语的泥板,就是它帮助我赚到了两袋黄金。'

"马希尔一边说着,一边从奴隶的手中提过那两袋黄金,放在了父亲的跟前:'亲爱的父亲,现在这两袋黄金就是我最好的证明,您的智慧远远超过您的黄金,我也同样重视这份无价的智慧。我们能够计算出黄金的价值,可是谁又知道智慧值多少钱呢?即使是拥有黄金的人,一旦缺少智慧,他的黄金也会渐渐离他而去。但是,对于一个拥有理财智慧的人来说,即使刚开始时他没有黄金,最终他也会成功地获得大量的黄金。现在摆在您眼前的这3袋黄金就是证明。

"'亲爱的父亲,今天我能够自豪地回到这个家,站在您的面前,并且激动地赞颂您,都是因为它——您的智慧,使我成为了一个富有并且受人尊敬的人,这已经是我最大的满足了。'

"阿科德摸着儿子的头,关爱地说:'你真正掌握了我交给你的智慧。你让我感到骄傲,由你这样的儿子继承我的财产,就是我的幸运。'"

卡伯拉的故事讲完了,他带着渴望得到回应的神情看着面前这些听故事的人,接着说道:

"你们从马希尔的故事中得到了什么启示吗?你们中的哪一位曾向自己的父亲或者岳父请教过理财智慧呢?我想当你向他们请教这个问题时,他们一定会说:'我到过很多地方,知道了不少事情。虽然辛苦地赚来了一些钱,但是,黄金,它一直是我最缺少的东西。当然,我还是将一些金子花在了较明智的地方,但是剩下的金子就不知道花到哪儿了,我想其中最主要的原因就是因为缺乏理财的智慧。'

"而你们现在却仍然坚信,一个人拥有黄金的可能性完全取决于机遇。假如你们现在还存在这样的想法的话,那么你们就大错特错了!其实只要你们掌握了黄金运用定律,而且能够将其付诸行动,那么你们一定会获得许多黄金。我就是一个很好的例子,因为我在年轻时就了解到了这五大定律的真谛,所以我现在是一个富有的商人。我所拥有的财富并不是靠什么神奇的手段赚来的,要知道财富是一件来去匆匆的东西。

"从财富的获得到利用它们满足自己的需要和享受,这其中我们要经过一条相当漫长的路。因为我们需要丰富的知识和执著的信念才能积累财富。那些善于思索的人,常常将积攒财富看做是一个轻松的负担。背负着这样一个轻松的担子,坚持不懈地向前走,总有一天他们会达到最后的目标。

"善于运用这五大定律,勇于付诸实践的人一定会从中得到丰厚的报酬。定律中的每一条都有丰富的内涵。我想你们对我的故事仍然不以为然,所以我要重述一下这五条定律。我从很年轻的时候便认识到了它们的价值,而且当我彻底感悟到其中的价值时,我的精神都变得十分舒畅和无比的满足。

"黄金运用定律中的第一条:凡是那些将自己的收入的十分之一或者更多都储存起来,然后将这笔钱用在自己和家人身上来谋求未来更好的生活的人,黄金很愿意流到他的身边,而且黄金的数目会以成倍增长的方式迅速地增加。

"不论是谁,只要坚持将收入中的十分之一储存起来,然后在此基础上做一些明智的投资,那么不久后,他将积聚出一笔可观的财产。而且他的这种做法也为他的未来提供了保障,即使自己去世了,他的家人也不必为生活发愁。因为这条定律说明了黄金愿意流向这样的人的怀抱。在这一点上,我的一生就是一个很好的事例。只要我积累的财富越多,我就越会得到源源不断的财富。用储存的金子可以赚到更多的金子,用赚到的金子再去换取更大数量的金子,这就是这条定律运作的原理。

"黄金运用的第二条定律:凡是那些将黄金当做是获取利润的工具,而又懂得如何利用这种工具的黄金的占有者,都会成为驾驭黄金的人,这样的人能够榨取每一块黄金所带来的每一分利润,而且这样的人利用黄金获取利润的速度远远超过那些生长在田地里的粮食所带来的利润。

"黄金其实是你的一位恪尽职守的仆人,一旦有机会,它就会抓住时机替你最大限度地赚钱。凡是拥有黄金的人,只要善于利用发财的机会,将黄金的作用充分地发挥出来,那么在不久的将来,这些黄金也会以不断加速的增长方式增加。

"黄金运用的第三条定律:凡是那些对黄金十分谨慎,并且愿意听从聪明的人的指导,将黄金运用得恰到好处的人,他会牢牢地占有越来越多的黄金。

"黄金——这个忠实的仆人会寸步不离地跟随着它的主人,谨慎地控制着主人的一举一动。那些向具有理财智慧和丰富经验的人征求意见的人们,他们绝对不会陷入财富的危险之地,而他们的资产只会在一种很安全的地方为他们不断地创造价值,这样的人将永远享受不断增加的财富所带来的满足。

"黄金运用的第四条定律:凡是那些将黄金投入在自己并不熟悉的行业中,或者是在有经验的投资者眼里不具有投资潜力的领域中的人,将永远与黄金擦肩而过。

"对于那些拥有满屋子黄金,但不知如何合理地运用它们的人来说,有时他们会看到一些表面上有利可图的机会,但是事实上,这个机会中暗藏着一个可怕的陷阱,它会使你损失惨重。但是,假如这个时候有一位智者帮你做一些投资分析,那么他将明白这种投资其实只能赚到一小点钱。所以,一个没有理财经验、缺乏理财智慧的黄金拥有者,如果他过分地相信自己的判断能力,将大笔黄金投入到他并不熟悉的生意上,那么最终他总会发现,自己是多么地缺乏判断力,而导致大量钱财流失。因此,能够根据投资高手的建议去实施投资活动的人,才是最聪明的人。

“黄金运用的第五条定律:凡是把黄金运用在那些不可能获得利润的事业上,诸如轻易听信那些能说会道的骗子所说的诱人建议,或者由于自己缺乏经验,不懂得投资的概念而轻易投入黄金的人,黄金会像细沙一样从你的手中流失。

“如果一个人第一次拥有一定数量的黄金,一般情况下,他总会遇到一些像探险故事一样,令人迷失而又颇具色彩、刺激的投资建议。这些建议似乎可以随心所欲地驾驭你的财富,而且你似乎能够依靠它们赚到超乎常理的利润。这些可怕的建议才是最值得我们注意的。真正富有智慧的人总会看出,任何一项能够使人一夜暴富的投资计划,其中都隐藏着一个陷阱。让我们想一想,我所讲的故事中的尼尼微富翁们从未做过一项冒险的投资,或者将钱压在了无利可图的投资事业上,以致使自己的资产被别人牢牢地套住。

“以上我所讲的就是黄金运用五大定律的故事。在讲述这些故事的同时,我也把自己获得成功与财富的秘诀告诉了大家。但是,准确地说,这些还不能称之为秘诀,因为它们实际上是我们每一个人都应该懂得并且将之付诸实践的真理。弄懂了这些真理之后,你们将不会再过那种像野狗一样的日子,每天为温饱而担忧。明天,我就要进入巴比伦。看!贝尔神殿顶上那团永远不会熄灭的圣火!巴比伦城里到处都是黄金,触手可及。明天,许多沉甸甸的黄金也会捧在你们每个人的手上,当然,那是你们应得的,为了报答你们对我的辛勤服侍。

“从现在算起,到10年之后,你们手头所拥有的这些黄金将会发生什么样的变化呢?如果你们其中有哪个人学习马希尔,用这些黄金的十分之一来开创事业,同时对阿科德的黄金运用五大定律又严格遵守的话,那么,在这10年时间里,他将经历一场有惊无险的赌博。最终,他也会像阿科德的儿子一样富有并且受人敬重。这种理财箴言会与我们一生相随,帮助我们实现理想;而那些不懂理财的人所做出的不明智行动,必然会带来灾难和煎熬。

“我所说的这些定律你们一定要铭记于心啊!世间最令人懊悔的痛苦也就是,那些应该把握但却又错失的机会所带来的伤心的回忆,在我们的脑海中,久久不散。

“巴比伦的财富无穷无尽,到目前为止,还没有人能够计算出它蕴藏着多少价值。但是随着时间的推移,巴比伦会变得越来越富有,越来越有价值,就好比每块土地自身就具有一定价值一样。它是一种赏赐,当那些渴望通过合理的手段获得财富的人出现之后,它就会赐予他财富。有一种超然的力量隐藏在你的欲望之中。试着用黄金运用的五大定律点燃你身体里的这股力量吧,巴比伦那无尽的财富中也有属于你的一份!”

钱庄老板的建议

事前谨慎,好过事后懊悔。

你头脑中会有许多胡乱花钱的念头来诱惑你,你身边会有很多热心人围着你想为你出谋划策,而且,你还会碰到很多发财的机会,这个时候,你就要经常想想,我抵押品箱子里的这些故事。

巴比伦的矛匠罗当捡了一大笔黄金,足足有50块,揣着这笔金子,他满怀得意,神气十足,想了很多种用途。可是几天之后,他却愁眉紧锁,来到马松的商店向他请教。马松的店主要是搞黄金借贷业务,也做珠宝和丝织品生意。罗当告诉马松,自己捡了50块金子,却并不开心,因为他的亲姐姐向他借钱,说要帮姐夫做生意。马松说黄金的确很好,但也会给人带来很多困扰。他讲了一个故事,关于一只公牛和驴子的故事。公牛向驴子哀叹自己的命运,说自己干活很辛苦。于是驴子建议它装病,这样主人就不会让他上工了。果然,第二天,主人没有让公牛去干活,但是却把驴子抓去累了一天。晚上,驴子十分愤怒,它觉得自己太傻了,结果害得自己受苦。它决定跟公牛绝交。罗当并不明白这个故事有什么意义,马松告诉他,从这个故事中,可以明白一个教训,那就是:你可以帮助处于困境中的人们,但却不能让他们的负担转嫁到自己身上。罗当恍然大悟,他可不想承担姐夫的负担,不过他对有个问题很不解,他不知道马松在借钱给别人的时候,有没有担心会收不回贷款。马松回答说,要做个聪明的放贷人,在贷款之前,就要谨慎地判断出贷款人的还款能力。

接着,马松带罗当到库房,让他看自己存放贷款人抵押品的箱子。他说碰到有些自己的钱远远多于从他这儿借的钱的人,或是像罗当这样的手艺人,他都会借钱给他们。碰到生活特别困苦的人,他也会借,因为这些人实在是太可怜了,不过需要有朋友对其人格做出担保。接着，马松给他讲了发生在那些抵押品上的故事。箱子最上面的是一块红布和一条项链，这是他的一个好朋友的，因为迷恋一位东方美女，他将财产挥霍殆尽，最后由于一次争吵，被美女刺死，而这位女子也跳河自尽。所以马松说千万不能借钱给处于痛苦深渊的人。

另外一个牛铃是一位农夫留下的。农夫遭受蝗灾之后，马松便借给他钱，让他得以渡过难关。后来马松又贷款给他，让他去买一批毛发上乘的山羊回来，等待来年，就可以让巴比伦的贵族拥有最美丽的地毯了。马松相信，农夫很快就能还上贷款，然后赎回那个牛铃了。

马松说如果借钱的人是为了花天酒地，那就万万不能借给他。

箱子里还有一只设计独特、款式罕见的手镯，上面还镶嵌着珠宝，罗当猜是一位女人的。他猜对了，这只手镯的主人的确是一个女人，但却是一个又老又胖的老太婆。她从马松这里借钱，想让她儿子成为成功的商人。可惜儿子在沙漠商队里被人骗了，这笔钱还不知道什么时候能还上呢。

还有一捆打着结的绳子，是骆驼商纳巴图留下的。马松非常信任这种精明的商人，把钱借给他们，马松觉得很安全。

在这些抵押物中，马松对一只用绿松石刻成的甲虫很是不屑，他说这是一个埃及小伙子留下的，对于马松能否收回贷款，这个小伙子根本不关心。每当马松向他催债时，他就说自己在走霉运，他父亲一定会帮他还的。这个年轻人刚开始做生意还不错，但是由于急于求成，后来越来越糟糕。对于这样的年轻人，马松觉得很矛盾，不知道该不该借钱给他们。

听了这么多抵押品的故事，罗当还是不知道该如何处理姐夫向他借钱这件事。马松帮他分析了各种可能的情况，总之，罗当必须弄清楚，姐夫要投资什么，并且有没有周详的计划，要让自己做一个聪明的借贷人，并珍惜自己的黄金。

最后，马松告诉罗当，不仅要看住手里的黄金，还要用它去赚更多的黄金。并让罗当记住他的抵押品箱子上刻着的格言：事前谨慎，好过事后懊悔。

不倒的城墙

我们每个人都应当为自己准备稳固妥善的保护措施。

谁也没有料到，在巴比伦举国远征时，亚述军队会从北而至，对其进行攻击。

此刻，身经百战的巴比伦老战士班扎尔，正在城墙上站岗，边上还有许多士兵在把守。敌人已经攻到城下了，而巴比伦大部分的军队都去远征东方的埃及人去了。谁也没有料到，在巴比伦举国远征时，亚述军队会从北而至，对其进行攻击。这时候，如果不守住城墙的话，那么巴比伦将面临亡国的危险。

敌人已经围了四天了，现在，他们正加紧火力进攻，双方陷入苦战。不断有百姓爬到城墙上向班扎尔询问战情，包括一位老商人，一位抱着孩子的母亲，还有一个小女孩。班扎尔对他们都给予坚定有力的回答：巴比伦的城墙是世界上最坚固的城墙，它永远不会倒，你们是安全的。

战争持续了四个星期零六天，双方都伤亡惨重，但是敌人终于撤军了。巴比伦城墙又一次挡住了敌人的进攻，人们欢呼雀跃，庆幸保住了自己的家园。

在这里，巴比伦城墙只是一个例子，我们要创造各种如巴比伦城墙一样坚固的方法，来保护自己，诸如保险、储蓄、可靠投资等。总之，我们每个人都应当为自己准备稳固妥善的保护措施。

世界的真实颜色

有志者，事竟成。

你怎么还能把自己看做是自由人呢？因为你软弱的性格使你沦落到现在的地步。如果你的灵魂甘愿做奴隶，那么你早晚会成为真正的奴隶。

阿祖尔的爱子塔卡德已经两天没吃过东西了，在极度饥饿的状况下，他的神志更为清醒，嗅觉更为灵敏，对食物的味道也更为敏感。他曾偷吃过两枚小无花果，后来被果子的主人发现，他虽然逃脱，但再也不敢冒险了。

他在旅馆前徘徊，想碰到熟人借点钱，这时，他最不想见到的骆驼商达巴希尔，也就是他的债主却出现了。达巴希尔对塔卡德说正在到处找他，让他还钱呢，可是塔卡德实在是没有办法。正好达巴希尔肚子饿了，他把塔卡德带到饭馆里去，还说要给他讲个故事。

达巴希尔边吃着羊腿，边讲起来，他说有个富翁透过一块黄色的石头，看到了一个奇异的、不真实的世界，而他所要讲的正是自己如何由奴隶变成骆驼商，两次见到世界真实的颜色的故事。饭馆里的人都被他吸引了。接着他说自己年轻的时候很穷，又没什么技能，经常到处找人借钱，别人也对他很信任。可是这些借来的钱却被他挥霍一空，并由此陷入困境，到处被债主们逼债。于是他决定离开巴比伦，去别处碰碰运气。

接下来的两年，他一直在一个沙漠商队里呆着，但过得并不好，于是他当上了强盗，到处打劫沙漠商队。他的第一票干得很好，抢了很多黄金，很快就挥霍了。但是第二票就遇到了麻烦，刚刚抢来的货物被商队雇用的枪队抢回去了，头目也被杀了，其余的人都被卖到叙利亚做奴隶。

他的买主是一个叙利亚沙漠的部落头子，刚开始他以为做奴隶也没什么，还把这当成一次探险。可是很快他就发现自己错了,他被带到主人的四个妻妾那里供她们调遣,而且必要的时候他将被阉割,此时他才感到自己的命运有多悲惨。四个女人似乎都面无表情,不过幸好大老婆席拉需要一位会赶骆驼的奴隶陪她回娘家看望生病的母亲,他才躲过了被阉割的命运。他很感谢席拉,对她说自己并非天生的奴隶,父亲是巴比伦有名的马鞍制造商,是个自由人。但是席拉的话却让他陷入反思,她说:"你怎么还能把自己看做是自由人呢?因为你软弱的性格使你沦落到现在的地步。如果你的灵魂甘愿做奴隶,那么你早晚会成为真正的奴隶。如果人有一颗自由人的灵魂,那不论他遭遇了何种不幸,他依然会受人敬重。"

在做奴隶期间,他一直与其他奴隶格格不入,因为他一直在思索席拉的话。而席拉也与他深有同感,因为她也自觉不同于其他小妾。后来在席拉的帮助下,他得以逃脱,临走之前,他想带席拉一起走,但席拉说一个私奔的女人是不会有幸福的。于是他也不再勉强,独自上路了。在沙漠里,他历尽千辛万苦,几次濒临死亡,但他一想到自己拥有一颗自由人的灵魂,他就会重新鼓起勇气。当时,他似乎看到了世界的真实的颜色,他重新领悟到了人生的真谛。后来他终于回到了巴比伦。

听完达巴希尔的故事,塔卡德已经热泪盈眶,他觉得自己的灵魂里有个声音在催促他,应该做个自由人,不管他背负了多少债务,他都要诚恳地去面对,要能看清楚这个世界的真实颜色。

达巴希尔又说自己回来后,找到以前的债主,希望他们放宽期限。有些债主态度恶劣,但有些却很好,其中一位放贷的商人马松给予他的帮助最及时,让他跟着骆驼商人老纳巴图做生意。这样,他慢慢还清了债务,同时也成了一个受人尊敬的人。

故事讲完后,达巴希尔又开始关注自己面前的吃的了,他告诉厨房也给塔卡德来盘羊肉,让他一起享受美味。

达巴希尔的故事告诉我们,只要你真正懂得一个真理,即"有志者,事竟成",你就能找到自己内心深处那颗自由人的灵魂。这个真理一直在指引着人们摆脱贫困,走向成功,并且将来同样会发挥作用。

五千年前的泥板

虽然这套计划来自五千年前，但在今天，它仍然具有真实性、正确性和重要性，现在的人们仍将从中受益。

这个从巴比伦废墟的泥板里走出来的达巴希尔，居然教会了我从来没听说过的还债和致富的诀窍。

英格兰诺丁汉大学的教授舒贝里给英国科学勘探队的法兰克林·卡德威教授写了一封信，讲述了他在翻译从巴比伦废墟下被挖出来的五块铁板的过程中所受到的触动。他说："这个从巴比伦废墟的泥板里走出来的达巴希尔，居然教会了我从来没听说过的还债和致富的诀窍，他说我们可以边还债边攒钱。"舒贝里教授的经济上有些问题，他决定按照达巴希尔的方法来实践一下。

那么，达巴希尔究竟是怎样做的呢？在他自己刻录的五块泥板中会一一揭晓。

第一块泥板。在达巴希尔刚从叙利亚回到巴比伦、摆脱奴隶身份的时候，面对巨大的债务，他下定决心要偿还，并成为受人尊敬的富翁，而且还要把这个还债的过程用泥板记录下来。他听从了钱庄老板马松的建议，决定严格执行一套计划。通过这套计划，他想为他未来的生活提供充足的供应，并保障他妻子能过上衣食无忧的生活。马松说，要实现他的人生目标，必须将日常开销严格控制在70%以内，否则会破坏整体计划。

第二块泥板。达巴希尔介绍了计划的第三个目的就是还债。他把所有债主的名字和所欠数目都记下来了，决定每个月月圆之时，都要拿出收入的两成，严格地均分来还债。

第三块泥板。达巴希尔总共欠了190个银钱加140个铜钱，他找到债主，给他们讲了自己的还债计划，除了极个别外，大部分债主都是通情达理的，愿意给他时间慢慢还债。

第四块泥板。达巴希尔跟着主人纳巴图做骆驼生意。第一个月他挣了19块银钱,按照计划,他将这份收入分成三份,一份是存起来的一成收入,一份是两人生活的七成收入,另一份则是要还债的两成收入。这个月他总共还了将近4个银钱的债。第二个月他的生意不太好,只挣了11个银钱,生活过得有些紧,但是仍然按原计划拿出两成还债。第三个月他的运气很好,买了几匹又高又壮的骆驼,共挣了42块钱,可以还给债主8块钱,连最挑剔的债主也比较满意了。而且经过三个月,他已经攒下了21个银钱,这足以使他恢复自信,而他的妻子的生活也慢慢走上正轨。

第五块泥板。达巴希尔的债务经过12个月,终于还清了。他真正找回了自己的自信。他希望大家都能够从这套计划中得到收获,而且相信自己只要坚持实施这套计划,一定会成为富翁。

舒贝里教授又给法兰克林·卡德威教授写了一封信,他说自己按照泥板上所说的,也将自己的债务列出清单,并根据达巴希尔的计划,把自己每个月的收入分成三份,一份是要存下来的10%,一份是日常开销70%,另一份则是用来还债的20%。这样经过一段时间,他的债务已经快还清了,而且还存了一笔钱,准备将来去旅游,生活也过得舒心多了。他说要感谢五千年前的达巴希尔,是他让自己从“人间地狱”里被拉了出来。虽然这套计划来自五千年前,但在今天,它仍然具有真实性、正确性和重要性,现在的人们仍将从中受益。

工作是最好的朋友

在我境况最悲惨的时候，又是工作适时地告诉我，只有它才算是我最好的朋友。

你瞧，在我境况最悲惨的时候，又是工作适时地告诉我，只有它才算是我最好的朋友。

巴比伦的商界名人萨鲁纳拉率领着他庞大的骆驼商队从大马士革返回巴比伦城，他并不担心途中会遭遇危险，因为他有一大群骁勇善战的保镖会保护他，惟一令他担忧的是来自大马士革的年轻人哈丹·古拉，这个年轻人的爷爷是他以前的贸易伙伴兼恩人阿拉德·古拉。哈丹·古拉身上戴着戒指和耳环，认为工作是奴隶们的事，他只想将来过上最奢华的生活。

路上，在经过一片水田，看到一群老农夫在劳作时，萨鲁纳拉对哈丹说，这些老农夫以前他就见过，在四十年前他们就在这里干活，现在还是一样。哈丹觉得奇怪，接着萨鲁纳拉给他讲述了四十年前自己的经历，这一直是深藏在他心中的秘密。他说自己曾经当过奴隶，因为父亲为了营救犯了谋杀罪的兄长，只好将他抵押给一个寡妇，又没钱赎他，所以寡妇就将他卖给了奴隶贩子。在前往巴比伦的途中，就是这群农夫嘲笑他们说，欢迎你们，国王正给你们准备了美味的泥砖炖洋葱。一位外号叫“海盗”的同伴告诉萨鲁纳达，这就是说他们要被卖到巴比伦城下去做苦力，直到累死为止。听了这些话，同伴梅吉多说，不管任何时候，都要努力工作，一定会过上好日子。萨鲁纳达吓坏了，晚上他悄悄地问警卫该怎么办，警卫说他只有在奴隶市场上把自己给卖出去，才能避免这种命运。于是第二天，他跟同伴梅吉多都极力向买主推销自己，终于被人给买下了，而“海盗”却不怎么幸运，被一位跟着国王卫队军官的奴隶贩子给买下了。

萨鲁纳达的新主人是一个面包师,从主人那里,他学会了做面包糕点的所有手艺,而且老女仆索丝瓦蒂对他也很好。过了一段时间,萨鲁纳达想着自己一定要成为自由人,所以他决定每天下午出去卖蛋糕赚钱,然后与主人平分。在卖蛋糕时,他遇到了哈丹的祖父,也就是阿拉德·古拉,他在做地毯生意。萨鲁纳达认真工作的态度得到了阿拉德的好印象。有一次他还碰到了梅吉多,梅吉多说自己工作特别卖力,所以主人很满意,让他担任卖菜的重要职务,还把他的家人接来同住,他相信有一天工作这个老朋友,也会让他成为自由人。

萨鲁纳达的蛋糕生意还做到了巴比伦城墙下,因为那些监工出手特别大方,虽然萨鲁纳达很不想到那个可怕的地方去。有一次他偶然见到了在挑砖的"海盗",他拿了一块蛋糕给他,就逃离了这个地方,因为他实在无法再忍受这种凄惨的情形。

有一天,萨鲁纳达又碰到了哈丹的祖父阿拉德·古拉,并得知一个秘密,原来阿拉德也是奴隶。于是萨鲁纳达鼓励他成为自由人,但阿拉德却很担心会失去很多权益,因为古巴比伦实际上对奴隶的权利是有很多保障的。不过萨鲁纳达的话还是给了阿拉德很大震动。

萨鲁纳达继续卖着他的蛋糕,有一次还亲眼见到"海盗"被处以鞭笞之刑至死,因为他想逃跑,打死了国王的卫兵。萨鲁纳达觉得国王太残忍了。

萨鲁纳达的生意一天比一天好,他的妻子,也就是他主人的侄女,一个自由人,也为他感到高兴。可是他并不知道厄运即将降临,原来他的主人迷上了赌博,欠了很多债,而抵押品正是他。果然,有一天,他被主人的债主卖给了另一个人,从此,他的命运就是在一望无际的沙漠里,无休止地劳作。这里的奴隶从早到晚地不停工作,吃饭的时候就在一个大槽子里,晚上就是席地而卧。刚开始萨鲁纳达还强迫自己喜欢这份工作,可是几个月之后,他快崩溃了,而且害上了热病。正在他最痛苦的时候,主人告知他,他被另一个人买下了,现在他可以回巴比伦去了。走的时候,萨鲁纳达还把他藏好的钱袋挖出来,那是他全部的积蓄。

一路上,萨鲁纳达都在发着高烧,他觉得自己的命运真是太悲惨了,没有一丝希望。可是到了主人家后,他却震惊地发现新主人居然就是阿拉德·古拉。阿拉德已经是一个自由人了,就是因为萨鲁纳达的鼓励。他一直在找萨鲁纳达,但都没找到。后来幸好碰到了那位女仆索丝瓦蒂,才得知他的下落,并花了大价钱把他赎了回来。他提出让萨鲁纳达跟他一起合伙做生意。说完,阿拉德还将象征萨鲁纳达奴隶身份的泥板摔成两半。

萨鲁纳达感动至极,他觉得此时此刻,他就是全巴比伦最幸运的人。他心想:你瞧,在我境况最悲惨的时候,又是工作适时地告诉我,只有它才算是我最好的朋友。

听完这些,哈丹·古拉彻底醒悟了,他明白了只有工作才能使人走向成功,决心从此以后改变自己,向祖父学习。

巴比伦的历史

发生在巴比伦的奇迹,是人定胜天的最佳实例。人类为了实现自己宏伟的目标,将所有可供利用的资源都耗尽了。

在人类历史长河中,巴比伦的魅力是任何一个城市都无法与之比拟的。每当人们的脑海中出现巴比伦这个名字的时候,总是会联想到雄厚的财富和宏大的气势,巴比伦城的黄金和珠宝不可胜数。既然这样,许多人肯定都会认为,这个城市的地理位置是在热带,物产丰富,四面环绕着茂密的森林、丰富的矿产等自然资源。事实却并非如此,修建在幼发拉底河畔的巴比伦城处于峡谷之间,这个地方单调、干涸、森林稀疏、矿产资源奇缺,甚至连一块可以用于建筑的石头都找不到。它距离贸易机会众多的交通要道很远,气候一直比较干旱,不利于任何植物的生长。

发生在巴比伦的奇迹,是人定胜天的最佳实例。人类为了实现自己宏伟的目标,将所有可供利用的资源都耗尽了。或者这样说更为恰当:在这个城市,人类依靠自己的双手创造了所有可供利用的资源以及那些可以挖掘到的财富。

巴比伦可以利用的天然资源仅仅只有两种:一种是肥沃的土壤,另一种是流淌不绝的幼发拉底河水。巴比伦的工程师建造了一项全人类历史上屈指可数的伟大工程,他们设计出图纸,修建了水坝,开凿了运河,使河水得以分流。正是因为有了运河河水对丰沃土壤的灌溉,才使得巴比伦这样一片干涸的山谷平原,有了长存不息的生命。灌溉系统给巴比伦带来的丰厚物产,是任何一个在巴比伦之前诞生的文明城邦都无法企及的。

巴比伦的历代帝王一直延续着世袭传承的方式,偶尔有外敌入侵,对它的影响也是微不足道的,这是值得庆幸的一点。在巴比伦,多数战争都发生在小的区域,那些垂涎于巴比伦财富的入侵者还从来没有一个能够对其产生真正的威胁。在巴比伦的历史发展进程中,曾经诞生过很多出色的统治者,他们的名字都被载入史册,他们不但智慧超群,极富进取之心,而且大公无私。在巴比伦的历史上,还从来没有出过一个昏君——一个充满私欲、妄想把天底下所有疆土都据为己有、并企图征服全世界的统治者。

不知道多少个世纪过去了,巴比伦城已消失不见。花了几千年的时间修建而成的巴比伦城似乎在瞬息之间沦为废墟,人迹全无。现在,在波斯湾的北面,还依稀可以见到巴比伦城的遗迹,它就位于苏伊士运河以东大约 10 公里,北纬 30 度左右处,相当于美国亚利桑纳州的尤玛的纬度,这两个城市的气候条件也颇为相似,都很干燥、炎热。

这个坐落于幼发拉底河畔山谷中的城市,曾经人口众多,到处都是密密麻麻的农田灌溉网络;可是如今映入眼帘的,却是一片荒芜的废墟。人们的视线中只能看到稀稀落落的杂草和低矮的灌木丛,它们在沙原的逆风坡上为了求生而苦苦挣扎。一望无际的富饶良田、绚烂多彩的繁华都市、侃侃而谈的精明商人和他们带领下的一列列满载货物的商队,这些景物早已经只能在想象中才能见到了。现在这里已变成了少数生活贫穷的阿拉伯家庭的聚集场所,他们在此处搭起了帐篷。大约在公元 1 世纪初,也就是基督教诞生之时,这些由游牧家庭组成的民族就开始定居在这里。

有一些山丘零星地分布在山谷的东部。许多年来,从此地经过的旅人无论如何也无法想象会有什么奇迹在这里发生。后来,经过暴风雨的冲刷,偶尔有几片破陶片和砖块暴露在阳光下,引起了考古学家的注意。欧洲和美国的一些博物馆也开始关注此事,正是依靠他们的资助,考古学家开始了艰苦的挖掘工作,想从中发现些什么。很幸运,考古学家靠着铲子和挖掘工具终于把证据给挖了出来——那些山丘正是古城的部分遗址。确切地说,这些遗址被考古学家称之为"埋葬古城的坟墓"。

巴比伦正是这些被埋葬的古城当中的一座。沙漠灰尘扬起的大风日夜不停地在它的遗址上刮着。在对巴比伦城的挖掘工作全部结束之后,人们发现这些断壁残垣再也不可能恢复昔日的辉煌,因为原来是用砖块垒成的城墙几乎已经和尘土融为一体。昔日繁华富庶的巴比伦城现在仅是一堆尘土,凄凉心酸,甚至今天活着的人们连巴比伦这样的一个名字都已彻底遗忘,直到考古学家小心翼翼地拂掉掩盖在上面达几千年之久的厚厚的尘土,我们的面前才又显露出这座历史名城破败的街市、颓圮的神殿以及残破不全的皇宫。

很多科学家都持这样的观点:在山谷中以巴比伦城为代表的城市,应该是人类有史以来的最古老的文明。根据推算,这些城市存在的具体年代大约在八千年以前。关于巴比伦城的存在年代,科学家们的推算方式要提一下。在巴比伦城的废墟中，考古学家挖掘出古巴比伦人叙述日蚀的资料，现代的天文学家又根据这些资料用电脑推算出古巴比伦何时发生日蚀，进而将古巴比伦的历法和我们今天所使用的历法之间存在的关系推算出来。

经过进一步推算，考古学家证实，在8000年以前，巴比伦帝国的最早的居民被称为苏美人，那时他们居住的城市周围有护墙。我们可以根据这一点来猜测，在好几个世纪以前这些城市就应该已经存在了。而城市里的居民也并非是野蛮人，他们都有知识而且十分开化。据史书记载，出现工程师、天文学家、资本家和文字书写，巴比伦都是人类历史上最早的。

上文我们已经提到了让干涸山谷变成肥沃良田的巴比伦成熟的灌溉系统。虽然长年堆积的沙土已经将大运河的大部分河段掩埋，但是我们仍然可以从少数残留在外面的河段中窥出当年的盛况。运河中有一些河段非常宽，甚至可以让12匹马在其中并列驰骋，美国的科罗拉多运河和犹他运河也不过是这样的规模。

除了这些，还有一项工程令巴比伦的工程师们引以为傲，就是他们精心设计的排水系统，幼发拉底河口和底格里斯河口广袤的沼泽地正是依靠这套排水系统，才成为肥沃的耕地。

希腊人希罗多德，这个生活在公元前400多年的伟大的旅行家和历史学家，曾经在巴比伦最鼎盛的时期造访过此地。他对于巴比伦风光的描述是我们能够找到的惟一一个非巴比伦人的记载。在希罗多德的笔下，巴比伦城的繁华景象以及居民的风俗习惯被描绘得生动详实，据他记载，巴比伦城土壤肥沃，种植大麦和小麦。

古巴比伦的繁荣已成为往事，但是它所创造的文明却成为万世的滋养。如果能将那些充满智慧的话语一一记录下来，今天的我们一定会获益匪浅。在久远的古巴比伦，还没有发明纸张，人们就把文字刻在潮湿的泥板之上，一块泥板刻完，人们就把它拿去烘烤直到它变硬。这种泥板的长度大约是203毫米，宽度约152毫米，厚度约25毫米。古巴比伦时代的书写形式就是这样，“泥板”就是巴比伦人用以记录的工具。那些传奇故事、诗词、历史、国王的旨令、当地法律、土地财产权状和契约书等等，是泥板中内容最多的方面。我们通过这些泥板，可以对古巴比伦人生活中的一些琐碎之事有一些了解。举个例子，曾经有一块泥板，很明显作者是一位乡村商店店主，泥板上有日期和一个顾客的姓名，并且详细记录了一笔生意的交易情况：顾客用1头母牛跟店主的7袋小麦交换，已经拉走了3袋小麦，还有4袋随时等顾客来取。

这些泥板被挖掘出来的时候都保存得十分完整。这样的泥板，考古学家从巴比伦城的废墟中挖掘出了成千上万块，供好几家图书馆珍藏都不成问题。

宏伟的城墙也是巴比伦的一大奇观。巴比伦的城墙在古代是与埃及的金字塔相提并论的，因此巴比伦城墙成为世界建筑史上的“世界七大奇观”之一也是当之无愧。传说巴比伦历史上的第一道城墙是由巴比伦帝国的开国君主——亚述女王瑟蜜拉米丝建造的,但是很遗憾,现代考古学家连巴比伦原始城墙的一小块砖头也没有挖掘出来,所以至今没人知道这些城墙有多高。据说城墙外面还绕着一条极深的护城河。

在基督教诞生以前600年时,当时的君主是纳波帕拉撒王,巴比伦有史以来最有名的城墙就是他建造的。这个城墙是重新修建的,是一个相当浩大的工程,所以纳波帕拉撒王生前并没有见到这项工程的完工,是他的儿子尼布甲尼撒王替他完成了这个心愿。尼布甲尼撒王曾经在《圣经》的旧约中有记载,他是巴比伦君王中很著名的一位。

史书上记载的改建后的巴比伦城墙的高度和长度颇有可疑之处。实际上比较可靠的数据应该是这样的:大约高48.8米,差不多跟现在一座15层的办公大楼一般高;大约长14.5到17.7公里之间;至于它的宽度,我们可以想象一下可以同时容纳下6匹马并驾齐驱的马路,城墙就有这条马路那么宽。想当初如此雄伟壮观的建筑已经消失不见了,只有那部分残损的城墙基座和护城河的遗迹还在向人们提醒这段历史曾经真实存在过。甚至还有后世的阿拉伯人把城墙的砖块挖出来用在其他的地方。

从巴比伦的城墙下,我们也可以看到从前的侵略者曾经践踏过的足迹。凡是曾经对巴比伦城有过骚扰的民族在侵略巴比伦之前,还从来没有过败绩。这些帝国的君主率领军队对巴比伦进行过包围,但是一次又一次,巴比伦的军队把他们打得落花流水。当时每一个曾经进攻过巴比伦的帝国军队,规模都是非常庞大的。根据历史学家所做的统计,在每一次战争里,侵略国的军队里至少有骑兵10000名,战车25000辆,步兵兵团1200个,每个兵团有1000名步兵。要发动这么大规模的战争,作战物资、粮草以及行军路线等等不花上个两三年的功夫来准备根本就是不可能的。

同今天的城市相比,巴比伦城的结构设计也毫不逊色。城市里街道纵横、商铺林立,小商贩们在住宅区之间穿梭,到处推销他们的商品。祭司们端坐在肃穆恢宏的神殿里。皇宫禁地处于城市的中心地带,传说巴比伦的城墙还没有皇宫的城墙高。

巴比伦人大多对雕刻、绘画、编织、金属装饰、锻造金属武器和农耕用具之类的工艺非常精通,而且水平也相当高。考古学家在一些富人的坟墓中挖掘出了很多珍贵精美的珠宝饰品,这些珍品都是由当年的珠宝商制作的,极富艺术品位,现在大多在世界上的几个大博物馆中保存。当其他民族的人还在用石刻的斧头砍树,或者用石制的矛和箭打猎、打仗的时候,巴比伦人已经开始以金属制品为主要工具来做同样的事情了。

巴比伦的资本家和贸易商都很精明,这是他们的共同特点。我们可以从研究者的报告中了解到,在人类的历史上,是他们首次发明了货币,并用在商品交易、立字据、订契约或者是设计土地财产的权状上。

在基督教诞生之前的540年左右,巴比伦城第一次遭受了被敌人攻陷的命运。城市虽然陷落,但是城墙却完好如初。关于巴比伦沦亡的传说极富传奇色彩。第一个征服巴比伦的君主就是历史上大名鼎鼎的波斯王居鲁士大帝。他进攻巴比伦城的目的,就是想看看巴比伦的城墙到底有多厚。曾经有个顾问大臣向当时的巴比伦国王纳波尼杜斯进谏,劝他亲自出征抵抗居鲁士,如果等到居鲁士形成合围,那就为时已晚。可是事实上纳波尼杜斯王在交战期间就战败溃逃,因此巴比伦城门大开,居鲁士轻松地就迈进了巴比伦城,将金银财富洗劫一空。

也就是从这时起,巴比伦城逐渐衰亡,威望也远不如前,终于在经过了几百年之后亡国。整座巴比伦城化为废墟,饱经风雨侵蚀,重新又化为尘土。曾经的辉煌灿烂、街市熙熙攘攘的盛世繁华都已烟消云散。

虽然巴比伦那曾经雄伟无比的城墙已经倒塌,但是巴比伦的智慧却永远是人类用之不尽的宝贵财富。

3

自己拯救自己

(美)塞缪尔·斯迈尔森

塞缪尔·斯迈尔森(1812—1904),英国十九世纪伟大的道德学家,他写过许多脍炙人口的人生随笔作品,被誉为“个人奋斗的精神标本”。

《自己拯救自己》是西方成功学的开山之作。全书以一句古训“自助者,天助之”贯穿始终,通过历史上各界名人生动而具体的事例,论述了一个人的幸福与成功来自于自我塑造。比如勤勉、勇气、信念、合理的金钱观以及自我修养等所有年轻人必备的优良品质。在英国出版的当时,是仅次于《圣经》的超级畅销书。

自己拯救自己

在人的一生中，幸福生活必定而且主要是依靠自己的努力，依靠自己的勤奋、自我修养、自我训练、自我约束得来的。

序言:只有自己才是自己的救星

大约在十五年以前,塞缪尔·斯迈尔斯应邀为一个夜校的学员做演讲,这所夜校位于英国北部的一个小镇上,它的开办宗旨是使学员互相勉励、共同进步。夜校是这样发展起来的:

在天气异常寒冷的冬夜,有两三个身份地位最低微的男人为了互相交流知识,共同促进,克服种种困难在一起聚会。最初他们把聚会场所安排在其中一人的农舍中,但后来随着其他人的陆续加入,小屋很快就变得十分拥挤。到了炎热的夏天,学员们就到农舍外面的花园小憩一下;之后,就把授课地点改在屋外的空地上,那是个用栅栏围成的花园。老师为他们开设了算术课程,授课就这样进行着。如果天气晴好,夜深人静时还能看到许多年轻人在小屋周围漫步,像一群蜜蜂一样交头接耳;可是,如果天公不作美,突然下起暴雨,他们就只有四下散开,心情郁闷地回家。

马上要到冬天了,酷寒的冬夜逐渐逼近,这时候学员的人数已大大超出以前了,但是小小的农舍的容纳空间又远远不够,那这么多学员御寒的问题该如何解决呢?尽管绝大多数年轻人的周薪都是相当低廉,他们还是决定宁可负债也要租用一间房子。几经打听,他们终于找到了一套虽然宽敞但却很脏的出租公寓,那座公寓曾经被临时征用作为治疗霍乱的医院,地方十分隐蔽,没人知道那儿,因为人们对它躲都来不及呢,疾病的阴云似乎仍然在它上空笼罩着。可是这些没有吓跑那群互相帮助的年轻人,他们以高价租下了那座公寓。他们在里面点上灯,搁了几张条凳和一张餐桌,就开始了冬季的课程。不久,一片欢声笑语就弥漫在那里。当然了,课程可能是非常粗糙而不精细,但是学员们却很满足。有些人掌握某些知识,就去教另一些对此一无所知的人,在使别人提高的同时,也令自己的知识得以增长。无论如何,这项工作对于他们来说是相当充实的。这样,那些年轻人(其中也包括成年人)继续着他们的学习,互相之间传授阅读与写作、数学与地理,还有化学和几门现代语言方面的知识。

这样大概聚集了一百个雄心勃勃的年轻人,他们希望能有人来给他们授课。不久,这件事就传到了斯迈尔森本人的耳朵里。一部分人在与斯迈尔森会面后,他们非常谦虚地把自己在一起学习的情况向他做了介绍,并且提出要求,希望斯迈尔森能给他们做个介绍性的演讲,或者用他们自己的话来说就是“给他们讲讲”。他们这种“自己拯救自己”的精神着实令人敬佩,斯迈尔森不能不为这种精神所感动。他当然乐意授课,但信心并不太足,不过他觉得只要给他们以诚挚的鼓励,哪怕只言片语,也可能会有非凡的意义。考虑到这一点,他为他们讲演了多次。斯迈尔森在讲演中主要提到了别人是如何做的,个人在多大程度上能为自己做些什么,并且指出在人的一生中,幸福生活必定而且主要是依靠自己的努力,依靠自己的勤奋、自我修养、自我训练和自我约束得来的;但首先必须诚实正直地履行自己的职责,这正是人类品行的光芒所在。

这些忠告非常老套,没有比这更老掉牙的忠告了,不说跟所罗门寓言完全一样,至少也差个八九不离十。但就是这些老套的建议却受到了年轻人的推崇,他们在课堂上勤勉求知,在工作中努力拼搏,成年后又从事着各种不同的职业,其中许多人还走上了值得人们信赖并且对社会有益的工作岗位。很多年之后的一个晚上,有一位外表光鲜的年轻人来拜访斯迈尔森,他说自己现在在一家玻璃厂工作,已经是公司的人力主管,算得上是一位成功男士。他欣喜而又感激地提起以前斯迈尔森给他们讲过的那些肺腑之言,甚至把他的成功归功于斯迈尔森以前的教诲与激励。这件事自然而然勾起了斯迈尔森的回忆。

斯迈尔森的兴趣一直集中在“自己拯救自己”这一主题上面,他习惯于把那些年轻人听自己演讲的体会记录下来,有时讲完几个小时之后做一些笔记,记下阅读、观察和生活阅历所得,因为这些与他所构思的主题紧密相关。在他早期的演讲中,最突出的例子之一便是对机械师史蒂芬逊经历的记录,而且,对于描述史蒂芬逊先生的生活与事业,斯迈尔森拥有着特殊的便利条件,这使得他一如既往地工作,直至最后出版史蒂芬逊的传记。现在这本书同样是在类似的情况下写出,两本书的由来大致相同。不过对前面所列的性格特征也不必太过严肃认真,那些描述只是概括而非长篇累牍。在绝大部分情况下,只有一些突出的东西会被人们所注意到;而个人和国家则常常会更关注事情的经过。现在斯迈尔森把这本书交给了你们——读者,希望书中的勤奋、坚韧和自我修养能让读者有所收获并从中得到启发,希望你们对此感兴趣。

1859 年 9 月于伦敦
大卫 · M · 哈特

自立的人上天会助之

“从长远来看,国家的价值在于组成这个国家的个体价值的实现。”

——约翰·斯图尔特·密尔

“我们把过多厚望寄予在体制上,而对人类自身的能力有所忽略。”

——本杰明·迪士雷利

“自助者天助”,这条是经过实践检验的至理名言。具体而言,就是人们通过丰富的经验所总结出的结论。自助精神是促使个人实现真正成长的根源,它在生活的诸多方面都能体现出来,构成了国家兴盛的真正源泉。从效果上看,外界的帮助使人变得更加软弱,而自助却使人得到恒久的鼓励。无论你为一个人或为一个阶级做了什么,从某种程度上讲,就是减弱了他们为自己干活的激情与必要性。当人们受到过分的引导和过分的监管,必然会走向自立的丧失。

即便是最好的制度,也不能给人积极的帮助。或许,制度所能做的最多不过就是给予人们发展自我与改进个人状态的自由。但是,人们却总是趋向于相信他们的幸福和成绩不是依靠自我努力,而是通过制度形成的。因此,靠政策和法规推动人类进步的价值通常被过于高估。每隔 3 到 5 年会有 1 到 2 个立法者被人民选举出来,成为立法机构中的组成部分。然而,尽管这项义务被一丝不苟、真诚地执行,却并没有对人们的生活和天性起到积极的作用。不仅如此,人们甚至开始逐渐明白,政府的功能是消极和有限的,而非积极和有效的;政府的职能主要在于保护生命、自由和财产。法律,如果得以明智地执行,可以确保人们享受他们的劳动成果,不论精神的或物质的,而他们只需付出相对而言很小的代价。然而,法律再严苛,也不可能使懒惰之人变得勤劳,使奢侈之徒或嗜酒之辈稍有节制。这种改变只能通过个人的行为、节俭和自我克制才能起作用,即通过好的习惯而非大的权利去改变。

一个国家的政府通常被认为是其组成个体的表现。凌驾于人民之上的政府不可避免将被拉回到人民的位置,同样,臣服于人民之下的政府也迟早将被提升到人民的位置。根据事物发展的规律,适当的法律及政府的运行结果总能通过一个国家的整体特征得到显示,就如同水平线可以通过水来显示一样。贵族受到高贵的统治,无知及腐败之人则受到无知的统治。事实上,所有经验都证实了一点:一个国家的富强取决于其子民的天性,绝非其制度。因为国家仅仅是社会个体的集合而已,而文明本身也只不过是组成社会的男人、女人和孩子自我完善的问题而已。

正如国家的衰败是社会个体懒惰、自私和邪恶的结果,国家的进步则是社会个体勤奋、能干、正直的结果。我们一般所谴责的社会邪恶,在很大程度上是来源于我们不断堕落的生活。尽管我们可以通过法律手段尽量削减或铲除它们,但是它们却会以其他的某种形式死灰复燃,除非个体与民族赖以存在的环境得到彻底的改善。如果这种观点确凿可靠,那么我们就可以得出这样的结论:最高层次的爱国主义和博爱精神不在于修改法律和改良制度,而在于帮助和激励社会个体通过自由独立的个人行为来进行自我完善。

所有事情的决定因素都来自于个体的内部,外因产生的影响相对较小。与被暴君统治的奴隶相比,尽管这种统治已经是极其罪恶的了,但自身道义上无知、自私、邪恶的奴隶才是最可悲的奴隶。一个充满奴性的民族仅仅通过改变统治者或制度是无法获得自由的。只要这种致命的观念盛行于世,自由就永远掌控于政府手中。即使这种状况得以改变,但在很长一段时间里对曾经身处奴化状态的人们并不会产生太大的实际和持久的效果。个人的天性是自由的坚实基础,也是社会稳定和国家发展的可靠保证。约翰·斯图尔特·密尔说得很好:“只要容许个性的存在,即使是专制主义也不会产生最糟糕的结果;任何摧毁个性的东西都是专制主义,不管它以什么样的名义而存在。”

说到民族进步,时常会出现一些古老的荒谬言论。有些会呼唤恺撒式的救星,有些则期待国家成为救世主,还有些则将希望寄托于议会和法令。我们在期待恺撒,他的教义是“谁承认并服从于他,谁就幸福”,然后我们发现这条教义简单来说就是,任何事情都不是由我们自己做主。如果这样的教义成为指导,那社会的自由与良知将遭受破坏,它将迅速使任何形式的专制主义畅通无阻。恺撒主义是人类偶像崇拜中最恶劣的形式之一,即对权力的绝对崇拜。它与对财富的绝对崇拜产生的效果完全一样。与此相反,另一个对人们进行谆谆教导的教义更为健康,这便是自立精神。一旦人们完全领悟它并将其付之于行动,恺撒主义将彻底让位。自立精神与恺撒主义是完全对立的,正如雨果在论述笔和剑时所说:“其中一个会杀

死另一个。”

至于国家和议会法令的力量，也不过只是普遍的迷信而已。在首届都柏林工业博览会的闭幕式上，一位伟大的爱尔兰爱国者威廉·达刚曾讲道：“老实说，在我的记忆里，还从来没有从我的同胞口中听到‘独立’一词，他们提得最多的就是，怎么样从这里、那里或是其他什么地方去获得独立，如何寄希望于我们周围的外国人身上等等。当我尽可能多地去衡量通过这种地域交流给我们带来的好处时，我发自内心地感到，我们国家工业的独立必须依靠我们自己。我坚信，只要一心一意勤奋刻苦、精益求精，我们将会拥有超出以往任何时期的更好的机遇和更光明的前景。我们已经迈出了第一步，但需要坚韧不拔，这才是成功的巨大动力。只要我们怀着满腔热情向前奋进，我深信，不需要多久，我们将共同达到一个舒适、幸福、独立的状态，并把这种状态传播给其他人民。”

所有国家的发展都是一代又一代人思想与劳动的结果。那些在各个阶层和条件下生活的坚韧的劳动者们，包括农民、矿工、发明家、探索者、制造业者、机械工、手工业者、诗人、哲学家和政治家，都在为缔造自己的国家而奉献着自己。他们世世代代不懈努力，并且一直在创造新的更高的劳动成果。这些不断延续的伟大劳动者、文明的缔造者，在混乱的工业、科学与艺术中创造了秩序。因此，在自然的演化进程中，生存着的种族一代代传承了由我们祖先的精湛技艺和勤劳所创造的宝贵财富。我们又对手中的这些财富加以耕耘，再传给我们下一代的继承者。在这样的传承过程中，它们不仅没有丝毫的损害，反而会获得更进一步的完善。

自立精神，正如它通过充满活力的个人行为中所表现出来的那样，在任何时代它都是英国人性格的一个显著特点，也是衡量国家力量的真正标准。通常有一些出色的个人在做了领袖之后，会得到公众的尊敬，但是社会的进步还要归功于成千上万的平凡之人。在历史上的任何一次战役中，尽管名垂青史的只有那些将军们，但战争的胜利在很大程度上是通过士兵们勇猛善战和奋勇直前才赢得的。实际上，生活同样也是一场“士兵的战斗”。人类在任何时候都是最伟大的劳动者。其中绝大多数的人终生不为人所知，虽然与那些有幸名垂青史的人们相比，他们对人类文明与进步的影响力远远不及，但是即使是地位最卑微的人，只要他勤奋、节俭、对生活保持诚实正直的态度并在其同胞面前做出榜样，那么，他对他祖国的现在及未来就会产生积极的作用。因为他的生活和品行无形中对他人产生着影响，并将在今后的时代里被立为好的典范。

人类的日常经验证明，充满生机的个人主义对他人的生活和行为有着巨大的影响，也是一种真正的具有实效的教育。与此相比，学校给予人们的教育只能算是最简单的文化启蒙罢了。那些来自家庭、街道、商店柜台、生产车间、织布机、农田、财务室、手工作坊以及拥挤嘈杂人群的日常生活教育，其影响力却更加巨大。这种作为社会成员的最终指导，也是席勒所说的"人生历程的教育"，它表现在人的行为、品性、自我涵养、自我驾驭等各个方面，其目的无非是对人们进行正确的指导，使他们在人生责任和事业上采取适当的行动。在任何书本或是大量的学术训练中都不可能获得这种教育。培根曾用他那一贯的颇具分量的语言说道："学习并不能教会人们如何用它，它只能通过自己亲自观察实践来获得，这是一种属于学习范畴之外并超越了学习的智慧。"这句话不仅适用于实际生活，也同样适用于对才智本身的培养。所有的实践都证明并加强了它的合理性，一个人的自我完善是依靠实践而非书本。也就是说，不断使人类变得完善的，是生活而不是文学，是行动而不是研究，是性格而不是传记。

不过伟人的传记，尤其是那些品行颇佳的伟人的传记，仍然可以最具启发性和最有效地给他人提供帮助、指引和鼓励。有些优秀者的传记几乎就是在给人类带来福音——它教给人类和世界一种高尚的生活、高尚的思想，还有饱含活力的行为。这些颇具价值的榜样充分展示了自立、忍耐、拼搏和坚守良知的伟大力量，这种力量正是形成高贵品质所必需的。其中所展示的语言会让人们正确理解获得成功的力量，并以强有力的事实证明了自尊和自助的效果，使那些地位最卑微的人为自己赢得令人尊敬的功绩和牢固的声望。

作为伟大思想的传播人和宽厚心胸的使者，那些科学家、文学家和艺术家并没有脱离社会底层，他们同样来自学校、车间、农舍，来自穷人的茅草棚或富人的高楼大厦，甚至某些牧师，他们作为上帝的最神圣的使徒，同样也是来自于"社会底层"。最穷苦的人有时也会走向巅峰，在他们奔赴成功的道路上，没有什么困难是不可战胜的。在某种程度上，这些困难反而会变成他们最好的帮手。因为这些困难能激发他们勤奋和坚忍的力量，并把这种力量转化为生存的本领和技能。在现实中克服重重困难而获得成功的例子不可胜数，这也最好地证明了那条格言——"有志者，事竟成"。比较著名的例子有：原为理发师后来成为最富诗意的神学家杰勒米·泰勒，发明了珍妮纺纱机并成为整个棉纺织业奠基者的理查德·阿克莱特爵士，英国上议院最杰出的大法官之一腾特顿，最伟大的风景画画家特纳。关于莎士比亚的生活，没有人能够清楚详细地了解，但有一点可以肯定，他来自于一个社会底层的家庭。他的父亲的职业是一个屠夫兼牧场主，莎士比亚儿时的目标是做一个梳毛工，也有人认为他或许会当学校的门卫，或者以后最多是当一个文员替人代写文书罢了。莎士比亚确实可以当得起这样的评价：他"不是一个人，而是所有人类的缩影"。他描写海洋的措辞是如此的精当准确，以至于一位海军军官断定他以前肯定当过水手；而一位神职人员则表示，从他作品中反映出的细节来看，他以前很可能做过牧师的文员；一位出色的鉴马师则坚持认为莎士比亚曾经做过马贩子。莎士比亚无疑可以被称之为演员，在他的一生中，他"扮演了多个角色"，从广泛的经验和细致的观察中他收集了大量丰富的知识。无论是做什么事情，他都是一个用心的学生，一个勤奋的工人。直至今天，他的作品对英国人品格的形成所具有的影响力仍不容忽视。

在普通的劳动阶层中，走出了工程师布兰德雷，航海家库克和诗人伯恩斯。令泥瓦工和砌砖工们引以为傲的，有在林肯法学院工作时总是手拿工具而口袋里装着书的本·约翰逊，有工程师爱德华兹和德尔福特，地理学家休·米勒，作家兼雕刻家阿兰·卡林汉姆。在众多出色的木匠中，有建筑师伊利戈·琼斯，天文钟制造者哈里逊，生理学家琼·亨特，画家罗姆雷和欧比，东方学专家李和雕刻家约翰·吉卜生。

而纺织阶层中，则产生了数学家西姆森，雕刻家培根，鸟类学家弥尔纳、亚当·沃克、约翰·福斯特、威尔逊，传道士利文斯通博士，诗人唐纳西尔。在鞋匠中产生了伟大的海军上将克劳德斯雷·肖威尔爵士，电力学家斯特金，散文家塞缪尔·德鲁，《季刊评论》的编辑吉福特，诗人布莱姆菲尔德，传教士威廉·卡雷。鞋楦制造商中则产生了另一位传教士莫里逊。在过去的几年里，有一位名叫托马斯·爱德华兹的资深的博物学家在班佛的鞋匠中出现，他在经营贸易的同时，把业余时间都用来研究自然科学的各个领域。在对细小的甲壳虫进行研究时，他发现了一个新的物种，这个新物种被博物学家们命名为“普拉尼茨·爱德华兹”。历史学家约翰·斯通曾有一段时间也在经营贸易。裁缝们中同样也是人才辈出。画家杰克逊年少时一直在做衣服。在波依蒂尔斯因为表现优秀而被国王爱德华三世授予爵士称号的约翰·霍克斯伍德，早年曾给一位伦敦裁缝当学徒。他的同行，海军上将霍布林，1702 年曾经在维戈摧毁了敌人的栅栏网，也曾是威特岛靠近本彻奇的一个裁缝的徒弟。当听说海军战士要从该岛经过时，他从裁缝店里跳了出来，和一群朋友结伴来到海边，欣赏海军通过时的壮观场面，然后突然就萌发了当水手的志向。他跳上一艘小船，划向海军舰区，并登上海军司令所在的船，最终成为一名志愿兵。数年之后，他衣锦还乡，还找到他曾经当过学徒的小屋并在那里品尝熏肉和鸡蛋。出身于裁缝的名人当中，最杰出的还要数安德鲁·约翰逊，他是美国现任总统，一个具有不凡品质和卓越才华的人。在华盛顿就任总统时，他曾发表演讲说，他很早就开始了他的政治生涯。这时人群中突然有人喊道：“他以前是干裁缝的。”他回答道：“某些人说我曾经是一个裁缝，我根本不会因此而感到难堪。我当裁缝的时候，大家都说我是一个好裁缝，因为我做的衣服非常合身。对我的顾客，我总是热情接待，并且总是把活做得很好。”这就是约翰逊，在美好中夹杂着一丝讽刺，似乎又有些当真。

卡迪纳尔·沃尔塞、德·福、阿肯赛德、科克·怀特等人的父亲都是屠夫，班扬曾是补锅匠，约瑟夫·南卡斯则是一个工人，专门编篮子。著名的纽卡门、瓦特和史蒂芬森，曾共同参与发明蒸汽机，他们分别是铁匠、数学仪器制造商和生产灭火器的。传教士亨廷顿最开始是个运煤工，木刻之父伯威克曾经当过煤矿工人。多雷斯是个仆人，霍尔克罗夫特是个马夫。航海家巴芬开始航海生涯的时候，只是一个普通的水手。克劳德斯雷·肖威尔爵士出身于仓库保管员，哈斯切尔曾在军乐队演奏双簧管，查特雷从前是个熟练的雕刻工人。艾迪是个熟练的印刷工，托马斯·劳伦斯爵士是个小餐馆老板的儿子。迈克尔·法拉第是铁匠的儿子，早年曾经是一个学徒，负责装订书籍，他在这个行业一直干到了 22 岁，现如今他已经成为一流的哲学家，连导师的声名都不如他。

而在那些在天文学方面做出伟大贡献的人当中，哥白尼是一位波兰面包师的儿子；开普勒，是德国酒店老板的儿子，还曾经在那种有歌剧表演的餐馆里当服务生；达隆巴特，是一名弃婴，一个寒冷的冬夜，他在巴黎圣让宏教堂的台阶上被人拾到，并由一个玻璃安装工的妻子抚养长大；牛顿是格兰泽姆附近一个小地产商的儿子；拉普拉斯则是汉弗勒附近的波蒙特奥奇一位穷苦农民的儿子。尽管早年他们都处在这样一种恶劣的环境中，但他们把自己的天赋才华付诸实践，从而获得了永久的荣誉，这些荣誉是人世间所有财富都不可能买到的。实际上，相对于出身卑微来说，拥有财富反而对人的成长更加不利。天文学家兼数学家拉格朗日的父亲在都灵曾经是一名战时财务主管，但他的家庭却因为父亲的投机行为而陷入困境，成名之后，拉格朗日常常把他的名望与幸福归功于困苦的逆境。他说："如果那时我们家很富裕，我很可能成不了数学家。"

在我国历史上，牧师和宗教教长的儿子往往特别出色。这些人当中有海军英雄德拉克和纳尔逊，科学翘楚沃纳斯顿、杨、伯内费尔和贝尔，艺术天才莱恩、雷诺尔兹、威尔逊和威尔克，法律才俊瑟罗和坎贝尔，文学名家阿迪孙、托马斯、古德史密斯、科勒里奇和特里森。而在印度战争中赫赫有名的罗德·哈丁、科勒内尔·爱德华兹和梅杰·哈德森，也是牧师的儿子。事实上，英帝国在印度的建立和维持，主要依靠中产阶级——克里夫、瓦伦·哈斯丁以及他们的继承者，这些继承者绝大多数出生在工厂，并且一直被教育要有事业心。

在律师的儿子中，卓越的人才有：埃德蒙·伯克，史密顿工程师，斯各托和华兹华斯，斯莫斯勋爵，哈德维克和丹宁。威廉·布莱克斯通爵士的父亲是一名丝绸商人，而且在他出生前已经去世；吉福特勋爵则是多佛一个杂货商的儿子；登曼勋爵曾是一位内科医生；法官塔尔福德曾是一名乡村酿酒师；首席男爵波洛克逊曾在查伦交易市场做过马鞍贩子；发现尼尼微纪念碑的莱亚德，曾经在一个律师事务所做文员；发明水压器和阿姆斯特朗大炮的威廉·阿姆斯特朗爵士，曾经培训过法律知识并一度成为执业律师；弥尔顿是伦敦一个公证人的儿子；波普和邵西是布商的儿子；威尔逊教授是巴斯雷俊一个制造商的儿子；麦考雷勋爵来自于一个非洲商人世家；凯兹曾做过药商；汉弗莱·戴维曾经当过一个乡村药剂师的学徒，戴维在谈到自己时曾说："在谈到我过去的经历时，我会将虚荣心抛在一边，纯粹是以平常心去看待它。"被人誉为自然历史科学界之牛顿的理查德·欧文，早年在海军学校当见习生,刚开始他并没有想要从事科学研究,到了晚年他才跨入科学研究的行列,并在这个领域取得了非凡成就。他曾为约翰·亨特辛勤收集的巨大博物标本做过分类工作,这项工作耗费了他在军医学院整整10年的时间,但同时也造就了他渊博的知识。

在外国人当中,通过自己的勤劳和智慧改变命运的人也并不比英国人少。在艺术界里,有糕点工的儿子克劳德,面包师的儿子吉福斯,钟表制造商的儿子利奥波德·罗伯特,车轮制造商的儿子海顿,还有歌剧院布景师达格尔勒。格雷戈理七世的父亲是个锯木匠,萨克特斯五世的父亲是个牧羊人,阿德利安六世的父亲是个穷困落魄的平底货船船员。阿德利安童年时因为无力支付学习所需的照明费用,只能靠着街上和教堂的灯光来做功课,这种坚韧与勤奋的精神成就了他未来的卓越。同样出身贫寒的伟大人物,还包括矿物学家豪依,他是圣贾斯特一位纺织工的儿子;机械师霍特菲勒是奥尔良一个面包师的儿子;数学家约瑟夫·弗雷尔是奥克塞纳一个裁缝的儿子;建筑学家德兰特,是巴黎一位鞋商的儿子;博物学家格斯勒是苏黎世一位皮革商的儿子。格斯勒自出生以来,便遭遇了贫穷、疾病、家庭灾难等各种磨难,但是,所有这些不利因素都没有挫败他的勇气,阻碍他勇往直前。这些人生经历充分说明了一个真理:那些想做很多事情并乐意去做的人会拥有更多的时间。另外一个具有相似经历的人,皮埃尔·拉玛斯,父母是一对皮卡迪的穷苦人,他在很小的时候就被人雇佣去放羊。但是因为对这份工作的厌恶,他逃到了巴黎,历尽千辛万苦之后,他成功地被纳瓦拉大学雇用,这个环境为他的学习之路创造了条件,很快他便成为当时的佼佼者。

化学家沃克林出生于卡瓦多斯圣安德鲁一带,父亲是一个农民。在他童年上学时,虽然家境窘迫,但却相当有才华,他的老师经常这样称赞他的才华:“我的孩子,一定要坚持下去,努力学习,努力工作,将来你一定可以做到像教区执行官那样尊贵。”一位乡村药剂师在参观该校时,对这孩子强有力的臂膀十分赞赏,应允让沃克林到他的实验室去做捣碎药片的工作。沃克林答应了这份工作,因为他希望能在那里继续求学。但是这位药剂师却不允许他花费任何时间去学习,明白了这样的事实之后,这个年轻人立刻决定辞去这份工作。他背着一个帆布包,背井离乡,前往巴黎。来到巴黎之后,他打算找一份给药剂师当侍童的工作,但却没有结果。在贫困交加之中,沃克林终于病倒了,被人送进医院。在医院,他以为自己这次死定了,但是上帝却十分眷顾这个苦命的孩子,他的病好了。痊愈之后,他又重新出去求职,最终找到了一个药剂师的职位。不久著名化学家福克罗伊听说了他的事,对他十分欣赏,让他担任自己的私人秘书。多年以后,当那位伟大的化学家辞世之时,沃克林以一个化学教授的身份继承了他的事业。1829年,沃克林被家乡的选民选举为议会代表,他载誉荣归故里,再度回到他那离别已久、曾令他历经磨难的家乡。

从1789年法国大革命以来，法国军队中有相当多的人从低级军官上升到最高级军职，这样的成功实例相当普遍，而相比之下，在英国军队中则十分少见。“成功的大门时刻为那些能干的人敞开着”，这一真理早已被实践所证明了，成功的机会对每个人而言都是公平的，关键在于你如何去拼搏。霍奇、哈姆伯特、彼奇格鲁等人，在他们的军职生涯中最早都是做士兵。在皇家军队服役时，霍奇主要负责给马夹绣花，他用赚来的钱购买军事方面的书籍进行自学。哈姆伯特年少时是个不可救药的无赖，16岁时从家乡逃离，先在南斯地区做一个商人的奴仆，其后在里昂给人打杂，再后来又专门贩卖野兔毛皮。1792年他报名参加了志愿兵，不到一年就位居旅长。克勒伯、拉费耶尔、舒谢特、维克多、蓝纳斯、苏尔特、马斯纳、赛特·塞尔、德隆基、穆拉特、沃戈洛、巴斯叶赫和列伊等人，也都是从普通士兵做起的。军队里的提升有些情况下会很快，但有些情况下又很慢。圣·塞尔出身于多尔地区一个制革工人家庭，最初他是一名演员，之后他在沙塞尔斯报名参军，一年之内就被提升为上尉。伯鲁罗公爵维克多1781年参军，在法国大革命中他被革去军职，在对外战争中他又应征入伍，随后的几个月中，他的勇猛和才智很快就得到赏识，被提升为副少校和营长。莫拉特，白里戈特一个乡村小餐馆老板的儿子，曾在军队负责照看马匹。他第一次参军是在沙塞尔斯的一个军团，因为不服从上级命令，被驱逐出军营。但他又在其他地方入伍，很快就被提升为上校。列伊18岁报名参军，一步步擢升。他的才华很快就被克勒伯发现了，把他称为是“不知疲惫之人”，年仅25岁的他被提拔为副将。苏耳特则属于另一种情况，他是在参军6年后才从士兵升到上士的，不过这种提升跟马斯纳相比还是要快得多，马斯纳当了14年兵才升为上士。虽然后来他不断获得提升，慢慢地爬到了上校、师长和元帅的职位，但是他却宣称，他升到上士这个职位花的时间最多，而这也是赢得其他职位的基础。像上面所说的这样成功升迁的情况在现在的法国军队中仍然存在。熊戈里尔1815年在加入皇家童子军时只是一名普通士兵。巴高元帅在军队里当了4年的普通士兵之后才成为一个军官。兰登元帅，法国的现任国防部长，是从一个小鼓手开始他的军旅生涯的；他的画像在凡尔赛美术馆陈列，画像中他的手垂放在鼓面上，这是按照他自己的要求而绘制的。这样将对法国士兵有一种激励作用，他们会怀着满腔热情投身于军职工作，因为每一个士兵都梦想将来有一天元帅指挥棒也会插在自己的军用背包上。

凭着自己坚韧不拔的努力拼搏，使自己从最卑微的社会底层跻身于对社会具有影响力的上层人物之列，这些事例在法国、英国或其他国家数不胜数，以至于我们很难把它看做是生活的特例。只要看一看这些成功者的境遇，我们可以得出一个结论，早年遭遇的人生挫折和困境对一个人的成功来说，几乎是必不可少的。

英国国会的下议院就一直有这么一批出身贫寒、依靠自我奋斗成功的议员，他们堪为勤奋人民之代表，为我们的立法机构增光不少，深受人民爱戴与尊敬。最近涌现出的沙尔福特选区的下院议员约瑟夫·布拉哲顿，在下院对《十小时工作法案》有关问题的辩论过程中，就引用自己在棉纺厂当童工的亲身经历，满怀着对人民的同情和关心，在这部法案制定过程中，认真对待每一个细枝末节，并针对如何解决问题草拟出具体方案。的确，倘若不是现在他手握实权，他还真是没有可能使那个阶级的生存条件得以改善。布拉哲顿发言完之后，议院响起一片欢呼声，詹姆士·格雷汉姆爵士立即站了起来，他说在此之前，他一直不知道布拉哲顿先生有着那么卑微的出身，但这个事实使得布拉哲顿先生在下议院受人尊敬的程度更甚于前。试想一下，一个出身如此卑微的人，能依靠自己的奋斗一步步升上来，并能与贵族的后代们以同等身份共处一堂，这怎能不令人感到自豪，怎能不令人肃然起敬呢？

另一位议员，阿德海姆选区的福克斯先生则时常会以这样的词句开头——“从前当我在诺威奇当纺织童工的时候”——来向别人倾诉他往昔的贫寒经历。在国会议员中还有一批健在的人同样也是出身卑微。例如赫赫有名的船舶业主林赛先生，前不久他还是桑德兰地区的国会议员。在一次回击政敌的发言时，他给威蒙斯选区的选民们讲述了自己人生经历的一段插曲：他在 14 岁时就成了孤儿，他决定离开格拉斯哥去利物浦，但身上一分钱也没有。船长同意带他走，但他必须以自己的劳动来作为交换条件，也就是说要换取此次行程的路费，他要在轮船上给蒸汽锅炉不断添煤送炭。这样辛辛苦苦到达利物浦之后，在最初整整 7 个星期当中，他没能找到工作，只有忍饥挨饿，寄居在茅草屋里，濒临绝望，直到最后他终于被容许到一艘船上当了童工才算安定下来。因为他品行纯良又能吃苦耐劳，未满 19 岁就被提升为船长。23 岁时他从海上业务退出，开始从事岸上业务，之后他的事业发展很快。“我终于成功了，”他说，“凭着坚持不懈的努力，持之以恒地工作，以及时刻站在别人立场上考虑的伟大真理，我终于成功了。”

同林塞先生的人生境遇相似，贝德比郡现任国会议员、白金汉宫的威廉·杰克逊先生，他是南开斯特市一位内科医生的儿子。父亲去世之后，留下了一个有 11 个孩子的家庭，威廉·杰克逊在兄弟姐妹中排行第七。父亲活着的时候，年长的孩子们受到的教育都非常健全，但父亲离开人世之后，年纪较小的孩子们就没有这么好的命运了。12 岁威廉失学了，他在一个轮船码头找到一份干苦力的活，一直从早晨 6 点干到晚上 9 点。老板生病后，他被带到了办公室，因此有了更多的空闲时间，这也使他得到了阅读的机会。在弄到了一套《大不列颠百科全书》后，他如饥似渴，无论白天夜晚，从头到尾、一字不落地读完了这套书。此后他开始从事贸易活动，由于生性勤奋而大获成功。现在，他的船只在各大海洋穿梭，同世界各国保持着商贸往来。

类似于上述人物的，还有最近出现的理查德·科布登，他的出身同样的卑微。他的父亲是萨斯克斯的米德哈斯特的一位农民，年纪尚幼就被送往伦敦，在该市一个仓库里做童工。他不仅勤奋而且品行端正,求知欲非常旺盛。他的主人求学于旧式学校,对他警告说让他别读太多的书。但他不管,继续他的计划,他把从书本中获得的知识财富深藏于心。很快他就得到了提升,从一个财产托管员升到旅行推销员,在这个过程中他建立了广泛的关系网络。最后,他在曼彻斯特当印花布漆工,从而开始了他的商业生涯。出于对公共事业,尤其是对公众教育的极大兴趣,他的关注点逐渐转移到有关谷类贸易法令的问题上。为了使该法令得到废止,他可以说是将自己的所有财富和全部精力都奉献出来了。在这里,还有一件趣事值得一提:他第一次在公众面前发表演讲时可以称得上是彻底失败。但是,由于他具有极大的毅力、踏实的行事风格以及旺盛的精力,经过长期不懈地努力和实践,他终于成为了最具说服力和震撼力的公共演说家,就连平时严肃冷漠、极少赞扬别人的罗伯特·皮尔爵士也不得不对科布登的演讲大加赞赏。有一段对科布登先生的精彩评论出自于法国驻英国大使德鲁阿·德·鲁斯先生之口,他说科布登先生是"一个依靠个人才能、毅力和勤奋而成就伟业的典范;他堪称那些出身贫寒却通过发挥自己的价值和才能,进入社会公共生活并受人尊敬的上层人士中最完美的范例;最终,这个品性坚定的例子在英国人的性格中传承了下来"。

以上所有这些事例表明,要取得杰出成就必须依靠个人勤奋努力,好逸恶劳的懒惰品行必然会使杰出成就与你擦肩而过。正是勤劳的双手和永不停息的思考才使得人们在自我修养、智慧、商业等方面充实起来。一个人即使出身于富贵和社会上层,他也得靠实干才能获得稳固的社会声望。因为,虽然可以传承几英亩的土地给后代,但却不可能传承知识和智慧给他们。富人也许可以雇佣别人帮他们做事,但却不可能靠别人来获得做事的思想,或者花钱从中买到任何形式的自我修养。实际上,只有通过实干才能在事业追求中取得卓越的成就,这种说法已经在某些富人的经历中得到证实,就像德鲁和吉福特的经历所证实的那样,补鞋店的摊位就是他们的学校,休·米勒也是一样,克洛马迪的采石场就是他的人生大学。

对一个要达到最高教养的人来说,舒适的生活并不是必需的,再说在任何时代那些出身卑微的人们都从未给这个世界增添任何沉重的负担。舒适和奢华的生活无法使人艰苦奋斗或勇于直面困难,也不可能使人意识到一点,即充满朝气的行为在生活中能激发巨大的力量。实际上,贫穷并不意味着不幸和痛苦,只要坚持不懈地努力,它将会转化成一种幸福;它能激励人们积极向上,勇敢地去奋斗。在这个过程中,一些意志薄弱的人或许会自甘平庸或堕落,并以此来换取安逸自足的生活;可是,那些意志顽强之人则会从中汲取力量和信心。培根有一句话说得好:"人类没有参透他们所拥有的财富,也没有真正意识到他们的实力:对于前者,人们竟认为它无所不能;对于后者,人们又太不在意,过于缺乏信心。自我奋斗以及战胜自我将教会一个人从他自身的能力积蓄中去吸取动力,凭着自己的实力品尝到幸福的果实,掌握合适的劳动方式来养活自己,并努力发挥自己的优点来完善自己的工作。”对于贪图安逸和生活放纵的人来说，富裕是一个巨大的诱惑，尤其对那些被欲望所控制而缺乏自我管束能力的人来说更是如此。正因为如此，富人们大多都“对享乐持鄙视态度，宁可在辛勤劳动中度过时光”，这一代的富人们仍然能够坚持努力地工作。幸好我们国家的富人们都不是懒汉型，他们为这个国家尽心尽力，甚至在国家危难之时愿意付出更多。有一件事值得赞扬，在帕尼苏拉战役中，一名陆军中尉带领着他的骑兵团独自从湿地和沼泽穿越而过。如今，又有一批具有自控力和奉献精神的绅士阶层在塞巴斯托波尔荒芜的斜坡和印度的土地上诞生。这些拥有社会地位和财富的众多贵族同胞们，仍然冒着风险，甚至是生命危险，活动在各个领域为祖国服务。

富人阶层在哲学和科学的各种探索活动中，也表现得非常突出。这些人中有著名的现代哲学之父培根，以及科学家沃塞斯特、波伊勒、卡文迪希、塔尔波特和罗斯。罗斯可谓是一个伟大的贵族机械工，假如不是因为他的贵族身份，发明家的最高桂冠可能就被他摘取了。他对铁匠活是如此熟悉，以至于有一个对他的身份地位不了解的制造商想劝说他同意在大型制造车间担任班长职务，在这个专业上集中他的所有精力。有名的罗斯望远镜的组装者就是他，无疑这是迄今为止组建得最为精密的仪器。

不过那些在上层社会中最勤奋的人主要是集中在政治和文学领域。跟在别的领域里一样，在这些领域里获得成功也只有靠勤奋、实干和学习才能获得。优秀的部长或议会领袖，无疑是最辛劳的工作者了，例如巴麦斯顿，德比，罗素，迪士雷利和格拉斯通。按照《十小时工作法》，这些人本来享有权利，工作可以不用超过10小时，可是，在议会事务最繁忙的时期，他们的工作经常可以说是“上双班”了，不分白天黑夜地工作。今天，最能体现这种超负荷工作的人可能非罗伯特·皮尔爵士莫属，他可以连续进行脑力劳动，在这方面他的能力无穷，而且他也尽量发挥。实际上，皮尔爵士的人生经历给我们树立了典范：一个能量相对适度的人通过勤奋努力将会完成多少意料之外的事情啊！在他担任国会议员的40年里，他的工作量十分巨大。他这个人脚踏实地，无论做什么，都从头到尾做好它。他无论是发表口头言论还是书面言论，所有一切都源于他的悉心研究。他细心得简直都有些过度了；为了满足各种听众的胃口，他不辞辛苦。此外，他的洞察力十分敏锐，意志力超强，有能力用强健的双手和坚定的眼神来指挥行动的进展。从某些方面来讲，皮尔爵士超越了与他同时代的绝大多数人。随着时间的推移，他的行为准则得到了大力宣扬，而且他的个性趋于成熟。对于各种新的观点，他都广泛接纳，以使自己更加成熟和完善。尽管许多人认为皮尔爵士在超越过去的问题上显得太过谨慎，但他不允许自己对于过去的成绩盲目地崇拜，因为这会使许多受过教育的心灵得到麻痹，且只能对过去的年代施以同情而已，别无他用。

现在关于布莱汉姆勋爵是如何辛勤工作的故事已经被大家视为榜样了。他为社会服务已经不止60年,在这60年里,他工作的范围涉及了许多领域——法律、文学、政治和科学,而且在所有领域都取得了突出成就。他是怎样奋斗的,对许多人来说,这至今仍然是个未解开的谜团。曾经有这样一种说法,说是当有人要求塞缪尔·罗米利爵士去做某种新工作的时候,他会抱歉地说自己没有空,然后补充道:“但是,你们可以去找布莱汉姆这个人,他能抽出时间做任何事。”这当中的秘密就在于他从不让自己停下一分钟,他的体魄如钢铁般坚强。大多数人退休以后会享受闲暇,这是靠他们一辈子的辛劳所换来的,或坐在太师椅上度过余生。但布莱汉姆勋爵却不同,他开展了一系列与光线规律有关的科学调查活动,并把他的调查结果呈献给巴黎和伦敦的诸多科学爱好者。与此同时,他又在新闻界公布了他的论文草稿《科学的人和乔治三世统治文献》,并按时在上议院中履行他的法律义务和政治辩论职责。西德尼·史密斯曾经劝过他,要他不要总是一个人去干3个壮汉才能干完的活。可是,布莱汉姆对他的工作就是如此地热爱,他习惯不间断地连续工作,不管这工作有多么繁重,对他来说都不在话下。他如此强烈地渴望自己在工作上表现卓越,以至于有人说,如果他一生的工作都是擦皮鞋的话,那么不成为全英格兰最好的擦鞋匠,他是绝对不会满足的。

另一个社会地位相同的勤奋之人是巴威尔·利顿爵士。很少有作家能兼任小说家、诗人、戏剧家、历史学家、散文家、演说家和政治家——即可以在不同的领域都取得卓越成就。他工作的时候踏实努力,不贪图享乐,每一刻都饱含热情和斗志,并且不断超越自己。单从勤奋这个角度来讲,目前还健在的英国作家中很少有人写过那么多的著作,更何况这些都是高品位的上乘之作。所有的赞扬都集中在巴威尔的身上,他的勤奋完全当得起这些称赞。在社交的“活跃时节”,他大可以去狩猎、射击、休闲娱乐,在各种俱乐部和剧院之间频繁出入,参观伦敦的名胜古迹;驱车去乡间别墅,带上自己准备好的东西在那里度假,享受乡间户外的无穷乐趣;到国外旅游,去巴黎,维也纳或罗马——所有这些对一个爱好享乐和富有的人来说都是很有吸引力的,而且会使得他不会再自愿去长期从事任何辛苦的工作。尽管令人快乐的诱惑如此之多,而且以他的财力完全能够承受,但是巴威尔还是与这种享乐的生活方式划清界限,而去追求一种文人的生活。和比隆差不多,巴威尔经过艰辛的努力创作出来的第一部诗词《杂草和野花》是失败之作。经过再次努力,他又写出小说《福克兰》,同样也没有获得成功。意志薄弱的人一旦遇到这种情况,一定会放弃写作。可是巴威尔却没有,他继续他的写作之路,坚持不懈,直到实现自己的目标。通过不断地努力,广泛地阅读,他摆脱了失败的阴影,最终获得成功。在《福克兰》之后,一年之内他又创作出《伯尔哈姆》,并从此一发而不可收拾。巴威尔开始了他长达30多年之久的文学生涯,在这30多年中,他创作出了一系列成功之作。

狄士雷利先生则同样为我们树立了典范,他是以实干开创了他杰出的创作生涯。跟巴威尔一样,他也是最早在文学领域取得成就,并且同样也是在遭受了一系列失败的打击之后才取得成功。他的作品《阿尔罗伊的神奇传说》和《革命的史诗》被人们所讥讽,甚至还被视做神经错乱的结果。但他仍然继续寻找新的方向来努力,并由此创作出了精品之作《康宁斯比》、《西比尔》和《坦康雷德》。作为一个演说家,他在国会下院的首次演讲同样失败了,人们戏称这次演讲"不过是比阿德尔菲的滑稽剧还要厉害的尖锐叫声罢了"。虽然他在乐队中担任词曲作者,而他自己也有试图创造出一流词曲作品的雄心壮志,但是,他所创作的歌曲中的每一句,都被人们报之以"哄堂大笑",他甚至把悲剧《哈姆雷特》演奏成了完全违背原剧精神的喜剧。最终,他以颇有预见性的语言结束了这个插曲。自己那充满学识的演说遭遇到别人的冷嘲热讽,在苦恼的时刻,他向人们大声宣称:"我尝试过很多事情,并且最终都取得了成功。总有一天,我将会再度坐在这里为大家演讲。"这一天最终还是到来了。狄士雷利是通过勤奋和实干获得成功的,他在世界第一次绅士大会上发表了一番动人的演讲,将其奋勇直前的力量和干出一番卓越成就的决心向我们展示。不同于许多年轻人的是,狄士雷利先生遭遇失败后没有从此气馁,或者在一个阴暗的角落里藏起来,而是继续勤奋努力,刻苦工作。他对自己的缺点认真加以改正,对听众的性格做仔细研究,对演说的艺术不知疲倦地进行练习,对议会知识用心地学习。为了能够成功,他忍受着这一切,成功终究还是到来了,尽管这成功来得有点慢。最后议会不再跟从前一样对他进行嘲笑,而是跟他一起欢笑。早年他失败的记忆从公众头脑中一点点消逝,最后,公众一致认为他作为议长是议会里最成功和最有感染力的一位。

虽然正如以上所引用的事例以及后面的篇幅中还要引用的案例所证明的那样,个人的勤奋与实干对于成功来说至关重要,但是,同时我们也应该承认,接受别人的帮助在我们的人生历程中也很重要。诗人华兹华斯说得很好:"虽然自助和受助这两个事物看似相互矛盾,但是将他们有效结合才是最完美的——高尚的依靠和自立,高尚的受助和自助。"任何人在他们一生中都会被人施以抚养以及受教育的恩惠;真正优秀和强大的人往往会最乐意承认和接受这种帮助。例如,法国作家阿列克西斯·德·托克维尔的人生经历就是典范。托克维尔的父母均为贵族,父亲在法国的名望颇高,母亲的祖父则是马拉舍伯公爵。由于家庭的影响力,他在21岁就被任命为凡尔赛的审计法官,然而或许因为他觉得自己还不足以胜任那个职位,他决定放弃,并且自己出去闯荡。可能有人会说他太傻了,但托克维尔勇敢地遵从自己的决定开始行动。离职后,他决定离开法国去美国游历,他后来出版的那本伟大的《论美国的民主》便是此行的成果。和托克维尔一起游历美国的朋友古斯塔夫·德·波蒙这样描述了他在游历中的那种孜孜不倦的精神:"他的性格完全跟懒惰沾不上边,不管是在旅行中还是在休息时,他的脑子一刻也没有停息……跟阿历克西斯在一起,他最乐意与你聊的话题就是什么东西最有用。那种整天百无聊赖、浪费生命的日子对于他来说是最难过的，他不能容许哪怕只是浪费一点点时间。”在托克维尔给朋友的信中有这样的话：“在生活中，人要时刻努力，不能一刻没有行动；个人的外在努力和内在修养同样不可或缺，不然的话我们只会虚长几岁，却没有与年龄相称的成熟的智慧。世间之人就像艰难跋涉在严寒之地的旅人，他的目标越高远，他就会走得越快。为了避免自己的灵魂脱离健康，人们不但要依靠内在精神力量的支撑，同时在生活上和事业上的朋友也是必不可少的，他们可以相互帮助、相互关爱，共闯难关。”

尽管德·托克维尔有力地论述了充分发挥个人吃苦耐劳以及独立精神是十分必要的，但他更深刻体会到一个事实，那就是人的一生中或多或少都会得到别人的帮助以及这当中的价值。所以，他经常毫不掩饰他对于两个好友的强烈感激之情——其中一个好友德·克尔格雷在精神和智慧上给托克维尔帮助，斯托菲尔则从道义上支持和同情他。托克维尔曾对德·克尔格雷写道：“你是我惟一值得信赖的人，你的影响将会伴我一生。许多人都对我产生过影响，但谁也没能像你那样如此强烈地影响我形成基本理念和行为规则。”对妻子玛丽的深切感激，德·托克维尔也时常挂在嘴边，托克维尔的研究能够顺利进行离不开妻子的好脾气和好性格。托克维尔确信这一点，一个心灵和气质十分高贵的女人会在无形之中使她丈夫的品性有所提升，而一个低级庸俗的女人只会使她丈夫的心灵逐渐腐蚀。总而言之，人类品格的塑造是受各方面影响而成的：其中包括榜样和格言的影响；包括生活和文学的影响；包括朋友和邻居的影响；还包括我们的生活环境以及先辈精神的影响，他们优良的品德言行被我们所继承。这些影响我们必须承认，但我们更得明白，人们应该是他们自己为人处事的积极的主人。所以，从根本上来讲，自己才是自己最好的救星，不管你对别人的感激多么明智和美好。

勤劳的人受上帝庇佑

勤劳意味着财富。如果有谁对于时间的把握，能如同一粒粒种子不断从大地母亲那儿汲取营养，辛勤耕耘，坚持不懈，谁就能成就伟业。

——达维隆

许多最伟大的成就得以获得，都是依靠一些普通人的不懈努力。每天重复的单调平凡生活，尽管充满了各种牵挂、责任和义务，但它仍然能使人们拥有各种最美好的人生体验。而对于那些勇于开拓的人来说，生活又总会给他们提供足够的努力机会和不断进步的空间。人类的幸福之路就在于沿着前辈们开创的道路奋勇前进。那些持之以恒、投入工作的人往往最有成功的机会。

人们总在苛责命运是十分盲目的，实际上命运本身却并非如人们想象的那样。对生活观察透彻的人都知道：命运总是站在勤奋这边，就好像大风大浪总是站在最好的海员那边一样。对人类求知史的研究表明，一些非常普通的意志品质，例如公共意识、注意力、专心致志和持之以恒等等，对于人们成就事业是最为有用的，而天资的作用可能是可有可无的，就算是绝世天才也不敢对这些品质的巨大作用稍有轻视。事实上，那些伟人并不相信什么天才，他们相信普通人的才智和毅力。甚至还有人为天才下定义，说它仅仅是公共意识的精华或浓缩。一位出色的教师兼大学校长说过天才就是一种不断努力的力量；约翰·福斯特认为天才就是为自己点燃智慧之火的力量；波芬曾说过“天才就是耐心”。

没有人会否认，牛顿是世界上一流的科学家，但是当有人问他找到这些非凡的发现到底是通过什么方法时，他坦诚地回答道：“就是一直不断地去思考它们。”还有一次，牛顿这样来对他的研究方法进行描述：“我一直将研究的课题放在心上，不断思考,渐渐地,由看到第一缕曙光直到一切豁然开朗。”跟其他名人一样,牛顿享有如今的盛名就是靠他的勤奋、专注和毅力。一项研究刚刚结束又开始了下一项,他的娱乐与休息就是这样。牛顿曾经对本特利博士说:“如果要说我为公众做了些什么的话,那么勤奋和善于思考功不可没。”另一位伟大的哲学家开普勒也曾说过这样的话:“古人云‘学而不思则罔’,对此我甚有体会。对于你所研究的东西要勤于思考才能逐渐深入,我经常就是这样,直到最后将全部身心投入到其中。”

仅仅依靠勤奋和毅力就能成就不凡,这使得许多人包括许多杰出人物开始怀疑“天才是否存在”。因此伏尔泰认为天才与常人仅一步之遥;贝克莱甚至认为所有人都有成为巨人和雄辩家的可能;热罗德斯则相信每个人都可以成为画家和雕刻家,如果真的是这样的话,那么这位儒雅的英国绅士就可能不会大错特错,在《卡诺娃之死》中,英国人曾向他的哥哥询问“让他继续从事他的事业”是否是他本人的意图。洛克、海尔特斯和狄德罗认为所有人都具有同样的天赋,只要在其所从事的工作中对智慧的运行法则善于掌握和运用,就能够超越一般人,成为天才。不过,就算我们完全相信勤劳所创造的奇迹,也必须承认一个事实,即那些取得非凡成就的人毫无例外都能意志坚强、持之以恒。但是很明显,假如缺乏超人的天赋,无论你怎样勤奋和发挥个人才智,也很难成为莎士比亚、牛顿、贝多芬或者麦克尔·安格罗。

化学家道尔顿(1776—1844)不觉得自己是什么天才,他认为自己所取得的一切成就都来自于勤奋和积累。约翰·亨特曾评价自己说:“我的心灵就好比一个蜂巢,并非混沌一片、杂乱无章,而是井井有条,每一点食物都是从大自然采摘来的精华。”只要随便翻阅伟人的传记,我们就会发现,那些伟大的发明家、艺术家、思想家以及能工巧匠都认为他们的成功在很大程度上应归功于坚持不懈的努力和专注。他们都是珍惜生命、珍惜时间的人。年轻时的狄士雷利(英国政治家兼作家,1804—1881,于1868—1880年时任首相)认为要成功就必须精通所学的科目,只有依靠用心钻研,并且持之以恒,才能掌握它。因此,严格地说,推动世界使之进步的人,并非那些天才,而是那些资质普通但却异常勤奋、不知疲倦的人;并非那些天资聪颖、才华超群的人,而是那些在任何行业都脚踏实地、埋头苦干的人。一个寡妇在提起她那聪明绝顶但是却散漫不用心的儿子时,曾经叹息:“唉!他没有那种坚持不懈的决心和毅力,又怎么能成大器呢?”就算是天才,如果他缺乏毅力与恒心,也很难超越平庸之辈,甚至智商很低的人。正如意大利谚语所说:“那些走得慢但却能坚持下去的人才能够走得更长、更远。”

故而培养良好的工作品质至关重要。一旦养成良好的工作品质,所有东西都会变得相对简单。“熟能生巧”、“业精于勤”,若缺乏这种品质,甚至连最简单的技术活也难以完成。罗伯特·皮尔正是因为早期养成了反复训练那些看似平凡、实则伟大的品格,才得以成为英国参议院中颇为有名的人物。多雷顿·马诺,当他还只是个孩童时，就被父亲要求站在桌子旁练习背诵和作诗。刚开始他父亲让他背诵尽可能多的训诫。当然，最初长进并不大，但时间一长，滴水也能穿石，最后，他几乎能将所有训诫都熟练背诵。后来，在议会中他常常以超凡的口才将他的对手驳倒，实在是令人叹服。可是几乎没人能想到，他在辩论中所表现出来的惊人记忆力正是得益于从前他父亲对他的严格训练。

即便是最普通的事情，只要不断努力，也一定能够产生惊人的效果。拉小提琴看似简单，但是如果想达到炉火纯青的境地，又需要多么漫长的反复练习啊！有一个年轻人曾经问卡笛尼学拉小提琴需要多长时间，卡笛尼回答说："每天 12 小时，连续 12 年都是如此。"

俗语说："勤奋是金。"一个芭蕾舞演员不知道要流多少汗水，吃多少苦头，反复训练每一个动作，不断地重复千万次，然后才能出类拔萃。在泰祺尼准备晚上演出之前，她常常得接受父亲的苛刻训练，长达两个小时。她会耗尽体力，瘫倒在地，但是又不能把衣服脱掉，只能慢慢用海绵擦洗，并乘机恢复体力，有时甚至会完全失去知觉。舞台上那轻盈飘逸的舞步，的确让人目眩神迷，但这一切却来之不易。对于练功的辛酸，想必泰祺尼是最有发言权的。

但是，进步却并不是一朝一夕之事，任何伟大的功绩都不可能一蹴而就。"千里之行，始于足下。"德迈斯特曾经说过："成功的秘诀在于懂得如何等待。"没有播种就不会有收获，这其中的过程往往是需要耐心、并经过满怀希望的长久等待；最甜的果子往往成熟在最后一刻，东方有一句谚语说得好："时间和耐心能使桑叶变得如云霞般美丽。"

不过，要耐心等待，人们的工作必须很愉快。愉快是一种优秀的工作品质，它使人们的性格弹性巨大。就像一位基督教主教所说的那样："脾性是基督徒的精髓。"所以，愉快和勤奋是智慧的精髓，是成功的生命和灵魂，同时也是幸福的源泉；或者说人生的最大快乐就在于有目标地、劲头十足地投入工作，人们的活力、信心和其他种种优秀品质都建立在这个基础之上。当塞迪·史密斯在约克郡的弗士顿勒克区当牧师时，尽管他并不觉得这是个合适自己的工作，但他还是非常开心地干了起来，并且决定倾尽全力去做。他说："我已下决心要热爱这份工作，我要去适应它，这比那种脱离实际、怨天尤人、觉得这是份无聊透顶的工作以及光说些废话的人要有男人气概多了。"每当霍克博士要去开始一项新工作时，他总是说："不管我在哪儿，我都以上帝的名义起誓，我会凭借自己的双手去努力工作；如果我没有找到工作，那我会自己创造一份出来。"

为大众谋福利的人，常常因为不能马上见效而郁闷不已，他们往往更加需要耐心和等待。他们播撒下的种子有时会在寒冬的积雪之下深藏，也许在春天来临、冬雪融化之前，那些辛勤播种的人就已长辞于世。不是所有从事社会公益事业的人都能像罗兰·希尔那样，能在有生之年，见到自己的伟大思想开花结果。亚当斯密在古老而又黑暗的格拉斯各大学为伟大的社会改良播下了种子，他在那里精心耕耘多年，为他的《国富论》奠定了基础。可是在70多年之后，才收获了一些实质性的效果，而实际上这还算不上是全部收获。

对于男人来说，任何东西都无法弥补希望的破灭，希望的破灭会使一个男人的性格完全改变。“我怎么能工作下去？我怎么还能幸福？”一位伟大却又十分可怜的思想家说，“我的希望和事业已经全部都破灭了。”卡瑞是最快乐、最有勇气、最有希望的传教士之一。在印度时，他没有什么办法能让他的三个执事做点什么，他自己只能在工作间歇时稍作休息。卡瑞本人的父亲是一个鞋匠，韦德和马塞姆当他的助手，韦德是木匠的儿子，马塞姆是织布工的儿子。他们三人经过努力在塞尔姆波建起了一所富丽堂皇的神学院，同时建立了16个分站。他们还将《圣经》翻译成了16种文字，在当时的英属印度播撒下了道德革命的种子。卡瑞从不以自己的出身为羞耻。一次在总督的桌旁，他听到对面的官员大声地问另外一个，卡瑞是否曾经做过鞋匠。“是的，先生，”卡瑞立刻说道，“我以前的确是一个鞋匠。”关于卡瑞小时候的倔强，还有一件轶事是人所皆知。有一天他在爬树的时候，脚下一滑，摔到了地上，把腿摔断了。结果他在床上休养了几周，身体刚刚康复、不需要别人搀扶而可以自己走动时，他去做的第一件事就是去爬那棵树。卡瑞身上具备作为一名伟大传教士所必需的大无畏的勇气，他做事雷厉风行，从不退缩。

哲学家杨格博士曾有一句名言：“别人能做到的事，你照样能做到。”只要他自己决定要做某事，他就绝不会退缩。据说，他第一次骑马的时候，当时身边是一个著名运动员——巴克里先生的孙子陪着他。当看到这位马术师骑马跃过一道高栅栏时，杨格希望自己也能做到，但他却从马背上摔了下来。杨格一句话也没说，再次跨上马背，第二次尝试又失败了，不过这次他把马脖子抓住了，没被摔得很远。第三次他做到了，成功地从栅栏上一跃而过。

鞑靼人身处逆境，向蜘蛛学习其不达目的誓不罢休的精神，这个故事是妇孺皆知的。与这个故事相比，美国鸟类学家奥多本讲述的一段经历也毫不逊色。他说：“这跟我保存的200多幅鸟类原画有关，我几乎因此而放弃鸟类学研究。我对这件事详加描述，只想说明勇气是多么的重要——我没办法通过其他方式来宣称我顽强的毅力——我讲出来是希望自然保护者能够克服种种令人心痛的困难。我曾在哈德逊——俄亥俄州肯塔基的一个小村子待过几年。后来因为有事得去费城，临走之前，我把我绘制的草图小心翼翼地保存在一个木盒子里，把它交给一位亲戚，并再三嘱咐不要损坏了。几个月之后，我回来了，接连几天都和家人一起共享天伦之乐。随后，我问起那只箱子，我多么想见我的那些宝贝。亲戚拿出了木箱，打开一看，一对挪威老鼠已经在里面做了个窝，并且在满箱的碎纸屑中哺育了一群幼鼠，仅仅只是一个多月的时间，它们却好像已经住了长达千年。我的心头涌起一股无名之火，一连好几天，我烦躁异常，觉得时间非常难熬，只得昏睡解闷。随着时间的流逝，我的怒气渐渐烟消云散，烦恼也慢慢淡了，我又重新鼓起了勇气，背上猎枪，带上笔和本子，就好像什么事都没发生过，高高兴兴地向山林进发。我真为自己能画得比以前更好而高兴，不到三年，我又完成了我的作品。”

伊萨克·牛顿先生有一只名叫“钻石”的小狗，一次它把桌子上的油灯弄翻了，牛顿辛苦多年得出的精确计算成果顷刻毁于一旦。这一趣闻是众所周知，毋庸赘述，据说这次意外令得这位哲学家身心都受到了很大的伤害，他非常痛苦，理解力也有些衰退。卡利里先生在写作《法国革命》第一卷时，也遭遇了同样的事。他想把手稿送给一位颇具文学素养的邻居去仔细审阅，可是由于一时疏忽，他把手稿扔在客厅的地板上，而且竟然把这事给忘了。过了几周，出版商催着要稿子，他赶紧派人去取，邻居却莫名其妙。经过一番详细调查，事情的原委才弄明白了。原来，家里的佣人看到客厅地板上扔着这一捆“废纸”，就把它丢到厨房和客厅壁炉里烧掉了！卡利里得知后惊呆了，茫然不知所措，但一切都已经晚了，没法再补救，他只好下决心重新开始写作。可是原稿不在了，所有的事实、观点都只能通过记忆来搜寻。最初创作这一著作是一种乐趣，而第二次的重写就变成了一种痛苦和折磨。但是在这种煎熬中，他仍以顽强的毅力完成了该书的重写工作。这种精神绝非一般人所能及。

许多杰出发明家的一生也对这种持之以恒、不屈不挠的品质作了最好的阐释。在给年轻人演讲时，乔治·史蒂芬孙常常用一句话来总结自己的建议：“不达目的誓不罢休。”他花了15年时间来改进火车头，最后在莱希尔取得了具有决定性意义的成果；瓦特发明蒸汽机则用了长达30年的时间。

在科学、艺术和实业领域的各个行业里都有同样感人的事迹。其中或许要数尼尼微大理石花纹的发现最为有趣了，这种刻在碑石上的箭形书写符号是自马其顿征服波斯以后失传已久的契形文字。在波斯的克曼莎有一个东印度公司，一位聪明的实习生在附近发现了许多古怪的契形铭文、碑刻。这些铭文、碑刻看起来十分古老，没人知道它们的来历。在他描摹的碑刻中，有一块巨石——比斯顿岩壁，平地而起1700英尺，非常陡峭，向下300英尺范围内以波斯语、锡西厄语和亚述语3种文字铭刻了大量碑文。这些文字无人能识，举世震惊。这位实习生将岩壁的文字描摹下来，经过对已知的和未知的，已经消失的和仍然存在的符号进行反复比较、揣摩，他掌握了一些与这些契形文字有关的知识，并且还绘制了一个字母表。罗里逊先生（后来称亨利先生）将描摹的文字寄回家让专家考证，但没有哪一所大学的教授对此有所了解。不过，原东印度公司的职员，一个名叫罗热斯的人对这些文字略有研究。于是罗里逊又把这些描摹送到他那里。罗热斯果然并非徒有其名，尽管他以前从未见过比斯顿岩壁，但他肯定这些描摹并不准确。罗里逊当时还在比斯顿岩壁附近，将描摹本与原迹作过比较之后，罗热斯的判断被证明是正确的。经过反复比较和深入考察，关于这些契形文字的研究终于取得了很大进展。

为了便于这两位自学者的科研工作，英国政府觉得有必要为他们配备一个助手，并提供相关原料以供学习所需。一名叫奥斯汀·莱亚德的人自我推荐，奥斯汀原来在伦敦一家律师事务所担任文员。谁也想不到这三个人——一个实习生、一位原东印度公司职员、一名律师，竟然成为失传文字的破解者和深藏地下的古巴比伦文明的发掘者。那年莱亚德仅 22 岁，正在东方旅行，他想从幼发拉底河流域穿过。当时，只有一个人陪着他，他们什么都没有带。不过，还好老天有眼，由于莱亚德彬彬有礼，笑容可亲，加之他身材魁梧，他们顺利穿过了一个个经常发生野蛮战争的死亡部落。光阴荏苒，岁月如梭，转眼数年流逝，他还没有掌握足够的技术，但凭着顽强的毅力和对文物的极大热情，他挖掘了大批的历史文物，这些文物都是同行们闻所未闻的。由于莱亚德的辛勤发掘，很多浮雕得以重见天日，其中有些还是稀世珍宝。据考证，这些展览在大英博物馆的珍贵文物，竟然根据基督教的《圣经》准确记载了 3000 多年前发生的许多重大事件，好比新启示录突然之间光临人世，令人异常惊诧并激动不已。对于这些稀世珍宝的发现，莱亚德曾深有感慨地说："这些尼尼微碑刻将永远铭记人们凭借执著的事业心、勤奋和活力而产生的令人叹服的巨大功绩。"

孔德·德·布芬的一生也最好地证明了勤奋就是天才这一道理。在自然史方面，布芬取得了极为卓越的成就。而年轻时，他并没有什么过人之资，他的智商平平，甚至有时反应迟钝，而且，他天生懒惰，一生下来就拥有一大笔财产，有人还以为他会沉溺于富贵荣华当中而无所作为。但布芬并不想成为一个酒囊饭袋，也不想一生无所事事地度过，他决定从事科学研究。

时间就是金钱，布芬习惯于早上睡懒觉，并常常为此事而感到苦恼，他决心要改掉这一坏习惯。但习惯有一种强大的力量，要改正它绝非易事。在斗争了一段时间后，仍然没有成效，他早上还是起不来。没办法，他只得叫佣人约瑟夫帮忙。他定下规矩，只要约瑟夫能在早上 6 点钟之前把他叫起来，就奖励约瑟夫一克朗。但是每天早上，约瑟夫叫他起床时，布芬要么以生病为借口，要么因打扰他睡觉而假装生气。等到他最后起来了，他又大声责怪约瑟夫没把他准时叫醒，而让他睡了懒觉。这位贴身男仆决定狠下心来要赚到那一克朗了，他不再同情主人可怜兮兮的恳求，也不在乎他是不是生气，他一次次地迫使布芬在 6 点之前起床。有一次，布芬不管怎样都不肯起床，随便约瑟夫怎么弄，他都赖在床上。约瑟夫想，不来点真格的恐怕对他不会奏效。于是他把一盆冰凉的水泼到布芬被子上，这一招立竿见影，布芬一骨碌就爬了起来。在约瑟夫的种种努力之下，布芬终于克服了睡懒觉的坏习惯。对于约瑟夫的帮助，他一直心存感激，还常戏称他还欠约瑟夫三四卷自然史呢。

从此以后，布芬在桌子旁从早上 9 点一直工作到下午 2 点，然后再从晚上 5 点工作到 9 点，40 年如一日，从未间断。他的传记中这样写道："工作可以算是他生命的一部分,他的兴趣则在从事科学研究方面。一直到他事业的顶峰时期,他还常常说,自己多么希望能再为事业奉献几年。”作为一名作家,他很有良知,厌恶虚伪、做作、无病呻吟,而且总是以最好的方式把最珍贵的思想奉献给读者。对于著作中的每一个字,他都认真推敲,精心润色,直到内容与形式达到完美结合,他才满意。在写作《自然史的变迁》时,他先后修改了 11 次,才感到满意。对于自己的每一部作品,他都考虑周详,对于任何细节都不大意。在他 50 年的著述生涯中,一直如此。他还常说,天才其实就是有条有理、一丝不苟地工作着。作为一名伟大的作家,他的成功要归功于像蜜蜂一样不停地劳动,永不中断。正如迈登·勒克所说:“布芬的成功最好地证明了:天才就在于将自己全部的精力专注于某一特定的目标。当布芬完成他的第一部作品时已经非常疲惫,但他强迫自己再回到原稿上来,一个字一个字地推敲、润色,直到满意为止。他把这种反复推敲的过程当成一种快乐,从不觉得厌烦。他的成功就是这样得来的。”

还有许多从事文学的人也具有这种非凡的毅力和百折不挠的优秀品质,瓦尔特·斯各托先生就是其中之一。他在一个律师事务所从事抄写工作,一干就是好几年,这种工作非常乏味枯燥。但瓦特想,既然这是我的工作,我就有责任要尽心尽力干好它。就这样,他白天埋头于抄写工作,晚上则忙于看书写作。他曾开玩笑说,一个文人必须要踏实稳重,不能浮躁,而他正是在从事抄写工作中逐渐养成了这一品质。每抄一页纸可以赚 3 分钱,有时他一天能抄 120 页,能赚 3 元 6 毛钱。有时候,他用这点微薄的额外收入买一些书籍,要不是这样加班加点地干,他肯定负担不起。

到了晚年,瓦特仍然非常自豪他能有一门职业。不同于有些拙劣诗人的是,他认为天才不属于那些愤世嫉俗、毫无责任感的人。相反,他认为一个人花费一些时间和精力来做好一种实在的工作,对他在其他方面成就大业是有帮助的。对于那些眼高手低的人来说,这一点尤为重要。瓦特本人曾经在爱丁堡议会担任议员,他每天准时到达议会,签发各种文件,做好该做的事,而他的文学创作主要集中在早餐前。洛克哈特说:“在瓦特创作的高峰期,他还得花至少是一半以上的时间尽心尽力地履行自己的职责,对于自己的本职工作,他兢兢业业,从不松懈。这确实是他的一个突出特点。”瓦特为自己定下规矩:必须靠自己从事的职业而非“创作”来谋生。有一次他说:“文学是我的爱好,但绝非我的生活来源,我不会靠文学创作的收入来养活自己。因为文学是一件非常严肃的事情,只有倾注了自己全部感情的作品才富有感染力,而这种感染力与金钱、物质没有丝毫关系。”

瓦特对于时间非常珍惜,从不浪费一分一秒。因此他十分守时,否则他根本不可能在繁忙的工作之余写出那么多的惊世之作。他给自己定了一条规矩,除了那些必须随时回答的质询和评议外,其他所有信件都在固定的一天回复。毋庸置疑,这的确很大程度地提高了他的办事效率。他的思想汹涌如潮,势不可挡,无与伦比。他每天清晨5点起床,生起火、洗漱完之后,6点钟准时坐到桌前开始写作。所有文件都在桌子上整整齐齐地摆着,各种参考文献也在地板上整齐有序地放着,身边只有一条可爱的小狗瞪着亮亮的眼睛注视着这一切。到了九十点钟,全家人围在桌旁吃饭时,他已经把一天工作中最困难的部分完成了。尽管瓦特一辈子兢兢业业,从早到晚辛勤地工作,尽管他学识渊博、学富五车,尽管他成就不凡,但是每当谈起他的成就和能力时,他总是谦逊地表示这并没有什么。有一次他说:"我这一生曾无数次苦恼自己的无知和浅陋,常会觉得'书到用时方恨少'。"瓦特说这话的时候,字字透露出诚恳,让人颇多感慨。

不错,真正的智慧总是伴随着谦虚,真正的哲人必定宽容仁厚,就好像大海一样。一个人懂得越多,就越会意识到自己知识的局限性。这是一条人类认识的普遍规律。曾经有一名三一学院的学生认为自己已经"学有所成",于是向老师辞行。对于这位学生的底细,老师一清二楚。看着自信的学生,这位老师感慨道:"其实,在学问方面我可以说他是刚刚入门。"有这样一句箴言,"一桶不满半桶摇",浅薄的人总以为自己是无所不知、无所不能的,而渊博的人却时常会感到学海无边,学习永无止境。牛顿就是这样,他评价自己说,他只不过是一个在大海边捡到几只贝壳的孩子,而真理的大海他还未曾接触。

很多二流的文学家更是百折不挠、辛勤耕耘。写作《美丽的英格兰和威尔士》一书的作者,约翰·希顿,就是一个活生生的例子。他出生于威尔特郡金斯敦的一个贫苦家庭,他父亲受到破产的打击变疯了,希顿也由于家庭的不幸而开始了非同寻常的生活。他几乎没有上过学堂,经常是有家难归,无衣无食,终日四处游荡,而且还沾染了许多坏习惯,好在他并没有被这些恶习所毁灭。为了能有口饭吃,他不得不在叔叔开的小餐馆里打工,他要做的是把酒装进瓶子里,塞好瓶塞,再把瓶子装入箱子。这个工作,他一干就是五年。由于身体日趋衰弱,人也没什么气力,他被叔叔赶出了店门,只得到处流浪。一想到自己的处境,一想到疯了的父亲,深刻体会到世态炎凉的他,眼泪止不住地往下掉。除了这五年来挣到的两畿尼外,他一贫如洗。在接下来的七年里,他历经人世间的种种磨难。他在自传中写道:"我花了18便士租了一间阴冷潮湿的房子,寒冬里我生不起火,只能躲在被子里发奋读书。"后来他徒步到了巴思,在那儿做了一名酿酒工,不久又回到了首都伦敦。此时他已身无分文,赤裸着上身,光着脚板。幸好,他在一家名叫伦敦餐馆的店里找了一份工作,从早上7点到晚上11点,他都得呆在地窖里干活。他庆幸自己找到了这份能够让他生存下去的差事。但长期在地窖里不见天日,加上繁重的体力劳动,他的身体被压垮了,无奈只得离开这个工作。不久后他又开始了代理人的工作,每周15先令薪水,因为此前他利用业余时间练了一手漂亮的书法,所以具备做代理人的资本。工作之余,他把闲暇时间都用来逛书店,由于没钱买书,他只能一段一段地背下来,这样经年累月,他积累了丰富的知识。后来他换到了另外一个办公室,在那儿,他每周可挣得20先令,这报酬算是丰厚了。他继续埋头苦读,28岁那年,他写作并发表了一本《比泽奇遇》。从那时起到逝世的55年中,希顿一直从事文学创作。作品多达87本,其中的代表作是《英格兰大教堂古迹》,该书共有14卷,的确可称之为旷世奇作。这是希顿辛劳一生所立下的丰碑,碑上刻着两个大字:勤奋。

园艺家洛顿也是个非常热爱工作并且工作能力出众的人。他出生于爱丁堡一个农民家庭,从小就热爱劳动,并且在制定计划和描摹景物方面有非凡的天赋,所以他父亲有意识地把他培养成为一名园艺家。在做学徒时,他常常每周有两个晚上是通宵达旦地学习。白天干活比谁都卖力,晚上自学法语。他还不满十八岁,就为某百科全书翻译了《阿贝尔德的一生》。他有很强的上进心,在英格兰当园艺师时年仅二十岁。这时,他已在笔记本中写道:“我已经二十岁了,也许我生命的三分之一已经过去了,可是我为自己的同胞做了什么有益的事呢?”这就是一个年仅20岁却非同一般的年轻人。从法国回来以后,他又开始学习德语,很快就达到精通的程度。他租了一个大农场,从苏格兰引进先进的农业技术。不久,他赚了一笔钱。当时正是战争之后,有大片荒芜的田地,为了从别国学习到园艺和农艺生产,他亲自两次出国考察学习,并且将考察结果在一本大百科全书上一一刊登,这成为同类著作中最突出的作品。由于其中含有大量实用信息,被许多实业界人士和劳工收藏,实属罕见。

和我们前面提到的相比,萨缪尔·德鲁的职业生涯毫不逊色,并且同样精彩非凡。他的父亲在康瓦尔的圣·奥斯特靠卖苦力养活家庭。虽然家境贫寒,但他还是尽力把两个小孩都送到了附近的学校读书。老大杰伯兹学习勤奋,进步很大。而年幼的萨缪尔却捣蛋调皮,三天打鱼,两天晒网,不能坚持。没办法,他到了八岁左右,家里就让他去干体力活,他便在一个锡矿厂淘矿,每天挣不到4便士。十多岁时,他又开始学修鞋,这也让他尝尽了苦头,正如他自己所说:“我的生活就像犁地下的癞蛤蟆。”他想逃避痛苦的生活,去当海盗或者其他的什么。随着年龄的增加,他变得越来越鲁莽。他往往是打家劫舍的头目,还喜欢参加偷猎或走私。修鞋的学徒期还未满,十七岁左右的他就不辞而别。他跑到军队,在野外的干草堆里露宿,但又无法忍受天气的寒冷,无奈之下他只得回去重操旧业。

不久,他又到普里茅斯经营制鞋生意,随后在卡莎德他幸运地获得了一笔棍棒比赛奖金,在比赛中,他倒像是一位高手。不过,在他眼里每周8先令的收入实在是太少了,他想挣大钱,加上天性喜欢冒险,于是他决定铤而走险——走私,那次差点要了他的小命。据说一天晚上,走私船快到岸了,要装运货物,这一消息传遍了卡拉福特。那个地方的成年男性几乎都是搞走私的,他们已经把货物准备好了,只等船的到来。船一到,有一部分人留在岸上放哨并装运货物,另一部分人在海上操纵船只,萨缪尔就属于后者。那天晚上天色漆黑,伸手不见五指。刚开始装货,突然吹起狂风,卷起巨浪。但船上的人决定咬紧牙关坚持下去。这时有几条船来回跑了几趟，正靠近岸边。但萨缪尔所在的那条船上有个船员的帽子被风吹走，大伙为他抓帽子时，船翻了，所有的人都跌落海里。其中有三个人顷刻之间就被海浪卷走，其余的人则抓住船打算喘口气，却发现船正在向大海深处飘去。大伙只得弃船逃命。这时他们离岸边还有两英里，因为天黑，辨不清方向，萨缪尔和其他两三个人经过三个小时的苦苦挣扎，才终于摸到了岸边的礁石。在那儿，他浑身冰冷麻木，直到天亮有人发现并把他们带走。幸存下来的人只是少数。有人从货船上搬下一桶白兰地，用斧头打开桶盖，给幸存者每人倒了满满一碗。喝完酒，休息了一会儿，萨缪尔才恢复点气力，在齐膝深的雪中步行了两英里，回到自己的住处。

萨缪尔的人生刚开始没有任何希望可言，他到处游荡，在果园里偷盗，修理破鞋，舞棒弄棍，甚至还参与走私。然而，成年后的萨缪尔却成为传播福音的牧师，并写下了许多优秀之作。幸运的是，“亡羊补牢，未为晚也”，他决定洗心革面，把自己旺盛的精力用到正途。父亲带他回到圣·奥斯特，并给他找了份制鞋的工作，每日领取薪金。也许经过了上一次的死里逃生，他开始认真地对待生活。不久，他被爱姆·克拉克博士那充满说服力的布教给深深地迷住了。此时他惟一的兄长也离开人世，这更使他伤心不已。他决心开始学习，可是连怎么读写他都早已忘了。经过几年的苦练，一位朋友还是开玩笑地说，萨缪尔的字就像是掉到墨水瓶里的蜘蛛在纸上爬过一样——可以想象他的字写得有多难看。后来，萨缪尔深有感触地说：“书读得越多，越觉得自己无知；越觉得自己无知，就越想读书，我把所有闲暇都用在了读书上。为了做好工作，我可以读书的时间十分有限，但总是有办法的。我经常在吃饭的时候读书，一顿饭吃完，能看5到6页。读完洛克的《论知识》后，我豁然开朗，感到一种从未有过的感悟和超脱，从此，我决心彻底抛开过去那种沾沾自喜的许多卑微的想法，我要靠自己的双手来养活自己。”

萨缪尔开始自己做生意，但手头的资本只有几先令，他只有去借贷。附近的一位磨房老板见他意志坚决，就借给他一笔贷款。萨缪尔将这笔款子投入生意，并用心经营，真是天道酬勤，年底他就把贷款还清了。萨缪尔决定从此不再欠任何人东西，他非常节制，不在生活用品上多花一分钱，为了不欠债，他常常饿着肚子就上床睡觉。他发誓要靠自己的勤劳和节俭自立，不再依赖任何人。这些他都慢慢地做到了。此外，在从事繁重的体力劳动的同时，萨缪尔也努力使自己的头脑充实起来，他如饥似渴地学习了宇宙学、历史学和形而上学。他后来从事布道工作的原因，主要是因为在这方面需要的书要少一些。“当然了，这条路同样布满荆棘，但我一旦下定决心，就绝不回头。”他说。

在从事制鞋和研究形而上学之余，萨缪尔还是当地的一位传道者。他非常热衷于政治，他的小店就成了当地政客的聚会场所，如果他们不来，萨缪尔就自己去找他们商讨公共事务。这肯定要占去他的许多宝贵时间。为了弥补，他又常常工作到深夜。他的政治热情成了村民谈论的话题。由此还闹出了一个笑话，一天深夜，他正在店里敲敲打打，一个小孩看见店里有灯光，就扯着嗓子冲着锁孔尖叫道："制鞋工，制鞋工，白天瞎逛，晚上补工。"萨缪尔把这件事告诉了朋友。那位朋友问道："你怎么不抓住那小子？""没必要，没必要，现在就是天塌下来我也不会惊慌，我那时把手头的活停下来，对自己说：'没错，没错，他的话有道理，可是我绝不会让他再那么说我一次。'对我而言，那小孩的尖叫就像是圣言，一辈子都会响在我心里。那件事告诉我，今日事今日毕，不能拖到明天，更不能在工作时间瞎转悠。"此后，萨缪尔扔掉了一切政治活动，全身心地投入到工作中，他再也不让政治打扰自己，有了闲暇时间就学习、研究。为了学习，他不得不放弃许多休息时间，但从不因此而耽搁工作。他深知要生存，就要把工作放在第一位。结婚成家后，萨缪尔移居美国，在那儿他还是从不间断学习。他最初的文学作品主要是诗歌，从今天保存的部分作品看，他对人类那些珍贵不朽的精神作了深刻的思考，使得诗歌洋溢着一股奋发向上的昂然气息。厨房就是他的书房，妻子的一台管风琴风箱则成了他的书桌。在孩子的吵吵闹闹中，他开始奋笔疾书。那时，潘恩的《理性时代》已经出版，并激发了许多人的兴趣。萨缪尔写了一本小册子来反驳潘恩的观点。后来他常说，正是《理性时代》促使他认真思考并成为一位名副其实的作家。从此，他一发不可收拾，接连创作出了几本小册子。但他仍然是边制鞋，边写作。几年后，他的成名作《论人类灵魂的不朽》出版发行，并给他带来了 20 英镑的财富，在当时这已是一笔不小的财产。后来该书又出版了几次，受到广泛的赞誉。

同许多年轻作家一样，萨缪尔也因为巨大的成功而一度丧失前进的动力。后来，人们经常见到他在门前清扫大街，或在寒冬里帮徒弟搬煤。他不再把文学创作当做自己谋生的职业。他最关心的是依靠自己的经营过一种踏实的生活，而文学上的成功对他来说只不过是闲暇时撞上了大运而已。不过，他后来还是全身心地投入到了卫理公会的文学事业中，卫理公会发行了好几种有关宗教教义的杂志，萨缪尔负责监督和管理工作，他经常在《折衷主义论坛》上发表文章，还编辑出版了几本关于他的家乡——科恩威尔地区的书，保存了许多珍贵的史料。在事业行将结束之际，萨缪尔感慨万千地说："我出生在社会的最底层，对于下层人的苦难有深深的体会，我靠自己的勤劳、节俭和高尚的道德，尽最大的努力使我的家庭拥有一定的社会地位。苍天有眼，我的辛苦没有白费，我成功了。"

尽管约瑟夫·休谟所从事的职业完全不同，但同样具有不屈不挠的精神。虽然他资质平平，但异常勤奋、诚实。他的人生格言是"不屈不挠"，并且终身付诸实践。休谟的父亲早逝，母亲在蒙特罗斯开了个小店，把他们含辛茹苦地养大。后来，休谟被母亲送到一位外科医生那儿学习医术。毕业后，他以外科大夫的身份乘轮船去过几次印度，还在东印度公司获得从业资格。由于休谟工作最为勤奋，脾气也最好，因而获得了上司的赏识。上司认为他适合担当重任，所以不断提拔他。1803 年马哈特战争爆发，休谟随鲍威尔将军出征。在战斗中翻译人员牺牲了，由于休谟学习并掌握了当地语言,他被任命到翻译的工作岗位上。后来他又当了医疗队长。不过,似乎这些工作对他来说还远远不够,他又兼职出纳员、投递员。在这些工作岗位上,休谟都干得称心如意。此外,他还负责提供军需品,这一差事对他和军队都有很多好处。十年后,休谟带着一笔财富回到了英国,他所做的第一件事,就是支援家乡的贫困者。

可是,约瑟夫·休谟并非那种喜欢坐享其成、贪图安逸的人。对他来说,工作和劳动才能带来快乐和幸福。为了掌握国家和同胞的实际状况,他的足迹遍及了英国的每一个城镇。此时英国的制造业已享有盛名。同时,为了多了解国外的情况,他多次出国游历,开阔了视野。1812 年回到英国后,他进入国会,当上议员。除短期中断外,他连任了 34 年。据史料记载,他的第一篇演说是关于公共教育问题的。在这漫长而又令人尊重的职业生涯中,休谟一直十分关注公众教育及其他社会问题,比如改善犯人条件的刑法改革、银行储蓄、自由贸易、经济发展与艰苦奋斗、扩大民权等等。对于这些公共事业,他投入了全部身心,到处奔走呼吁。无论做什么事,他都全力以赴,不遗余力。他不善演说,然而他说的每句话都坦率、单纯、真诚,让人信赖。沙佛兹伯里曾说,"嘲笑是检验真理的试金石",这用来衡量约瑟夫·休谟真是无比合适。因为没有人像他那样受到过来自各方面的嘲笑,但他对此充耳不闻,不为所动,仍然坚守在自己的工作岗位上。他常常受到各派的打击,人们有时并没有感觉到他的力量和作用,但是他会冒着被选民攻击的危险去推动金融改革。他的工作量大得超乎人们的想象。早上 6 点起床,处理完来信后,他就要准备提交给议会的报告;早餐后开始接待来访,有时一上午要接待 20 人之多,他很少缺席议会会议,有时候会议会延迟到下午两三点,但他从不早退。几十年来,年复一年,日复一日,他无数次以压倒票当选,又不断遭受打击、排斥,甚至冷言恶语的讽刺。许多时候他感到孤立无援,可是面对挫折、失意,他仍然谦虚刚毅,坚韧顽强,从不气馁,从不言输。而当自己的重大举措冲破重重阻挠被接纳时,他却老泪纵横。正如休谟传记所描写的那样,他是人类坚韧不拔品质的最好代表。

勇气与力量的重要性

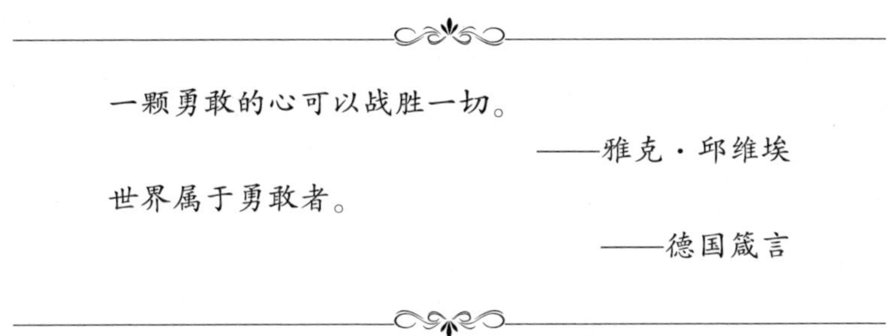

一颗勇敢的心可以战胜一切。

——雅克·邱维埃

世界属于勇敢者。

——德国箴言

一位古代斯康的纳维亚人在一场著名演讲中透彻地刻画了条顿人(即日耳曼人)的性格特征。他说:“我既不崇拜偶像,也不敬奉鬼神,我惟一相信的就是自己肉体和精神的力量。”“要么我去遵循别人走过的路,要么我自己另辟蹊径。”时至今日,这仍然是他们区别于其他民族的一个显著特点。事实上,斯康的纳维亚神话最与众不同之处在于,他们的神带着一个榔头。见微而知著,从一些小事上可以看出一个人的性格。甚至从一个人使用榔头的方式中,可以在某种程度上推断出他力量的大小。曾有一位声名显赫的法国人,他的朋友提出要到某地定居和购买土地,他就精准简练地描述了当地居民的个性特征。他说:“到那儿做买卖你得特别谨慎,我了解那儿的人,从那里到巴黎兽医学校求学的学生,在解剖实验中敲击动物的砧骨时并不用力,他们缺乏力量。如果在那儿投资,你不会得到满意的回报。”这段得自于认真思考的话,表明了观察者对性格特征所作的准确评价,也极其有力地说明了这样一个事实:正是每个个体的力量使得国家强大,也是每一个个人赋予他所耕耘的土地以价值。诚如一句法国格言所说:“人类的力量就是土地的力量。”土地耕种中最为重要的是质量;而在人类对价值的追求中,意志坚韧则是一切真正伟大品格的基础。力量使人们能够克服种种困难,完成乏味枯燥的工作,忍受其中琐屑而又粗糙的麻烦事,使人顺利通过人生的每一驿站。在这一过程中,虽然有各种令人沮丧和危险的磨炼,但正是这些才造就了天才。在任何追求的过程中,成功所需要的与其说是杰出的才能，不如说是渴求的目标。目标不仅会产生实现它的动力，而且还会产生充满活力、不屈不挠为之奋斗的意志。因而，意志力可以称为人们性格中的中心力量。一句话，意志力就是人类本身。它是人们行动的推动力，是人们种种奋斗的精髓，是人们实现愿望的基础。正是它使得生命中弥漫着芳香。在战争修道院的一顶破头盔上刻着一句格言，“希望就是我的力量”，这一格言可能与每个人的生活紧密相关。赛亚克的儿子说：“懦弱使人悲哀。”的确，在人生的财富中，没有什么可以与坚定勇敢相提并论的了。即使在努力的最后遭遇失败，也会因为意识到自己的尽心尽力而感到欣慰。在碌碌无为的生活中，没有什么比看到一个人面对艰难困苦却正直坚韧、奋勇斗争，看到一个人满腿鲜血、四肢尽废却勇敢向前更加壮观美好，更想让人为之欢呼喝彩了。

对于年轻人来说，如果愿望和要求没能够及时地付诸行动并发展成事实，那么就会造成他们精神上的颓废。正如许多人那样，要达到目标不仅需要耐心地等待，等待着“从平凡的布柳彻最后成为普鲁士的元帅”，而且还必须坚持不懈地努力和百折不挠地奋斗，就像在滑铁卢击败拿破仑的惠灵顿将军一样。合理的目标一旦确定，就必须迅速地付诸实践，并且永不言弃。在生活中绝大多数情况下，最有益于身心健康的磨炼无非是愉快地从事枯燥乏味的工作。阿雷·谢弗尔说：“只有精神或肉体的劳动才能结出丰硕的果实。努力，努力，再努力，这就是生活。我可以自豪地说，我做到了这一点，没有什么可以动摇我的信心和勇气。一般来说，如果一个人具有强大的精神动力，高尚的目标，那么他一定能实现自己的愿望。”

休·米勒说过，他得到全面教育的惟一学校就是社会这所大学校，社会包括了整个世界的范围。在学校里，“艰难困苦是最美丽而又最崇高的教师”。那种放纵自己找寻各种借口逃避责任、推脱工作的人终究会失败。如果我们把任何工作都当做不可逃避的事情看待，我们就会欢快而迅速地将它完成。瑞典的查尔斯九世在年轻的时候就是意志力的坚信者。每当儿子遇到困难时，他总是抚摸着儿子的头大声说：“让他做，他会去做。”像其他习惯一样，勤奋努力的习惯也可以慢慢养成。因此，才干平庸的人只要在某一时间全身心地、不屈不挠地投入某一工作，也会收获许多。福韦尔·伯克斯顿深信成功来自于工作方法和勤奋刻苦，他坚信《圣经》的训诫，“无论你干什么，你都要全力以赴”，他认为自己的成功来自于“在一定时间竭尽全力地做一件事”。

如果没有勇敢的奋斗，就不可能取得真正有价值的成果。人们把自己的成功主要归功于遇到困难时的积极奋斗，即所谓的努力。令人吃惊的是，许多貌似绝不可能实现的事，经过人们的努力最终出人意料地变成了现实。强烈的预感本身会把可能变成现实，我们的期望往往就是事情的预兆，而我们有能力实现这种预兆。另外一方面，胆小懦弱、犹豫不决的人却发现每件事都不可能，主要是因为他们认为这些事看上去就不可能。据说，有一名法国军官常常在自己的公寓附近散步，并且总是喜欢叫道："我要成为法国的元帅，成为一个伟大的将军。"他的这种强烈愿望是他成功的先兆，因为后来这个年轻军官真的成了一名著名的司令，他去世时是法国的元帅。

沃克先生——《怪人》的作者——对意志的力量深信不疑。有一次他生病了，他说我要康复，结果很快就恢复了健康。这可能是一种偶然现象，不过，尽管这种方法比许多药方更安全，却并非每次都奏效。精神的力量超过身体的抵抗力，这无疑是可贵的。但是身体彻底垮了，精神或许就会崩溃。据说摩尔人的领袖莫利·摩鲁克得了绝症，卧病在床，奄奄一息。此时，他的军队和葡萄牙军队开战了。千钧一发之际，摩鲁克从病床上一跃而起，集合军队，率领他们浴血奋战，最终全胜而归，但终因劳累过度，不久便长辞于世。

正是人的意志——目标的力量使人们能够如愿以偿，而不是其他的什么东西。虔诚的信徒总是说："无论你想要什么，你都能得到，因为这就是我们意志的力量。上帝与我们同在，无论我们想成为什么样的人，只要郑重对待，我们最终会如愿以偿。如果一个人没有强烈希望自己成为一个谦虚谨慎、耐心细致或自由自在的人，那么，他将无法实现自己的愿望。"据说有个木匠，有一天他在给一个官员修理椅子的时候，非常认真细致，当有人问他原因时，他说："我希望这把椅子经久耐用，直到我当上官员坐到上面。"说来也奇怪，这人后来果真成了一名官员，而且坐上了这把椅子。

不管逻辑学家从理论上对意志自由的问题得出什么结论，事实上，每个人都会感觉到，他可以自由地在善与恶之间进行选择。它不是一根稻草，被抛入水中用来判断水流的方向，而是一位游泳好手，能够劈涛斩浪、弄潮戏水，并在很大程度上为自己掌舵。没有任何东西可以完全地束缚我们的意志，在行动中，我们能感觉到、也能清楚地认识到我们的意志没有被困住，也不会被施以魔法。如果不是这样，那么我们所有美好的愿望都会变为泡影、消失得无影无踪。我们整个的事业和生活方式，虽然与家庭准则、社会调解和公共制度有着很多关系，但是事物的发展表明意志是自由的。如果没有意志自由，还有什么责任可言？教育、忠告、布道、谴责和改正又有什么作用？如果法律不是人们的普遍信念，如果人们不来共同遵守，那么，法律又有何用呢？在我们一生中的每一时刻，我们的良心表明我们的意志是自由的。它是完全属于我们自己的惟一东西，也完全在于我们自己的选择，不管我们是否赋予它正确的引导。习惯和诱惑不是我们的主人，相反，我们是它们的主人。假如我们向它们屈服，良知也会让我们抵抗。即便我们决心成为习惯和诱惑的主人，我们也没必要要求自己具有超出自己所能达到的强大意志。

一次，莱蒙内斯劝诫一个年轻人："现在，已经到了你自己拿主意的时候了，否则将来有一天，你会陷入自掘的坟墓痛苦哀号，因为那时你已无力推开自己的墓门。"对我们而言，意志最容易形成，因此，应该学着培养自己坚强果断的意志，安稳你的生活，别让它再像凋零的落叶随风四处漂泊。

伯克斯顿深信年轻人喜欢意气用事，随自己兴之所至，除非他们已经下了极大的决心并能持之以恒。在给他儿子的信中，伯克斯顿写道："此刻，你已经到了该对自己的人生方向作出选择的关键时刻了，你必须制定出抵御外界不良影响的准则，拥有坚定的决心和意志力。否则，你就会陷入无所事事、漫无目标和效率低下的习惯和性格当中，一旦你沦落到如此地步，你就会发现再振作起来难上加难。我相信年轻人喜欢意气用事，随心所欲，我也曾经那样……我现在生活中的大部分乐趣和成功来源于我在你这个年龄时所做的转变。如果你现在郑重地做出决定，要成为一个勤奋用功的人，那么在你的整个人生中，你都会感到欣慰和愉悦，因为你做出了正确的决定，而且要坚定不移地付诸实践。至于意志，如果不考虑方向，它就是持之以恒、坚定不移和不屈不挠。但是显而易见，任何事都取决于正确的方向和良好的目的。如果一个人追求的是感官的快乐，那么，坚强的意志就成为可怕的魔鬼，而聪明的才智只不过是其卑微的奴仆。但是，如果一个人追求的是善良美好的东西，那么，坚强的意志就是造福人类的王者，而聪明才智就是人类最大幸福的侍臣。"

"有志者，事竟成"这句谚语流传已久而又确凿无疑。一个人假如下定决心做某事，那么他就会凭借这种决心，跨越前进路上的种种障碍，达到目标也就有了坚实的保证。相信自己能够成功，往往就会成功，成功的决心就是成功的本身。因而，真诚的决心往往似乎具有无比强大的力量。苏瓦诺的性格特征就在于他意志的力量。和大多数性格坚强的人一样，他对意志的力量也给予了充分赞扬。他总是对失败者说："你没有完全的决心。"与黎塞留和拿破仑一样，在苏瓦诺的字典里没有"不可能"一词。"我不知道"、"我无能为力"和"不可能"是苏瓦诺最为憎恨的几个词，他会大声地说："去学习，去做，去尝试。"他的传记作家曾经说，他为世人做了一个光辉的典范，证明了活力的增强和能力的锻炼会给人生带来怎样的影响，而这些活力和能力都是在人的内心深处萌芽并成长的。

拿破仑有一条座右铭是："最真切的智慧就是果断的决心。"他不同寻常的一生生动地展示了无所不能的强大意志会造就什么样的辉煌。他以全部身心投入到自己的工作中，他使一个个无能的统治者和国家走向崩溃。一次有人报告说，阿尔卑斯山挡住了军队的去路，他说道："我没看见阿尔卑斯山。"于是，一条通过西普隆德岛的道路被开凿出来，那地方以前几乎是不可攀越的。"不可能，"他说，"这是在无能的人的字典中才能找得到的字眼。"他是个精力充沛的人，有时候同时要四个秘书，每个秘书都被折腾得精疲力竭，没有人会闲下来，他自己也不例外。他的这种精神深深地感染了其他人，并给其他人的生命注入了新的活力。拿破仑曾说："我的将军们是从泥潭里摸爬滚打地锻炼出来的。"但是，这一切都结束了，拿破仑极度的自私自利毁了他自己，也毁了法兰西，他让法兰西成了无政府状态的牺牲品。拿破仑的一生给世人留下了深刻教训,权力如果不用来造福人类,不管他的掌管者是如何地精力旺盛,对掌权者和被掌管者来说都危害无穷。同样,知识和才智如果缺少美德,那么也就成为了魔鬼的化身。

令人尊敬的惠灵顿将军确实非常伟大。他不缺少拿破仑的坚毅勇敢、持之以恒和百折不挠的精神,而且还具有拿破仑所不具备的自我克制、勇于担当的责任感和强烈的爱国精神。拿破仑的目标是"荣誉",而惠灵顿将军的口号和英国海军大将纳尔逊一样,是"职责"。据说惠灵顿将军的命令中从未出现过"荣誉"一词,相反,"职责"一词在他的命令中却常常出现。什么苦难也不能使惠灵顿尴尬不安、畏首畏尾。相反,困难越大,他激发出的力量也就越大。在伊比利亚半岛的战争中,他克服了足以让人发疯的苦恼和令人难以想象的困难,他所表现出来的忍耐、坚毅和决心可成为历史上最伟大的奇迹之一。在西班牙,惠灵顿不仅展现了作为将军所具有的军事才能,而且还显露了作为政治家所具有的综合素质。尽管他的脾气非常暴躁,但是,强烈的责任感使他克制自己,尤其对身边的工作人员,他的耐心好像永无止境。他豪情万丈、凌云壮志,又绝不贪婪,他的伟大人格使他光芒四射。尽管伟大人物总是有着极强的个性,然而在许多方面他们的确资质不凡。拿破仑也是如此,作为政治家,他和克伦威尔一样充满智慧,和华盛顿一样纯洁高尚,作为将军,他和克莱夫一样思维敏锐而又精力充沛。惠灵顿将军之所以能名垂青史,在于他能在艰苦卓绝的战斗中机智巧妙地指挥,在于他的坚韧和意志的强大,也在于他的英勇无畏和自我克制。

敏捷的思考和果断的决策常常能够显现出力量的存在。当非洲协会问勒德亚德什么时候准备好向非洲进发时,他脱口而出:"明天早上。"布鲁彻在普鲁士军队中因反应灵敏获得了"先知元帅"的绰号。约翰·杰维斯,也就是后来的圣·文森特伯爵,当年在他被别人问及准备何时归舰队时,他答道:"马上动身。"当克林·坎贝尔被任命为印度军队最高统帅时,有人问他何时赴任,他答道:"明天。"这是他后来建立赫赫战功的基础。战争的胜利,往往在于利用敌人的错误果断决策,迅速行动。拿破仑说:"在阿科纳,我用25个骑兵赢得了战争,我趁敌人疲乏的时机,给每人一只喇叭,让他们不停地吹。当敌军出现慌恐时,我赢的机会就来了。两军交战犹如二人对抗,彼此都力图在气势上压倒对方。"还有一次,他指出:"机不可失,失不再来。贻误了战机,将酿成千古之恨。"他宣称,之所以能够打败奥地利人,是因为奥地利人没有意识到时间的价值,在他们磨磨蹭蹭的时候,拿破仑以迅雷不及掩耳之势击垮了他们。

在上个世纪,英国人把印度作为展示自身力量的宽广舞台。在印度的立法和战争中,从克里夫到哈夫洛克和克莱德,有一长串令人尊敬的名字,如韦尔斯利、梅特卡夫、奥特伦、爱德华和劳伦斯。而另一个伟大而又声名狼藉的名字是沃伦·黑斯廷斯,他具有百折不挠的坚强意志和永不疲倦的超人精力。他的祖上在历史上是名门望族,但在斯图亚特王朝时期这个家族的忠心并没得到相应的回报,相反却从此开始衰落。这个家庭曾经数百年间在德勒斯福德做庄园主,但是最后连这里的房产也被他人夺走。沃伦·黑斯廷斯的祖父是在德勒斯福德居住的黑斯廷斯家族的最后一代,他推荐他的第二个儿子去当教区牧师。多年之后,就在他祖父的这座宅子里,沃伦·黑斯廷斯呱呱坠地。在庄园的学校里,他和农民的孩子们坐在同一条凳子上读书学习;在他先人们曾经拥有的田间嬉戏玩闹。祖先们忠诚和勇敢的性格特征开始在这个孩子的头脑里萌芽。他幼小的心灵蠢蠢欲动,开始构思他的雄心壮志。据说一个夏天,不满 7 岁的黑斯廷斯在庄园旁的一条河流的岸边躺着,暗自发誓一定要收回这一份祖业。那时这只是一个小孩的天真幻想。然而,他却让这一曾经的幻想变成了现实。梦想开启了他的激情,深深扎根于他生活的每一个缝隙之中。从孩童到成人,他都以一种平和的心态和百折不挠的意志去追求他的梦想,这或许是他鲜明的特征。后来这个孤儿成为那个时代最具影响力的人物之一,他重新找回了家族的往日风光,并赎回了祖上的地产,恢复了庄园宅第。历史学家麦考这样来评价他:“在热带阳光的照耀之下,他统治着 5000 万亚洲人。他非常关心战争、金融和立法等问题,同时仍然念念不忘德勒斯福德。他数年的政治生涯使得他毁誉参半,他的时善时恶令人捉摸不定。最后他告别政坛,回到德勒斯福德过着隐居的生活,直至终老。”

此外,曾在印度执政的人当中还有查尔斯·纳皮尔爵士,他有着超人的胆识和非凡的意志。在谈及一次战斗时他说:“那些困难不过让我的脚在泥里陷得更深一点罢了。”他所指挥的米亚利战役是战争史上的壮举之一。当时他的军队只有 2000 人,其中有 400 个欧洲人,然而敌军多达 35000 人,而且装备精良,是一支比罗基人劲旅。但是在他指挥下的士兵显得极其勇敢,甚至有些鲁莽。纳皮尔有充分的自信,他带领部队冲进比罗基军队中,抢占了一座高堤并将之作为战斗堡垒。这场残酷激烈的战斗持续了 3 个小时。在纳皮尔的鼓励下,每个将士都奋勇杀敌,表现得异常英勇顽强。虽然比罗基人以 20 比 1 的人数占据绝对优势,但却出人意料地被打得溃不成军,节节败退,四下奔逃。纳皮尔能赢得这场战争,正是源于这种英勇无畏的气概、坚忍不拔的精神和百折不挠的毅力。其实,任何一场战争都是如此。比赛中往往是一方起步领先就能赢得整个比赛,而这一步正显现了力量的强弱。战争中往往是多了一次行军就能大获全胜,或往往是将拼杀的勇气和毅力多坚持了 5 分钟就赢得了整个战斗。尽管你的力量看起来不如对方,但只要你多一点坚持、多凝聚一些力量,你就有可能和对方打个平手,甚至战胜对方。斯巴达的父亲曾对抱怨手中的剑太短的儿子说:“往前一步,你的剑不就长了一尺了吗?”

纳皮尔以身先士卒、坚韧英勇的精神激励士气,这一方法无比正确。在军队中,他非常努力地工作,和任何级别的军队成员一样。他曾说:“和其他人平等的担当才是领导的最伟大的艺术。作为一名军队将领,如果他不全身心地投入工作,那就很难取得胜利。困难越多,就越要付出更多的劳动;形势越严峻,就越要显示出更大的勇气,直到这一问题全部被解决。"一位曾在卡奇山战役中跟随纳皮尔的年轻军官曾这样说:"当我看到这位老人还马不停蹄地纵横驰骋时,我想我自己还是一个年轻力壮的小伙子,怎么能就此荒废光阴呢?如果他一声令下,就算是钻进有炮弹的加农炮的炮口,我也绝不犹豫。"这句话后来传到了纳皮尔那里,他说,这是对他辛勤劳动的最好回报,为此他感到非常欣慰。还有一个关于纳皮尔和印度魔术师的故事,生动地刻画出他性格中软弱的一面,但同时也展现出他的淳朴和诚实。印度战争后的一天,有一位著名的印度魔术师来到纳皮尔的营地,为他和他的家人以及全体官兵表演节目。其中有一个节目是这样的:魔术师在他助手的手上放了一枝树枝,然后手拿宝剑,一剑劈下,将树枝或柠檬一分为二,而他的助手毫发未伤。纳皮尔以为这是魔术师和助手相互串通以欺骗观众。虽然在苏格兰诗人和小说家斯各特的传奇作品《法宝》中也有过这样的描述,但纳皮尔还是认为,手掌上的物体太小,绝对不可能一剑下去将物体劈开而不伤及手掌。为了弄个清楚,纳皮尔伸出右手,要求用自己的手亲自验证。魔术师仔细打量过他的手后,说他不合适做这个实验。纳皮尔大声说道:"我认为我已经揭穿了你们。"魔术师说:"别急,让我看看你的左手。"纳皮尔伸出了他的左手,魔术师看了看,然后坚定地说:"你的手别动,我来让你表演这个节目。""为什么不能用右手而只能用左手呢?""因为你的右手是凹进去的,手心悬空,这样大拇指就有被砍掉的危险,而你的左手手心凸出来一些,这样危险就稍小一点。"纳皮尔感到心惊胆战,他说:"我被吓住了。这回我知道这位剑术高超的魔术师表演的是千真万确的节目了。假如我没有当着部下指责这位剑客,激起他拿我开刀的话,我会诚挚地向他致歉,以结束这次会面。可是我已经开口了,无奈之下,我只好把树枝放在手上,然后稳稳地伸出手臂。魔术师将心情作了一下调整,然后举起剑迅速劈下,树枝被斩为两段。我感觉到手上的剑锋就像一根冰凉的丝线从手心轻轻滑过,这才知道,在米亚利被我们打败的那些印度剑客们竟是如此地英勇。"

在印度最近发生了可怕的斗争,这比以往历史上任何事件都更清楚地表明了这个民族的性格特征——意志坚强和自力更生。虽然英国的官僚主义常常会因为愚蠢而铸成大错,但印度人民总是以一种无所畏惧的英雄气概去开辟自我民族的解放之路。1857 年 5 月,印度的人民起义犹如一声惊雷,瞬间爆发,这时候的英国驻军已被限制到了非常少的数量,且散布全国各地,力量很不集中,其中大部分的分队都驻扎在边远的军营。孟加拉人民也展开了一系列反政府的斗争,他们纷纷离开家园,奔向印度的德里。印度各省市接二连三地发生暴动和叛乱,呼喊声从东到西,连绵不绝。所有的英国军队都被包围、受攻击,毫无抵抗能力,几乎无路可走。此刻的英国人已经一败涂地。以前就有人曾说过:"这些英国人从没意识到他们什么时候会被打败。"这个时候按道理来说,他们肯定要接受失败的命运了。当暴动问题还未解决的时候,英国王子霍尔卡曾请教一位占星学家。这位星相家回答说:"只要还有一个印度人活着,他就会继续奋战并夺回属地。"

在英国人境遇极度恶劣的时刻,即使在卢克罗这样的地方,少数在城市和郊区的英国士兵、平民百姓和妇女也被印度武装所包围。但他们从来不曾说过一句绝望的话,也从来没有想到过就此放弃。数月以来他们与军队的联系已被切断,不知道印军是已经被打败还是仍在顽强抵抗,不过对英国军民英勇顽强的毅力和勇于牺牲的爱国精神他们没有丝毫怀疑。他们清楚,只要在印度的英国人团结一心,那么他们就不可能被轻易打败。他们没有其他想法,一心只想摆脱困难的处境并取得最终的胜利。如果形势不像人们所期望的那样或者更加恶化,他们将会以身殉职。在这里有必要提及哈夫洛克、英格里斯、尼尔和奥传等人,这些人为我们树立了真正的英雄典范。他们每个人都具有骑士的精神、信徒的虔诚和殉道者的决心。蒙塔伦伯特曾经这样评价他们:"他们是人类的光荣。"但是,这场可怕的战争证明了几乎所有人都是同样伟大的,包括妇女、平民和士兵,甚至从将军到各种军阶的个人和号兵。这些人都是一些极为普通的人,就像我们日常生活中在家里、街道上、车间里、田间地头和俱乐部所遇到的普通人一样。然而当灾难来临时,所有人都涌现出超人的智慧和非凡的力量,每一个人都成为英雄。蒙塔伦伯特说:"他们之中没有一个人因害怕而退缩,不管是军队还是平民,不管是青年人还是老年人,不管是将军还是士兵,所有人都在顽强抵抗,拼死战斗。面对死亡他们镇定自若,英勇地奉献自己的生命。此情此景之中,公共教育的极大价值才焕发出夺目的光辉。正是公共教育使英国人从小就懂得力量和自由的重要性,他们团结同胞,抵抗外辱,顽强勇敢,无惧无畏,通过自身的努力把自己从艰难困苦中拯救出来。"

据说德里市被占领后,由于约翰·劳伦斯爵士的人格力量,印度被保存了下来。在印度西北各省,"劳伦斯"这个名字就意味着力量。他具有高度的责任感、充沛的工作热情和永不停止的勤奋。他的精神鼓舞着在他身边的每一个人。有人曾说,劳伦斯的人格力量相当于一支军队。或许这句话同样也适用于劳伦斯的弟弟亨利爵士。他组织起旁遮普的军队,在攻克德里的战斗中发挥了非常重要的作用。兄弟俩都和蔼可亲、平易近人,而这正是成为一名英雄所必需的优秀品质。他们以无可挑剔的奉献精神和自信鼓舞了周围的人,他们永远活在人们心中,永远都给予人们强烈的影响力。总之,正如科尔·爱德华所说的那样:"他们在政治中透露出的诚实可信以及所总结出的经验,至今仍然是一笔宝贵财富,他们为年轻人树立了榜样。"在约翰·劳伦斯身边有一大批优秀的人才,如蒙哥马利、尼科尔森、科顿和爱德华,和他一样,这些人都具有反应迅速、决策果断、精神高尚的品质。约翰·尼科尔森就是其中一位最杰出、最果敢、最高贵的人。国内的人这样评价他:"他就像一名学者,是一个非常靠得住的人。"路德·德尔豪斯也这样描述他的性格特征。凡是他所涉猎的领域,他都表现出杰出的才干,因为不论做什么,他都会全神贯注,全力以赴。有一群关系要好的骗子因为做了坏事而遭到尼科尔森的惩罚，但是他们对尼科尔森仍然十分尊敬，十分崇拜。至于他充沛的精力和坚韧不拔的意志，是有很好的例子可以证明的。一次，他马不停蹄地奔波了 20 个小时，但为了追赶军队中的第 55 个叛变的印度士兵，他又继续跑了 70 多英里。当敌军占领德里城的时候，在旁遮普人极度佩服和信任的目光中，劳伦斯和蒙哥马利竭尽全力维持好自己辖区的秩序并召集所有的力量，包括欧洲军队和印度的锡克教头，对德里发起全面猛攻。当尼科尔森的部队向德里强制行军时，他在给指挥部的信中写道："要在德里城前紧紧牵制住叛乱者。"后来，一个坚定跟随尼科尔森的锡克教徒在他墓前痛哭流涕，并且说："那时，数里之外就能清晰地听到军队的马蹄声，只要有一个印度人还活着，他就会继续战斗并夺回属地。"

在与 20 万敌军对峙了长达 6 个月之后，英勇的英格里斯指挥军队对勒克瑙展开围攻，英军伤亡人数非常少，仅有 32 人，不到一个团的兵力。尽管这一战斗非常引人注目，但是在这场大战中，最辉煌的战果还是对德里的猛烈围攻。在德里，虽然从表面看起来英国人是围攻者，但实际上他们是真正的被包围者。这些英国军队驻扎在开阔的地带，人数少得可怜，包括欧洲兵总数不超过 3700 人，而且每天都要遭受叛军的攻打。有一次，叛军的人数甚至多达 75000 人。这些叛军曾经在英国军官的指挥下进行过欧式训练，他们还有源源不断的军需品供给，而英国军队只能在城下忍受着炎炎烈日的煎熬。死亡、伤残和疾病都没有使他们忘记自己的目标。敌人曾以压倒优势的人数向他们发起过 30 次的进攻，但每次都被他们赶回了自己的防御工事。哈德逊上校是那场战斗中的勇士之一，他曾说："恕我大胆断言，如果世界上有哪个民族也妄想这么做的话，他们是很难坚持下去的，或者很难成功的。"面对极为艰难的处境，那些勇士们毫不退缩。他们以崇高坚韧的力量坚持着，战斗着，直到冲过了"逼近死亡的突破口"，直到大不列颠的旗帜又在德里的城墙上高高飘扬，他们才稍作喘息。在那儿所有的人，包括将军、大小将领和士兵，都是伟大的。无论是家庭贫寒而习惯了吃苦耐劳的士兵，还是家庭富贵而于养尊处优中长大的年轻军官，在那场异常残酷的考验中他们表现出了同等的英勇。英国军队的强大力量与顽强精神，以及训练有素和纪律严明，在此时得到了前所未有的充分体现，同样，这也体现了英国人的伟大。为了书写这一历史篇章，人们付出了惨痛的代价。但是，如果那些战争的幸存者和后继者能从教训中得到收获和启发，那么这种代价再大也是值得的。

不过，印度以及东方的各族人民在战争中也展示出了力量和勇气，比起英国人来毫不逊色，而且在其他方面，他们比英国人表现出更多对和平的爱好和更多的仁慈。那些征战沙场的剑客们将永远被人们铭记心中，而那些传播真理的英雄们也不会被人们所遗忘。有一大批杰出的传教士，从泽维尔到马蒂和威廉斯，他们以一种忘我奉献的精神辛勤地工作着。他们绝不是为了在世间留下美名，而是为了挽救自己种族的堕落灵魂。他们凭着巨大的勇气和不屈不挠的精神，克服种种艰难困苦以及无数次死亡的考验，义无反顾地向着快乐、光荣乃至殉葬的道路前进。弗兰西斯·泽维尔是他们中间最为杰出的人物之一。他出身名门，欢乐、权力和荣誉本来应该唾手可得，但是他用生命向世人证明了还有比等级、地位更远大的目标，还有比聚敛财富更高尚的志向和抱负。泽维尔在行为礼节和品德情操方面是一个真正的绅士，他勇敢、可敬而又乐善好施，他喜欢领导而又颇具领导才能，他喜欢去说服而又颇具感召力，他是一个富有耐心、意志坚定而又精力充沛的人。21 岁时，他在巴黎大学教授哲学。在那里，他与罗约拉成为了亲密的朋友和同事。不久，他带领一小群新入教的教徒第一次到罗马去朝拜圣地。

葡萄牙的约翰三世决定把基督教移植到印度地区，以扩大他的影响，这时波巴迪纳被首选为他的传教士。可是，由于波巴迪纳重病在床，不能远行，约翰三世只得重新确定人选。这次，他选择了泽维尔。泽维尔缝补了一下他那破烂不堪的法衣，带上祈祷书，就向里斯本出发，然后从那儿坐上船，踏上了东去的旅途。他所乘坐的这艘轮船是去印度果阿的，上面还有总督及赶赴印度增援的 1000 名官兵。船上虽然有一间小舱室可由泽维尔自由支配，但在整个航行中，他都枕着一圈缆绳睡在甲板上，和水手们同吃同住并关照他们，教给他们一些娱乐方法，还帮助他们照顾病人。因此，泽维尔完全赢得了水手的信任。他们都对他十分尊敬。

到达果阿后，泽维尔看到人们的堕落，感到相当地震惊。不管是外来人还是本地人都毫无例外。外来者带来了各种邪恶的念头和行为，纵容放肆，丝毫不约束自己，当地人则盲目地学习仿效。泽维尔摇着手铃走遍了果阿的每一条街巷，他请求人们将孩子送到他那里去接受教育。不久他就招收到了一大批学生，开始了每天对他们的认真教导。与此同时，他走访了麻疯病人以及各个阶层中悲惨生活着的人们，他想缓解世人的痛苦，给他们带去真理。每当听到人们的痛苦呼喊，他都表现出极大的关切。当马纳采珠渔民的堕落和悲惨生活传到他的耳朵里后，他就动身去探望他们。他用手铃再次发出了仁慈怜悯的召唤。他给人们洗礼和孜孜不倦的教诲，不过，因为他不懂当地的语言，他只能借助翻译来教导人们。他对悲惨生活的人们给予极为有效的帮助，这是最令人感动的地方。

在泽维尔经过的科摩罗海岸，从城镇到农村，从庙堂到集市，他悦耳的手铃声到处都在萦绕。他带着《教义问答集》、《使徒教义》、《戒律》、《主祷告文》和其他一些教授祈祷仪式的译本，向当地召集起来的人们传达自己的教诲。为了让孩子们更好地记住这些教义，他反复朗诵，直到他们将这些教义牢记心中。随后，他又让孩子们把这些经文传达给他们的家人和邻居。在科默隆海角，他还任命了 30 个管理牧师，并建立了 30 多座基督教教堂。这些教堂都十分简陋，大多是在农舍的屋顶上装一个十字架而已。随后他去了特拉凡格尔，他一路上摇着手铃，挨家挨户地给人们洗礼，有时竟累得手腕都抬不起。他不停地宣传教义，直到喉咙嘶哑说不出话来。泽维尔自己评价说，在这里传教的效果远远胜过他最高的期望值。泽维尔纯洁、热情、优雅，他的行动比他的雄辩更有说服力。他走过的地方，人们放下了屠刀和邪恶的念头，争相听从于他的召唤。那些曾经一睹他风采和听过他布道的人，单是出于同情心，也会不自觉地被他的热情所感染。

“报酬丰厚而从业者如此之少”，想到这些，泽维尔又来到了马六甲和日本。在那儿，他发现自己又置身于语言完全不同的新种族之中，因此他更多的是悲叹和祈祷，在病人床边为他们铺展枕头并照顾他们。有时，他把自己白色法衣的衣袖浸湿，然后从中挤出水来为死者洗礼。不管遇到什么事，泽维尔都充满希望，无所畏惧。正是因为拥有坚定的信仰和超凡的力量，这位勇敢的战士在追求真理的道路上才能奋勇前进。他曾经说过：“我心甘情愿千百次地忍受死亡和痛苦的折磨，只要能拯救灵魂。”他要经受饥渴的威胁，要历尽无数险阻，但是他热爱这份工作，为了完成使命他从来不知疲倦。经过11年的勤奋工作，这位了不起的人物最后又想办法到了中国。但在海南岛的三亚他患上了热带病，也就在这里，他戴着荣耀的桂冠离开了人世。也许，这样气质高贵、心地纯洁、自我克制并勇往直前的英雄在世界上再也找不到第二人了。

在这一领域中，其他一些传教士追随着泽维尔的脚步，如在印度的施瓦兹、卡雷和马西门，在中国的古兹拉夫和莫里森，在南西兹的威廉斯，在非洲的坝贝尔、穆法特和利文斯坦。约翰·威廉斯是位爱尔蒙加的传教士，以前曾给一位家具铁器商当学徒，尽管被认为是一个呆笨的儿童，但是他在工作时却心灵手巧，技艺非凡。因此，师傅常常会把一些做工要求特别高的活计交给他去做。他也非常喜欢摇铃铛和做一些店铺之外的其他工作。偶然听了一次布道后，他的想法从此发生了巨大的改变。他成了一位基督教学校的教师。在传教的过程中，他逐渐地将注意力转到公众集会上来，并决心为这一工作奉献一生。伦敦教士协会肯定了他的工作，那位五金商也同意他在合同到期之前离开店铺。他把工作的重点放在太平洋诸岛，特别是塔希提岛、雷亚堤岛和拉罗汤加岛。就像最初的传教士那样，他亲自干活——打铁、种植、造船舶。他竭尽全力给岛上居民传播文明生活的技艺，并教导他们信仰宗教。他不知疲惫地工作，却在爱尔蒙加海岸遭到了野蛮人的残酷杀害。殉道者的王冠，授予给他当之无愧。

在所有传教士中最让人感兴趣的是利文斯坦博士的传道生涯。他曾以一种特有的非常谦逊的方式讲述过他的故事。他的祖辈是贫穷但十分诚实的苏格兰高地人。据说，其中有一个以智慧和谨慎著称的人，在临死之际，他把儿子们叫到身边，说他必须给他们留下一件遗产，他说：“我在一生中极为细致、尽我所能地考察了我们这个家族的所有传统，在我们的祖先中，我从未发现一个不诚实的人，即使诚实不是与生俱来就流淌在你们血液之中，也不会自然而然地属于你们，但是你们每一个人以及你们的后代都必须诚实做事。我给你们立下了这样一条规矩，那就是‘诚实’。”10 岁的时候，利文斯坦被送进了格拉斯哥附近的一家棉花厂当“穿孔工”。他用第一个礼拜挣来的工资买了一本拉丁语法书，开始学习拉丁语，后来在一所夜校里又学习了几年。为了掌握所学知识，他每天都坚持学习到晚上 12 点甚至更晚，每次都要他母亲催促，因为第二天早晨 6 点钟他就得起床上班。这样，他从头到尾地读过古罗马诗人维吉尔和贺拉斯的作品，此外还涉猎了各种作品，除了对所能找到的小说感兴趣以外，对自然科学和游记散文他也有特别的爱好。他很少有空闲的时间，如果有点时间他都用来学习植物学，或用来到附近采集植物标本。他读书时甚至不会被工厂机器的轰鸣声所打扰。他会把书本放在旋转的机器上，当机器转动时他就一句接一句地读。通过这种方式，这位执著的少年收获了大量有用的知识。长大成人后，他决心当一名传教士，为了这个目标，也为了更好地胜任这项工作，他开始学医。为了能够负担起学习医学、希腊文和神学所需的费用，他省吃俭用，还利用在格拉斯哥冬天的假期到工厂去当纺纱工人。就这样，他念完了大学。在这期间，他完全靠自己的双手来努力工作，挣钱养活自己，他从未接受过别人的任何资助。他很坦诚地说：“回顾过去的辛苦，我满怀感激，因为这一经历对我的早期成长非常重要。如果可能的话，我还愿意从这种卑微的生活开始，经受艰难困苦的考验。”最后，他修完了医学专业的所有课程，并以拉丁语写出了论文，还通过了各种考试，最终拿到了内外科行医执照。开始时，他本想到中国，但时值中英战争，他的计划成了泡影。由于他在伦敦教士协会供职，于是 1840 年他被协会派往非洲。他曾经计划通过自己的努力去中国，他说在被伦敦教士协会派往非洲时心里惟一的痛楚是因为“这对于一个习惯了独立行事的人来说是无法忍受的，而目前的这种工作方式只能听从于别人”。刚到非洲，他便满腔热情地开始了工作。他难以容忍只能和其他人共同劳动而不能独自行事。但是，当时并没有很多独立的工作可做，于是他便进行一些建筑业的手工劳动和制作一些工艺品。他把主要精力用于传教，他曾说：“传教使得我感到非常疲惫并无法适应，就像当时我作为一名纺纱工人熬夜学习时的感觉一样。”除了传教之外，他还和博茨瓦纳人共同劳动。他挖沟掘渠，建造屋舍，耕田播种，饲养家畜，既教给当地人宗教信仰又教会他们怎样劳动。当他第一次和当地居民步行去一个遥远的地方时，他无意中听到人们对他的长相和力量的议论。他们说：“这个人的身体一点都不强壮，而是非常瘦弱的，他看起来壮实只不过因为他穿了条肥大的裤子，很快他就会累得筋疲力尽。”这些话刺激了这位来自苏格兰高地的传教士，他热血沸腾，抛下了疲惫，一连几天咬紧牙关，从不掉队。最后，当地人对他步行的力量才有了真实的认识。利文斯坦在非洲做了些什么以及怎样做的，我们可以从他的作品《传教士之旅》中获知。在公开出版的游记类作品中，这本书是最令人着迷的一本。晚年他的一个众人皆知的举动彻底地显露了他的性格。他要把“柏肯哈德”号汽艇从国内带到非洲去，但是，由于年久失修汽艇已经无法使用，于是他又在国内订做了一艘新汽艇，花了约 2000 英镑。这笔费用从他《传教士之旅》的稿费中支付，而他以前是准备把这笔钱留给子女的。他说："孩子们应该自己去赚钱。"实际上，这句话是在说他的钱是另有用途的。

约翰·霍华德崇高的一生同样有力地证明了意志的强大力量：一个人即使身体虚弱，但为了实现奋斗目标，在一种崇高的责任感的驱使下也能产生无比汹涌的力量。霍华德的大脑一直被一种想法所占据，那就是改善监狱囚犯的生活条件。这使他产生出一种狂热的激情，任凭艰险、危难和肉体以及精神怎样折磨，都无法使他改变这一伟大的人生目标。他普通得不能再普通，他也并非天才，但是他心地纯洁，意志坚强，在当时那个时代取得了巨大的成就。而且，他的重要影响并没有伴随他的生命走向终结，他不仅对英国的立法产生了持久而深远的影响，而且对所有文明国家立法的影响一直延续到今天。

乔纳·亨利也是一位坚韧不拔、不屈不挠的人，正是他使得英国拥有了今天这么伟大的成就，使得英国人具有今天这样的性格特征：有生之年就愉悦知足地做好上帝给自己安排的工作，完成任务之后，怀抱着感激幸福地长眠。"不要用碑传为自己歌功颂德，而是要通过努力为后人留下一个更美好的世界。"

1712 年亨利出生于英国朴茨茅斯市，父亲是一家船舶修理厂的老板。在他很小的时候，父亲因一次意外事故而离开，使他成为孤儿。他可敬的母亲带着几个孩子移居伦敦，并把孩子送进学校，含辛茹苦地把他们养大。17 岁时，母亲把乔纳·霍华德送到里斯本给一个商人当学徒。霍华德在生意上专心致志，讲究诚信，并一丝不苟，因此也赢得了他人的尊重和赏识。1743 年，他回到伦敦，接受了一家在圣·彼得堡专门从事波罗的海地区贸易的公司的邀请，成为该公司的合伙人。带着一支英国商队，他动身去了波斯，贩卖了 20 马车的布匹，接着又到俄罗斯扩大生意。到了阿斯肯郡后，他们乘船去里海东南海岸的阿斯郡伯德。可是这些布匹刚刚上岸，一场起义就爆发了，他的货物被全部没收。尽管后来这些货物大部分归还给他，但是他的公司还是遭受了不可挽回的损失。当时暴乱分子密谋抓住霍华德和他的商队，于是他只能从水路逃跑，历尽险阻后，他安全到达了格兰。这一次逃亡让他头脑中第一次有了"不要绝望"的想法，后来他把这句话当做他人生的格言。此后，他在圣·彼得堡居住了 5 年，生意十分红火。这时，一位亲戚留给了他一笔遗产，此时他的资产已经非常雄厚了。于是，1750 年他从俄罗斯回到了英国。关于他回国的目的，他自己这样说："是检查一下自己的健康状况（这句话非常巧妙），努力地做一些对己对人都有益的事情。"此后，他的余生都用到了慈善事业和公益事业上。为了能做更多的慈善，他过着非常俭朴的生活。他的第一批公益事业是建设首都伦敦的公路，这件事取得了很大的成功。1755 年谣言四起，大家纷纷谈论法国发动侵略战争的企图，霍华德先生开始把注意力转向怎样用最好的办法为海员提供物质。他在英国皇家证券交易所召集了一个由商人和船主参与的会议，提议成立一个协会,由陆地志愿兵和儿童组成,为皇家海军舰队服务。这一提议得到了众人的积极响应。于是协会成立了,并委派了各级管理人员,整个操作都由霍华德先生全权负责。结果,在1756年成立了海事协会,这个机构直至今天还在发挥着巨大的作用。在它成立后的6年里,协会共培训了5451名儿童和4787名陆地志愿兵,大大增强了英国海军的力量。时至今日,海事协会仍在积极开展活动。大约每年有600名无家可归的儿童在经过培训教育之后被派去海员当学徒,主要提供商业服务。

此外,利用余闲时间亨利先生还建立并完善了大都市的慈善机构。此前不久,他对收养弃儿的育婴堂产生了兴趣。育婴堂是多年以前由托马斯·科伦创办的,但是同时也使得越来越多的父母将子女抛给了慈善机构。因此,育婴堂的存在为不负责任的行为提供了后路,这已背离了其建立的初衷。亨利决定采取行动阻止这种邪恶行为,于是他公开反对当时视为时髦的慈善事业。在他的努力下,慈善事业又被成功地引导上原来的健康轨道。时间和实践都证明了他的正确性。在很大程度上来说,妓女收容所也是经过霍华德先生的努力建立起来的。但是,他主要致力于教区贫民窟的幼儿问题。这些孩子在成长过程中生存悲惨并被人忽视,死亡率之高令人胆寒。然而和育婴堂事件一样,没有任何人愿意以付诸时髦的慈善行为来减轻教区穷困幼儿的痛苦。因此,乔纳·亨利一心扑在了这项工作上。首先,他独自调查核实需要救助的儿童的范围。他走访了伦敦贫困阶级的房舍,考察了贫民窟和济贫收容所,对伦敦市内及其郊区的每一所救贫院的情况都了然于心。接着,他途经荷兰对法国进行了访问,考察了贫民收容所,时刻不忘思考哪些在国内可以用得上,这一工作花了他5年时间。回国以后,他公开出版了他的调查结果。随后开始改造和维修大量的救贫院。他提出了一项法案,要求每一个伦敦教区必须每年登记幼儿的接收、释放和死亡情况,此项法案1761年获准通过。他非常关心法案的落实问题,一直不知疲倦地进行监督管理工作。他马不停蹄地到处奔走,清晨从一个救贫院到另一个救贫院,下午从一个议员那里再到另一个议员那里。时间一天天、一年年地过去,他忍受了一次次的回避和拒绝,回答了一个个反对者的提问和诘难,也使自己逐渐变得幽默风趣。最后,经过无数次的耐心说服,经过10年异常艰苦的努力,他自筹经费终于使第二个法案获得批准。这个法案要求:属于教区的幼儿如果身患重病,不准在救贫院抚养,必须送到几英里之外的郊区精心照顾,直到年满6岁为止。监护人每3年重选一次。穷人们称这个法案为“孩子活命法案”。把这一法案实施前和实施后的几年记录加以比较,结果说明:正是这位善良人的明智干预,数以万计的幼儿生命得以延续。

在伦敦,任何一个慈善工作的开展都会经过乔纳·亨利之手并得到他的帮助。第一批保护清扫烟囱的儿童的法案,就是由于他的影响而获准通过的。先后在加拿大的蒙特利尔和巴巴多斯的首都布里奇敦发生了两场有严重破坏力的大火,为了救济受害者,霍华德及时地提供了捐赠。在每一个捐赠单上都有他的名字,他的无私和真诚被人们普遍认可。为了帮助他人,哪怕是自己仅有一点财产,他也会毫不在乎地全部奉献出来。在他毫不知情的情况下,以银行家豪尔先生为首的五位伦敦主要领导人在洛德布特拜见了英国首相,并以全体公民的名义请求对这位为国家无私奉献的人给予关注。结果,霍华德不久就被任命为掌管海军粮食储备的一名专员。

亨利先生晚年时身体极度虚弱,尽管他也发现有必要辞去他在粮食储备委员会中的工作,但是他闲不下来。当时,他又奔走忙碌于筹建几所主日学校。这是一种处于萌芽状态的运动,其目的在于减轻那些在伦敦大街上四处游荡、穷困不堪的黑人们的痛苦,或者缓解那些社会上被忽视的贫困阶级的生活压力。虽然他熟悉各种各样悲惨境遇里的人们,但是他本人非常快活。由于身体太差,他再也做不完自己想要做的那些巨额的工作了,他想休息。虽然他体质虚弱,但是他依然勇敢地不知疲倦地工作着。他的人格魅力是一流的。他是第一个大胆打着雨伞走在伦敦大街小巷的人,或许会有人认为这微不足道。但如果现在让哪个伦敦商人带着一顶中国鸭舌帽沿着科恩黑尔走一遭,他就会深知这其中所需要的勇气。霍华德先生带着雨伞走了30年,最后他发现这件物品已“飞入寻常百姓家”。

亨利是个说话算话、真诚正直的人,他的话值得人信赖。由于这种诚实的性格特征,他受到了人们的尊敬乃至崇拜,这也是他被人们称赞的惟一原因。他恪守承诺,不论是作为一个商人,还是后来作为一名海军粮食储备委员会的专员,他的行为都堪称完美。他不愿接受承包者的任何一点好处。在粮食储备委员会任职期间,每当有人给他送礼,他都彬彬有礼、原封不动地退回,并留下字条:“我的规矩是,在工作中绝不接受任何人的任何馈赠。”当他发现自己精力一天不如一天时,他乐观地为自己筹备后事,就好像在准备一趟国内旅游。他清算各种账目,还清债务,和往日的朋友一一告别。安排好了后事,他换上干净整洁的衣服,安详地离开了人世。那一年他74岁。他留下的遗产总共不到2000英镑。因为没有亲属继承,他把这笔遗产分给了他平时熟悉的孤儿和贫穷的人。这就是乔纳·霍华德美好的一生。简单地说,他是个诚实守信、活力四射、工作勤奋和心地善良的人。

另一位精力充沛、才能卓越的榜样是格兰威尔·夏普。他的这种力量在后来的废奴运动中影响了一群高尚的工人,其中特别突出的有克拉克逊、威尔伯福斯、柏克斯顿和布鲁姆。尽管这些人在废奴运动中都可称为巨人,但是,格兰威尔·夏普是他们的先驱。从意志、力量和勇敢等方面来看,他或许是他们之中最为优秀的。格兰威尔·夏普的人生生涯从他在托尔黑尔给一位亚麻布制造商当学徒开始拉开了序幕。然而,学徒期满之后,他离开了那家公司,到一个军火公司当了职员。正是在从事这一地位低微的工作时,他开始利用闲余时间开展黑奴解放的工作。他总是喜欢做些对别人来说有益的事情,在当学徒时就已经如此。在他学习亚麻布生意期间，和他同屋有一个有神论者的学徒，经常引导他讨论宗教的问题，这个年轻人认为格兰威尔对一些基督教经书的误解来自于他对希腊语知之甚少。此外，格兰威尔还和另外一个犹太学徒对于预言的解释问题发生了争论，这次争论使他逐渐克服了与希伯来人交流的困难。但是，他的宽厚仁慈促使他转变了注意力和工作的方向。他的哥哥在闵辛仑免费为穷人看病，其中有一个叫乔纳森·斯庄的可怜病人。他是一个非洲人，似乎遭到了他主人的摧残，腿瘸了，眼睛也接近失明，失去了工作能力。他的主人是一位从巴巴多斯来到伦敦的律师，这位律师认为这个非洲人作为他的财产已不再有价值，便把他扔到大街上忍受饥饿的侵袭。这个可怜的人病魔缠身，只能靠乞讨度日。在遇到威廉·夏普后，夏普给他开了一些药，不久后又让他到巴塞洛缪医院治疗，直到痊愈出院。后来有一天，夏普两兄弟搀着黑人在街上转悠，他们非常清楚，那时任何奴隶主都有权高声宣布奴隶是他的人。一次，斯庄在药师夫人的后车厢里被那位律师发现了，他痊愈后的使用价值也被律师发现了。于是律师决定讨回自己的财产权，他找了两个市政的官员逮捕斯庄，并把他关在卡姆特，准备押回西印度群岛。这位黑奴想到几年以前自己被囚禁时是格兰威尔·夏普给他提供了善意的帮助，于是，他向夏普发信求助。而夏普已经不记得斯庄这个名字了，但他还是派人去卡姆特拘押所打听，打听的人回来报告说看守人员不承认拘押了这个人，这让夏普产生了怀疑，他立即去了拘押所，坚持要见乔纳森·斯庄。他获得许可见到并认出了这个令人怜悯的黑人奴隶。现在斯庄是一名被逮捕的在押奴隶，夏普先生冒险向监狱长提出要求，请求在市长知道之前不要将斯庄交给其他任何人。随后他立即去找市长，市长同意召集那些未经批准而把斯庄抓捕入狱的人，当事人都到了市长面前。然而似乎在这之前，斯庄的前主人——那位律师已经将他卖给了另一个新主人。这个新主人拿着票据宣称这个黑奴是属于他的财产。由于无人指控斯庄犯罪，而市长也不知道斯庄的自由问题是否合法，最后还是释放了斯庄。这位黑人奴隶跟着他的救命恩人走出了监狱，没有人敢抓他。但是，不久夏普就收到斯庄主人的一张通知，他声称自己的财产受到了侵犯，他要求重新拥有对这个黑人奴隶的所有权。

在1767年前后，虽然英国人的人身自由权利在理论上来说是非常珍贵的，但是在现实中却令人心痛地一次次遭到侵犯，践踏法律的事件几乎天天上演，强行征用海上服役人员的事件不断出现。此外，在伦敦和英国的其他大城市还有一帮被雇佣的绑架者，专门为东印度公司抓人。如果这些被绑架者不愿意去印度，他们就会被装上船送往美洲殖民地，卖给庄园种植主。伦敦和利物浦的报刊杂志上可以公开登载黑人奴隶买卖的广告。将逃亡的奴隶捕获并遣送他们到海上某艘特定的船上，就可以得到一笔报酬。

英国奴隶的地位在世界上声名远播，其实这不符实际并令人产生怀疑。由于无法可依，法官们在法庭上判决时经常举棋不定。虽然人们普遍地认为英国没有

奴隶,可是一些声名显著的法律界人士却毫不掩饰他们的反对意见。乔纳森·斯庄一案中,夏普先生求助的几位律师为了保护自己基本都抱着这种观点。乔纳森·斯庄的主人还告诉夏普,伦敦首席大法官曼斯菲尔德和所有的高级法律顾问都认为进入英国的奴隶没有资格获得自由,可以合法地令他们返回种植园。如果格兰威尔·夏普没有那么勇敢和热心,他或许会因此而感到绝望。但是,对于夏普来说恰恰相反,形势的不利只会让他更加坚定决心,至少在英国,他要为黑人奴隶的自由而战斗。他说:“在那些专业律师对此置之不理之后,我不得不自己去寻找法律的援助,在绝望中想尽办法自卫。由于以前从未看过一本除《圣经》之外的法律书籍,对法律业务和法律的基础知识一无所知,我无奈之下只能去图书馆查找法律书籍的索引,然后拜托我的书商去购买。”

白天他的全部时间都花在军械部的事务上,他承担着办公室里最辛苦的工作。因此,他只有在深夜或清晨学习和钻研法律。他觉得自己跟奴隶没什么两样。在给一位牧师朋友的信中,他解释了迟迟没有回信的原因:“我现在根本没时间与人联系,我晚上的休息时间少到不能再少了,早上还必须考证一些法律观点,绝不能再拖延。极其辛苦的研究和考证还等着我呢。”

在后来的两年中,夏普先生几乎放弃了一切休息时间,对英国与个人自由权利有关的法律展开了深入的研究。他很费劲地读完了大量乏味枯燥的文献资料,对所有重要的议会法案、法院判决和著名律师的观点都做了摘要。在这场沉闷无趣的持久战中,没有人指导他,没有人帮助他,也没有人给他相应的建议,他也找不到一个律师支持他的这一工作。然而,当考证的结果出来后他满心欢喜,同时也震惊了那些法律界的绅士们。夏普写道:“感谢上帝,在英国的法律法规中没有一条,至少我没有找到,证明奴役别人的行为是合法的。”他原本就态度坚定,现在更是没有什么顾虑了。他以纲要的形式草拟出他的研究成果——一份语言平实、思路清晰而又非常大胆的声明,题目是《论英国奴隶制存在的不合理性》。他把这篇文章抄写了很多份,并发给当时那些最著名的律师。斯庄的主人发现夏普是个不好对付的角色。在斯庄一案中,他寻找种种理由拖延结案,最后他提出了折衷的方案,但遭到夏普的严词拒绝。格兰威尔继续在律师中传送他的手抄本小册子,最后这些律师都认为继续限制乔纳森·斯庄的个人自由是不合理的。法院判决:原告提出起诉并在诉讼中败诉,交纳三倍的诉讼费用。夏普的那本小册子也在1769年公开出版。

与此同时,伦敦还发生了其他一些事件,比如绑架黑人并贩卖到西印度群岛。无论夏普在哪儿抓住这样的事件,他都会立即想办法营救这些黑人。一个叫海拉斯的非洲人,他的妻子遭到了绑架并被贩卖到了巴巴多斯,夏普得知后,以海拉斯的名义向法院对绑架者提起诉讼,最终获得了赔偿判决,海拉斯的妻子自由地回到了英国。

1770年,伦敦上演了一起手段残忍的抓捕黑人的暴力事件。夏普先生得知后,立即追查施暴者。一个漆黑的夜晚,一名男子雇用了两名水手,把一位叫刘易斯的非洲黑人拖入水中,他声称刘易斯是他的私人财产。刘易斯被堵住嘴、捆绑了四肢扔到一只小船上。小船顺流而下,然后他们又转到一艘开往牙买加的轮船。只要登岸,刘易斯就会被卖为奴隶。然而,这位可怜黑人的哭喊声引起了他邻居的注意。此时格兰威尔·夏普已被黑人们视为朋友,所以,刘易斯的邻居直接跑到他那儿并告知了他这一事件。夏普立即去法院开具了一张带回刘易斯的许可证并以极快的速度赶往格雷威孙德。可是当他到达的时候,轮船已经启航。他又立即将一张人身保护令送往斯宾赫德。在轮船被放行之前,人身保护令终于被送到。此时,这个奴隶被锁在轮船的主桅杆上,涕泗横流,悲伤不已。很快,他被释放并回到伦敦,作案施暴者受到拘捕。在这一案件中,夏普先生思维敏捷、决策果断、动作迅速,可是他却责怪自己迟钝笨拙。大法官曼斯菲尔德审理了此案,众所周知,这位伦敦大法官对于奴隶制度的观点与格兰威尔·夏普大相径庭。但是这一次,这位法官没有把这一问题作为诉讼案件,也没有争论奴隶是否享有人身自由这一法律问题,只将刘易斯释放了以了结此案,原因是被告不能提供任何证据证明这位黑人是属于他的。然而到这个时候,英国的黑人是否享有人身自由的权利还没有成为定论。不过,此时的夏普先生仍然继续着他的善行。在他永不倦怠的努力和果敢迅速的行动中,被救援的黑人越来越多。最后,意义重大的詹姆士·萨默塞特事件爆发了。据说,这一案件是根据伦敦大法官曼斯菲尔德和夏普先生的共同意愿挑选出来的,目的在于以法律诉讼的方式清楚明确地提出黑人是否享有人身自由这一问题。萨默塞特被他的主人带到英国后便逃跑了,后来他的主人抓到他并准备把他贩卖到牙买加去。同以往一样,夏普先生马上掌握了这一事件,他聘请了法律顾问为这个黑人辩护。曼斯菲尔德大法官宣布这一案件涉及到一个普遍关心的问题,他要让所有的法官一起来裁决。夏普先生十分清楚自己将面临的反对力量有多么强大,但是这丝毫没有动摇他的决心。幸运的是,他以往的努力在这场残酷的斗争中产生了极大的效果,人们对这一问题给予了越来越多的关注,许多声名卓著的法律界权威公开表示站在他这一边。

此时,关于人身自由权利的诉讼正处于关键时刻,大法官曼斯菲尔德将在3名法官的协助下对案件进行公正审理。事实上,除了英国那些被法律剥夺人身自由的人之外,这也是一次对每一个人是否都享有人身自由权利这一根本原则和宪法制度的审判。这里没有必要对审判的每一细节加以说明。总而言之,这一案件经历了很多次的开庭、休庭、再开庭、再休庭,也经过了长时间的激烈辩论。辩论主要是围绕格兰威尔·夏普的那本小册子展开的。听着法律顾问们的热烈讨论,大法官曼斯菲尔德那具有强大影响力的思想开始逐渐转变。最后,曼斯菲尔德作出了判决,他宣布现在法庭已经达成一致意见,也就没有必要再让12名法官共同审理这

一案件。他说绝不会再支持认领奴隶，对奴隶的认领权在英国不能生效，法律也不予承认，所以必须立即释放詹姆士·萨默塞特。当时在利物浦和伦敦街道上还公开进行着奴隶贸易，而在这一判决宣布之后，就被格兰威尔·夏普有效地废除了。此外，他还为人们牢固树立了这样一种光荣的真理：只要奴隶的双脚一踏上英国的领土，那么从此刻起他就是一个自由人了。毫无疑问，首席法官曼斯菲尔德作出这样一个伟大的决定，主要应归功于夏普先生在起诉和控告过程中一直持有的勇敢坚毅。

我们没有必要对格兰威尔·夏普的职业生涯作进一步的说明，他还是那样不知疲倦地从事着那些对人们有益的善事。塞拉利昂这一殖民地后来成了营救黑人的避难所，在这一过程中，夏普发挥了举足轻重的作用。他致力于改善美洲殖民地土著印第安人的生活条件，促进英国人民政治权利的扩大，还提出废除海员强征服役的要求。他认为英国海员和非洲黑人一样，享有被法律保护的权利。他们选择航员生涯作为职业，并不意味着他们丧失了作为一个英国人的权利，他认为个人人身自由是最重要的。同时，为了英国及其美洲殖民地之间友好关系的恢复，夏普先生也辛勤地工作着，可惜没有什么效果。美国独立战争爆发后，英美互相残杀，此时强烈的正义感使他不再留恋他那没有人道的工作，于是他毅然辞去了在军械部的职位。

最后，他一直坚守并追求着自己那伟大的人生目标——废除奴隶制。为了这一工作的顺利开展，也为了将逐渐发展起来的力量组织起来，他们成立了废奴协会。许多人被夏普的榜样力量和强大热情所鼓舞，纷纷站出来支持他。因此，他个人的力量变成了民众集体的力量，他年复一年孤身奋战的牺牲精神最终感染到了整个国民。他的工作后来传给了克拉克逊，传给了威尔伯福斯，传给了布鲁姆和柏克斯顿，这些人继承了他的事业，像他一样精力充沛、信念坚定地投入工作，直至最后在不列颠的领土上奴隶制被彻底废除。尽管后来人们经常把这些人的名字与这一伟大胜利联系在一起，但是毫无疑问这一胜利的主要功绩应归于格兰威尔·夏普。因为在他着手这一工作的时候，世界上没有一个人为他摇旗呐喊，他独自一人战斗着，与那些才华横溢的律师以及那个时代根深蒂固的偏见进行着顽强的抵抗。他以一个人的努力，以自己一个人的财产，孤军奋战着。这是为国家的宪法而战，为现代英国公民的自由而战，这场神圣的战斗不会被历史所遗忘。他那不知疲倦和坚韧不拔的精神也会在历史上书写下华丽的篇章。他点燃了火炬，照亮了其他人的灵魂，这光明也代代相传，直到最后照亮了整个民族的灵魂。

在格兰威尔·夏普辞世之前，克拉克逊已经把注意力转移到了黑人奴隶的问题上来。他甚至将此定为大学毕业论文的题目，他的脑海里充满了对这一问题的思考，以致挥之不去。一天，他到了赫特福德街的韦德磨坊附近，缓缓下马后一声不吭地坐在路边的草地上，他思考了很久，最终决心献身于这一事业。他写完论文后，把它从拉丁文翻译成英文，并且增添了许多新颖的说明，然后出版发行。不久，有许多人来帮他。那时废除奴隶贸易协会已经成立，不过他毫不知情，后来便毫不犹豫地加入了该协会。为了从事这一工作，他放弃了自己的前途。当时，威尔伯福斯当选为议会领导，而克拉克逊的工作则主要是搜集和整理大量的证据来支持废奴运动。我们举一个典型事例或许足以说明克拉克逊敏锐和坚韧的个性特征。在保卫奴隶制的过程中，奴隶制的拥护者认为那些在战争中被俘获的黑人应被卖作奴隶，否则在回国后，他们将面临更加悲惨的命运。克拉克逊知道有一些从事奴隶贸易的人在进行捕奴活动，但一时找不到证据。到哪里去找一个这样的证据呢？在一次偶然的旅行中，克拉克逊认识了一位绅士。这位绅士告诉他，一个年轻的海员曾经参加过奴隶抓捕队，大约在一年以前这位海员在他的公司里工作。但是，这位绅士不知道这位海员的姓名，只能大概地描述他的相貌，更不知道这位海员现在所在何处，只晓得他在一艘常备战舰上服役，至于在哪个港口他也毫不知情。凭着这一点微乎其微的信息，克拉克逊决定找到那个海员来当证人。他几乎跑遍了所有常备战舰的港口城市，查找了每一艘战舰，终于在最后一个港口城市的最后一艘战舰上找到了这位年轻的海员。这个人果真成了他最有价值和最具说服力的证人。

几年的时间里，克拉克逊与400多人保持联系，同时为了收集证据他四处奔走，他走过的路程大概有35000多英里。由于年复一年的辛勤工作，他积劳成疾，精神和力气已经消耗殆尽。但是，他仍然没有停下工作的脚步，直到他的热情唤醒了人们，激起了所有善良的人们对奴隶强烈的同情心。

经过很多年的持久斗争，奴隶贸易终于被废除了。但是，还有另一个伟大目标没有实现，这就是要在英国领土上彻底废除奴隶制。仍然是意志的力量加快了这一天的到来。在这一过程的所有领导者中，福韦尔·柏克斯顿最为卓越，他取代威尔伯福斯进入了议会。柏克斯顿曾经是一个思想简单四肢发达的顽童，他具有不同寻常的坚强的意志力，这种意志力在他小时候曾表现为暴躁、蛮横和固执。他从小失去父亲，幸运的是有一个非常聪智的母亲。她小心谨慎地锻炼着他，强迫他服从。同时，对于一些可以自己去做的事情，她总是鼓励他独立自主地完成。柏克斯顿的母亲认为正确引导会帮助他形成一种坚强的毅力去追求有价值的目标，这对于一个人来说是极为可贵的品质。因此，她开始培养自己的儿子。当有人谈及她儿子的任性时，她只是轻描淡写地说："没关系，他现在是固执任性，但是最终你会看到这对他的好处。"福韦尔在学校里收获非常少，他被认为是个又笨又懒的人。他让别人替他做功课，自己却四处调皮。他一般在下午3点回家。这个智力水平不高身材却非常魁梧的小伙子，只对划船、射击、骑马和田径运动感兴趣。猎场的看守员是一个心地善良的人，对人生和自然有极强的观察力，虽然他不会读书写字。柏克斯顿的大部分时间都是和这位看守员一起度过的。其实，柏克斯顿本性聪明，只是他缺少文化熏陶、适当训练和发展机会。正当他走在正义与邪恶交叉路口时，他很荣幸地进入了格尼家庭的生活，这个家庭不仅有良好的社会品行，而且以知书达礼、乐善好施而闻名远近。正如柏克斯顿后来常说的，与格尼家庭的交往使他的生活变得五彩缤纷。他们鼓励他注重自我修养。当柏克斯顿进入都柏林大学并在那里赢得了特殊荣誉时，他激动不已地说："是他们鼓励我去为他们带回荣誉的。"他和这个家庭的一个女孩结成了伴侣，然后在他舅父汉巴利这个伦敦酿酒商的作坊里当了一名职员，开始了他的生活。他的意志力使他在任何工作中都不知疲倦并且精力充沛，他做什么工作都会全神贯注。他身高6英尺4英寸，身材魁梧，所以大家都称他为"大象柏克斯顿"。而且他还精力旺盛，经验丰富。他骄傲地说："我可以先酿一个小时的酒，然后去做数学题，再去练习射击，每一件事都能聚精会神地去做。"无论他做什么都有着坚定的信念和使不完的力量。在成为合伙人之后，他当了这家公司的经理，他活力四射，会事无巨细地亲自过问每一件事，公司的生意前所未有地兴隆。他很难有片刻空闲，因为每天晚上他都要勤奋自学并研究布莱克斯顿、孟德斯鸠等人关于英国法律的探讨。他的读书原则是："绝不半途而废地看一本书"，"对一本书如果不能融会贯通地熟练应用，就不能算已经读完"，"研究任何问题都要投入全部身心"。

柏克斯顿进入英国议会的时候年仅32岁。他认为诚实、热情和对信息迅速获取的能力是使议会里的每个议员成为世界上一流绅士的可靠保证。他的主要工作就是要彻底解放英国的殖民地上的奴隶。他认为自己早年对这一问题的兴趣应当归因于普丽西拉·格尼的影响。普丽西拉·格尼是埃尔哈姆家族的一名成员，一位美丽聪慧、心地善良、兼具各种美德的女性。1821年，她在临终之前反复交代要转告柏克斯顿："把奴隶问题作为他最大的人生目标。"她的最后一个动作是想再一次庄严地控诉奴隶制的罪恶，可是还未完成这一努力她就离开了人世。柏克斯顿将普丽西拉的忠告永远铭刻在心，并给自己一个女儿也取名为普丽西拉，还把女儿结婚的日子定在1834年8月1日，也就是黑人解放的那一天。这一天，女儿普丽西拉离开了父亲家到了丈夫的公司。也就在当天，柏克斯顿坐下来给朋友写了封信，他说道："刚刚把新娘子嫁出去了，事情至此都已圆满地结束，而且在英国的殖民地上不会再有一个奴隶。"

柏克斯顿不是天才，不是充满才智的领导者，也不是发明家，他只不过是一位热情、直率、坚毅而又精力充沛的普通人。事实上，可以用他自己的一段话来概括他的全部性格特征，这一段话最好每一位年轻人都能铭记在心。他说："我越来越体会到人与人之间、弱与强之间、大人物与普通人之间的最大差别就在于意志的力量，即所向披靡的决心。一旦确立一个目标，那么不在战斗中死亡，就在战斗中胜利。具备了这种品质，你就能在这个世界上做成任何事情。否则，不管你多么才华横溢，不管你多么有背景，不管你拥有多少的机遇，你都不能使自己从一个两足动物变成一个真正的人。"

金钱的使用见出德行

借钱从来会使双方都受损:借出者常常失去本钱和友谊;借进者使勤俭节约的神经变得迟钝麻木。

——莎士比亚

对待金钱不要轻率——金钱能反映出人的性格特征。

——E·L·布尔沃·利顿

一个人如何使用钱——包括赚钱、存钱和花钱,也许是检验他的智力水平高低的最好方法之一。虽然金钱绝不能成为一个人生活的主要目的,但是它也不是无关痛痒的东西,不能从思想上过于轻视。实际生活中,金钱在很大程度上是获得感官愉悦和社会保障的手段。事实上,人性中一些最优秀的品质与金钱的正确使用紧密相关。例如,慷慨、诚实、公正和自我牺牲精神,当然还有节俭的美德。另一方面是他们的对立面,如贪婪、欺骗、不公正和自私,就像一个惜财如命的人所表现出来的那样。有的人滥用和错用了金钱这一手段,产生了浪费、铺张、挥霍、奢侈等罪恶。正如亨利经过仔细思考后写成的《生活备忘录》中所说的那样:"在赚钱、积蓄、开支、收受礼物、借进、借出和馈赠等方面,正确的行为原则和方法几乎可以证明一个人的完美。"

在世俗环境中,人人都尽力追求舒适的生活,以满足人的身体需要,这种需要是发展人性中更完美的方面所必需的。它也能使每个人可以为自己的家人提供足够的物质基础。假如没有这些物质基础,那会如《圣经》所说,这个人会"比不信教的人更坏"。这是个人不可推卸的义务和责任,必须给予重视。人们尊敬我们是由于我们能抓住机遇取得成功,从而给他们提供更好的物质条件。在现实生活中,通过教育可以使我们努力去实现这种目标,也会激发人的自尊心,会使人变得聪明能干,并培养出耐心、坚韧等美德。除了聪明能干、谨慎稳重以外,这个人还必须在办事时有周全的考虑,不仅能考虑眼前,还能为未来作出预见性的安排。同时,他还必须具有勤俭朴素、毫不利己的个人品格。约翰·斯特林指出:“教师本人的自我克制给人们的最坏教育也胜过教师自以为是而无所节制给人们的最好教育。”罗马人用了“美德”一词来命名勇气。勇气存在于人的身体,而美德则存在于人的灵魂。最崇高的美德就在于有自知之明。

因此,最后要学习的一课是自我克制,是教育人们为了将来的利益而牺牲当前的享乐。这些最不容易讲授的课程自然是期望人们发挥他们财富的最大价值。然而,很多人习惯于把赚的钱以吃喝的方式挥霍掉,结果是使自己陷入被动,只能省吃俭用。我们周围有很多这样的例子,平时贪图享乐,用钱无度,一旦境遇变得艰难,才发现已囊中羞涩,生活难以维持下去。这也是造成社会上一些人贫困潦倒、生活悲惨的一个重要原因。有一次,伦敦市长约翰·拉塞尔在接见一个代表团时谈到了国家向工人阶级征税的问题。他说:“你们完全可以相信,政府对工人阶级征收的赋税绝对不超过他们在酗酒方面的支出。”失业是最重要的社会问题之一,所以必须承认即使“自我克制和自救”,也很难不让穷人聚集起来向地方政府求助。现在,由于经济的原因,爱国主义在人们心中不再是普遍应具有的美德,而成了只有独立的产业阶级才能付诸实践的东西,这种现象很让人担忧。颇具哲学修养的制鞋商萨缪尔·迪欧说:“平时精打细算、省吃俭用是安度困难时期的最好方法,这比任何国会通过的改革方案更有成效。”苏格拉底曾说:“谁想转动世界,首先必须转动自己。”有古诗说:“注重自我变革的人才有可能变革世界。”的确,人们都知道对教堂和国家进行改革比改变我们身上的坏毛病更容易些。从邻居开始普遍地改变浅陋的习俗,比从我们自身开始会更容易让人接受些,也比较符合我们的喜好。

那些边挣边花、不为以后着想的人将永远属于低等的阶层,他们必定会软弱无能、无依无靠地生活在社会的底层。他们不自尊,也就不可能赢得别人的尊重。在商业危机中,这些人更是会四处碰壁、遍体鳞伤。那些平时从来不积蓄,哪怕只是一点点钱都不愿意积攒的人们,遭遇突如其来的大难时,可能会得到别人的同情,但是这于事无补。如果他们还有良心,为将来妻子孩子的命运设想一下,他们就会感到恐惧。科布登先生曾经对海德尔斯菲尔德的工人说过:“这个世界一般分为两个阶层——一些人重视积累,一些人拼命消费,这就形成了节俭阶层和挥霍阶层。所有的房屋、工厂、桥梁和轮船的修建,所有有益于人类文明和人类幸福的功绩,都属于那些注重积累的人即节俭阶层,而那些挥霍尽自己财产的人一般也就成为了节俭阶层的奴仆,这是一条自然规律,也是理所应当的节俭规律。如果我在这里宣布:任何阶层如果不计划未来、精打细算,只是游手好闲、无所事事地生活着,也能改善自己的生活状况,那么,我就是一个十足的骗子。”

1847年,布莱特先生在罗彻德尔工人集会上作了一个简短演说,表达了相同的理念。他说:“就诚实而言,在所有阶级中都可以看到,而且谁也不逊色于谁。”接着他说道:“对于任何人,或者人类的任何一分子,如果他不想失去目前较为优裕的生活条件,或者想改变目前较为恶劣的生活环境,惟一切实可行的办法是将勤劳、节俭、克制和诚实的美德付诸实践。人们要想改变自己不满意和不舒服的困境,即使是出于他们精神的和肉体的状况考虑,也没有任何捷径可走,除了实践这些美德。人们会发现,周围的很多人正是通过这种方法不断地改善自己的生活状况,使自己得到进步。”

一般来说,工人阶层并不是要求有所作为、拥有荣誉、被人尊敬和生活愉快,这没有什么原因可讲。整个工人阶级(除极少数人外)应该是勤俭、品德好、见闻广,并有健康的体魄,就像他们中有些人一样。既然他们中有人可以做到,那么其他人也应该可以轻松地做到。用相同的方法,就会得到相同的结果。上帝安排好,在每一个国家中都应该有这样一个阶级,他们依靠自己的日常劳动来度日,毫无疑问这种安排是睿智而正确的。这个阶级应该是节俭、知足、理智和幸福的。但是现实中,他们自身的软弱、放纵和自以为是会令他们走向另一端,这并不是上帝设计的。与其他手段相比,劳动者中产生的健康的自助自救精神更为有效地使他们提升为一个阶级;而且这种提升,不是通过压制别人来实现的,而是通过把他们的信仰、智慧和品德提高到同一水准来实现的。蒙泰恩指出:“对于声名显赫的人适用的道德哲学,对于普通人也同样适用。每一个人身上都能反映出人类的整体状况。”如果设想一下未来,人们会发现主要有三种世俗的事件等待着他:失业、疾病和死亡。前二者或许他还可以逃避,但是最后一个却是命中注定,无法摆脱的。然而,不论哪一种事情发生,他都应该尽可能地减轻生活的压力,这是一个明智人的责任,因为这不仅仅是为了他自己,而且也是为了那些把舒适和生存都寄托于自己的人们。这样看来,诚实赚钱和节俭用钱是极为重要的。诚实赚钱来自于不惧辛苦、抵制诱惑和收获回报;节俭用钱来自于理智谨慎、深有远见和自我克制,而这些都是刚毅果断性格的真正基础。虽然金钱可以买来一大堆毫无价值和实际用途的物品,但是,也意味着拥有许多富有价值的东西。金钱不仅可以带来食物、衣服和感官的满足,而且也可以带来个人的自尊和独立。因此,对于工人来说,储蓄就像是扼制欲望的一道防护墙,是其安身立命的保证,也是快乐和希望的源泉。储蓄让他期待更美好的一天的到来,让他在这世界上努力去获得一个更牢固的地位,这其中包含了人的尊严。它使得一个人变得更加强壮,生活得更为美好。从长远来看,它赋予了人更大的行动自由,使他能有更充足的力量为将来而努力。

但是,如果一个人总是徘徊于欲望之中,那么他只有一步之遥就会变成奴隶了。他绝不可能成为自己的主人,而是时时处于沦为他人奴隶的危险之中,并且只能接受他人提出的各种条件。他不可避免地会有些卑躬屈膝,因为他没有勇气睁开眼睛面对现实。一旦陷入逆境,他不是靠别人的施舍生存,就是靠贫民的救济度日。如果他将工作也丢掉了,没有办法去从事另一领域的工作,他就会沉迷于教区,不敢离开,就好像礁石上的贝壳。

为了保证生存的独立,朴素节俭在生活中就必不可少。节俭既不需要超凡的勇气也不需要优秀的品德,普通人的能力就足以做到。实际上,节俭只不过是管理中的秩序规律在家庭事务中的运用。它意味着用心经营、适度原则、精打细算和拒绝浪费。上帝也为我们表达了这种节俭原则,他说:“把剩下的零零碎碎收拾起来,以免弄丢了。”全能的主也没有忽视生活中的细小东西。即使在向众人展示他的无边法力时,他也会颇有意味地教导人们要小心谨慎,做到物尽其用。

节俭也代表着为了保障将来利益而抵御眼前的欲望的能力,从这一角度来说,这也显现出人优越于本能的动物。节俭与吝啬是两个概念,正是出于节俭才能使一个人总是能够表现得慷慨大方。这也并不代表了对金钱的崇拜,而只是把它当做一个有用之物。正如迪安·斯威夫特所说的:“我们头脑里必须有金钱观,但是不能一心想的只是金钱。”节俭可以称作谨慎的女儿、克制的姊妹和自由的母亲。显而易见,节俭就是适度——适度的性格特征、适度的家庭幸福和社会保障。简而言之,节俭以最好的形式展现了自助的能力。

在弗兰西斯·霍拉开始独立生活的时候,他的父亲对他提出忠告说:“我祝愿你事事如意,并过得愉快,但我还得适当地劝导你要节俭。节俭对每个人来说都是必不可少的美德。然而,浅薄的人可能意识不到它的重要性。其实,节俭一定会使你独立,而独立则是每个精神高尚的人所追求的崇高目标。”我在这一章开头摘引了彭斯的诗,有着深刻的意义。可是,不幸的是,他只会唱高调而不付诸行动,是思想的巨人、行动的矮子。当他卧病在床、奄奄一息之际,他写信给一位朋友说:“哎!克拉克,我感觉情况太糟了。我那可怜的寡妇,还有那六个无依无靠的孤儿们怎么办呢?我已非常虚弱。这是我的一块心病。”

每个人都应当量入为出。要做到这一点就必须诚实。因为,如果一个人不是诚实地按照他的收入过日子,那么他一定是虚伪地按照其他人的收入过日子。那些对自己的消费毫不在乎、只顾当前享乐、丝毫不为他人幸福着想的人,往往是等到他发现钱的真正用途时,已经为时晚矣。那些挥霍浪费的人虽然表现出大方的天性,但最后会被迫去做一些低劣的事情。他们只顾贪图眼前的享乐安逸,沉湎于酒色之中,挥霍无度;他们提前支取存款,提前领取工资,结果债台高筑,使得自己的行动自由和人格独立受到严重影响。

关于节俭,培根勋爵曾有句名言:“与其去挣些小钱,不如去存些小钱。”很多人随手抛弃的零钱和一些不必要的支出,往往是人生中财富积累和人格独立的基础。尽管这些浪费者经常抱怨世界的不公,可是,他们自己才是自己的最大敌人。但是,如果一个人跟自己过不去,不能成为自己的朋友,他还怎么能指望成为别人的朋友呢?一个考虑周全、生活适度、懂得节制的人,他的口袋里才会有钱去帮助别人;而一个挥霍浪费、没有远见的人是从来都没有机会去帮助别人的。在生活和交际中,心胸狭窄是最极端的缺乏远见的表现,一般都会导致失败。正如人们常说,“只有一分钱的心胸，绝不可能得到两分钱的收获。"和诚实守信一样，慷慨大方和气度宽宏也是生活和交际中最为重要的原则。我们看到，在《韦克菲尔德教皇》一书中，尽管津肯松每年都以各种方式欺骗心地善良的邻居弗拉姆勃朗，但是，正如津肯松所说的那样："弗拉姆勃朗一天比一天富裕起来，而我却穷困潦倒并进了监狱。"日常生活中的无数事例都说明，人生的光辉灿烂来自于慷慨大方和诚实守信的生活原则。

有这样一句格言："一只空袋子不可能站直。"同样，一个债台高筑的人也是不可能独立的。要一个这样的人去说真话，也极为困难，因此人们说，债务的背上就是谎言。负债者不得不寻找各种理由拖延偿还债务的时间，这就使他不说真话。对于一个人来说，找一个正当的理由来逃避第一次债务是非常容易的事情；但是，这种逃避的方式往往会诱惑出第二次债务的到来。不用多久，这位不幸的负债者就会深陷在债务堆中无法自拔，不管以后他如何勤奋也不能得到以往的自由。迈出负债的第一步，就意味着迈出了虚伪的第一步，只要有第一次负债，就会有第二次负债，随后债务接踵而来，就好像伴随着谎言的编造过程一样源源不断。从画家海顿向别人借钱的第一天起，他就意识到了"谁陷入负债，谁就陷入悲哀"这句谚语的真理性。他在日记中有这样引人注目的记载："现在我开始负债了，对我来说是从未有过的事。或许只要我活着，我就再也别想摆脱它们了。"他的自传痛苦地描述了他在金钱问题上的尴尬不堪，以及伴随而来的极度的精神沮丧、工作能力的丧失和时时出现的羞辱。一位少年加入海军时，海顿曾给他这样一段文字忠告："那种你只能通过向别人借钱才能得到的享受，绝不要去做。绝不要去向别人借钱，这会使人不断堕落。不过，我并不是让你不要借钱给别人。只是要注意：如果你借钱出去而无法收回，那就千万别借。记住无论在任何情况下也不要向别人借钱。"一位名叫费希特的穷学生，甚至婉拒了比他更穷的父母亲给他的借款。

约翰逊深信过早负债会毁灭一个人。他关于这方面的论述极有价值，值得我们牢记于心。他说："不要把债务只当成一种麻烦。你会发现它是一场灾难。贫穷不仅剥夺了一个人做善事的权利，而且当他面对本来以各种德行可以抵制的肉体和精神诱惑时，他会变得毫无抵抗能力。这是你首先要注意的。其次，不要向任何人借钱。下定决心摆脱贫穷。无论你拥有什么，花钱的时候都不能挥霍无度。贫穷是人类幸福的一大敌人。毫无疑问它剥夺了自由，也剥夺了美德，它使一些美德成为空谈。节俭不仅是舒适生活的基础，而且也是所有善行的基础。一个本身都需要帮助的人是绝不可能给予别人帮助的。我们必须先自足然后才能给予别人帮助。"

正确地认识自己的事务，并且花钱的时候量入为出，这是每一个人义不容辞的责任。这种收入和支出的简单算术对人生来说有着极大的价值。我们要审慎地做到使我们的生活水平必须低于自己的收入水平，而不能高于这一水平。要做到这一点，就必须量入为出，拟订并切实地执行生活的计划。约翰·洛克曾经指出："必须时时注意自己的日常事务，定期进行收支结算，这是一个人克制欲望、不至于入不敷出的最好办法。”惠灵顿公爵对自己的所有收支情况都有一个精确而详细的账目。他对格雷格先生说过：“我十分重视对收支情况的了解，并且我也建议每个人都这样做。以前我经常让自己的心腹去做这件事。一天早晨，竟有几个讨债人来催要一两年来的债务，这让我十分奇怪。原来这名心腹竟然没有去结清我的账款，而是拿了我的钱去投机做生意。自此以后，我改掉了这一愚蠢的行为。”谈到债务问题，他的意见是：“债务会使人成为被奴役的对象。我了解没有钱的滋味，但我绝不让自己陷入债务之中。”在详细地记录收支情况这一点上，华盛顿和惠灵顿的做法可以说是完全一致的。而且，华盛顿对家人的花费也从不忽视，总是仔细查看各项花销，以保证生活水平不超出自己的收入水平。即便在他登上美国总统宝座之后，仍然如此。

海军上将杰维斯·圣·文森特伯爵曾经谈起过他早年奋斗和不肯借钱的故事。他说：“我们家是个大家庭，但是父亲收入不多。在我的人生道路刚起步的时候，父亲给了我 20 英镑，这也是他曾经给我的全部财产。到了海军基地，我过了一段相当优裕的生活，钱花光后，我向父亲送了一张 20 英镑的汇票，但是遭到了拒绝，汇票被退了回来。对于父亲给我的这一惩罚我感到极其羞耻，我发誓，如果没有完全的把握偿还借款，我绝不再开具一张借款单据，这一点我完全做到了。当时，我就迅速改变了生活方式，从困境中摆脱出来。我独自生活，充分利用部队发的津贴，就可以过得很宽裕。我自己清洗、缝补衣服，还用床上的被套做了条裤子。我尽可能地节省，以挽回我的名声。等有了一定的积蓄后，我开始承兑汇票。从那以后，我一直小心谨慎地根据自己的收入水平过日子。”整整六年时间，杰维斯忍受了物质匮乏带来的各种困难，但是他保持了做人的骨气，履行了自己的诺言。正是靠这种良好的品质和坚毅果敢的性格，他逐渐成长为一名高级将领。

有一次在众议院，休姆先生的发言引得人们哄堂大笑，不过他一针见血地指出，英国人的消费水平太高了。中产阶级的生活水准尽管没有超过他们的收入水平，但已八九不离十了，如此下去，这种“风尚”会对整个社会产生极其不良的影响。人们都期望成才，可是他们只追求时髦华丽的服饰，只沉溺于灯红酒绿中挥霍他们的财产，这些物质的欲望往往只能使他们变成虚伪之人，绝不能为一个人的果敢坚毅和绅士风度打下牢固基础。那么必然的结果是，我们为世界培养了一大批虚荣、庸俗的年轻狂妄之徒。这让我想起了一艘被人遗弃的船舶，上面只有猴子，每天在海上接运乘客。外表装出绅士风度，却无法掩饰诚实的丧失。这样的人想成为有教养的绅士，简直是一种可怕的奢望！尽管他们并不富裕，可是却假装腰缠万贯。他们表面上看起来是“受人尊敬的”，其实只有在最低劣的意义上即最庸俗的外表上才表现得如此。他们没有勇气按照上帝要求的方式生活，而是按照自己所需要的荒唐、时髦的方式生活，沉浸在一种虚荣的满足和虚幻的貌似“绅士”的世界中。在社会的竞技舞台上，上层人士时刻都会感到斗争的残酷和生活的压力；在这期间,所有高贵的自我克制的品质都遭受无情的践踏,同时许多美好的天性也都惨遭毒手。任何挥霍浪费、任何悲惨生活和破产倒闭的困境,都来自于那种炫耀于人的虚荣心,而这些显而易见的庸俗成功并不值得我们炫耀。人们的欺诈行为所带来的严重后果已经在方方面面展露出来,人们敢于表现不诚实,却不敢张扬贫穷,人们崇拜并疯狂地追逐金钱,却对失败破产者没有丝毫怜悯同情,无数无辜的家庭因此毁于一旦。

在从印度离职之前,查尔斯·纳皮尔勋爵做了一件正直勇敢的事。他印发了《士兵守则》,对印度军队中年轻军官的放荡生活以及由此而来的可耻的债务表示了强烈地谴责。在这本《士兵守则》中,纳皮尔勋爵强调:“诚实与一个有教养的绅士的性格紧密相连。”这一点常常容易被人忽略。“喝了香槟和啤酒不付账,骑了马不给钱,做这种事的人是骗子,而不是绅士。”那些花销大于收入的人,以及那些常常惹事而欠下债务被法院传唤的人,从职务方面看或许是一个军官,但是他们绝不是绅士。纳皮尔将军认为,那种常常欠债的习惯,使人对一个绅士应具有的品质变得麻木迟钝。一名军官只会打仗还很不够,这种本事连一条恶狗都有。他认为,恪守自己的诺言,偿还债务非常重要,只有在这些重要品质中,一个真正的绅士和士兵的形象才能显得高大辉煌。贝阿德是这方面的榜样,所以查尔斯·纳皮尔让所有英国军官都向他学习。他明白他们有“无所畏惧”的勇气,然而,他也要让他们有“没有耻辱”的荣耀。但是不管是在印度还是在英国都有许多年轻勇敢的士兵,他们能够在危急时刻穿过战火与硝烟登上敌人的城堡,能够在艰难险阻中表现出自己的英雄气概,但是他们却没有必需的道德勇气去抵制那些来自身体感官的诱惑。对感官快乐的诱惑和自己的欲望,他们做不到勇敢地说“不”或者说“我付不起”。而且他们宁可勇敢地奉献生命也不愿去劝说自己的伙伴。

对于年轻人来说,在人生道路上必然会遇到种种的诱惑。对这些诱惑的任何形式的屈服都会带来无法避免的影响,那就是不同程度的堕落,神所赋予他的天性因此而发生扭曲。而摆脱这些诱惑的惟一有效的方式就是用语言或行动勇敢坚定地说“不”。年轻人必须马上决断,不能在思考原因中等待。因为他们就像“思考问题的女人一样总是陷入困惑”。许多人总是在深思熟虑中犹豫不决。但是,“不做决定,本身就是一种决定”。人是在祈祷:“上帝啊,教导我们不受诱惑。”然而,诱惑会来考验年轻人的意志力。而且,只要屈服了一次,抵制诱惑的能力就会越来越弱。要勇敢地去抵制,第一次果断的决定会赐予生命以力量;经历过数次的抵制后就会形成习惯。而真正的抵制力是人们早期所养成的习惯。因为习惯都是人们的理智所决定的,精神主要是通过习惯这一媒介来传播其作用,目的是为减少对道德内在的伟大原则的磨损。那些人们不经思考就表现出的良好习惯,才真正是道德准则的重要组成部分。

休·米勒曾经说过自己在年轻时生活异常困苦,但他依靠意志的力量摆脱了一次强大的诱惑,从而拯救了自己。那时他还是个石匠,偶尔会和同事喝上几杯。有一天他喝了两杯威士忌,回到家时他打开喜爱的《培根散文集》,发现书上的字在眼前不停摇摆,自己已经无法控制自己了。他说:“我把自己带到了堕落的境地。我喝得一塌糊涂,这太不理智了,我不应就此毁掉自己。虽然在那时下定决心不再喝酒是放弃了身体感官的快乐,但是我决定不为了迁就感官而牺牲自己的头脑。在上帝的帮助下,我成功了。”正是这样的决心使一个人的一生发生了重大的转折,并且为其将来的性格的形成奠定了基础。休·米勒如果没有及时地以精神的力量战胜这种诱惑,或许他已遭到毁灭。对于这种生活中潜藏的危险,每一个青少年都需要时时保持高度警惕。诱惑与挥霍浪费一样,都是青少年成长过程中最危险和最致命的敌人。瓦尔特·斯各托爵士经常讲:“在所有的邪恶中,酗酒是与伟大最势不两立的敌人。”不仅如此,它与节俭、正直、健康和诚实的生活也是互相抵触的。假如一个年轻人无法克制自己,他必须戒酒。约翰逊博士的例子就是千百万这种例子中的一个。谈及自己的习惯时,他说:“我无法克制自己,但是我把它戒掉了。”

为了成功地摆脱坏习惯的不休搅扰,我们不仅要小心谨慎地与之周旋,当然这种方法是有用的,我们更要追求一种更高的道德境界。一些机械的方法,比如发誓,对坏习惯的戒除非常有用。但是确立高尚的行为准则并努力强化这些准则以戒除恶习更为重要。为此,年轻人必须对照自己的言行举止和行为准则,严格地剖析自己。一个人对自己了解得越多,他就会越多地感到自卑,自信心也会逐渐减少。但是,你会发现这对于抵制眼前的诱惑,使自己将来成为一个伟大而高尚的人的巨大作用。这是自我修养提高的最高尚的方式,因为“真正的荣耀,来自于战胜自己。否则,你就成为被征服的那个奴隶”。

许多试图向人们透露赚钱秘密的畅销书籍已经出版发行。但是,赚钱是没有任何秘密可言的,各个民族中的大量谚语都证明了这一点。比如,“积少成多,集腋成裘”,“勤奋是好运之母”,“不劳无获”,“不出汗水就没有结晶”,“天道酬勤”,“世界是属于那些勤劳和坚韧的人”,“贪吃贪睡一定债务累累”。这些字句饱含哲理,代代相传,在这一知识宝库中揭示了发家致富的最好方法。在书本出版之前,这些谚语就已经在人们中间口耳相传。而且和其他一些流传广泛的谚语一样,它们是最早的道德准则。它们经过了时间的检验,并且还继续由人们的日常经验证实着它们的正确、力量和真理性。关于意志力以及对金钱使用的好坏,所罗门那充满智慧的格言中这样说:“工作中懒惰的人与生活中浪费的人是孪生兄弟。”“看蚂蚁的人,是懒虫;思考蚂蚁工作精神的人,是智人。”这位传道者说,懒惰的人一定贫穷,“像云游者那样一无所有,像武士那样手无寸铁”,而勤劳正直的人“用双手创造财富”。“酗酒者和好吃者往往食不果腹,贪睡者则会衣不遮体”。“谁对工作尽心尽力,谁就拥有财富”。但是最重要的是,“智慧的价值无可比拟,它比黄金珠宝更宝贵、更无价”。

勤奋和节俭可以使一个智力平常的人依靠自己的收入获得一定的独立。即使是工薪阶层,只要他合理使用自己的收入,精心打算和计划,避免浪费,他也能做到这一点。一分钱虽然微薄得不值一提,但是无数的家庭幸福正是建立在对每一分钱的合理使用和勤俭节约的基础之上的。如果一个人忽视了这每一分钱的价值而让他的勤劳所得轻易从指尖流走,比如送给啤酒屋,或者以这样那样的方式花掉了,那么他会发现自己的生活与一般的动物并没有什么不同。与此相反,如果他不随便乱花一分钱,而是将部分钱用于社会福利事业或投资保险基金,一部分钱用于银行储蓄,其余的则全部交给妻子安排,用于家庭日常生活开销和家庭成员的教育支出,那么他很快就会发现对每一分钱的重视都将带给他丰厚的回报,个人收入也会不断地增加,日子过得越来越红火,对将来的担心也越来越少。假如一个工作脚踏实地的人有着远大的抱负并且拥有足够的精神力量,那么不仅他自己会从中受益,其他人也会在与他的交往中收获良多。这并非不可能,即使一个在车间劳动的普通工人也能做到。在曼彻斯特铸造车间工作的托马斯·赖特就是一个典型例子,他通过自己的努力,对许多罪犯进行了卓有成效的改造。

有一次,托马斯·赖特偶然遇到了一个难题,即让刑满释放的罪犯在悔改错误后成为一个勤劳诚实的人,这也促使他把注意力转向对罪犯的改造。不久之后,他开始全身心地投入到这一工作当中,并确定了自己的人生目标,即解决这一社会问题。尽管他每天从早上6点到晚上6点都必须去工厂上班,但他还是利用空闲时间,主要是星期天,去展开他对犯罪分子的教育改造。在当时,犯罪分子的确是一个被社会遗忘的人群。虽然赖特每天从事这一工作的时间非常有限,但是却有着十分显著的成效。令人不可思议的是,通过十年的不懈努力,这位在车间劳动的工人,把300多名重罪犯从罪恶的深渊里拯救出来,并让他们开始重新做人。他被认为是曼彻斯特中央刑法院医治道德的医生,在卓别林等人都失败的地方,他却获得了成功。经过改造,许多青少年回到了父母身边,许多罪犯也回到了自己的家中,并且真正做到浪子回头,改过自新,成为一个个诚实勤劳的人。完成这一工作并不简单,它需要时间、金钱、精力、节俭,尤为可贵的是,赖特用自己在铸造厂低微的劳动收入救济了许多被赶出家门的人。他每年在这方面的支出高达100英镑,对于一个铸造工来说这绝不是一笔小数目。他一方面给罪犯提供物质帮助,并赢得他们的好感,一方面他还通过节省开销合理安排了家庭的日常所需,为自己的晚年生活积累了财富。他每一周都会通过周全的考虑将工资进行分配,哪些用于必需的衣食住行,哪些用来交房租,哪些用于学校捐赠,哪些用于救济穷苦贫民,而且这一系列分配都必须严格执行。正是通过这种方法,这位地位卑微的工人实现了自己的伟大目标。他的经历的确为我们树立了一个光辉的榜样,向我们展示了一个人内心理想的力量,展示了微薄收入经周全考虑后被合理使用而创造出的奇迹,展示了一个活力四射和诚实正直的人的性格力量对他人产生的巨大影响。

不论从事什么样的工作，只要这个工作是正当的，不管是耕种农田，制造工具，纺纱织布还是柜台销售，都不会降低人的身份，也不会给人带来耻辱。相反，只会给人带来荣耀。一个年轻人可能会销售木尺或量度丝绳，这一职业并不会让他丢掉面子，除非他的心胸跟这把尺子或这根丝绳没有分别——像其中一个那样心胸狭窄，像另一个那样目光短浅。福勒曾经说过："应该感到羞耻的不是那些有正当工作的人，而是那些没有合法职业的人。"大主教海尔也曾说过："无论是从事体力劳动还是脑力劳动，所有职业都有一个美好的前途。"那些从卑贱职业走入上层社会的人应该为自己克服种种困难而备感骄傲，而不是为此脸红。当有人问到一位美国总统他的战袍是什么，目的是嘲笑他年轻时当过伐木工人时，他却自豪地答道："是一副衬衫袖套。"尼森斯的大主教弗利彻年轻时曾制造过蜡烛，有一次一位法国医生不怀好意地嘲笑他，并刻薄地谈起他的出身，弗利彻回答道："如果你也出生在我那样的环境里，恐怕你到现在为止还是个蜡烛制造工。"

在赚钱的过程中，积累财富是最高的目标，而这一目标最需要的是人的精力。一个人如果全身心地追求这一目标，很少有不成功的。但是，量入为出，积少成多，却极少有人能做到。奥斯特瓦尔德是巴黎的银行家，他曾经一贫如洗。每天晚上他都要到一家饭馆吃饭并喝上一品脱啤酒，然后把所能找到的软木塞都收集回去。这样坚持了 8 年，这些软木塞竟然卖了 8 个金路易。而这 8 个金路易就成了他发家致富的本钱。他开始投资股票，去世后留下了大约 300 万法郎的遗产。

为了说明决心在致富过程中的巨大作用，约翰·福斯特举了一个非常生动的例子。有这样一个年轻人，祖辈给他留下了相当丰厚的家产，可他天天沉浸在灯红酒绿之中，恣意挥霍，最后竟然变得倾家荡产、穷困潦倒。他绝望地冲出家门想就此结束生命，可是在原野上他被美丽的景色迷住了，而这一片土地原本都是属于他的。他悲伤地坐下来，思考了片刻，随后坚定地站起身来，决定悔过自新，重振旗鼓。他回到街上，看见一辆拉煤车停在一幢房子前的人行道上，煤洒了一地。他帮着把煤装进车里，并从此开始做这项工作。那一次，他得到了几个便士，另外还有一些酒肉作为给他的犒劳。他把这几个便士积攒起来。这样，通过这种卑微的劳务，他一便士一便士地赚钱，同时也一便士一便士地攒钱，然后用积攒起来的钱做牛羊生意。他对行情了如指掌，做起来游刃有余，因而赚了不少钱。本钱越来越多，他又开始转行做其他生意。最后他发财了，恢复了昔日门庭。但是，他极其吝啬，是个地地道道的守财奴。因此死了之后，几乎没有人参加他的葬礼。如果他慷慨一点，并且付诸行动的话，他或许会成为一个慈善家，这对他和别人都有好处。然而最终他的生活和结局都十分可悲。

在以前，给别人带来舒适并保持自己的自由独立是十分光荣也是人们所乐意去做的事情。但仅仅只是为了积累财富的人心胸是狭窄的，也会十分吝啬。千万别养成过度地省钱存钱的坏习惯，这一点每个聪明人都要注意。而且对年轻人来说,生活过度节俭很可能养成贪婪的性格。过犹不及,美德的东西如果走向极端则很可能变成邪恶。罪恶的渊源是对金钱的崇拜,而不是金钱本身。对金钱的崇拜压抑禁锢着人们的灵魂,它使通向慷慨生活的大门紧紧地闭上了。因此,瓦尔特·司各脱爵士指出:“剑锋能恐吓一个人的身体,金钱能收买一个人的灵魂。”商业活动所特有的弊病就在于使人的性格趋向于机械化。商人容易形成思维惯性,一叶障目不见他物,眼中只有钱,看不到人的存在。如果他只为自己而活着,他就很容易把所有人都当做自己的敌人。只要翻一翻他们的账目,你就会清楚他们的生活。

毋庸置疑,以一个人拥有财富的多少来衡量他的成功与否是一件令人不解的事情。从本性来说,每个人都想成为成功者。即使一个意志坚定、思维敏捷、动作迅速的人,一旦抓住机会,他也会立刻行动,不择手段地赚钱。这些人完全有可能既缺乏高尚的品质,也不会表现任何善行。一个唯利是图而意识不到钱以外有更高追求的人,虽然他可以腰缠万贯,但他始终只是一个可怜虫。金钱绝不能成为任何道德价值的评价依据。金钱的光芒只能吸引拥有它的人那毫无意义的眼光,正如萤火虫的光亮只能把自己暴露给捕捉者一样。

那些成为崇拜金钱的牺牲品的人,让人想起一只贪婪的猴子,它对一些人来说简直是绝妙的讽刺。据说,在阿尔及尔地区,农民把一只葫芦形状的细颈瓶用绳子拴好,挂在一棵树上,再在细颈瓶里放进一些大米,瓶口仅能放入猴子的爪子。到了晚上,猴子来到树下,把爪子伸进瓶里,抓起满满的一把大米。然后,他试图把爪子拉出来,但由于它紧紧地抓住大米不放,爪子怎么也拿不出来,它竟然不知道松开爪子丢掉大米。就这样一直到第二天清晨,当它被人捉住的时候,它还是那样愚蠢地握着爪子,也许它还在为抓住了大米而感到骄傲呢。这则小故事中所蕴含的道德哲理对人们的生活有着广泛的意义。

总的来说,人们高估了金钱的力量。世界上最伟大的事业不是那些有钱人所完成的,也不是通过募捐而完成的,而是那些收入低微的人们的成就。那些最贫穷的人们使基督教的精神传遍了半个地球,那些最伟大的思想家、发明家、探索者和艺术家也都是一些勤俭的人。就生活境遇而言,他们中的许多人与那些体力劳动者并没有多大的区别。事情往往就是如此,对于勤奋好学的人们来说,财富与其说是动力,还不如说是阻碍。很多时候,它带来的不幸与幸运同样多。那些家庭富裕的年轻人,因为什么也不缺乏,生活过于平稳顺利,很快就会满足于现状。由于没有什么特别的奋斗目标,他会不知道怎么去打发时间。他的道德与精神仍处于沉睡之中,没有被唤醒。他的社会地位与随着潮涨潮落的水螅相比并没有高出多少。“他惟一的工作就是消磨时间,而这样的工作是多么枯燥无聊,多么让人无法忍受,多么令人悲哀。”

但是,一旦被高尚的精神情操所激励,富人就会将懒惰视为软弱,把无聊的生活方式抛进垃圾桶。而且,一旦他想到了与他所拥有的财富相对应的义务,他就会

比那些地位卑微的人们更强烈地感到身负的使命感。当然,这种使命感必须付诸行动。我们所知的祷告语中最好的或许是阿果人的祷告语:“不要使我贫穷也不要让我富有,只要能让我养家糊口就足够。”在曼彻斯特城的皮尔公园中,下院议员约瑟夫·布鲁彻顿的墓碑上刻着这样一句名言,这句名言也是他一生的真实写照:“我的财富不在于我拥有大量的物质财富,而在于我那点小小的精神追求。”约瑟夫出身低微,曾经当过工人,但是,他的诚实、勤劳、守信和克制使他地位显赫、卓有声誉。晚年退出议院之后,他到曼彻斯特的一个小教堂里当了牧师,他尽职尽责,每一个认识他的人都了解他的为人,他做任何事情都不是为了做给别人看,或是赢得他们的称颂,而是凭自己的良心,尽自己的义务,使那些最寻常的小人物成为诚实、正直、心中有爱的人。

一个可尊敬的人是值得人们尊重并且的确值得人们去关注的。但是,如果这种可尊敬仅仅是表面上的,那就丝毫不值得人们去注目了。一个品行端正的穷人比一个道德败坏的富人要更值得尊敬,一个地位低下、普普通通的人比一位声名狼藉、作奸犯科的痞子要好得多。一个知识丰富、目标远大而又能衡量利弊的人,不管他从事什么样的工作,都会比一般人更有责任心。人生的最高目标就是要形成和拥有勇敢的品格,使我们的精神和身体——包括良心、灵魂、智慧和气质都尽可能地发挥出来,这样会使得我们对除了财产以外的任何东西都必须仔细考虑。因此,最成功的人并不是获得了最多的感官快乐、最多的钱财、权力和声誉的人,而是那种无畏无惧、辛勤工作并尽职尽责的人。金钱在某种程度上也是一种力量,这没有错,但是智慧、热心公益和德行也是一种力量,而且比金钱的力量要高尚得多。柯林伍德勋爵在给一位朋友的信中写道:“让其他人去申请退休金吧,就算没有金钱我也一样富有,我可以通过自己的双手使生活过得宽裕。假如不被任何肮脏的动机所玷污,我会在我的土地上自力更生。我和斯各托可以继续在菜园里种植卷心菜,所有花费也不会比以前更多。”还有一次,他说:“我只要求自己掌握自己的生活。拿 100 份退休金和我做交换我也不愿意。”

正如他们自己所说的那样,发家致富肯定会使一部分人“进入社会”。但是,请特别注意,他们必须具备各种精神、情感和德行,否则,他们就只不过是有钱人,仅此而已。有一些“在社会里”的人,像克利萨斯一样富裕,可是他们并没有引起人们的特别注意,也没有赢得别人的尊重,为什么呢?因为他们只不过是一只只装钱的口袋,他们的力量只能作用于自己的钱柜。一个人生活在社会里的标志在于他是舆论的引导者和统率者。一个真正成功和有用的人,并不一定拥有很多财富,但一定拥有高贵的人格、丰富的经验、以及良好的道德。即使一个穷人像托马斯·赖特一样没有什么财产,但他关心人性的改造,懂得如何妙用金钱而不是滥用,他使自己的财富和能力得到了充分利用,因此,他也可以没有丝毫羡慕地送给那些土财主们以鄙视的目光。

自我修养令你挥洒人生

世上有畏惧困难而退缩的人吗？这样的人将终生无所成就。有身陷困苦而奋勇向前的人吗？这样的人必将攻无不克，战无不胜。

——约翰·亨特

瓦尔特·斯各托爵士曾说："每个人受到的最精华的教育，就是他教给自己的东西。"已故的爵士本杰明·布罗迪先生曾愉快地回忆起这句名言，他过去常常庆幸自己有过专业自学的经历，而实际上每一个在文、理科或艺术领域内卓有成就的人都是如此。学校里接受的教育仅仅是一个开始，其意义主要在于培养思维并使其更好地运用在以后的学习当中。一般说来，我们经别人传授而获取的知识远不如自己以勤奋和坚韧得到的知识那样深刻久远。靠自己的勤奋获得的知识将成为一笔完全属于自己的财富。它更为新鲜生动，留给我们的印象也更为深刻，而这正是仅靠被动接受别人的教导所无法比拟的。这种自学方式不仅能令人进步，更能为人积蓄前进的力量。解决一个问题的同时我们就掌握了其他问题的答案，而这样，知识也就转化为才能。不需要设备，不需要书本，也不需要老师，更不需死板的记忆，自己的积极进取才是关键之处。

最好的老师是准备最充分的人，他们意识到自学的重要性，并鼓励学生通过自己对能力的积极培养来获取知识。他们更多地是依靠锻炼学生使其成为工作中的一员，这样的教育比一味传授知识更为高明。以上所述即是阿诺德博士工作中的精髓，他尽力使学生依靠自身积极的努力得到提高和发展，而他本人仅仅起到引导和鼓励的作用。他说："与其把孩子送到牛津大学享受舒适生活而不好好发展自身的特长，不如把他送到凡帝门的田里做农活，在那里他必须靠耕种满足自己的需要。”在其他场合他又说：“如果真有令人敬仰的事，那就是看到天性笨拙的人得到上帝的恩惠，得到诚实、真挚、勤奋的教育。”当提到一个学生时，他说：“我要向他脱帽致敬。”有一次在勒汉姆，阿诺德苛刻地在教育一个反应非常迟钝的男孩，这个男孩盯着他的脸，并直视他的眼睛说：“您为什么是这种态度呢？先生，其实我已经尽心尽力了。”多年以后，阿诺德还经常对他的孩子讲起这件事，并说：“我一辈子从未感受到这样的震撼，那种眼神和那些话语，我永远难以忘记。”

从上面说到的众多事例中可以明显看出，即使是最高级的智力教育也不会是劳动的对立面。适当的劳动会使人心灵健康，对人的身体也同样有好处。劳动对于锻炼身体，正如学习对于培养心智的作用一样。社会如果既能为每个人提供工作，也能让每个人拥有一定的空闲，那就达到了它的最佳状态。就算是有闲阶级也必须参加劳动，有时是为了摆脱无聊和空虚，而更多地则是出于他们本能的需要，这种本能是不可抗拒的。比如有的人到英国农村猎狐狸，有的人到苏格兰山上打松鸡，而有更多的人每年夏季去瑞士登山游玩。公共学校举行的划船、板球和田径运动，使我们年轻人身体变得强健，智力也得到培养。据说，有一次惠灵顿公爵在伊顿看到男孩们在他童年时锻炼过的操场上运动，他无限感慨地说：“就是因为在那儿，我才赢得了滑铁卢战役！”

丹尼尔·马尔萨斯一方面激励他儿子尽最大努力在大学里勤奋学习，另一方面也鼓励他积极参加体育锻炼，因为这是保持充沛精力并享受智力愉悦的最好方式。他说：“每一门自然科学和艺术的知识，都能愉悦人的心灵并增强人的心智。同时打打板球又能锻炼你的肢体，我很高兴、也很欣慰地看到你把身体锻炼得这么好，同时精神也在很大程度上得到了愉悦。”伟大的神学家杰里米·泰勒对于积极劳动的作用说得更好，他说：“避免懒惰，用严肃有益的劳作来充实时间。无聊的状态只能使欲望不断增加，如果有事可做，人们就会变得勤奋、健康。因为劳动中体力劳动最为有用，也最益于消除心魔。”

人生中要想取得事业的成功更多地依赖于身体的健康，这一点一般人很少知道。霍德森在给一位英国朋友的信中写道：“我相信，如果说我在印度过得很安逸，从身体上说得归功于良好的消化功能。”任何行业中要想保持长久的工作能力在很大程度上都必须取决于这一点。因此活动身体，甚至只是将其当做脑力劳动的一种调节就显得非常必要。很可能就是由于忽视身体锻炼，我们在学习中经常会产生一种不良的情绪：不知足，不愉快，没生机，喜幻想，甚至产生轻生厌世的念头。这样一种情绪在英国被称为拜伦主义，在德国则被称作维特主义。凯宁博士也发现在美国这样的情况越来越多，因此他指出：“我们年轻的一代中有太多的人在绝望之中成长。”对年轻人的这种病态，惟一有效的治疗方式就是让他参加体育运动、开展工作，或者进行一些体力劳动。

艾萨克·牛顿爵士的童年生活最好地展示了童年劳动对一个人一生的重大影

响。尽管对一个孩子来说是比较枯燥无趣的,但他还是劲头十足地用锯子、锤子和斧头“在他的卧室里敲敲打打”,做出各种各样的风车、马车和机器模型。长大成人后,他仍然为朋友们造了很多小桌小柜。斯密顿·瓦特和斯蒂芬森少年时也是工具伴随左右。但是如果童年时没有这种自我锻炼,长大成人后的他们能否取得巨大成就也就难说了。我们在前面章节描述的大发明家和机械师的早期能力就是在不断地使用双手从事劳动中培养出来的。通过训练,即使是手工劳动者也能够自我提升为脑力劳动者,并且在今后的工作中他们也会时常发现早年劳动的益处。艾利乌·勃利特说他觉得体力劳动能使自己的学习效率得到很大提高,还可以带来健康的身体和心理状态,于是他经常放下手中教书和学习的机会,重新系上皮围裙,回到铁匠的铸炉和铁砧边上。

对年轻人来说,练习使用工具,一方面可以培养他们学会一般的生活常识,同时还可以使他们的双手和胳臂得到锻炼,适应有益健康的工作,并逐渐提高才能;另一方面可以给他们灌输实干的精神,让坚韧不拔的毅力慢慢在他们心中滋生。严格地说来,与有闲阶级相比,所谓的工人阶级在这一点上占有明显的优势,他们早年就不得不在机器生产或其他工作中辛劳地工作,从而渐渐变得心灵手巧。所谓体力劳动阶级最主要的缺陷并不是在于他们从事体力劳动,而在于他们专门从事于体力劳动,忽略了道德和智力的培养。有闲阶层从小就教育孩子:劳动是卑贱的,并且常常避而远之,长大后更是瞧不起劳动。而因生长环境决定,贫苦阶层的人长大后大都目不识丁。不过,把体力锻炼、劳动和文化教育有机地结合起来,避免上述两种极端现象并不是不可能的,国外的种种迹象表明完全可以采用一种更健康的教育体制。

甚至专业人员的成功在很大程度上也与他们的身体健康密切相关,一位作家曾说:“伟大人物的伟大之处就在于其身体健康和智力不凡。”对一个成功的律师或政治家而言,拥有健康的呼吸系统和接受良好教育是同等重要的。在具有呼吸功能的肺部表面,血液与氧气相结合,这在很大程度上对保持思维活跃这一至关重要的能力是必需的。律师必须与强劲的对手进行激烈的法庭辩论并且只有经过这种磨炼才能登上事业的巅峰。政治家呢,只有在拥挤的议院里发表激昂冗长而煽动人心的演讲之后方能飞黄腾达。因此,律师和国会领袖在工作中显然更为需要的是身体的耐力和活力,而不是才能。在布勒汉姆、林德赫斯特、坎贝尔、皮尔、格洛汉姆、帕尔罗斯顿这些大人物身上,这种能力体现得尤为显著。

瓦尔特·斯各托爵士由于残疾在爱丁堡大学被人赐以一个“希腊大笨蛋”的外号,而实际上他的身体非常强壮。他能在特威德河与最好的渔夫一起叉鲑鱼,在耶洛与骑术高超的猎人一起骑烈马。在他后半生从事文学研究时,对户外活动的兴趣也从未减退。他早上写写《维拉利》,下午就会去猎野兔。威尔逊教授不但巧言善辩、喜好写作,而且还是个优秀的棒球运动员。彭斯年轻时,在跳远、投掷和摔跤

方面都非常优秀。许多神学家在年轻时,体育方面也很突出,艾萨克·巴罗在卡尔特修道学校时就因长于拳击而出名,他很多时候被弄得鼻青脸肿。安德鲁·福勒是索汉姆一个农夫的儿子,也因拳击而闻名。而亚当·克拉克孩提时仅仅因为力气大能"随意滚动大石块"而出名,这也许就是他日后"思维活跃"的关键所在。

因而,拥有健康的体魄是必要的,但也必须认识到,培养思维的习惯同样至关重要。"劳动万能"这句名言只有在掌握知识的条件下才可以称为真理。所有能把劳动和学习有机结合的人才能走向成功。世界上百折不挠者可以跨越一切的困难。查特顿有一句经典话语:"万能的上帝在世界上创造了人,如果人们愿意,他的手可以在困难中够到任何东西。"学习与经商一样,能力只是其中一个重要的因素,我们不仅要趁热打铁,而且在此之前也要不停敲打,直到使它变热为止。精力充沛和坚持不懈的人会细心地利用每一次机会,在懒惰者忽略的时间里通过自学而获得巨大的成绩,这一定会令人惊讶不已。就是凭着这种精神,弗古逊身上裹着一张羊皮爬上高山,学习天文;斯通在做雇佣园丁时学习了数学;德鲁在修鞋的休息时间中钻研最深奥的哲学;而米勒则在采矿场做临时工时自学了地理。

和我们所说的一样,乔舒亚·雷诺兹爵士也是最相信勤奋的力量。他坚持认为所有通过不知疲倦、兢兢业业的工作锻炼自己能力的人都将成为杰出人才;辛勤成就天才之路,艺术家技艺的修炼是永无止境的,而有止境的是他付出的汗水。他并不相信所谓的灵感,只相信学习和劳动。他说:"只有劳动,才对得起优秀这一殊荣。""如果你有天赋,勤勉将不断地使它提高;如果你才智平庸,勤勉会弥补它。方向正确的劳动一定不会毫无用处,而不付出劳动则必将一无所获。"福韦尔·柏克斯顿爵士也同样相信学习的力量。他谦虚地说,如果付出双倍的时间和努力,他会和其他人一样出色。他非常相信平常的方法和不平常的应用。

罗斯博士曾说:"我这一生中认识那么几个人,我相信有朝一日他们会成为人们眼中的天才,他们都是勤奋努力的人。天才因为成就而出名,没有成就的天才就像盲目的信仰和沉默的圣谕。然而成就是时间和努力的结果,而绝不是靠幻想得来的。每一伟大的成就都是无数次练习和准备的结果。才能来自于劳动。任何成就都不可能轻易得到,甚至连走路,一开始也是一步步艰难地尝试之后才成功的。演说家演讲时眼里不停地闪烁智慧的光芒,口若悬河,语言充满哲理,而他知道成功的秘密在于一次次耐心地重复,并需忍受痛苦和失望。"

全面和准确是学习上必须达到的两个目标。在给自己制订学习计划时,弗朗西斯·霍纳特别强调要完全掌握一门学科就必须不间断地运用它。他找到一个目标,把注意力只集中在几本书上,并且坚决不赞成"任何散漫杂乱的读书态度"。对任何人而言,知识的价值并不在于数量的多少,而主要在于它是否能得到很好的运用。因此在实际运用中,有一点准确而精细的知识往往比有一些粗浅的、泛泛的知识更有价值。

伊格内修斯·劳拉有一句名言:"一次做好一件事情比做事多而不精好得多。"

注意力放在过多的事情表面上，就难免被分散，这会对我们的进步造成阻碍，最终将一无所成。在一次给福韦尔·柏克斯顿爵士的信中，圣·里奥纳多爵士谈到他的学习方法，并解释自己成功的秘密。他说："开始学法律时，我每获取一点知识就赶快消化吸收。在所学的知识没有充分掌握之前，我绝不会开始学习另外的知识。我的许多竞争对手在一天内读的东西我得花一星期时间才能读完。一年后，我对这些东西记忆犹新，但是他们却早就忘得一干二净了。"

智慧的多少并不取决于读书的多少，而在于有目的的、适当的学习，在于学习某一学科时精神的专注程度，在于整个思维体系能遵循连续的原则。艾伯尼西甚至这样认为：他的大脑有一个饱和点，如果填塞进去的东西超过这个极限，那它只好挤掉另外一些东西。谈到医学，他曾说："如果一个人确定想做某事，那么在选择成功的途径时就绝不能马虎。"

目标明确对于学习最为有利。时刻将获得的知识付诸实践才能真正地掌握它。因而，仅仅拥有书籍或知道在哪儿能找到所需信息还远远不够，我们必须树立符合个人实际能力的人生目标，并积极主动地为之筹备。自称家财万贯却囊中羞涩的人并不是真正地富有。我们必须拥有足以应付任何情况、任何变化的丰富知识，否则在需要知识时，我们只能束手无策、毫无办法。

很显然，果断和敏捷对学习和经商非常重要。让年轻人习惯于依靠自身的力量，并使他们在童年时最大程度地享受自由行动的乐趣，这些都有助于他们提高上述两种素质。过多的指导和干涉会妨碍自立精神的形成，就像在不会游泳的人的胳膊下拴一个气囊，他们就永远学不会游泳一样。人们并未普遍意识到，缺少自信可能是阻碍进步的更大原因。据说，人生中一半的失败是由于缺乏自信心、怯于尝试。约翰逊博士常常把自己的成功归因于自信的能力。尽管有一些人思想空洞却喜欢自欺欺人，但适当的谦虚是与正确评价自己的优点不相冲突的，谦虚并不意味着否定所有的优点。由缺乏自信导致行动上的优柔寡断是性格上的缺点，会阻碍个人的发展进步。收获太小的原因大都是因为尝试不够。

一般来说，绝大多数人都希望获得自学能力，但却非常反感作必要的努力。约翰逊博士认为"学习上没有耐心是当代人的精神缺陷"，这句话在现在仍然适用。我们或许并不相信学习有什么光明大道，但是我们似乎深信学习有一种愉悦的方法。在学校里，我们总想找到一条通往科学殿堂的捷径，"在十二节课里"或者"不需要老师"就能学会法语和拉丁文。我们仿效那些时髦的女士，聘请老师来指导我们，条件是他不再用语法和分词来折磨我们。学化学只想听听有趣的实验讲演，吸进笑气，看见绿水变成红色，磷粉在氧气中燃烧，我们就得到这么点皮毛，尽管总比无知强，但是这毫无价值，而我们还洋洋得意地美其名曰"寓教于乐"。

抱着这种想法的年轻人企图不劳而获，这不是受教育的过程。这样的学习虽然动了脑筋，却不能提高智力，也不能产生一种对知识的渴望，但是由于缺乏比游戏娱乐更高的目标,它终究不会带来真正的好处。在这种情况下,知识只能产生一种片刻的印象,而且只是一种感觉。实际上这种依靠感觉的方式就是聪明的享乐主义的表现,这不是智力。因此那些来源于活跃思维和独立思考的最出色的思想,现在却在沉睡着,很少被唤醒过,除非突然大难来临,它才会从睡梦中惊醒。

用“寓教于乐”来欺骗自己的年轻人很快会排斥勤奋的学习方式。为了在运动玩耍中学到知识,他们浮躁不安、急于求成,随着时间的推移,踏实的精神逐渐烟消云散,取而代之的是思想的涣散和性格的懦弱。罗伯特曾说:“花样繁多的学习方式和吸烟一样有害,而这也正是其长期潜伏的原因。它最容易使人滋长惰性,也最容易使人软弱无能。”

这种恶习不断滋长着,而且四处蔓延,它最小的危害是让人浅尝辄止,最大的危害是对踏实勤奋的劳作深恶痛绝,使人情绪低落。如果我们聪明的话,就应该向祖辈们那样勤勤恳恳,因为劳动仍然是而且永远是获取价值的代价。我们必须有明确的目标,并且必须耐心地等待。所有最好的进步都是渐进式的,对于充满信心和热情的人,回报肯定随时会到来。一个人在日常生活中表现得越勤奋,他的威望也就越高,能力也就越强。但是,还要坚持不懈,因为学无止境。诗人格雷说:“劳动是快乐的。”伯兰杰则说:“用掉总比锈掉的好。”阿诺德问:“我们永远没有停下脚步休息的时候吗?”马尼克斯·圣阿尔德贡德毕生的座右铭回答:“永不言止!”

正是能够正确使用造物主赋予我们的才能,我们才受到人们的尊敬。正确合理地运用一种才能的人比同时拥有十种才能的人更受尊敬。和拥有世代继承的巨额财产一样,拥有很高的才智的确也能体现出个人的优越。然而,怎样运用那些能力?这就像问那笔财产用来做什么一样。一个人可能积累大量的知识却毫无用武之地,因此,知识必须与智慧相联系,并且表现出正直崇高的品质,否则便失去了意义。佩斯特拉齐甚至认为智力培养就其本身来说只有害而无益,所有知识必须跟随意志的正确引导。知识的获取的确可以使人避免在生活中走上邪门歪道,但不能根本地杜绝自私自利,只有正确适当的准则和习惯才能改正自私自利。因此,在现实生活中我们的确能发现许多这样的例子:一个人知识渊博,但性格却完全扭曲变形;一个人饱读诗书,却毫无动手能力;一个人把“知识就是力量”时常挂在嘴边,却往往是狂热分子、专制者和野心家。必须受到正确的引导,否则知识本身只会使恶人变得更邪恶,而世界有了他们,恐怕就跟地狱差不了多少了。

或许,现在我们过于夸张地强调了文化教育的重要性。我们已习惯性地认为,有了很多的图书馆、科研机构和体育馆,我们就在不断地向前进步着。这些设施的确对自学有帮助,但同时却也阻碍了个人达到自学的最高境界。有可随时使用的图书馆未必就能学识渊博,就像富裕却未必慷慨大方一样。毫无疑问,我们拥有了良好的设施,但一个人只有通过自己的观察、专注、坚韧和勤奋才能更加洞晓智慧。在某种程度上,简单地占有知识与洞晓智慧有着太大的差距。比如单纯的阅读,往往沦为一种对他人思想消极接受的方式,其中很少或者根本没有积极主动的思维活动。这种阅读只会以细嚼慢咽的方式放任自己的散漫,只能激发当时的情绪,而对思想的深刻和性格的塑造没有丝毫效果。许多固执的人还抱着不切实际的想法,以为他们在提高自己的智力,而事实上不过在玩一种低级游戏来打发时光,其最大的好处也不过是使得他们没时间去做更糟糕的事而已。

还应该时刻牢记一点:尽管从书本中获得的经验是宝贵的,本质上仍只是知识的积累,而来源于生活的经验才是智慧的源泉,其意义要比前者大得多。伯林布鲁克爵士说得很准确:"不管哪种形式的学习,都无法直接或间接地使我们变成更好的公民,它最多是一种巧妙却华而不实的打发时光的方式,而以此获得的知识不过是一种令人相信的无知罢了。"

良好的阅读或许有益,但也不过是培育心智的众多方法之一,与亲身经历或榜样力量对个人性格的影响相比要逊色很多。在普及教育之前,英国就培育出了许多智慧、勇敢而诚实的人。大宪章的谱写就是出自于一群没有多少文化的人们的笔下。虽然他们并不熟悉文字表达的原则,但他们懂得怎样去理解、尊重并勇敢地保护这些原则。为英国的自由奠定了基础的,正是这样一群没有文化却非常崇高的人们。我们必须承认,教育的首要目的并不是仅仅将他人的思想填入大脑,使其成为他人思想的奴仆和接收者,而是要开发个人的才智,使他在任何境遇中都能够游刃有余。许多精力充沛、贡献巨大的人物很少读书,勃兰得利和斯蒂芬森成年后才懂得了识字,但他们却有着卓越的成就;约翰·亨特 20 岁时还不认识字,但他做的桌子椅子却堪与最好的木匠媲美。这位伟大的生理学家曾在课堂上指着某一学科的书说:"我从不看这个,假如你想在专业领域里有所成就的话,你必须进行实际的研究。"当有人告诉他同时代的一位人物批评他对阅读的轻视时,他说:"我愿意向他表达我的这个看法:对于动物尸体,任何语言都派不上用场。"

所以,掌握了多少知识并不是特别重要,真正重要的是掌握知识的目的。掌握知识的目的应该是增添智慧、提高修养,应该是让我们变得更优秀、更幸福、更有用,应该是让我们在追求人生的伟大目标时更加精力充沛、更加富有效率。"当人们一旦沾染了一味欣赏崇拜别人的恶习而从不关心道德品性时,这具体表现为对宗教理念和政治信仰的忽视,那么他们正在急剧退化。"我们必须自己去成就、自己去做,而不能仅仅停留于满足于阅读别人的成果,思索欣赏别人曾经的作为。我们必须把生活当做给我们的最好启示,将行动当做我们最好的思想。正如里克特所说的那样:"我已尽我所能、问心无愧了,任何人都不应当再向我要求更多。"在上帝的帮助下,凭借自己的责任和天赋来磨砺自我,这是每一个人的神圣职责。

自律与自制是实现智慧的开始,而它们又来源于自尊。希望,这一力量的伴侣,这一成功之母,也来源于自尊。最谦逊的人也许会这么说:"尊重自己,发展自己,这是我生活中的真正义务,作为社会这一庞大体系中不能缺少和承担责任的一分子,我属于社会和上帝,我不会伤害我的身体,也不会在精神品德上任凭自己堕落退化。我将努力扬善避恶,使自己的品性臻于完美。”我自尊,也尊重他人,而他人也一定会尊重我。因此,法律就成为相互尊重的保障,也成为社会公正和秩序的保障。

自尊是一个人身上最高贵的外衣,它最能升华人的思想。毕达哥拉斯最智慧的格言之一是在其《金玉良言》中所说的“尊重自我”。在这一崇高思想的激励下,他不会因肉体的欲望而堕落,也不会因奴性的思想而玷污心灵。这一品行,广泛存在于日常生活中,成为各种美德的根本,比如说纯净、庄严、贞洁、高尚和虔诚。弥尔顿曾说:“虔诚而公正的自我尊重是一切有价值的美德的开始。”思想上的自贬不仅会降低自己,也会降低他人,而这样的思想必然会造就这样的行动。如果一个人往低处看,情绪就会低落消沉,要振奋精神就必须抬起头来仰视天空。适当的自尊让最卑贱的人也昂起头颅做人,因此贫困也会倍显高尚。那些身陷困境却不卑不亢的勇士才令人敬佩。

如果狭隘地将自我修养仅仅看成一种“生活”的手段,必定会使之降格,如果以这种观点来看,教育则无疑是时间和劳动的最好的一种投资。在任何行业,智慧都能使人更好地适应环境,改进工作方法,并使人变得心思敏捷、双手灵巧并富有效率。善于同时运用双手和大脑进行工作的人目光会比他人更敏锐,力量也会比他人更强大。或许这是人类智慧最令人珍惜和最令人愉悦的地方。自立自强的力量会伴随着自尊一天天增加,自尊越强就越能抵制低级趣味的诱惑。人们将带着一种新鲜的兴趣观察社会及其运行,并将更富有同情心,同时带着相同的兴致为他人、更为自己工作。

但是,自我修养不一定会带来上文提到的那些杰出成就。在任何一个时代,绝大多数人都必定会工作在自己平凡的岗位上,无论其受过何等的启迪教育。任何能够赋予普通大众的自我修养恐怕都不能使人摆脱必须完成的社会日常工作。不过,我们认为从具体的事务中抽身出来其实也并不是不可能。我们可以用崇高的思想改善我们的工作环境,在崇高思想的照耀下,无论贫富贵贱都会荣耀。因为不管一个人是多么贫穷卑微,伟大也会悄然而至,陪伴其左右,相与谈心,而不会介意他所住的房屋是不是过于简陋。于是,良好的阅读习惯便成为最大的快乐源泉和自我完善的途径,它潜移默化地影响着一个人的性格和行为,并带来最好的结果。尽管自我修养不一定会带来财富,但它却给人带来了与高尚思想为伍的机会。一位贵族可以轻蔑地问一位智者:“你的哲学到底能带给你什么?”智者回答:“至少我得到了思想。”

但是很多人容易灰心失望,因为事情一般不会进展得像他们想的那么快。刚种下橡子,他们就盼望它立即长成橡树,或许他们将知识看成推销的商品,因为它并不像期望的那样畅销而烦恼不堪。特门赫尔先生在一份“教育报告”(1840 年)中谈到这样一件事:诺福克的一位小学校长发现自己学校的生源急剧下降,于是展开调查,结果发现绝大多数家长让学生退学的理由是,他们本来期望“教育能使他们的生活变得更舒适”,却发现“教育根本无济于事”,于是他们让孩子辍学,从今以后别再跟教育有什么牵扯!

这种轻视自我修养的看法在其他阶层当中也非常流行,这是因为社会上或多或少地存在着对生活的错误认识。如果将自我修养看做是一种超越他人的手段或智力游戏的方式,而不是一种使心灵得到净化、思想得到提高的力量,那就是对教育的贬低。用培根的话来说:“知识并不是一个以销售来谋利的商场,而是一个代表着造物主的荣耀并储存着人类智慧精华的宝库。”毋庸置疑,通过劳动获得职位的提高及社会地位的改善是一件荣耀的事,但绝不能以牺牲自我为代价,使心灵成为肉体的奴仆。一般来说,成就取决于勤奋和对事业的重视程度而非知识的多寡,如果因未能获得成就而怨天尤人、颓废消极,那就是心胸狭窄的表现。在罗伯特·索西回复朋友问题的一封信中,他很适当地批评了这种心胸狭隘的人。他说:“如果我能给予你什么有益的忠告的话,我绝不会吝惜我的建议和想法;但是,如果一个人选择了自甘堕落、不求进取,那就无药可治了。一个善良而智慧的人偶尔也会对世界感到愤怒和悲哀,但是请记住,如果你在这个世界上履行了你的义务,你就不会这么愤世嫉俗。如果一个人受过良好的教育,身体健康并有充足的空闲时间,可是他还想要求什么的话,那只是因为万能的主给予他的恩赐超过了他所应得的。”

如果只将教育当做一种智力消遣的方式来使用,那么也是对教育的亵渎。在现在的时代,很多人加入了这一时尚的队伍,对通俗、刺激的文学展现出一种近乎狂热的喜爱。现在我们的书刊为了迎合大众的趣味充斥着庸俗的幽默和夸张(这并不是说鄙视大众的口味),这无疑于是对人类法则和自然法则的背离。道格拉斯·杰罗德曾这样描述这一趋势:“现在我们对任何事物都抱有嬉戏的态度。我坚信我们的世界总有一天会对此感到厌倦,毕竟生活中还是有一些严肃的东西,人类的历史并不是从头到尾的一部喜剧史。我甚至相信有人会写出一部布道的闹剧来。我们想想英国的喜剧史吧,阿尔弗雷德的闹剧、托马斯·莫文爵士的滑稽,还有他女儿在棺材里的令人啼笑皆非的表演。可以肯定,世界将会因这种亵渎而变得病态。”约翰·斯德林对此也有同样的看法,他说:“现在的书刊已趋于大众化,但它们主要是为那些心智还未发育健全的人们准备的,它们对人们心灵的亵渎跟埃及的瘟疫、水源污染和腐蚀政府官员的危害相比,有过之而无不及。”

不过,在从繁忙的日常事务中抽身出来享受闲暇时,不妨挑选一本优秀作家的优秀作品来阅读,这也是一种高级的智力愉悦。无论男女老幼,一本好书对人的吸引力绝不亚于本能带来的巨大冲动。如果不是这样,我们就会自然地减少阅读。如果将阅读当做获取精神食粮的惟一方式,如饥似渴地在图书馆里苦读,并沉浸在自己构想出的荒谬的人生图画中,那会比什么事都不做更浪费时间,也更加有害。有阅读习惯的人经常会深陷于小说的虚幻情节中不可自拔,思想也会变得荒谬无常。一位男性同性恋者曾对纽克的大主教说:“我从来不看悲剧,我受不了。”小说

所激发的遗憾只存在于文学上,不会带来任何相应的行动。它所引发的情感中也没有自我牺牲,而频频为小说所感动,最终的结果是人们在现实中变得麻木迟钝。巴特勒主教曾说过:“在自己的心中将德行描绘得无比美好对美德的塑造并没有什么帮助,相反有可能使心灵变得冷漠、甚至无动于衷,与最初的愿望越来越远。”

适当的娱乐既是健康的,也是值得赞许的,但是过度的娱乐则会对人造成损害,应该谨慎。有句人们常常征引的格言说,“只工作,不玩耍会使杰克变傻瓜”,但是如果只玩耍,不工作,危害会更大。嬉戏玩耍对一个年轻人的伤害是无可比拟的。他会失去最为宝贵的品质,日常的快乐对他来说也会变得无趣,就更别提追求什么更高级别的精神享受了;而当他转过身来重新面对工作和生活的责任时,只会充满厌倦和反感。“放纵派”们挥霍、消耗着生命,使真正的幸福逐渐枯竭,失去了活力,他们的性格和心智无法再有长足的发展。与失去童贞的孩童、失去贞洁的少女和失去坦诚的少年相比,放任自己、虚度青春的人更令人惋惜。密罗伯曾这样说自己:“在一定意义上,我早年虚度的时光影响了我后来的部分岁月,并消耗了我一生中大部分旺盛的生命力。”今天你对别人犯下错误,明天就会尝到后果,年轻时犯下的罪恶也会在今后受到惩罚。培根爵士写道:“年轻时期本性力量的强大能够跨越眼前的障碍,直至他的晚年。”他指的是体力以及精力。意大利人吉斯在给朋友的一封信中这样说:“我向您保证,为了生存我付出了沉重的代价。的确,生活由不得我们做主,上帝先是假装大方地付给我们小费,然后会毫不客气地把它们全部记在我们的账上。”年轻时的轻率带来的最坏结果并非损害了我们的健康,而是玷污了我们的人性。放纵使一个年轻人堕落,等到他自己想返回纯真时却悔之晚矣。如果还有挽救的办法的话,那只能是以似火的热情与责任感去陶冶心灵,并投身到积极努力的工作中去。

法国人本杰明·康斯坦,伟大的启蒙运动时代一个最有天赋的人,他 20 岁时就对一切都失去了兴趣。从那时起,他的生命就只是持续的悲叹,他不再有依靠一般的能力和自制就可以达到的成就。他曾想做很多事,但从没有完整地做过一件事,因此,人们称他为“不持续”。康斯坦是一位颇有才华的作家,曾雄心勃勃要写出“不朽的”作品来,但就在他热烈地追求理想时,却不幸跌入了低级趣味的悬崖。他那伟大作品中的超验主义也无法改变他低级的生活情趣,在开始写宗教作品的同时他还经常光顾赌场,比如在写作《阿道菲》时他却在赌场上玩弄着可耻的把戏。尽管他的智力不凡,但性格却十分软弱,因为他从不信仰美德的力量。他曾说:“呸!荣誉和尊严是什么玩意?我年纪越大,越觉得荣誉和尊严其实不过是虚无。”这个可怜虫哀嚎着,他说自己“不过是一把骨灰和泥土,此外什么都没有”。他说:“我就像一片阴影,弥漫着痛苦与厌倦。”与自己拥有的天才相比,他更渴望拥有伏尔泰般的充沛精力。他的生命过早地耗竭了,只剩下一堆骨架。他说自己是一只脚踩在空中的人,也承认自己缺乏原则和毅力。因而,他虽满腹才华却终究一事无成。他悲惨地生活了几年之后,便精力枯竭地辞世了。

而《诺曼征服史》一书的作者——奥斯汀·蒂利,则与康斯坦形成了鲜明的对比。在他的一生中,完美地体现了刚毅、勤奋、自我修养和对知识无休止的渴求。他在追求知识中失去了光明,却从未失去过对真理的热爱。他身体虚弱,总是像婴儿一样被护士抱在怀里从一个房间挪到另一个房间,但他从未失去坚强刚毅的精神。尽管双眼失明,但他却能用如此高贵的语句描述其文学生涯:"对于科学、事业而言,我想我已经将一切奉献给了祖国,就像一个在战场上死里逃生、负伤而还的战士。无论我的勤奋工作有怎样的结果,我只希望自己树立的这一精神榜样不会消失,我期望它能帮助人们抵制这一代人的道德疾病,让那些抱怨信仰缺失、游荡成性、苦苦寻觅却一无所获的疲惫的灵魂迷途知返,重新获得信仰与敬畏的精神力量。为什么在这个世界上我们就是无法宽容某些人、给予他们立足之地呢?这世上不是还存在着严谨平静的学习与研究吗?那不正是我们每个人得以避难并寄寓希望的地方吗?有了它,人们就不会再为光阴的流逝感到痛苦,每个人也就能掌握自己的命运,并高贵地生活着。这是我已做到的。如果我的事业能够重新开始的话,我还是会这样,选择同一条道路。我已经双目失明,绝望地经受痛苦的折磨,然而我要郑重地向世界宣布,还有比感官享受、财富甚至健康更美好的东西,那就是对知识的献身与渴求。"

克里瑞志与康斯坦在许多方面有着惊人的相似。他们同样才华横溢,也同样意志薄弱。虽然拥有过人的才智,但却缺乏勤奋的精神,厌倦持久性的工作。他的独立性也明显不足。他让高贵的索西抚养他的妻儿却并不感到羞愧。自己退居到海格特·格洛坞向他的信徒们大谈特谈先验论,对辛勤工作在喧闹而烟雾笼罩的伦敦城里的人们却不屑一顾。他虽然有着崇高的哲学理念,可以高傲地拒绝朋友的资助,但却蔑视普通的劳动者。然而索西的精神是多么不同啊!他不仅从事着自己选择的琐屑乏味的工作,还怀着对知识的单纯热爱和对理想的热切追求。他严格履行与出版家们的约定,从不虚度每一天甚至每一个小时,这样才可以维持一个大家庭的生计。当他停笔之时他就毫无收获。他曾说:"我的道路与上帝之路一样宽阔,而我的生计则全仰仗这支笔杆了。"

在读完《克里瑞志回忆录》后,罗伯特·尼古尔就给他的朋友写信说:"这个天才真是可怜,他的事业本该那么完美,但仅仅因为他缺乏精力和决心,就将一切断送。"尼古尔自己是位真诚而勇敢的人。他英年早逝,在他短暂的一生中遭遇了无数的坎坷。起初他是一个书商,结果财产散尽、血本无归,还欠了20英镑的债。当时他的心情就像"一块磨石挂在脖子上"一样沉重。他发誓还了这笔债之后,再也不向任何人借钱。在给母亲的信中他写道:"亲爱的妈妈,请别为我担心,我已感到自己的信心和希望在一天天地增加。思考得越多(现在我的职业是思考,而非阅读),我就越觉得不管今后我是否富裕,我一定会成为一个越来越有智慧的人,而智慧比财富更为宝贵。我坚信我可以勇敢面对生活中的痛苦、贫穷以及其他一切令人畏惧的困难,我绝不会失去自尊、对人类崇高理想的信仰和对上帝的热爱。要经历无数精神的痛苦才能达到这一目标,而一旦目标达到就会像一个旅行者从晴空万里的高山之巅俯视山谷一样自由无碍。我不敢说我已经达到了这一种境界,但我感觉到自己正一步步向它迈进。”

成就伟人的不是舒适,而是努力,不是顺利,而是困难。在人生的每一驿站,要想取得成就,就必须首先面对和克服种种困难,正像错误会成为最宝贵的经验一样,困难是我们最好的老师。查尔斯·詹姆士·福克斯一直认为:“与一直走在坦途上的人相比,屡遭挫折却坚强不屈的人将更有可能取得成就。”他说:“一个年轻人在首场演讲中就光芒四射当然很不错,他也许会继续前进,但也许就会对自己的胜利沾沾自喜,从而不思进取。而当一位年轻人在第一次尝试中虽然失败却能够坚持不懈时,我相信他将比绝大多数第一次就取得成功的人更有可能创造成就。”

我们从失败中获取的智慧要远比成功多。我们往往通过发现什么路走不通才明白什么路可行,而一个从不犯错误的人可能永远都不会有所发现。研究人员在试图发明一种吸式水泵却不幸失败时,发现大气把水桶从水平面抬高了 33 英尺,正是这一发现才使人们开始研究大气压强规律,从而为伽利略、托利色里和鲍尔等天才科学家开拓了一个崭新的研究领域。约翰·亨特曾说,医学界的专业人士必须勇敢地像宣布成功一样将其失败公之于众,否则医学将很难有起色。工程师瓦特则说,在机械工程所缺乏的事物当中,最缺少的就是失败史。他说:“我们缺少的是一本讲述失败的书籍。”有人曾给亨弗利·戴维爵士展示过一个操作极为灵巧的实验,而他说:“感谢上帝没有让我能够拥有如此灵巧的双手,因为我总是从失败的实验中才产生重大发现的灵感。”另一位物理学领域的杰出研究人员曾在日记中写道:当他遇到看起来不可战胜的困难时,也意味着他即将有重大的发现。最伟大的事物、思想、发现和发明通常是在艰难困苦中孕育,在悲伤忧愁中成长,在历经苦难后成熟。

贝多芬曾对罗西尼作过这样的评价:“如果他在孩童时代、也只有在那时,多一点勤奋的话,他完全可以成为一个杰出的音乐家。但他被自己的天才毁灭了。”内心坚强的人不会惧怕听到反面的意见。他们更应当害怕的是不当的赞誉和过于客套友好的评价。门德尔松要去参加其剧作《伊利亚》在伯明翰的首演时,他笑着对朋友和评论家们说:“请严厉地批评我吧!不要告诉我你们喜欢什么,要告诉我你们不喜欢什么。”

据说,失败对将军的考验远比成功更有价值。华盛顿打的败仗比他赢得的战役要多,但最终他成功了。而罗马帝国也就是在其最辉煌的时代开始了失败的命运。莫里奥常把自己的战友比喻为大鼓,可是直到被打败了才有人听得到他们的声音。惠灵顿也是通过不断地克服那些似乎难以克服的性格弱点才培养出他作为一个人和一名将领的优秀品质,从而成为了一代军事天才。技术超凡的水手正是在大风大浪中磨炼出自立、勇敢和严格的纪律观念，而我们的英格兰水手们显然是世界上最优秀的水手，他们的技高一筹，实在是得益于险恶的大海和狂风巨浪。

生活或许就像个严厉的校长，但你会发现她也是最好的校长。尽管对于逆境自然会产生畏惧之心，但当它来临时，我们必须勇敢地面对它。彭斯的一段话很有道理："尽管挫折与失意对我们来说是残酷的教训，但它又饱含着智慧和哲理，送你到达智慧的彼岸，通过其他方式你则不会找到它。"

逆境是很有用途的。它让我们看到自己的力量，并激发出斗志。如果性格中真有像甜草药一样的价值，那只有在受到压抑时它才能散发出最迷人的芳香。正如古人所言："失意乃是通往天堂的阶梯。"里克特曾说过："究竟是什么扼杀了贫穷？这就像将少女的耳垂刺穿，再将珍贵的耳饰挂在她滴血的伤口上一样。"在生活的经历中，你会发现有许多人能够勇敢地面对逆境，顽强地与之斗争，但在富裕这一更危险的对手面前却终被击垮。弱不禁风的人会被风吹走斗篷，体格一般的人则容易在温暖阳光的照耀之下自己摘去斗篷，因而，面对顺境往往比承受逆境需要更自律、更坚强的性格。财富容易让人骄傲，而困境则会使一个有决心的人心灵更加成熟和坚韧。用伯克的话来说："困难是位严格的老师，它使我们更了解自己，也更爱上帝的圣谕。困难使我们的精神更加高昂，使我们的技术更加娴熟。我们的对手其实就是我们自己。"如果没有必须面对的困难，生活或许会更愉快更轻松，但人的价值却因此而被降低。困难的考验是一块试金石，它丰富了我们的心灵，锻炼了我们的性格，教会了我们自立。因此，艰难常常会成为我们最好的磨砺机会，尽管我们还没有认识到。年轻的勇士哈德森被不公正地从印度指挥官的职位上撤职，他遭受了诽谤和批评，并为此深感痛心，不过他仍然勇敢地跟友人说："我努力勇敢地正视最糟糕的境况，正如我在战场上面对强劲的敌手一样。我竭尽所能地完成我的职责，对此我感到满足，毕竟我还能找到振作的理由；尽管有些差事是让人生厌的，只要好好地完成了，本身就是一种奖励；而就算没有圆满地完成，毕竟我已经倾尽全力了。"

在绝大多数情况下，陡峭的山冈上才能吹响生活的号角，如果不费什么力气，即使是胜利了也毫无荣耀可言。如果没有困难也就没有成功；如果没有奋力反抗的对象，也就没有值得奋斗的目标。困难或许会使胆小者停下脚步，但对勇敢者而言它只会是一种健康的兴奋剂。事实上，所有的生活经验都在告诉着人们，在人类前进的道路上会遇到很多障碍，绝大多数障碍都可以靠善良、诚实、热情、行动、忍耐来克服，然而更需要的是一种临危不惧、排除万难的坚定决心。无论对国家还是个人而言，困难都是一所最好的锻炼道德品质的学校。事实上，困难的历史同时也是人类成就所有最伟大、最美好事物的历史。人们很难说得清北方国家该如何感谢他们严酷而善变的气候和原本贫瘠的土地，但这些正是他们生存不可缺少的条件。他们终年不断的努力和奋斗是热带的人们无法想象的。因此，尽管我们最喜

爱那些具有异国情调的商品,但创造出这些商品所需要的技艺和勤奋却是来自于当地那些勤劳勇敢的人们。

人们必须学会怎样面对困难,不管是哪里有困难。困难能磨炼出人的力量和才智,就像田径运动员一样,通过登山来锻炼意志,才能在比赛时轻而易举地获胜。通往成功的道路也许崎岖陡峭,而勇于攀登高峰是一个人精神的最好证明。有经验的人就会知道,只有勇敢地面对困难才能战胜它。当你勇敢地拨开荆棘,你会发现它们其实像丝绸一样柔滑。对我们实现目标最有帮助的就是我们内心的信念,就是相信我们也一定会成功的信念。因而,困难在决心面前常常烟消云散。

只要我们敢于尝试,许多目标都可以实现。除非你去尝试,否则你永远无法知道自己能做什么,而大多数人则是被逼无奈时才会全力以赴。青年常常会沮丧地感叹:"要是我会这个会那个该多好呀!"但假如他只是一味地许愿,最终只能一事无成,必须将愿望化作决心和努力才行。一次努力的尝试要远远胜过一千次的许愿。正是"要是我如何如何"的假设显示了人的无能和绝望,使人永远徘徊在各种设想之中,并阻碍了愿望的实现及实现愿望的努力。林德爵士曾说过:"困难存在的理由就是为了被克服。"马上开始拼搏吧,在你一次次的努力尝试中,你会感到自己的力量一天天变得强大。在与困难的战斗中,你的智慧和性格将得到完美的磨炼,并能够充满激情、自由和从容不迫地去奋斗,没有经历的人是无法理解这些的。

我们所学的一切都是为了战胜困难,而克服了一个困难会有助你克服下一个困难。学习中,看起来价值不大的东西,例如研究那些已经消失的语言,线与平面的关系的数学问题等等,其实仍有着很大的实用价值。这价值不仅仅在于其中所包含的信息,而更在于研究这些学问能激发起一个人的努力和蕴藏的潜能。一波未平,一波又起,人生就是这样地前进着,不断地遭遇困难、不断地克服困难,直到生命和文化的终结。然而消极失意从来不会也绝不可能会对解决困难有任何帮助。阿勒伯特对那些刚学数学便感到困难重重的学生告诫道:"继续前行吧,先生!你要相信信念和力量正在向你走来。"

正是在不断的练习以及不断的失败之后,芭蕾舞演员和小提琴家才能磨炼出如此纯熟的技艺。在听到别人交口称赞其演奏旋律的从容优雅时,凯利希米说:"嗨!您永远不会知道这份从容优雅是怎样获得的!"当被问及花了多长时间完成一幅画时,乔舒亚·雷诺兹爵士回答道:"我的一生。"在给青年人的一次讲座中,美国演说家亨利·克雷这样描述他的成功秘诀。他说:"我毕生的成功,都应归功于一件事。27 岁那年我养成了每天阅读、朗诵一些历史和科学著作的习惯,并且坚持了好几年。有时我在麦田里朗诵,有时在森林,有时则跑到很远的畜棚,那里的牛和马是我忠实的听众。就是这段早年的经历不断地激发着我的热情与灵感,并从此塑成了我的性格,决定了我的命运。"

爱尔兰演说家丘伦年轻时说话口齿含混,在学校里被同学们戏称为"结巴杰克·丘伦”。上了法学院后,他就不断地和口吃的毛病做斗争。后来他参加了一个演讲协会,在第一次演讲开始时,他站起来后半天说不出一个字来,但此后他竟奇迹般地做了一个非常成功的演讲,这一偶然使他对自己的口才树立了信心,于是便以百倍的精力投入到演说中去。他每天都要花数个小时大声地朗读优美的文章,对着镜子仔细揣摩演讲时应有的表情,并发明了一套特殊的手势来弥补其外貌的缺陷。另外,他还模仿法庭辩论,像律师面对一个陪审团那样全心地去练习。艾顿公爵称成功的必要条件是“一文无名”,丘伦就是在这种情况下开始执业的。他在做辩护律师的过程中,仍不时地为当初演讲协会期间的缺乏信心所困扰。有一次他被罗伯逊法官激怒了,奋起反驳。事情的经过是这样的:在该案审理中,丘伦发现“他从未在他的法律藏书中见过法官引用的这条法律”,而罗伯逊法官轻蔑地说道:“或许是这样吧,不过我想这大概是因为您的藏书太少的原因。”罗伯逊曾匿名写过许多本宣扬极端暴力和教条主义的小册子,是位性情暴躁而党派门户之见极深的法官。法官这句话影射了丘伦生活的困窘,丘伦被激怒了,他这样回答道:“非常正确,法官先生,我确实生活拮据,买不起太多的书。我的书虽然数量不多,但都是精选出来的,而且我相信自己以科学的态度细读过每一本书。我从事这一高尚的职业靠的是研究一些优秀的著作,而不是去写一大堆乱七八糟的坏书。我不以自己的贫穷感到羞辱。相反,如果我靠谄媚和腐败来获得财富的话,我将深以为耻。假如我没有身份地位的话,我至少还有诚实的美德。如果我连这一点都做不到,那么许多例子都会告诉我,不择手段地谋取荣誉和地位只会让我声名狼藉、遭世人唾弃!”

对于注重提高自我修养的人们而言,极度的贫困绝不会成为其生活道路中的障碍。语言学家亚历山大·墨里教授是在一块一端燃焦了的旧木板上学会写字的,他的父亲是一位贫穷的牧人,拥有的惟一的书是一本一便士的《问答教学法简要》。也许是太珍惜的原因,这本书常常被藏在橱柜里。年轻时,莫尔教授贫穷到连一本《牛顿定律》都买不起,于是就找人借了一本,然后把整本书用手抄了下来。许多贫困的学生为生计奔波,就像小鸟在白雪皑皑的田野里觅食一样,只能挤出来一点零星的时间学习,在不懈地努力之后,终于获得了信念与希望。为了激励年轻人,爱丁堡的著名作家和出版家威廉·钱伯斯在给一群年轻人讲演时这样描述自己的出身:“现在站在你们面前的是一位自学者。我是在苏格兰简陋的教区学校里接受最初教育的。到了爱丁堡之后,因为贫穷,我白天必须辛苦劳作以维持生计,而每个夜晚都用来培养智慧,那是万能的造物主赋予的。从清早七八点到夜晚九十点我都在一家书店当学徒,我只能挤一点睡眠时间用来学习。我没读过什么小说,因为我的兴趣集中在物理学和其他实用领域。我还自学了法语。每当回想起这段时光我都非常愉快,也许还有一点点遗憾,因为我再也不能重新开始那段日子了。那时,我兜里揣着不到6便士的钱,在爱丁堡的一个破阁楼里学习,这种愉悦感要比我现在在这优雅舒适的大厅里端坐的感觉要好得多。”

威廉·科比特的经历对所有身处困境的学子一定是富有教育意义的。他回忆起当年如何学习英语语法时说:“那时我还是个日薪6便士的士兵,我那张警卫床的床边就是我学习的地方,我的背包就是我的藏书之处,膝盖上搁一块木板就是我的写字板。我没钱买蜡烛或灯油,在寒冷的冬夜里,我只能借着火光看书。像我这样条件极端恶劣,又没有父母、朋友的鼓励和支持,尚且能够完成这一事业,那么请问在座的年轻人,你们还能找得出什么理由不成功呢?尽管我有时连饭都吃不饱,但为了买一支钢笔或一叠纸,我还是从微薄的伙食费里挤出一点钱,我几乎没有一刻是属于自己的,我不得不在别人的闲聊、嬉笑、歌唱、口哨和打闹声中读书写字,这些头脑简单的人可是有很多自由支配的时间啊!你们能够想象吗?每一支笔、每一瓶墨水或几张纸的费用对我来说多么昂贵!当时我已经有现在这么高了,我的身体很好,经常参加运动,而我们当时食宿之外的零花钱每人每周才两便士。对此我记忆犹新。一个星期五,我买完生活必需品后还剩下了半便士,本来想第二天早上买条红鲱鱼的,但那天晚上我实在是饿得无法忍受,于是就把手伸进兜里想摸摸那半便士,发现它竟然失踪了!我趴在单薄的床单上,像个小孩一样地哭了!我还想再强调一遍,在这样的环境之中都能够面对并完成这项任务的话,全世界还有哪一个年轻人有理由说自己无法完成这一任务呢?”

关于坚毅求学,我们还曾听说过一个同样令人感动的例子。一个法国政治犯流亡到伦敦。他以前是一个石匠,后来由于经济形势恶化,他失业了,眼中满是贫穷带来的恐惧。无路可走的时候,他无意间遇见了另一位流亡者,以教授法语为生,收入很不错,便向他请教谋生的方式,回答是:“做教师!”“教师?”石匠惊讶地说:“可……可我只是个工匠!你一定在开玩笑吧?”朋友回答道:“不!我是认真的。我真的建议你去当一名教师。我保证教会你怎么去教导别人。”“不!不,”石匠回答,“这不可能!我年纪太大了,怎么学呢?而且我所知甚少,怎么能成为一名学者呢?怎么能当一名老师呢?”于是石匠走了,又四处寻找适合自己的工作。他离开伦敦前往外省,走了几百里路,仍然找不到工作,只好无功而返。回到伦敦后,他直接去找那位流亡者,并告诉他:“我已经尝试了几乎所有的工作,但都失败了。现在我想做一名教师了!”于是他马上开始向这位朋友请教。这位石匠思维敏捷、实践能力极强,很快就掌握了基本的语法、文法和标准的古典法语的发音。当他的朋友兼老师认为他已能胜任教师一职时,石匠就去应聘并顺利地获得了一个教师职位。看吧!工匠师傅最终成了一名老师!巧合的是,在伦敦郊区他任教的一个学校恰好是他曾做过石匠的地方。每天清晨他从教室的窗户往外看,第一眼看到的就是他自己造的一个农舍烟囱!起初他还怕人认出来而有损于学校的名声。但当他以能力证实了自己确实是个非常称职的教师,而他的学生也多次因法语成绩优异而受到公开表彰,慢慢地这种顾虑就如烟云般消散了。此外,他还博得了所有人的尊敬和友谊,无论是教师还是学生,而当人们知道了他的过去以及他那些面对困难努力奋斗的历史时，对他的敬意有增无减。

同样，塞缪尔·罗米利勋爵也是位孜孜不倦的自我修炼者。他的父亲是位珠宝商，祖父是法国的流亡政治犯。小时候塞缪尔没有受过什么教育，但凭借在生活中的不懈努力和奋斗，他终于克服了所有的困难。在自传中他这样写道："十五六岁时，我就下定决心认真地学好拉丁文，而那时除了一些众所周知的语法规则之外我对拉丁文几乎一无所知。此后的三四年里，除了瓦罗、哥伦麦拉和塞色斯这些作家的作品之外，我饱读了每一位散文家的作品。李维、萨勒斯特和塔西佗的著作我通读了三遍。我研究过西塞罗最著名的演讲，翻译过荷马的许多作品。泰伦斯、维吉尔、霍洛斯、奥维德和朱维诺的作品我三番五次地阅读。"他还研究过地理学、自然科学、自然哲学，并且知道不少。16 岁时，他就当上了坎色雷法院的文书。因学习刻苦，不久又通过了律师资格考试。在福克斯统治的 1806 年，他成为总检察长。但他却总是困扰于对自我修养的不满并因此而感到痛苦和压抑，于是他不断地进步以期弥补。他的自传非常富有启发性，值得一读。

瓦尔特·斯各托勋爵有一位年轻朋友叫约翰·莱登，瓦尔特经常把他称为他所知的最具有坚忍精神的榜样之一。约翰是罗克斯伯格席尔穷山沟里的一个牧民的孩子，他几乎完全靠自学成才，正如许多斯考奇牧民的孩子们一样，莱登利用在山坡上放羊的闲暇时间学会了识字，正如墨雷、费格林和其他许多人一样，莱登很小就有一种对知识的渴求。当时他还是个赤脚的穷孩子，每天要步行八里沼泽地到克刻顿的一个山村小学去上学，这就是他受过的全部正式教育，其余的则全靠自己。就是这样一个孩子，竟然从贫穷的山村踏入了爱丁堡的大学校门。这位奇才最早是被阿希伯尔德·康斯特伯(日后成为著名的出版商)——小书店的一个老主顾发现的。莱登每天都得登上梯子整理沉重的文件和书籍，工作的繁重使他忘记了餐桌上的面包和开水。阅读书籍和聆听讲座成了他的全部愿望。就这样他在科学的门前辛勤耕耘着，直到不懈的努力为他带来了胜利的硕果。莱登以其对希腊文和拉丁文的渊博知识让爱丁堡的所有教授都望尘莫及，那时他未满 19 岁。随后，他开始对印度感兴趣，打算在政府部门谋得一个公职，虽未能如愿，但他得知正空缺一个外科医生的助理职位。他并非外科医生，对这一行几乎一无所知，但是他可以学习。学习这些知识通常需要三年的时间，而他被告知必须在 6 个月内通过考查。莱登面无惧色，6 个月后他以优异的成绩取得了学位。于是在发表了他那篇优美的诗作《婴儿之见》后，莱登就航海前往印度了。在印度他决心要成为一名最伟大的东方学者，但不幸的是，他的计划被热病所打断，这个天才盛年早夭。

已故的剑桥大学希伯来语教授李博士的一生则为毅力和决心怎样影响并决定了一位文学界泰斗提供了最好的例子。在劳格纳附近的一所慈善学校上学时，李博士并不是个引人注目的孩子，班主任甚至称他为自己所教过的最笨的学生之一。毕业后他给一个木匠当学徒，直到成年。为了将闲暇时间充分利用起来，他开始学

习。有的书里经常引用一些拉丁文,为了弄清楚那些引文的意思,他买了本拉丁语法书,开始学习拉丁文。正像斯通很早说过的那样:“只要学会了 24 个字母,一个想学习的人还会需要什么呢?”于是,他起早贪黑开始学习,在学徒期满之时,他对拉丁文已经非常娴熟。有一天他经过一个教堂,偶然看见一块希腊文的墓志铭,于是又立刻产生了学希腊文的想法。他卖掉了一些拉丁文书籍,买回一本希腊语法和词汇书,开始津津有味地学习起来,并很快掌握了这门语言。此后,他又卖掉了希腊文书籍,买回希伯来文的书籍开始学习。他没有得到任何老师的指点,对于名利也毫不贪图,仅仅是因为自己感兴趣。

他继续开始学习叙利亚等国语言。但是,学习已经对他的健康有所影响,长期的晚上看书使他的视力受到了损害,他不得不休息。一段时间后他恢复了健康,又重新开始了日常的工作。他的经商才能也很高,生意做得不错。28 岁时他结了婚,婚后他决定尽职尽责地维持家庭生计,并放弃对文学的喜爱。于是,他卖掉了全部藏书。他本可以继续做一辈子的木匠活来维持生活,结果木工工具箱被一场大火烧毁。这下他变得一贫如洗,由于买不起新的工具,他想给儿童做家教,因为做这种工作不需要什么本钱。然而尽管他精通许多门语言,但由于没有专业知识,刚开始他也不知道如何去讲。为了解决这个问题,他开始勤奋学习算术和写作,以便能够给孩子们传授这些基本学科的知识。他自然、淳朴、优雅的个性渐渐地吸引了周围的人,他得到了个“博学木匠”的美名并从此声名远播。斯科特博士——一位邻近的牧师帮他找到了一份职位,即在什鲁斯伯利慈善学校做校长,并把他介绍给一位著名的东方学者。这些朋友还给他提供图书,帮助他掌握了阿拉伯语、巴西语和印地语。在县里当民兵时,他继续做研究,逐渐精通了几门语言。在其资助人——善良的斯科特博士的帮助下,李博士进入剑桥大学女皇学院学习。由于数学成绩十分突出,又精通阿拉伯语和希伯来语,刚好学校有个职位空缺,于是他很荣幸地被聘任为阿拉伯语和希伯来语教授。

除了在教授职位上做得有声有色之外,他还积极利用业余时间用东方语言帮助传教士传播福音,把《圣经》翻译成其他几种亚洲语言。他精通新西兰语言,于是帮助当时在英国的两个新西兰官员编写语法和词法教科书。时至今日,他当时编写的教科书仍被新西兰的学校广泛使用。总之,这就是塞缪尔·李博士非凡的人生历史。他是自学的典型之一,也是许多著名的文学家和科学家生活的真实写照。

在学习这一问题上,可以找到许多杰出人物来证明“亡羊补牢,未为晚也”这句谚语的真理性。如果一个人决心学习,那么即使他年龄很大也会取得非凡成就。亨利爵士在 50—60 岁时才开始研究自然科学,斯科特 40 多岁了还没有出名,卜珈丘从事文学时 35 岁,而阿尔菲研究希腊语时已经 46 岁,阿诺德博士学习德语时年事已高,弗兰克林 50 岁后才全身心投入自然哲学,詹姆斯·瓦特 40 岁左右在格拉斯哥学习德语、法语和意大利语,托马斯·斯科特博士 56 岁开始学习希伯来语,罗伯特·霍尔晚年开始学习意大利语,汉德尔46岁才发表了巨著。无数的例子证明,年龄对人们的学习和成就并没有影响,只有那些没有毅力的懒汉才会说:"现在再学习太晚了。"

在这里,我还想再次强调,推动和领导世界的并不是那些天才,而是那些意志坚强、孜孜不倦、持之以恒的人。尽管不能否认有的人是天性聪明,但这并不意味天赋决定了人们将来的成就。那些"神童"长大后成为了什么样的人呢?成绩最优秀的那些学生后来又到哪儿去了呢?追踪他们人生的足迹,我们经常发现那些小时候调皮捣蛋的学生长大后反而超过了神童。聪明的小孩往往比其他小孩更容易得到奖赏,但这对他们来说未必是好事。因此,我们应该肯定的是勤奋努力和决心毅力。如果资质平平却事事尽力而为,这样的孩子无疑最应该得到鼓励。

小时候愚笨长大后却颇有才能的人举不胜举。小时候画家皮埃托·迪·考托纳因为太笨,被叫做"傻蛋"。托马斯·古蒂常常被称为"呆瓜",但经过勤奋努力,他终于获得了最高的荣誉。牛顿小时候全班倒数第二,还被一个优等生欺负,但这个笨孩子却勇敢回击,并下定决心从此以后勤奋学习,努力成为一名优等生来征服对手。"功夫不负有心人",他终于实现了愿望。许多最伟大的神学家小时候并不是神童。艾萨克·拜罗小时候因为脾气不好并且争强好胜,不讨人喜欢,成为学者后又因狭隘和懒惰而被人厌烦。他将自己所有的缺点都归咎于他父亲那句话对他的影响。他父亲曾说,如果少了一个孩子能让上帝高兴的话,他但愿这个孩子是艾萨克·拜罗,因为他最没有希望。尽管亚当·克拉克小时候力气很大,甚至能滚动石磨,但被父亲认为是"可怜的傻瓜"。在圣安德弗教会学校上学时,著名的凯莫斯博士和科克博士被认为既愚笨又调皮。他们的老师一怒之下,还开除了这两个"无可救药的笨蛋"。

天才的谢里丹孩提时几乎没表现出任何才能。在向老师介绍自己的儿子时,他的母亲称他为无可救药的笨蛋。在爱丁堡大学上学时,戴乐尔教授当着同学的面宣称瓦尔特·斯科特以前如何笨拙,今后也绝不可能更聪明。当凯勒顿被退学时,大家认为他是"不会有任何成绩的孩子"。彭斯曾是一个缺乏才艺的小孩,只擅长于体育运动。哥德·史密斯把自己比作一株迟迟开花的植物。阿尔菲离开大学时并不比他进校时聪明多少,在跑遍了半个欧洲后,他才开始从事那项后来使他闻名遐迩的研究。罗伯特·克莱夫小时候不是被叫做恶棍,就是被当成笨蛋,他总是精力旺盛,四处惹事。家人很高兴地把他送到马德拉斯,在那里他建立起英国在印度的统治基础。拿破仑和惠灵顿孩童时都是极不招人喜欢的小男孩,在学校里没有一样出色,学校的前任校长阿勃朗特女爵这样评价他:"身体健康,但在其他方面就像别的小孩一样毫无特长。"

美国联邦军总司令尤利塞斯·格兰特的母亲曾经把小时候的他称为"无用的格兰特"。因为那时候他既不机灵,也不讨人喜欢。李将军最出色的中尉斯迪·杰克逊年轻时也是以迟钝出名，然而到西点军校后他却因为坚毅和忍耐而备受关注。如果没完成一项任务，他是绝对不会离开的，而对于自己没有完全掌握的知识，也从来不会不懂装懂。他的一个朋友写道："当老师要他回答当天的问题时，他总是回答说：'我还没有看呢，我一直忙着复习昨天和前天的内容。'"全班一共70人，而他的成绩是倒数第一，但毕业时他成为班里第17名，提高了53名。他的同学说，如果学习的时间是十年而不是四年，他肯定会比其他人提前毕业。另一个杰出的"笨人"是慈善家约翰·霍华德，在七年的中学里几乎没学到任何东西。年轻的史蒂芬森只以投掷、摔跤以及对工作的专注而出名。著名的亨福利爵士也不比别的孩子聪明，他的老师卡顿博士曾说过："和他在一起的时候，我并未发现他的才华，尽管他是因才华而著名。"瓦特也是一位笨学生，尽管有人说他是神童。他的成功更要归功于坚韧、执著和他的细心，正是由于这些品质以及训练有素的发明能力，才使得他最终发明了蒸汽机。

阿诺德博士关于儿童问题的论断对于成年人也完全适用。他认为，人与人的区别不仅在于才华，更在于精神。意志和精神能很快养成良好的习惯，假如智力较差的人意志坚强并能专心致志，不久他就一定能超越他聪明的同伴，最终赢得胜利。为什么孩子在校期间的名次往往跟他们日后事业上的成就成反比，正是毅力说明了原因所在。我们常常惊异地发现许多在校表现优异的学生出了校门后却变得极为普通，而许多迟钝但名次较稳定的学生却出乎意料地成为各领域的杰出人物。本书的作者小时候就曾有幸与世上最大的笨蛋之一同班。一个又一个的老师千方百计想让他变得聪明一点，却都以失败告终。体罚、嘲笑、恳请，各种方式对他都无济于事。有时老师试着让他的成绩排在班级前列，结果他仍然不可救药地跌落到最后一名。最后老师们无计可施，都放弃了努力，其中一位甚至称他是"愚笨透顶"。然而尽管愚笨，这个孩子长大后却拥有了一种笨人的毅力，后来人们惊奇地发现，他的事业远远超过了大多数同学。最近一次作者见到他时，他已在当地担任治安大法官了。

能使乌龟在比赛时胜过野兔的正确方法只有勤奋。一个年轻人笨一点也没关系。头脑敏捷未必就是件好事，正如有的孩子记得快忘得也快一样。而且聪明的人往往觉得没必要像愚笨的人那样培养实践的习惯和坚韧的品格，而这些习惯和品格对性格的塑造是非常关键的。正如戴维所说："现在我所有的一切，都是拜我自己所赐。"这句话是一个普遍的真理，放之四海而皆准。

最后，让我来总结一下吧：最好的教育不是来自于学校或大学老师那里，而更多的是来自于我们成人后的勤奋的自我教育。所以，父母们不应太过急切地希望孩子们出类拔萃，而应该耐心地观察和等待，通过榜样的力量与不懈的努力来取得良好的效果，其余的就全部拜托上帝了。希望他们明白：应当趁年轻的时候锻炼体能，以拥有强健的体魄，为走上自我教育之路打好基础。同时注意培养实践的习惯和坚韧的品质。身体与精神具备了良好的素质后，他才会精力充沛、积极有效地浇灌他人生的花园。

力量的源泉在于行动

人们可以压抑一个小孩的呼吸，但永远不能抹煞人的成绩。事业的生命力总是旺盛的，不管我们是否意识到。

——乔治·艾略特

榜样堪称最好的老师，它的语言是无声的，教给人们许多书本上没有的东西。榜样的力量在于行动。行动在说服人、教育人和启迪人方面比语言具有更多的力量，因而行动是力量的源泉。说教往往是空洞无力的，但榜样却可以不知不觉间给人带来巨大的影响和鼓舞，甚至习惯成自然。受榜样的影响而形成的良好习惯往往能让人受益终生。一万个空洞的说教不如一个实际的行动。多少说教者嘴上说一套、行动又做另一套，这种说教有什么意义呢？现实生活中总有人喜欢让别人按他说的去做，而不能按他做的去做。言行不一，爱说大话、空话和套话去教育别人，这不过是在自欺欺人！因为聪明人都知道人们不是用耳朵而是用眼睛来辨是非、下判断。耳听为虚，眼见为实，亲眼看到远比道听途说的要深刻、丰富得多，所以人们往往将那些天花乱坠的大道理当做耳旁风。

对于年轻人来说，获取知识的主要途径是他们的眼睛。不管看到什么，他们都会下意识地模仿，并在不经意间形成与周围人相同的行为模式，这正如许多昆虫与它们所吃的树叶颜色相同一样。因此，家庭对个人的影响是非常重要的。家人的一言一行都会深刻影响一个人，这种影响远远大于学校和社会对他的影响。家庭是社会的细胞和缩影，是培育国民性格的摇篮。不管这个家庭的道德是高尚还是败坏，对子女都会产生巨大的影响。在家庭中逐渐养成的品德、习惯、生活准则以及待人接物的方式等都会对子女产生终生难以磨灭的影响。一个民族的全体国民都是从家庭的“育婴室”中成长为独立个体的，这个“育婴室”的环境、道德、文化、思想品位等等都会潜移默化地影响全体国民。在很大程度上，公共舆论只是扩大化的家庭生活准则，慈悲、行善、友爱都源自于家。柏克曾说过："给他人友爱是最珍贵的人类之爱。"从爱他人的心灵出发，就会爱人类、爱世界。真正的博爱之心和仁慈之心一样，都来自于家，却又不为家庭所局限。

有些行为看似微不足道，但即使是这样的行为也不能忽略，因为这些微不足道的地方也会对孩子的品格产生不可忽视的影响。父母的品行、性格往往会折射在孩子的身上。孩子可能会将父母的谆谆教诲忘得一干二净，但他们日常生活中表现出来的情感方式、纪律观念、勤劳操行和自控能力等行为却会在孩子们的心中产生长久深远的影响。一些有远见的男人常常把孩子看成自己未来的再现，我们确实也能在许多孩子身上见到父母的影子。父母的一举一动，甚至有意无意的一个眼神都可能在孩子心中产生不可磨灭的印迹。我们无法计算父母平时的良好行为抑制或消除了多少孩子的邪恶行为，但多少孩子受到不良思想的影响、甚至走上犯罪道路是与父母有着直接的关系的？正是那些父母亲不经意的细小行为对孩子的品德、做人产生了巨大的影响。韦斯特曾说过："母亲甜蜜的吻使我成了一名画家。"许多人的成功与幸福往往与父母的这些看似微不足道的细节紧密相连。父母对小孩的良好影响往往能对他的成长起巨大的促进作用。成名后的福韦尔·柏克斯顿在给母亲的信中写道："我总是由衷地感觉到，为别人尽心尽力去工作和努力是一条永恒的原则，而这一原则是母亲您以自己的行动教给我的。"柏克斯顿也常常满怀感激地提到一个名叫亚伯拉罕·普拉斯特的猎场看守人对他的无形熏陶。普拉斯特是个大字不识的粗人，柏克斯顿经常跟他在一起骑马、游玩，两人私交甚笃。这位不会读书写字的普拉斯特天赋却极高，而且很有正义感。"他为人非常正直，坚持原则。他从不做也不会提到任何一件我母亲认为不对的事。他总是把一切正义、美好和纯洁的东西灌输给我，他本人也是满怀这些思想；他荣誉感非常强，言行认真，一丝不苟；他乐善好施，尽管自己也是身无分文，却总是乐于给予别人和帮助别人。只有在古罗马哲学家塞尼加和罗马大作家西塞罗的作品中，才能真的看到这种人。普拉斯特不仅是我的启蒙老师，也是我最好的老师。"

在回忆起母亲时，洛德·蓝格德尔曾说："如果把整个世界放在天平的一端，而把我母亲放在另一端，这巨大的天平会立刻倾向我母亲。世界的渺小是因为我母亲太伟大。"柏尼克夫人，纯丝切梅尔在晚年说起母亲对自己的巨大影响时曾百感交集："每当母亲来到房间里时，那种祥和平静会立刻感染在座的每一个人，她的每一句话，甚至每一种语调都给人一种清净舒服的感觉。在这种庄严却轻松的气氛中，每一个人都自由地倾吐思想，心灵仿佛沐浴后般清爽，人也似乎更有精神了。当母亲在身边时，我几乎变成了另一个人。"良好的家庭氛围对于一个人品格修养的形成是多么重要啊。父母的言行举止会被孩子们看在眼中，记在心里。也许我们可以把父母教育子女的全部内容归纳为一句话，那就是改善和提高自己。

人类的行动和语言都会产生相应的后果,父母或周围人的一言一行也会对孩子产生相应的后果,这些后果很可能是极其深远的。它们到底会是什么,这个问题常常被人们所忽略。其实这是一个非常严肃且非常重要的问题。在社会生活这幅巨图上,每一个人都描绘出自己或浓或淡的一笔,在某种程度上影响到周围的人,同时也受到他人的影响。好的言行必定会长留人间,或许我们一时片刻看不到它所产生的直接后果,但其影响仍继续蔓延在天地间。同样,一切丑恶的行为和语言也会长久存在并产生其不良的影响。任何人,不论伟大或渺小,都不可能认为自己的言行举止对这个世界没有或好或坏的影响。好坏之间没有调和、折中的余地。不正即是歪,不好即是坏。人的肉体终有一天会从这个世界上消失,但崇高的精神却可以永远存在。理查德·科布登逝世时,迪士雷利先生在众议院宣称:"他虽然已离我们远去,但他仍是众议院的一员,他那与时俱进、全心为民、敢于承担的精神将在我们众议院永存!"

确实有某种不朽的精神存在于人生和世界上。不管是伟大或是渺小,任何人都是这个相互依赖、相互关联的社会系统中不可缺少的组成部分,任何个体都不可能单独地存在。正是这些个体的行为加强或减弱了一切不良东西的影响。现在扎根于过去,今天扎根于昨天,先辈的榜样和生活无时无刻不在影响着我们,而我们的日常生活又为下一代人的生活建立了基础。每一代人都是以前无数代人文化熏陶的结果,水有源、树有根,人不可能离开先辈的影响独自生存和发展。而现在这一代的言行、文化又注定与未来下一代密切相关。一个人的躯体终会消失,变成一抔尘土,或一缕青烟,但他在这个世界上的业绩不会消失,他或好或坏的行为必定会开花结果,影响后人。每一个人都肩负着这样的使命——继承过去,开创未来,而这项使命是极其重要而庄严的。

贝必克先生在他的作品中以其特有的锋芒深刻地表达了这一思想:"每一个原子,每一颗极小的微粒,不管它带来的是好处还是坏处,无论它是遭人非议还是光彩照人,它都包含有自己特殊的意图和倾向,圣哲可以从中悟出理性和智慧,因为每一颗原子和微粒在其内在本质中都蕴藏着圣哲的思想。一颗颗简单而平凡的原子以各种方式与那些微小甚至低级的东西相互联系、相互影响着。空气本身就是一个巨大的藏书库,人类所说的一切,哪怕是低声浅语都被记载于其中。存放在这浩瀚的书库里的每一本书上,都记载着遥远的过去,以及现在正发生的事情,人类未了的心愿、未曾履行的诺言、未能完成的使命等等,无一逃脱。那些相互联系的细小微粒不会消失,同样人自身的意志、心愿也不会消亡。如果说我们片刻离不开的空气是一个永远不变的真正的历史学家,它真实地记录了人类的思想感情、兴趣爱好的话,那么大地、太空和海洋也以其特有的方式记载了我们人类的所有活动,毫无疑问,这种作用的原理也适应于它们自己。大地有灵、苍天有眼,人类虽然拥有智慧,却不过是上天所造的一种物质。不管是通过自然作用还是通过人为作用,

没有哪种运动或作用是完全消失了的。如果上帝真的已经把罪恶的痕迹擦干净了的话,那作为全能主宰的他应当确立其特殊的规则,使那些狡诈的罪犯与他所做的一切相联系。"不管怎样切割一个原子,其结构总是存在的,并总是通过各种方式与周围世界发生联系。无论一个人置身何处,也总会与周围世界发生千丝万缕的联系。外界的不良影响到达一定程度,好人就会变质,就会滑向罪恶的深渊。

因此,我们的一言一行以及我们所见到的别人的言行,都会对我们自己,并且会对周围的世界产生很大的影响。我们的言谈举止会对我们的孩子、朋友以及其他人产生什么样的后果,也许我们并没有明确的认识,但有一点可以肯定,那就是这种影响确实存在并将长久地起作用。所以,无论何时何地,不管你是什么人都要严格要求自己,注意自己的言行。这是每一个人都能做到的,无论你多么贫穷或地位多么低微,都应该这样做。一个人能坚持这样去做,或每个人都要求自己这样做,这是一件非常了不起的事。在这个世界上,平凡人的一言一行有时能改变一个伟大的人物,但伟大人物之所以伟大,往往在于他善于向平凡的人学习。事实上,平凡与伟大的区别并不那么绝对,许多看起来"伟大"的人物常常很笨,而许多地位卑微的人却充满智慧。有智慧的人未必富贵,而富贵的人未必有智慧。当然,世界上卑微的人不一定非得把这些简单却有价值的启示归功于别人,而自己却一无所有。其貌不扬的蚌壳里往往藏有珍珠,山下的灯虽不如山顶的灯那么显赫,但它仍然照亮自己力所能及的范围。不管看起来多么糟糕的山间茅屋或穷镇陋巷中,都可能诞生真正的大人物。事实上,很多伟人都出自贫寒之家。真正了不起的人会为了他人而努力工作,有许多人在远远大于自己地盘的土地上耕耘着。一个普通的车间完全可能成为一个科研基地、一个锻炼的熔炉,也可能成为堕落的场所。一切都在于自己,在于你能否充分利用一切机会。不同的人在同样的环境下也会产生不同的结果。其中一个决定性的因素就在于这个人是否能够主宰自己。

一个人如若勤劳、正直、诚实地度过一生,那么这就是留给他子女,也是留给世界的一份丰厚遗产。他们一直追求美好的人生,而宝贵的精神财富就蕴藏在平凡之中。这样的一生就是对美好道德的最好证明,是给世人上了正义的一课。这样的人们永远会被世间的人所感激和追忆,因为他们为自己儿女和其他人树立了榜样。洛德·黑尔曾说:"我认真考虑后发现,我的父母对他们的儿子没有特别的影响,正如他们的儿子从未让他们流过一滴泪一样。我实在搞不懂父母与子女之间会有什么影响。"波普认为,这些人的生活本身就对黑尔的这段话作了最有力的反驳。

做什么事情,只动嘴是不行的,关键在于行动。切丝黑尔姆夫人向斯特威夫人谈起她的成功之道时说:"我发现,如果我要完成一件事情,我必须立即动手去做,空谈一点用都没有!"切丝黑尔姆夫人这句话是个放之四海而皆准的真理。说话不切实际的人最让人反感,成功也不会光顾这种夸夸其谈的人。如果切丝黑尔姆夫人只是满足于她的演讲和计划而不付诸行动，她就是空谈家，人们也就不会相信她所说的一切。当人们亲眼看到她以行动实现了她的计划时才赞同了她的观点。最大的慈善家不是那些说得天花乱坠的人，而是那些实实在在做事的人。

那些处在社会最底层的人，只要用心认真努力地工作，必将赢得成功。出生并不决定一切，努力才是最重要的。托马斯·韦特曾谈过改造罪犯的问题，约翰·鲍德斯也说过要创办孤儿学校，但要是他们没有付诸行动，良好的愿望就只能停留在口头和文字上，毫无用处。只有当他们不是光说而是脚踏实地去做时，事情才会有改变。当人们亲眼看到约翰·鲍德斯这位朴茨茅斯的修鞋匠取得的成就时，即使是那些最无聊、最怨天尤人的人，也会感到莫大的鼓舞。

我对这件事情产生兴趣完全是出于偶然，人的命运常常难以预料，有时偶然性会起到决定性作用，就好像有时一些细小因素也会改变大江大河一样，有时一个闪念就会使一个人的命运得到改写。这听起来貌似有些离奇，但这确确实实就是生活。我对孤儿学校产生兴趣是由于一张图片。那是福斯海滨的一个古老、偏僻和破旧的自治市，托马斯·凯尔姆先生的故乡。几年前，当我走进那里一家小客栈坐下来休息喝茶时，看到墙上挂着许多图片。图片上画着一些身着盛装的漂亮的牧羊姑娘，手执牧羊用的弯柄杖，与海员们在一起嬉戏。但是，吸引我的不是这些，而是挂在壁炉架正上方的一幅关于修鞋匠的房子的画。画中，戴眼镜的修鞋匠正忙着修补一只夹在两膝间的破鞋子。修鞋匠前额较宽、嘴唇较厚，坚毅而又慈祥地望着他身边许多衣衫破烂的小孩。这些小孩则好奇地望着这位修鞋匠。不知是修鞋匠慈祥的目光感动了我，还是可怜的孩子们引起了我的同情，我走了过去。只见图画下方写着：约翰·鲍德斯，朴茨茅斯的一位修鞋匠，他怜悯那些被官员、被女士先生们抛弃的孩子，不忍心看到这些失去父母的孩子在街头流浪，而他们的父母亲却大都过着舒适的生活。于是，他把这些无家可归的孩子收养起来，并把他们教育成为对社会有益的人。先后被他救助的小孩不少于500人。看到这些，我的心灵被震撼了。一个普通的修鞋匠凭着自己的爱心和毅力，为这些被人遗弃的小孩默默奉献却不求回报，真是令人钦佩。一刹那，我的精神得到了升华，同时我为自己对社会的无所作为而感到羞愧。我的情绪一直激动了好几天，我曾对我的朋友说过："这位修鞋匠是仁慈、博爱的化身，应该在英国为他建一座最高的纪念碑。"现在我已冷静下来，但我认为不应该收回这句话。这位修鞋匠那"普爱众生"的精神激励着我，我决心继续他的事业。约翰·鲍德斯很聪明，如果以其他方式无法赢取一个穷孩子的信任，他会以独特的方式去做。人们常常见他在码头上追着一位衣不裹体的小孩，力图说服他进入他的特别学校学习。他并没有像警察那样以武力征服，而是耐心地讲道理，直到这个小孩跟随他来到孤儿学校。他知道爱尔兰人喜好烤马铃薯，于是人们常看到这位穿着破旧大衣的修鞋匠，把烤马铃薯送到一样衣衫破烂不堪的小孩手中。后来，大家都对修鞋匠的慈爱之心有所了解，并给予了他许多赞扬,但他本人却从不在乎这些盛名与赞誉。他知道自己不过是尽一个修鞋匠的所能给这些没有家的小孩一些保护和关爱罢了。他可以改变几十、几百人的命运,但却不能改变整个世界。看到这些幼小的生命被家庭抛弃,修鞋匠心里非常难过。这些事使修鞋匠声名远播。主对他说:你一辈子帮助那些可怜的孩子,这也是在给我帮忙啊!榜样能够给人带来巨大的影响。生活在我们周围的人的品格、行为方式以及他们对事物的看法都无时无刻不在影响着我们,只是有时我们感觉不到罢了。好的行为方式可以指导我们的生活,好的榜样则影响更大。好榜样的行动是一种现身说法的教育,生动而富有感染力,告诉我们应该怎样去做,而一个坏榜样也能在顷刻间摧毁美丽的道德殿堂。环境对人有决定性的影响,对于品格正在形成的年轻人来说,慎重交友是十分重要的。年轻人吸收快,容易模仿别人。只要朋友中有一个染上了坏习惯,其他人就会竞相效仿,不知不觉间就都会染上恶习而难以改掉,这就是交友不慎所造成的结果。鸠格卫斯先生坚信,年轻人在一起,很容易被同化而趋于一致。经常在一起的人,连讲话的腔调都会变得很相似。物以类聚,人以群分。想了解一个人只要看他的朋友就行了。一个好朋友可能会成就自己,一个坏朋友也可能毁掉自己。我的座右铭是:择其善者而从之,其不善者而改之。路德·格林伍德写信给年轻人说:“你们一定要牢牢记住,不能与卑劣的人为伍,宁可独自一人。你的朋友最好是那些品格高尚的人,应该与你一样,当然如果他比你更优秀,那就最好不过了。”与好人相处会变好,与坏人相处则会变坏。在某种条件下,外因会起决定性作用,尽管这种作用是通过内因来起作用的。彼特·李利先生说过,眼睛是心灵的窗户,淫秽的东西能令人心迷乱,人看了之后总想模仿,念头一旦产生,就很有可能付诸行动,有时走上歧途就是因为这一念之差。所以我从不看那些邪物淫画,我也竭尽所能去帮助每一位年轻人走上正道。

年轻人应该有凌云之志,有同样渴望上进的朋友,对朋友的要求高实际上也就是对自己要求高。从古至今,许多英雄豪杰都把选择朋友看做一件大事。与品德高洁的人做朋友,自己也会变得高洁;与小人做朋友,自己也会变成小人。弗朗西斯·霍勒平生喜欢与德才兼备的人交友,这让他获益良多。他曾感慨地说:“我敢肯定,我从我的朋友那儿学到的东西远比我从书本上学到的多。一位正直而渊博的朋友就是一座神圣的图书馆,只要你是他的好朋友,你就随时可以进入这座图书馆。”洛德·舍尔贝恩年轻时曾拜访过尊敬的马尔斯贝恩先生。这次拜访给洛德留下了深刻的印象,他写道:“我曾拜访过很多名人,对我都没有产生太大影响。但是当我见到马尔斯贝恩先生时,我的心灵被震撼了。他像一位世外高人,悄无声息地净化着我的灵魂。凡崇高圣洁的人,都必须具有凡人所没有的感化人心的力量。”福韦尔·柏克斯顿谈到格利一家对他性格、品质产生的巨大影响时说:“他们一家改变了我的一生。”在谈及他在都柏林大学的成功时,他又说:“可以用一句话来总结我的成功,这句话就是,格利一家给我的巨大影响促使我不断地追求进步。”

鲜花赠人,余香留手。与德行高尚的人相处,也会使自己变得高尚。凡是与约翰·斯特林交往的人都会从他身上感受到种种有益的影响。许多人发自肺腑地说:“正是因为有了斯特林的影响,我们才能成功。”还有人说:“斯特林让我们明白自己是谁,应该做些什么。”特契先生在谈及斯特林时曾说:“凡是与斯特林先生交往过的人,没有人不被他那崇高的品德所感动。只要和他在一起,你的灵魂就会得到升华。每当我与他交谈后离开时,我总感到自己超脱了尘世的烦恼,充满了前进的动力。”高尚的品德情操总能震撼并鼓舞人的心灵。与斯特林先生在一起,我们的精神在无形中也得到净化,时间一长,我们的待人处世也就有了他的风范。这是心与心之间的相互作用。精神需求是人类的一种内在本质的需求,高尚的精神永远像明灯一样指引着人类前进的方向。

艺术家之间的交流也能产生一种强烈的感染力,使自己的精神得到升华和提高。奥国著名作曲家海顿的灵感就是英国著名作曲家韩德尔激发出来的。一听到韩德尔演奏,海顿的创作灵感就如万泉迸流。要是没有这一次意外,“我绝不可能创作出这一曲子”。海顿还说:“他演奏的曲子声如金戈铁马不绝于耳,那时候就不仅仅是欣赏了,连血液都会随之沸腾。”近代歌剧之父、意大利作曲家史卡拉迪是韩德尔的另一崇拜者,跟随韩德尔走遍了整个意大利,每当谈及韩德尔,他总是在胸前划十字架,表示对他的崇拜就像对上帝一样。真正的大艺术家总是互相欣赏而不是相互嫉妒的。贝多芬对意大利大作曲家凯路比亚非常钦佩,对奥国著名作曲家舒伯特更是称赞有加:“舒伯特身上燃烧着天才的火焰。”诺斯克特年轻时十分崇拜大画家李罗德。有一次,李罗德在得文郡参加一个公开会议,诺斯克特冲到李罗德面前激动地说:“我由衷地佩服您的天才!”这是年轻人情不自禁表现出对天才的佩服之情。天才的灵感往往就是通过互相激励才能涌现出来。

勇敢的行为往往能鼓舞软弱的人,并使他们振作精神,勇往直前。有多少人在英雄的感召之下,爆发了无穷的潜力,并创造了奇迹。有时只要想想那些英勇的事迹就能使人精神振奋,忘记所有困难。英雄的力量就像号角一样催人奋进。波希米亚英雄扎卡把自己的皮留给后人制成战鼓,以鼓舞波希米亚人的勇气。普鲁斯国王斯坎德贝格逝世后,只要看到他的遗骸,土耳其人就会想起他生前在战场上所向披靡的英雄气概,立刻就会精神高涨。在把普鲁斯的心脏运往圣地的途中,英勇的杜格拉斯看到一位武士被撒拉逊人重重包围并渐渐逼近,他毅然从脖子上取下装有英雄遗物的银盒子,并把它丢向敌人最密集的地方。他一边冲向敌军,一边高呼着“英雄的国王普鲁斯,你的战士杜格拉斯一定要像你一样英勇不屈”,最后壮烈牺牲在普鲁斯的圣物旁。

人物传记中有许多令人振奋的例子。先辈们艰苦创业的英雄业绩永远激励着后人。我们的祖辈依然活着,他们的精神仍然陪伴着我们,他们的业绩永远不会被磨灭,他们给我们树立了榜样,我们从他们身上获取了无穷无尽的力量。历史上那些对国家和民族真正有功的人，他们的精神和业绩不仅没有因为时间的流逝而被人遗忘，反而变得越来越清晰，成为人类巨大的精神财富。离开历史和这些宝贵的精神财富，我们就变成没有源头的水，失去了根本，也就难以成功地开创新的生活。任何人为地割断历史长河的企图都是愚蠢的。记载先辈英勇业绩的书籍就好像是种子，一旦播撒人间，就会激发出无穷的力量，一代代传下去。这些书中也珍藏着智慧和力量，阅读它的后人能够从中得到启迪。英国诗人弥尔顿在谈及这样的书时说："这些书中蕴藏了人类最宝贵的精神，时时给人以启发和鼓舞，每一个例子都令人感动。这些书的魅力所在，就是使许多人能从中获得动力。重温前人走过的足迹，促使我们改变生活，创造生活。这种情感的依托和鼓舞，对这种榜样足迹的探寻，是我们成功的基础。就像那些幼苗和藤蔓一样，它们总渴望太阳的光辉。于是它们拼命地向上生长，直到沐浴在太阳的光辉之下。"

凡是读过阿诺德和柏克斯顿传记的人，都会为之而感动。读这样的书是一种享受，它能使人的境界得到提高，使人的意志更加坚定。通过了解他们，我们懂得了人是什么，人应该追求什么，从而增强自己的信心和对未来的憧憬，去追求更高尚的目标。这样，我们就不会空虚，我们的身心就会溶化在美好的事业和崇高的精神之中。有时人们会在书中发现自己的影子。当葛热格罗凝视迈克尔·安格鲁的作品时，他觉得就像在看自己的作品，他的经历与迈克尔非常相似，他的灵感瞬间被激发，创造能力得到提高，他不禁大声叫道："我也是一个画家！"塞缪尔·罗米利承认自己深受法国大法官戴格斯顿的影响。他说："我得到了一本托马斯的书，当我读完戴格斯顿的故事，被这个杰出的地方法官的辉煌事业深深打动，我的激情和理想从此燃烧起来，让我孜孜不倦，终于成就了一番事业。"

富兰克林则认为他的成就应归功于阅读了一本书，名字叫《论行善》，作者是一位名叫柯顿的母亲。可见一个好榜样对人产生的影响是多么巨大啊，榜样就像是星星之火，最终可成燎原之势。塞缪尔·杜威认为，在读了本杰明·富兰克林的传记后他才形成他的生活方式尤其是商业习惯的。因此，我们不应该认为一个好榜样的力量会消失，或者说他的力量仅限于书本。历史上那些开天辟地、勤奋创业、扶贫济困、德行高洁的先辈们，作为榜样的力量他们又何曾消失呢？我们作为后人的优势就在于可以继承和发扬他们的崇高精神，不断地创造未来。我们应该阅读最好的书，学习最好的榜样，不断地完善自己。路德·杜德利曾说过："我只读我认为很不错的古老的经典书籍，这些书都经过我的精挑细选。看这些书，我会变得越来越高尚，创作的愿望也愈来愈强烈。我总能从那些书中受益。没有朋友们陪伴时，我就把以前读过的书再温习一遍，甚至几遍，这样所得的收获要远远多于读一本新书。"

许多传记记载了一些感人的事迹，偶尔一读，也会对我们的思想活力和灵感有所激发。正是因为翻阅了《普特切斯的一生》这本书之后，阿尔富才对文学产生了浓厚的兴趣。在当兵时洛雅拉腿部受了伤，只得卧床休息，他想找本书转移一下注意力。有人给了他一本《圣徒生活记》，洛雅拉津津有味地读了这本书并受到了深深的感染。从此，他决心献身于宗教秩序的建立。同样，路德也是在读了《约翰·黑斯的一生及其创作》之后，才萌发了创立新宗教的念头。渥尔夫则是在读了《弗兰西斯·叶威尔的一生》之后，被主人公的热心和忠诚的事业心所震撼，才开始投身于传教事业的。威廉·凯瑞也是在读了《库克上尉的航海生涯》后，才决定去当传教士。

弗兰西斯·霍勒有一个习惯，他总是把那些对他产生重大影响的书在日记或信件里记录下来。这些书包括考德瑟特的《叶落格·黑尔》、爵华·叶罗德的《迪斯考斯》和培根的著作《白奈特讲述马休兹·黑尔》。这些书都记载着劳动创造奇迹的感人故事，也总是使霍勒充满激情。在读到考德瑟特的《叶落格·黑尔》一书时，霍勒说："每次读到这本书，我总是沉浸在一种莫名的激动中，我对他们的事业充满无限的向往。"在谈到爵华·叶罗德的《迪斯考斯》时，霍勒说："这本书告诉我，什么是勤奋、什么是收获。"关于培根的书，霍勒说道，"培根的书比其他任何书都更能让人修身养性，他是上帝派来的天才，他教我们如何获得成功，怎样造就伟大。他使人相信，天才不是天赐的，而是靠勤奋得来的，劳动可以创造奇迹。这些故事使这本书比其他任何书都更令人激动和被鼓舞。"一本好书会给人启迪。里曼德说，他就是在读了理查逊的一本关于一位大画家的书后才产生了钻研艺术的冲动。同样，海顿是在读了《里罗德的一生》后才有了同样的追求的。勇敢而振奋人心的故事就像成功与希望的星星之火，一旦被有才华有追求的人遇到，就能在这个人身上燃起熊熊大火，进而成就燎原之势。上一代人影响和鼓励着下一代，下一代又以自己的勤奋激发着再下一代，这样一来，成功和希望的星火得以代代相传，事业绵绵不绝！

对年轻人来说，榜样最大的意义莫过于能促使他们工作得更愉快。精神的愉悦对人们从事的工作是一种极大的促进，即使遭遇困难也不会垂头丧气。以愉快的心情劳作总是让人更趋近于希望和成功，并且伴随着激情和热情。在充满热情的劳动中，辛苦、困难、沮丧会变成快乐、信心和昂扬。而且，一个富有激情的人还能感染周围许多人，使他们像他一样去工作、去创造。愉悦地工作能使困难低头，使挫折让路，并使人聪慧灵巧，提高效率。休谟说，与其成为一个抑郁的富人，不如拥有一份愉快的心情。格兰威尔·夏普在为奴隶的利益坚持斗争时，也没忘记在他弟弟的家庭音乐会上吹奏长笛、单簧管和欧巴来放松自己。当海德尔在周六的清唱剧晚会上演奏时，夏普则在一旁敲铜鼓，偶尔也会从事漫画创作。福韦尔·柏克斯顿也是一个生活愉快的人，他很喜欢农村风光，常和孩子们在乡间骑车闲逛，家里的各种娱乐活动总可以看见他的身影。

安罗德博士是一个思想深刻、工作愉快的人，他将全部身心投入到培养年轻一

代的伟大事业之中。为他作传记的作者说："莱里汉姆的圈子有一个显著的特点，那就是气氛愉悦。任何一个新来的朋友都会马上感觉到，这里在从事一项伟大而又诚挚的工作。每一个学生都感到自己有一份工作要做，而他的义务、幸福就与这份工作紧密联系。同学们的生活中有一股难以描述的热情。当同学们发现自己将来能担当重任，为民造福时，就会被一种激情所鼓舞，并带着这种激情去追求知识和理想。安罗德总是生活在同学们当中，与他们一起探讨人生，关心并帮助他们，教会他们如何珍爱自己，认识自己的使命。他离不开学生，学生对他也充满了尊敬和依恋。他把对学生的爱、对真理的追求藏在心底，为了理想勇敢向前。在他的身上有一颗火热的、永远跳动的心。安罗德认为，无论是对社会的关心，还是对个人的成长的关照，只要有意义，就有义务去努力。事无大小，只要有益于社会，他都心甘情愿去做，他要把自己奉献给有益于他人和社会的事业，这也是他的精神宗旨。他为人谦恭，对事业鞠躬尽瘁。安罗德先生努力耕耘，磨炼自我，这使他声名远扬，德行也臻于完善。安罗德不是严师，而是一位仁慈的长者，他以毕生的心血培养了一批批社会的栋梁之材，其中有勇敢的哈德逊。多年以后，哈德逊在从印度写给家人的信中说："安罗德先生对我的影响是刻骨铭心的，今天远在印度的我仍能感受到他的关怀和启迪。有如此恩师，夫复何求？"

一个正直、勤奋、朝气蓬勃的人对于他周围的许多人都有极大的影响力和带动作用，而其成就也是一种鼓舞。约翰·赛克莱就是如此，阿伯·乔格尔称他是"欧洲最不屈不挠的人"。他出生于大地主家庭，庞大的家业就在约翰·欧·格劳特家附近，与北海相依，落后而荒凉。父亲的去世使16岁的赛克莱不得不开始治理家产。18岁时他开始大规模改造凯赛尼斯村，并取得了很大的成就。那时候的农村极为落后，还没有圈地，农夫不懂灌溉和开垦土地。凯赛尼斯村的农民生活穷困潦倒，养不起马，家里家外的辛苦劳动主要由妇女承担。如果一个爱尔兰小农丢失了地主家的一匹马，一般来说就会让他跟一个女人结婚以示轻罚。当时村里没有一条体面的路，更别提桥了。那些买卖牲口的商人到南边去，只得和牲口一起游过河。通向凯赛尼斯村的主要道路就是横在半山腰的一条羊肠小道，进出村子很不方便。当地人讲，凯赛尼斯村的路连鸟儿都很难飞过，农民有一半的时间都被消耗在路途上了。看到这些，赛克莱心里很不是滋味，他决心在本·切尔特山上修建出一条新路来。这位年轻人要在这高山上修路，那些老农主们聚在一起嘲笑他是异想天开。但赛克莱心意已决。他召集了大约2000名劳工，从夏日清晨开始，以身作则，认真监督并鼓励大家劳动。经过艰苦的劳动，那些在老农主眼中不可思议的事终于完成了，以前那条6英里长、连马都无法通行的羊肠小道终于变成可以行车的大路了。其实许多难事无法做成，主要是因为没有一个有正义感、有号召力的领袖。赛克莱当时虽然年轻，但他一心为大家谋福利，振臂一高呼，响应者云集，终于将羊肠小道变成了开阔大道。然后赛克莱开始大规模地修路架桥、盖厂房、改良耕地。他还引进了改良的耕作技术，实行轮作制，鼓励开创实业。他大大促进了当时社会结构的改善，给农民注入了新的观念。凯赛尼斯村原来是北方一个非常偏僻落后的村庄，被称作天涯海角。而如今，经过赛克莱的影响和改良，这里的交通、农业和水产都出了名，成了著名的模范村。赛克莱年轻时，邮差一周送一次邮件，这位从男爵宣称，他一定要看到四轮马车每天来送一次邮件，否则他决不罢休。周围人都不相信他的话，还有人嘲笑他。但赛克莱说的并不是妄想，在他有生之年，四轮马车每日送邮已成为事实。

赛克莱的影响不断扩大，他为民众做的事情也越来越多。他发现羊毛这一英国长期以来稳定的大宗出口商品的质量已日渐退化，作为一名小乡绅，他决定改变这种状况，为此，他努力创办了英国羊毛协会。他非常注重实践，自己花钱从各地进口了 800 头羊，将著名的舍韦特羊种也输入了苏格兰。南部的牧羊人认为南方的羊不可能在北方生长繁殖，所以都讥笑赛克莱。但赛克莱的意志并没有受到影响。几年过去，就有不下 30 万只舍韦特羊散布在北部各个乡村，土地的载畜率得到大大提高。斯考特地区的土地原本一钱不值，这下身价猛增，收回的租金非常可观。

在英国议会里，赛克莱先生呆了 30 年，他的地位可以使其更好地发挥自己的作用，他从不错过任何一次会议，也从不放过任何发挥作用的机会。赛克莱在为民众谋福利方面表现出非凡的才华和勇气，皮特深表佩服，于是他派人把赛克莱请到了道恩区，并答应给他提供一切可能的帮助。有人认为赛克莱只是为了名声和地位升迁，但赛克莱明确表示这只是为了感谢皮特先生对他创办国家农业协会的帮助而已。亚瑟·杰恩认为赛克莱创办国家农业协会是不可能的，并与这位从男爵打赌说："你的国家农业协会只可能在月球上存在。"赛克莱果敢地开始行动了，他呼吁公众，并获得了大多数有远见的议员的赞同，终于成立了国家农业协会，并被任命为协会会长。这个协会的巨大作用当然就不用说了，仅仅是对农业和畜牧业的激励作用就很快遍及整个英国，一夜之间，成千上万亩荒地变成了良田和牧场，村庄一片繁荣景象。与此同时，赛克莱又致力于创办水产业，著名的托宿和卫克水产业的创立毋庸置疑应当归功于他的努力。他四处奔走呼告，争取支持，最后他获得了成功。一个海港被圈起来搞水产养殖，这也成为世界上最大和最繁华的渔港。

约翰·赛克莱先生从不满足于安逸舒适的生活，而是把自己的全部精力都投入到公益事业之中，从事开拓性的事业。在国家受到法国入侵时，他又向皮特先生提出用他自己的财产组建一支军队，并立即行动，回到北方组织了一支 600 人的军队，后来增到 1000 人。这支军队深受赛克莱先生的崇高精神和爱国主义情操的鼓舞，被公认为是最优秀的一支自愿军。除了在阿伯丁担任这支军队的统帅之外，赛克莱还兼任苏格兰银行董事长、英国羊毛协会主席、英国渔业协会总裁、国家财务署货币发行部专员、凯塞尼斯地区议会议员和国家农业协会会长等职。在繁忙的公务之余，他还积极从事写作，并且著作颇丰。有一次，美国大使亚当斯来到英国，他问考克大臣英国最好的农业基地是谁经营的，考克先生回答说是赛克莱先生经营的庄园。后来，亚当斯又问财政大臣韦瑟塔特英国金融领域最大的成就是谁创造的，这位财务大臣说，英国公共税务制的首创者是约翰·赛克莱先生。赛克莱先生对整个国家的贡献由此可见。赛克莱先生以惊人的毅力勤奋忘我地工作着，从来不计较名利得失。无意之中他又为自己建立了一块不朽的丰碑——他编写了一部长达21卷的《英格兰账目统计》，耗时8年，先后收到和处理了20000余封有关信件。这部很有科学和史料价值的著作问世后，立即引起轰动。但这对赛克莱先生而言，不过是略表爱国之心罢了，他早已把名利抛之脑后。面对与日俱增的声誉，他非常坦然。他明白，一个人最大的快乐就是能为他人做点事情，多做一些也是应该的，没有什么值得骄傲。相反，应该再接再厉，直至生命终结。赛克莱先生把该书的全部稿酬给了苏格兰牧师后裔协会。《英格兰账目统计》的发表引起了巨大的社会变革：许多压迫性的封建特权被废除了，许多教区教师和牧师的薪水得到提高，苏格兰的农业也得到了更大的促进。看到这本书对社会的促进作用后赛克莱非常高兴，便公开宣称要花更多精力，整理出版《英国账目统计》一书。不幸的是，坎特伯雷主教担心这会干扰教会什一税的征收，所以不予批准，这一计划只好暂时搁浅。

约翰·赛克莱先生精力旺盛，处事果断，临危不乱。1793年，由于战争的影响，英国的制造业中心曼彻斯特和格拉斯哥经济衰败，企业破产，银行倒闭，情况十分危急。约翰在国会中不断督促议员们授权财政署立即向该地区投放约500万英镑的贷款。这个建议被采纳后，他又建议由他和他提名的一些人共同协作执行这个计划，这一建议也被批准。在那天深夜，议会刚通过这两个决议，赛克莱第二天一大早就火速来到银行，以自己的名义做担保，一次性提取了700万英镑，并于当晚向那些急需援助的商人分发贷款。政府部门与银行的工作作风异常拖沓，这一点赛克莱深有体会，于是以最快的速度完成了这一复杂的任务。后来，皮特召见约翰·赛克莱时说，曼彻斯特和格拉斯哥所需要的巨额援助实在无法如期筹措到手。“有关款项将通过今晚的邮政全数离开伦敦。”约翰高兴地回答道。后来约翰叙述这件事时高兴地补充道：“皮特先生听了我这句话，半天说不出话来。”为了公众利益，这位好人一直愉快地工作着。他为自己的家人和祖国树立了一个榜样。他一生孜孜不倦地追求公众的事业，而不是个人的财富，并且他始终站在劳苦大众的立场。他在为他人谋利中获得快乐和满足感，并以此为宗旨，几十年不变。约翰·赛克莱先生治家也很有方，对子女要求严格但不专断，他主张子女们到社会上去闯荡。赛克莱先生也是望子成龙，但他从不压抑孩子们的个性与爱好。他对孩子们追求学业和事业总是大力支持。使他欣慰的是，他的儿女们都成了对社会有益的人。在他80高龄时，他非常高兴地看到他的七个儿子都已成人，没有一个孩子学坏，没有一个孩子让他失望。赛克莱先生终于如愿以偿，看到自己的后代成为有益于社会的人。

品格才是绅士的徽标

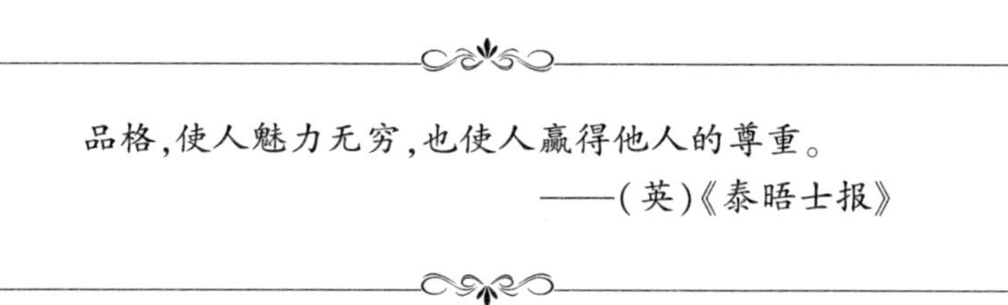
品格，使人魅力无穷，也使人赢得他人的尊重。
——（英）《泰晤士报》

品格，是一个人最高贵的财产，是他信誉的全部来源，决定了人的地位和身份本身。品格，使社会中的每一个职业都有了荣耀的光环，每一个岗位都受到道德的鼓舞。品格比财富具有更强大的力量，它使所有的荣誉不受任何偏见影响从而得到保障。它会时时带来影响，因为它证实了一个人的信誉、正直和言行一致，是最能影响别人对他的信任和尊敬的因素。

作为最好的人性，品格是道德规范在个体身上的体现。有品格的人不仅是社会的良心，而且是民族的脊梁，因为这个世界主要还是由道德品质来主宰，在战争中也不例外。拿破仑说过道德的力量比物质的力量强大十倍。任何民族的实力强弱、工业发展和文明程度都依赖于个人的品格，这是一个国家稳定的基础，法律和制度不过是其派生物而已。生态、个体、国家和种族之间的平衡与协调也要依靠个人品格才能获得。正如一定的原因会带来一定的结果，一个民族的品格也会带来相应的结果。

一个人即使并未接受良好教育，且能力平平、收入微薄，但只要他品格高尚，同样能产生比较大的影响，不管他的工作岗位是在工厂车间、会计室、商业区还是在议会。1801 年，坎宁深刻地写道："我一定要通过自己的品格获得权力，我不愿走其他的人生之路。虽然这条路并不是一条捷径，但它是最靠得住的。我对此充满信心。"或许你会崇拜才华横溢的人，但是他们也必须做一些事情之后你才会信任他。因此，约翰·罗素深刻地指出："向天才求助，不如受教育于品格高洁的人，在英国这是一条基本准则。"弗朗西斯·霍恩的一生就是最好的证明。悉尼·史密斯认

为，霍恩的名声将永留史册。科克本爵士也评论说，他的一生焕发着耀眼的光芒，他的精神感召着每一个正直的年轻人。虽然他 38 岁就英年早逝，但他在公众心目中的地位却无人能及。除了那些冷漠无情和卑鄙无耻的人，所有人都尊敬、爱戴和哀悼他。死去的议员也从没有人像他那样获得这样的尊敬。或许年轻人会问，他为什么能获得如此高的荣誉和尊敬？是因为他出身高贵吗？不是，他不过是一个爱丁堡商人的儿子。是因为他有家财万贯吗？不是，他和家人只能勉强维持生计而已。是因为他的职位吗？不是，他只有一个维持了几年的低薪水职位。是因为他才华横溢吗？也不是，他既不十分优秀，也没有任何天分。他平常稳健老成，他对自己的惟一要求就是不出差错。是因为他有雄辩之才吗？也不是，他语调平缓，既不恐怖，也不会煽情。是因为他举止高雅吗？更不是，他不过是行动正确、待人和蔼可亲而已。那是什么原因呢？是因为他的胸襟、勤奋、自律和善良这些超凡的人格力量。这种人格不是天赐的，而是通过后天的努力形成的。参议院中很多人的才华和口才都在他之上，但在道德品质方面却无人能像他这样拥有多种素质。除了通过文化和慈善事业外，人们还可以通过其他途径获得社会影响，即使在充满竞争和嫉妒的公共生活中也不例外，霍恩的一生就证明了这一点。

富兰克林也把他的巨大声望归因于他的正直和诚实，而非其才能或口才，他说："正直诚实使我在人们心目中享有声誉。我口才不好，遣词造句也要思考半天，很难说能正确使用语言，更谈不上雄辩了。不过我倒是能清楚地表达自己的意思。"不论社会地位的高低，品格都能使人产生信心。据说沙皇的亚历山大一世的品格力量抵得上一套法律制度。在佛朗德战争期间，蒙太古是惟一不关城堡大门的法国绅士，据说在保护家园方面，他的人格力量比一个骑兵团更有效。

从更高的层面上说，说知识就是力量不如说人格就是力量更为准确。没有灵魂的精神，没有善行的聪慧，只会带来坏的影响。或许我们会从中受到教育或感觉到有趣，但我们不会去崇拜他们，就像我们难以崇拜一位小偷的敏捷或一位在高速公路上遛马的骑士一样。

诚实、正直和仁慈，这些并不关乎人的生命，但却体现了一个人品格最重要的方面。古人说得不错："就算没吃没穿，品格也天生就忠于自己的德行。"具有这种品质的人，一旦具有了坚定的目标就会锐不可当。他不仅能实施善行，也能抵制邪恶，还能忍受各种困难和不幸。当一些卑鄙小人抓住了史迪芬并企图迫害他时，他们带着嘲讽的口吻问他："现在你的堡垒在哪里呢？"史迪芬把手放在心上勇敢地说："在这里。"正是在恶劣的环境中，这位正直之士的个性闪烁出了最耀眼的光芒，凭着自己的正直和勇气，他傲然挺立。

艾斯肯爵士是一个十分独立、谨慎且坚持真理的人。他曾说："我早年的第一条行为准则是，听从我的良心去做我职责分内的事，至于后果就留给上帝去考虑。我终身铭记父母给我的教导，我相信他们从实践中得出的经验，并在生活中严格遵循。我丝毫不会抱怨,也从来不认为这种顺从是一种牺牲。相反,我发现他们指给我的是一条通向幸福和富贵的道路。我也应该给我的孩子们指出一条相同的成功之路。”他的这一座右铭值得年轻人认真学习。

每个人都会确定人生的最高目标之一就是拥有良好的品格,正确的方法才能保证他获得努力的动力。作为一种向上的因素,积极的思想观念使他保持稳定的动机并因此而受到激励。人生最好有一个比较高的目标,不过这一点并不是我们每个人都能认识到。迪士雷利先生认为:“人不向上看就会向下看,精神不能飞上天就会坠入地下。”乔治·哈伯特深刻地写道:“一个工作卑微的人,如果把目标定得较高,他也可以成为一个高尚的人。不要让精神消沉下去,一个壮志凌云的人肯定会比一个胸无大志的人更有出息。”

苏格兰有句谚语:“拉住了金制长袍的人,也许可以得到一只金袖子。”求上得中,求中得下。那些拥有雄心壮志的人,所取得的成就一定不会小,即使不能够完全实现人生目标,你在此过程中所付出的努力本身也会使你终生受益。

生活中会有许多伪善的性格,但是很容易识别。一些人知道品格所能带来的金钱价值,他们会为此弄虚作假,实现自己不可告人的企图。克罗尼·克托雷斯曾经对一个以诚实正直闻名的人说:“我愿意用1000英镑来跟你的声名交换。”“为什么?”“因为我可以用它赚取10000英镑的利润。”这个无赖回答。

诚实正直的言行是个性的脊梁,而持之以恒地坚持这项品质则是它最显著的特征。伟大的政治家罗伯特·皮尔勋爵去世后几天,惠灵顿公爵谈到他的品格时说:“爵士阁下们:你们都感受到了罗伯特·皮尔先生的高尚品格。我和他在议会共事多年,他是我一生中最信任的朋友。我们的交往使我深刻认识到了他的公正和诚实。他一生致力于发展公共事业,我从来没有对他的言行产生过怀疑。”这也正是为什么这位伟大的政治家会赢得如此巨大声望和权力的原因所在。

对于正直的人来说,无论是在行动还是言语上,诚实都是非常重要的。人必须要言行一致。一个美国绅士非常钦佩格兰威尔·夏普的品德,于是给自己的儿子也取名为夏普。他把这件事告诉了夏普,夏普回信说:“‘按照你所希望的目标努力奋斗。’这是我父亲教给我的,我请你把这条家训教给你的儿子。我的祖父在生活中小心谨慎地践行这一训示,虽然他只是一个普通人,但真诚成了他在公共事业和个人生活中最主要的品格。”每一个尊重自己同样也尊重别人的人,都会在行动中严格遵循这一格言:“诚实地按照自己所设想的去努力。”把高尚的品格融入自己的工作之中,认真细致地做好每一件事,他就会为自己的诚实正直和良心而感到自豪。有一次,克罗威尔对一个头脑聪明却不择手段的律师伯纳德说:“我知道你近来的行为非常谨慎,对此你不要过于自信。敏锐可能会欺骗你,而正直却不会。”没有信用的人是得不到别人的尊重的,他们的话在别人眼里也会失去分量。就算他们说出的是真理,也会由于他们的品格而不被人所信。

不管有无旁人在场,一个真正品行良好的人都不会去做坏事。有人曾经问一个受过良好教育的男孩,既然周围都没有人,那他为什么不拿一些珍珠放进自己的口袋里,他回答说:“虽然没有人在场,但我自己在看着我自己呢。我绝不会让自己去做一件违背诚实的事。”这是一个关于纪律和良心的例子,简单而又经典。纪律和良心在品格中居于主导地位,在生活中起着支配作用,它们使人格受到了捍卫。它们对于生活起着强有力的规范作用,而不只是消极被动地去影响。它们在日常生活中无时无刻不在塑造着人的品格,并且使积极向上的力量日益强大。没有这种主导力量的影响,品格就失去了自己的保护伞,当面对花花绿绿的诱惑时,品格就有节操不保的危险。任何一种诱惑都可能使人屈服,做出卑鄙或虚伪的事情。不管程度多么轻微,都将导致自我一步步走向堕落。这种堕落与你的行动成功与否毫无关系,也与你的行动是否被人发现毫无关系,你不再是从前的你,而成了一个罪人。你会时刻感到不安和自责,你将受到良心的谴责,最后不可避免地成为了一个罪人。

也许我们可以有所体会,良好的习惯对于性格的塑造和稳定会起到巨大作用。我们曾经说过,人有许多习惯,而习惯可谓人的第二天性,它是一个人的行为举止和思想观念多次重复所产生的影响。麦塔斯塔索坚持认为:“人类的所有东西都是习惯,品行也不例外。”巴特勒在他的《模拟》一书中,强调了自我控制和抵制诱惑的重要性。如果养成品行方面的习惯,就易于乐善好施,而不会被邪恶所征服。他说:“属于感官的习惯是由外部行动所产生的,而属于精神的习惯是由内在目标所产生的,是后者把前者转化为行动,或者是以顺从、真诚、公平和仁慈的原则去行动。”布鲁姆勋爵也多次强调了在青年时期进行训练和榜样力量的重要性,他说:“在神的旨意下,我相信任何事情都可以形成习惯。在每个时代,立法者就像学校校长一样,主要是依据习惯立法。习惯会把一切事情变得容易,一旦偏离了原有的习惯就会出现问题。”因此,使戒酒成为一种习惯,酗酒就是可憎的;使节俭成为一种习惯,那么挥霍浪费就是一种恶习。因此,在生活的道路上要谨慎小心并时刻注意,以避免养成任何恶习,这是十分重要的。个性一旦向诱惑屈服一次,就会变得极为软弱,失去抵抗力;而一条原则要成为不可动摇的坚定信念,需要的是长期不懈的坚持。一位俄国作家打了一个绝妙的比喻:“习惯就像一串珍珠,一旦有个口被打开,珍珠就会全部洒落。”

一旦习惯形成,它就会自然而然地发挥作用,不需要你过多地努力。只有在你违背习惯做事时,你才会感觉到它的存在。只要开始了一两次,你就会发现事情变得容易,做起来就会得心应手。在最初时,习惯的脆弱跟一张蜘蛛网差不了多少,可是习惯一旦养成,它就像一条铁链牢不可破。单独去看人生中一些琐碎小事,可能会觉得微不足道,就像从天降落的一片片雪花,然而这些雪花积累起来,就会形成雪崩。

自尊、自立、勤奋、热情、正直，所有这些都不是人的信仰，而是一种习惯。事实上，原则也只不过是习惯的另一种叫法，因为原则常是一些条条框框，而习惯却是事情本身。比如慈善家和独裁者，是相应地根据他们行为的善恶来划分的。所以，等我们有了一定的年纪，我们可以随心所欲却不逾矩，这就是习惯的作用了。我们把自己编织进了习惯的链条之中。

事实上，教育和训练年轻人，并使之养成良好的习惯，是至关重要的。年轻时习惯最容易养成，而且一旦养成将受益终身。这就像刻在树皮上的字母，随着时间的推移，它们也会长大变宽。“按照一个小孩应该走的道路去训练他，他会自始至终地坚持下去，到了晚年也不会背离这条道路。”人生道路的第一步决定了他的方向，决定了他的整个人生的旅途。柯林伍德勋爵对他喜爱的一个年轻人说：“记住，在 25 岁之前你必须养成自己的个性，它将终身伴随你。”随着年龄的增长，习惯的力量将越来越大，人的个性也逐渐地定型，要想做任何新的改变都会越来越困难。因此，改变一种习惯比学习一种习惯往往要困难得多。也正因如此，对那些曾经师从低级乐师的学生，一位希腊长笛演奏家索要了双倍的学费，或许这个理由无可厚非。改变已有的习惯比拔掉一颗牙要痛苦、困难得多。人们很难去改变那些懒惰成性、挥霍无度、嗜酒如命的人。因为对他们来说，习惯已经成了他们生活中不可分割的组成部分，难以根除了。因此，林克先生指出：“最为明智的做法就是小心谨慎地养成良好的习惯。”

有时候甚至连幸福也可以成为一种习惯。有的人习惯于看到事物美好的一面，而有的人则习惯于看到事物阴暗的一面。约翰逊博士指出，习惯于看到事物好的一面比每年获得 1 万英镑的财富还要有价值得多。在很大程度上，我们有能力去实现那些创造幸福和改善生活的目标，而不必去考虑它们的对立面。我们可以考虑通过这种方式养成快乐的习惯，正像养成其他习惯一样。在多数情况下，让孩子在这种快乐的天性和愉快的心境中长大，或许比教给他们知识、鼓励他们追求成就更为重要。

一件小事可以反映出一个人的性格。事实上，性格体现在每个人的一举一动中。日常生活就是我们发现性格的可贵之处的最好机会，也是铸造我们性格的习惯的好时机。我们为人处事的方式是对性格的最好测试。优雅得体地对待长辈、平辈和晚辈是我们快乐的源泉。这不仅能使别人感到快乐，还能给我们自己带来十倍的快乐，因为自己的人格受到了尊重。在很大程度上，通过自我修养的提升，每个人都可以获得优雅得体的举止。即使是一个不名一文的人，只要他愿意，就可以成为一个举止文明、和蔼友善的人。社交场合中的和蔼可亲，会悄无声息地使人放出光芒。它比大声喧哗和孔武有力更具影响力，也更有效果，而且这种影响是潜移默化而又深入持久的。

哪怕是友善的一个眼神，也能给人带来快乐和幸福。罗伯特逊在给布莱顿的信中谈到一个与他有关的女人,“礼拜天当我走出教堂的时候,一个贫困的女孩从我身旁经过,我友好地看了她一眼,她高兴极了,眼里充满了感激的泪水。这一幕对于我来说是多么生动的一课啊！原来我们可以如此轻易地给予别人幸福！我们错过了多少次可以扮演天使的机会啊！想到这些,我心中充满了感伤。匆匆的一个眼神给一个生活沉重的人带来了片刻的阳光,也给她的心灵带来了刹那的轻松。”

道德和礼貌使人类的生活变得丰富多彩,它们比作为其表现形式的法律要重要得多。法律仅在这里或那里对我们进行约束,但是礼貌却无处不在,它就像我们呼吸的空气一样,存在于整个社会。礼貌代表了一切亲切友善的态度,和规矩一样重要。仁慈是人们相互友好和快乐交往的最重要的因素。蒙田夫人指出:“你不需要为友善付出任何代价,但是你可以凭借友善得到一切。”世界上最易施予的东西就是友善,给予别人友善不会给你增添任何麻烦,也用不着你作出任何自我牺牲。伯雷对伊丽莎白女王说:“赢得别人的心,你就拥有别人的财富。”如果我们远离一切虚伪和阴谋,发自内心地友善地对待别人,那么我们这个社会将充满欢声笑语,人人都会过得快乐幸福。如果我们稍微改变一下生活,每个人多那么一点礼貌,那么,这一点点的礼貌就会因为重复出现和不断积累而产生巨大的意义。这就像空闲的几分钟,或一天的少量时间,把它们积累起来数量就极为可观了。

礼貌可以起到为行为润色的作用。如果说一句话或做一件事的时候,采用一种友善的方式,那它们将会身价倍增。如果采取不情愿或者高傲的态度来说一句话或做一件事,人家很少会领情。不过,有人却为自己的强硬态度洋洋得意。虽然他们兼具德行和能力,但是他们的态度却令人难以接受他们的德行和能力。就算一个人不指着你的鼻子侮辱你,但如果他经常伤害你的自尊,说些令你生气的话并引以为乐,恐怕你很难喜欢他。还有一些人抱着恩赐的态度施惠于人,他们不放过任何机会来表现自己的伟大。当阿伯尼沙为竞选圣·巴塞罗缪医院外科办公室主任拉选票时,他顺便去看望了一个富裕的杂货商,同时也是一个政府官员。这个人坐在柜台后面,当他看到阿伯尼沙便立即摆出一副高傲的姿态,等待这位外科医生来恳求自己投上一票。“先生,我想你很希望得到我的选票。这对你的生活将具有划时代的意义!”阿伯尼沙最讨厌自以为是的人,他被这个商人的腔调激怒了,他回答说:“不,我不需要你的选票。我需要一便士的无花果。把它包起来,动作快一点,我还有急事。”

礼貌修养对一个进行商务谈判的人来说是不可或缺的,当然,过于强调繁文缛节则会显得浮华和不切实际,也是不明智的。良好的道德修养是一个希望获得成功的人所必需的品质,它能扩大人的生活圈子。我们经常会发现,一个没有礼貌的人,就算他有勤劳、正直和诚实的品格,也往往被这一缺陷所淹没。当然,那些极具包容心的人能够容忍别人的缺点,也会看到别人身上真正可贵的品质。但是,世界上大多数人并没有这么宽容,他们对别人的看法主要是以别人表现出的行为为依据的。

对别人的意见进行充分考虑也是真正有礼貌的表现。独断论者往往目中无人、傲慢不逊,最坏可以表现为固执己见、狂妄自大和自以为是。人们应该善于听取不同的意见。当我们遇到不同甚至相反的意见时,我们应该忍耐、忍耐、再忍耐。当自己的意见不被别人采纳时,我们完全可以心平气和地保留自己的看法,而不用倔强吵闹,甚至伤害别人。有时,言语造成的伤害是非常可怕的,它甚至比肉体的创伤更难于痊愈。为了证明这一观点,一个福音派信徒联盟的巡回教士在沃尔什边界传教时讲了这样一则寓言,他说:"在一个大雾弥漫的早晨,当我向一座大山走去时,我看见山边上有一个样子很奇怪的东西在缓缓移动,我想它一定是只猴子。可当我走近一点时,看出他是一个人。当我再接近时,我发现他竟是我的弟弟。"

和与生俱来的礼貌一样,正直和友善与一个人的地位和职业是不相冲突的。制造板凳的机械工人和牧师、贵族一样可以拥有礼貌。礼貌与工作环境没有必然的内在联系。人在任何情况下都不应该是粗鲁或鄙俗的。在许多大陆国家中,礼貌和品质把人按阶层区分开来,或许我们不用牺牲自我就可具备这一优秀品质。当然,随着文化的发展和社交的扩大,这些大陆国家的礼貌和品质也将逐渐为我们所拥有。从最富有的到最贫穷的,从最高贵的到最低贱的,甚至到在社会中没有任何地位或任何条件的,造物主都给了他们最高的恩赐,那就是伟大的灵魂。然而,世界上从来不存在天生的绅士,他们只不过是拥有一个伟大灵魂。伟大的灵魂不仅属于穿着镶花边大衣的贵族,同样也属于穿着灰色粗布衣服的农民。罗伯特·彭斯曾带着一个爱丁堡年轻人到大街上去辨认一个诚实正直的农场主。彭斯大声说:"你会对这个穿大衣、紧身裤、脚踩便鞋、戴无边圆帽、外表看来像傻蛋的人极感兴趣。先生,这个人的实际价值,有一天会超过你我,甚至是你我的十倍。"对于那些看不到人的灵魂所在的人来说,一个具有伟大灵魂的人也只是相貌平平的普通人。而在那些有眼光的正直的人看来,一个人往往因为性格的醒目特征而脱颖而出,与众不同。

威廉·格兰特和查尔斯·格兰特是英维里斯郡的一个农民的儿子。一场突如其来的洪水把他们所有的耕地都淹没了,并摧毁了他们的家园。这位农民和他的儿子们面对被毁掉的生活,不知该何去何从。走投无路之际,他们一路向南,来到了兰开郡的伯里。站在沃姆斯利周围的山巅,可以看到艾威尔河在山谷中蜿蜒曲折地流淌。对他们来说这里是完全陌生的,根本无法判断该向哪个方向走。他们把一根木棍扔向天空,决定按照木棍落下的方向前进。根据木棍指示,他们来到了附近的拉姆斯波林村庄,并在一家印刷厂找到了工作。威廉也在这里当上了学徒。他们以自己的勤奋、节俭和正直赢得了老板的信赖和赏识。由于脚踏实地的工作作风,他们一次又一次受到提拔。最后,威廉兄弟俩自己开办了工厂,当上了老板。

经过多年的艰苦创业，他们富裕了。由于慷慨大方，乐善好施，他们声名远播，受到每一个认识他们的人的尊敬和爱戴。他们的棉花厂和印刷厂为许多人创造了就业机会。他们的勤勉为艾威尔河流域的人们树立了榜样，使周围的生活充满了活力与欢乐，显现出欣欣向荣的景象。他们为一切有价值的事业奉献自己的财富，毫不吝惜。他们兴建教堂、学校，千方百计提高工人阶级的福利。后来，为了纪念当年抛木棍的事情，他们在沃姆斯利附近的山顶上建起了一座高塔。因为这些善举，格兰特兄弟闻名遐迩。据说狄更斯先生对他们留下了深刻印象，因而以格兰特兄弟为原型来描写查雷伯兄弟。

对于格兰特兄弟俩的品格，我们绝没有一丝一毫的夸张，有这样一个小插曲可以证明这一点。曼彻斯特有一个批发商，曾出版了一本小册子，品位非常低俗，他还给威廉取了一个非常不雅的绰号——“比利纽扣”，想以此诋毁格兰特兄弟的公司。威廉听说了这件事之后，表示这个人以后肯定会为此而后悔。当这个信息又反馈到批发商那里时，他说：“哦，威廉认为有一天我会成为他的债务人，看来我得格外谨慎。”然而，商人的债权与债务是不在人们的预料之中的。诽谤格兰特兄弟的那个批发商破产了。如果得不到格兰特兄弟签名的执照，他就无法继续经营。他觉得即使去请求格兰特兄弟，希望也非常渺茫，但是家庭的困窘迫使他必须这样去做。于是他来到这个曾被他称为“比利纽扣”的人面前，拿出申请并向他讲述了自己的情况。格兰特先生说：“那本毁谤我们的小册子就是你写的吗？”这个恳求者以为格兰特会拒绝签发他的执照，并把他的申请书扔到火里。然而，格兰特却把执照递给了他，说：“按规矩，我们从不拒签一个诚实商人的执照。我们并没有听说你做过什么坏事。”这位诽谤者感动得热泪纵横。格兰特先生继续说：“嗯，我曾经说过你会为写这本小册子而后悔的。这并不是威胁你，只是说将来有一天你会对我们多一点了解，并为试图伤害我们的行为而后悔。”“是的，我确实后悔了。我不该那样做。”“好了，现在你对我们的了解多一点了。不过，你的生意怎么样，我是说你有什么打算呢？”这个可怜的人回答说，拿到执照后，会有朋友帮助他。“但是你怎么履行合约呢？”这人回答说，他的钱全部给了债权人。现在不得不严格限制日常的必需品，以便能够支付办理执照的费用。“朋友，这可不行，可不能让你的妻子和家人跟着受苦。你把这张10英镑的支票拿给你妻子吧。不要哭了，一切都会好起来的。振作精神，努力工作，你会成为我们之中最优秀的商人。”这位商人被深深打动了，他哽咽着想说些什么来表达他内心的感激，但他说不出来。他手捂着脸，像小孩一样抽泣着走出了房间。

真正的绅士可以被塑造出来而作为典范。绅士这个称号伟大而又古老，无论在什么时代它都象征着地位和权力。一位法国老将军在罗绥伦对苏格兰贵族说，“绅士终究是绅士，在危难关头，他一定会挺身而出。”拥有这种品格本身就是一种尊严，它会使每一个人都对其发自肺腑地尊敬。那些蔑视权贵的人，也会对绅士由衷地崇敬。绅士的品质不是取决于他的生活方式或举止，而是取决于他的道德观；不是取决于他财产的多少，而是取决于他个人德行的好坏。诗人这样描述绅士："他走路目光直视前方，工作努力踏实，说话诚恳亲切，胸怀坦荡纯洁。"

绅士的显著特征是具有极强的自尊。他们非常注重自我的品格，并非看重别人的眼光，而是看重自我的修养。正是因为尊重自己，同样他们也会尊重别人。在他们的眼中，人性是神圣的。因此，人与人之间必须礼貌和宽容地相处。据说爱德华·弗兹劳德爵士在加拿大旅游时，看到一位印第安妇女背着一个沉重的包裹吃力地走在丈夫的身后，而她丈夫两手空空，毫无负担。爱德华爵士非常震惊，他立即走过去把妇女的背包放在自己肩上。这就是一个真正的绅士的行为。

真正的绅士有着极强的荣誉感，他们做事谨慎，绝不会像卑鄙小人一样行事。他们的言行都极为诚恳，不会表面应付了事，也不会逃避责任。他们的原则就是真诚而脚踏实地。他们表里如一，说"是"就是，说"不是"就不是，即使他人用重金收买，他们也绝不会出卖自我。只有那些没有原则的卑鄙小人才会出卖自己的灵魂。在担任海军粮食储备委员会特派专员期间，正直的琼纳斯·霍华德曾拒绝了缔约人的所有贿赂，拒绝受贿是他在职期间的一贯作风。惠灵顿公爵也具有同样的优秀品质。阿塞亚战斗结束后不久，海得拉巴的首相为了弄清他的主子在马拉与尼萨签订的和平条约中保留了哪些权利，于是在一天早上请求惠灵顿的接见。这位首相为惠灵顿将军准备了大约10万英镑的财产。惠灵顿默默地打量了这位首相一番，说："那么你能保守秘密吗？""当然。"这位官员说。"那么，我也能保守秘密。"然后惠灵顿将军满脸笑容、非常客气地把这位首相送了出去。当时英国在印度已经取得了决定性的胜利，这种方式可以让惠灵顿获得一笔巨大财富，但是他分文未取，最后回到了英国。这就是惠灵顿崇高的人格，也是他一生荣耀的来源。

韦尔斯利侯爵，身为惠灵顿的亲戚，也同样具有高尚的品格。在征服米索之后，东印度公司的头脑们送给他10万英镑，遭到他的严词拒绝。他说："我之所以拒绝了这些馈赠，除了考虑保持我独立的个性和职务的尊严之外，还有其他原因。这些馈赠对我来说是不合适的。我只为我的军队打算，如果我随意克扣军饷，我会对自己感到失望。"韦尔斯利拒绝受贿的决心从未动摇过。

在印度的职业生涯中，查尔斯·纳皮尔勋爵同样也展示了他严格自律的高贵品质。他拒收巴巴拉克王室送来的所有的珍贵礼物。他说："来到印度之后如果我贪污受贿，或许已拥有3万英镑的财富了。但是我是清白的。我敬爱的父亲的宝剑曾经两度伴我在战场（米尼战斗和海得拉巴战斗）上拼杀，我从来没有使它受到玷污。"

金钱、权力与真正的绅士品格之间没有什么必然的联系。贫困的人在精神上、在生活中也能够成为一个真正的绅士。他可以是诚实正直、谦逊有礼、勇敢自尊、自律自立的，这样的人就是一个真正的绅士。与一个精神贫乏的富人相比，一个思想丰富的穷人绝对会更有优势。借用圣·保罗的话说，前者是看似无所不有，其实一无所有；而后者"一无所有，但无所不有"。精神上贫穷的人才是真正的可怜人。一个人虽然一无所有，只要他还保有勇气、快乐、希望、美德和自尊，他就是富有的。这样的人会被人信任，他们的精神便是资本，他们能够勇往直前，他们才是真正的绅士。

地位卑微却勇敢的人也会拥有绅士的品格。有这样一个故事：很久以前，埃迪加河突发大水，河水淹没了两岸，维罗纳大桥也被冲垮。桥的拱顶旁有一幢房子，房基就要被冲垮了，里面的居民从窗户向外呼救。站在河岸上的斯坡尔维尼伯爵对周围的人说："谁愿意冒险去救那些可怜的人，我就给他 100 个法国金路易。"从人群里走出来一个年轻的农民，他把一只船推入急流，当船靠近桥墩时，他把这一家人接上船，然后奋力向河岸划去，将他们安全地送上了岸。"勇敢的年轻人，这是你的钱。"伯爵说。年轻人回答说："不，我不会为了钱出卖我的生命。你把钱给这个贫困的家庭吧，他们才真正需要。"这个年轻人虽然只是个农民，但他却是一个真正的绅士。

不久以前，在多佛尔海峡的海港，发生了一个动人的事迹，一些小木船船员营救了一艘煤船船员。情况是这样的，一场突然的东北风暴把几艘轮船的锚拔掉了，其中一艘煤船被巨浪推离了海岸，并且几乎毫无靠岸的希望。那艘船上也没有任何值钱的东西，这使得岸上的船员不愿意冒着生命危险前去相救。正在这紧要关头，正直勇敢的木船船员西蒙·普利策德从岸边的人堆里走上了自己的船，并大声说："谁愿和我一起去救人？""我去"，"我也去"，响应者一下就达 20 多人，但只需要七个人就够了。在人们的欢呼声中，这些勇敢的船员挥动着有力的胳臂，撑划着一只方头平底木船，在呼啸的海浪中箭一般地向前驶去。几分钟的时间，他们就靠近了那艘搁浅的船。"到浪尖打来的时候再使力。"木船离开船岸不到一刻钟，煤船就安全地开进了沃尔默海滨。木船船员在这一事件中所表现出来的英雄气概是无与伦比的，虽然他们一向就很勇敢。我们十分荣幸能在这里将他们记载下来。

特恩巴尔写的《奥地利》中记述了一件关于奥皇弗朗西斯的轶事，其中说明了一个习俗的由来，是来自于政府，并向人们展示了皇帝的个人品质。"有一次，维也纳地区流行霍乱，皇帝带了一名武官随从在城市和郊区视察。突然他注意到一个情况：一具尸体放在担架上被拖向墓地，后面却没有一个哀悼者和送行者。经过询问他才知道这个人死于霍乱，亲戚们都因害怕被传染而不敢为他送葬。弗朗西斯说：'那让我们为他送别吧，我的臣民不能在没有得到最后尊敬的情况下就下葬。'他便紧随着尸体到了遥远的墓地，恭敬而庄重地参加了葬礼。"

或许对于一个绅士的品质，这个例子是一个很好的说明，我们也可以将它与几年前刊登在晨报上的一则故事联系起来，这个故事的主人公是两个巴黎的铁路工人。"有一天，在前往蒙特马特墓地的路上驶着一辆灵车，车上载着一副白杨木棺材，里面拖着一具冰凉的尸体，没有送葬的人，甚至连狗也没有。那天天气阴沉，下着大雨。看到有灵车来，路人们和往常一样都将自己的帽子举了起来。最后，灵车从两个穿着粗布衣服的英国铁路工人面前经过，这两个人刚从西班牙来到巴黎。看到这副悲凉的情景，他们心中都感慨万千。其中一个人对另一个人说：'多么可怜的人啊！没有一个人为他送葬，要不咱俩去吧！'于是，两人都摘下帽子，跟在这位陌生的死者的后面，走向蒙特马特公墓，任凭大雨淋湿了他们的头发。"

对绅士来说，最重要的是真诚。因为真诚是"人类的巅峰"，是人类正直行为的灵魂。彻斯特菲尔德勋爵认为真诚能使一个人成为绅士。在囚犯宣誓释放的问题上，惠灵顿公爵受到了凯勒门的强烈反对，于是这位伊比利亚半岛的将军写信给凯勒门，他说对于一个英国官员来说，除了勇气之外如果还有什么值得骄傲的话，那就是他的真诚。惠灵顿写道："当一个英国官员发誓不逃跑的时候，他绝对不会违背自己的誓言。相信我，也相信他们。一个英国官员的话比哨兵的看守更可靠。"

真正的勇敢和侠义豪爽紧密相连。一个勇敢的人不会是狭隘冷漠之人，而往往胸怀慷慨慈悲之心。巴利这样评价他的朋友约翰·富兰克林爵士："他这个人很勇敢，遇到危险从来不逃避，但温柔起来却连一只蚊子都怜悯。"在西班牙的艾尔博登的骑兵格斗中，法国军官贝阿德展现了他良好的性格特征，那就是宽厚和崇高的精神。当贝阿德举起剑准备袭击菲尔顿·哈维勋爵时，他发现对手竟然是独臂，他马上停下来，把剑丢在菲尔顿勋爵面前，然后像往常一样带着深深的敬意拍拍手走了。同样在伊比利亚半岛战争中，尼莱也表现出了宽厚仁慈的高贵品质。在克罗纳地区，查尔斯·纳皮尔身负重伤不幸被俘。朋友们都不知他的死活。英军派出一个特别使节带着一艘护卫舰去查明他的下落。当使节巴伦·克罗特到达敌营，向尼莱说明来意后，尼莱说："让这位俘虏见见他的朋友，告诉他的朋友们他很好，在这里受到了特别的礼遇。"克罗特在那里徘徊良久，尼莱见了微笑着问："他还需要什么吗？""他家有老母，还有一位盲妻。""哦，那让他自己回去告诉他妻子他还活着。"当时是禁止两国交换俘虏的。尼莱以为自己的行为可能会惹怒拿破仑皇帝，但没想到拿破仑却对尼莱的宽厚行为大加赞赏。

我们时常听到人们叹息骑士精神一去不返，但我们还是经常可以看到很多勇敢、仁厚以及自我克制的英雄气概，这些都是历史上值得称颂的。最近几年发生的一些事情证明了我们国民的精神并没有堕落。在荒凉的西巴斯托普高原，人们在危险的战壕里顶住了12个月的围攻，每一个阶层的人都无愧于祖先传给他们的高贵品德。在印度的这场伟大考验中，国民也展现了他们最耀眼的品德。在考恩坡的尼尔的急行军和在罗克卢的哈维洛克的急行军，军官和士兵都急于营救妇女和儿童。作为哈维洛克的上司，奥拉姆没有把领导攻打罗克卢的荣耀窃为己有，而是给了哈维洛克，这一行为足以证明奥拉姆无愧于"印度的贝阿德"这一称号。勇敢而宽厚的亨利·劳伦斯在临终时留下遗言："不要让我留下任何混乱，让我的精神

连同我的肉体一起被埋葬。"科林·坎贝尔勋爵急于营救被包围在罗克卢的部队,他晚上带着大队的妇女儿童从罗克卢到考恩坡,在敌人的猛攻下完成了任务。一路上,他带领他们穿越危险的大桥,不停地告诫他们一些要注意的事项,直到把他们安全地送到阿拉哈巴德大道。然后他又带领小分队以迅雷不及掩耳之势出现在加利尔。这些事情都让我们为我们的国民感到自豪,也使我们确信骑士精神并没有离我们远去,而是活生生地存在于我们的身边。

即使是一名普通的士兵,也可以通过战争的洗礼证明自己是一个绅士。在阿高拉遭遇战中,许多被烧伤的战士被抬回来后,得到了妇女们的精心护理,这些粗鲁、勇敢的人在她们面前表现得和小孩一样温顺。在被照看的几周时间里,从没有听哪个战士说过一句让这些妇女震惊的话。如果受致命伤的人死去,幸存者也会表达他们的感激之情。当一切即将结束时,他们邀请那些妇女和阿高拉的领导到泰姬陵公园聚会。公园里摆满了鲜花,在音乐声中,这些肢体残缺的勇士们起身感谢那些精心照料自己、沮丧时给予他们安慰的温柔的女人们。在斯沟塔利医院,也有许多伤病员为照料他们的善良的英国女性们祝福。没有比这些可怜的受难者的思想更美好不过的了。他们在疼痛难忍的夜里会祈祷,希望佛洛伦萨夜莺的幽灵能够降临在他们的枕上。

1852 年 2 月 27 日,远离非洲海岸的伯克哈德号失事了,这再—次体现出了 19 世纪的平凡的人们所具有的骑士精神,这也是一次让人们感到自豪的壮举。这艘船载着 472 个男人、166 个女人和儿童,在非洲海岸中飞一般地行驶。这些男人是当时在好望角服役的官兵,主要由新兵组成。凌晨 2 点,人们还在酣睡之中,伯克哈德号撞上了一块暗礁,船底被刺穿。船很快就会沉入海底。这时甲板上层的战士拿起了武器,迅速集合。大家一致决定要先保住妇女和儿童的生命。他们来不及穿衣,匆匆赶到下层的甲板上,把妇女儿童转移到几只备用的小木船上。当小木船渐渐离开伯克哈德号轮船时,船长说:"所有会游泳的人跳入水中,游向小木船。"但第 91 苏格兰高地的上校赖特立即反对:"不行。如果这样,那些载着妇女的小木船都会沉没。"勇敢的士兵们纹丝不动。再也没有备用的小木船了。面临生与死的严峻考验,没有人感到沮丧,也没有人惊慌,更没有人临阵逃脱。"他们没有一句怨言和牢骚,更没有因恐惧而哭泣,直到船沉入了海底。"幸存者赖特上校说。随着船沉入了大海,这一群英雄的魂魄也葬入了大海。他们得到了高尚和勇敢的荣耀,他们为我们树立了不朽的榜样,他们的英名将永载史册。

或许一个绅士因成功经受了无数考验而闻名,但他还必须经受这样一种考验,即如何对那些地位低于自己的人行使权力。包括如何对待妇女儿童,作为长官如何对待下级,作为老板如何对待职员,作为教师如何对待学生,在任何职业中他怎样对待比自己弱小的人。在这些情况下,谨慎、宽容和友善往往被看做是绅士性格中最关键也是最严峻的考验。有一天,在穿过拥挤的人群时,拉莫特不小心踩到一个年轻人的脚，这人立刻扇了他一个耳光。拉莫特说："哎，先生，如果你知道我是一个盲人，你会为你的行为后悔的。"欺侮弱者的人要么是一个势利眼，要么是一个懦夫，但绝不是一个绅士，也绝不是一个真正的人。蛮横残暴的人，不过是外强中干的奴隶。一个正直的人身上所表现出来的力量以及良知，赋予他的个性以高贵的品格，他会特别谨慎地运用这种力量。应该说，"拥有猛兽一般的力量是很好的，但像猛兽一样地运用力量则是野蛮的"。

的确，温文尔雅是对绅士风度的最好考验。真正的绅士会设身处地为他人着想，会平等地对待晚辈和被赡养者，给予他们尊严。他宁可自己吃亏，也不愿意因自己的过错而让别人承担不堪的后果。他会包容那些不如自己的人的缺点和错误，甚至对禽兽也很仁慈。他不会去炫耀自己，不会因成功而沾沾自喜，更不会因失败而颓废消沉。他不会把自己的意见强加给别人，但必要时他会畅所欲言。他不会以一种高傲的姿态去帮助别人，以表现自己的恩惠。在谈到洛林爵士时，瓦尔特·斯各托说："他以助人为乐，难能可贵。"

作为绅士，他们的性格就在于在日常生活中敢于牺牲自我，在利益面前把别人放在自己的前面，这是查塔姆爵士曾经说过的话。我们可以引用拉尔夫·阿伯克龙比勋爵的一则轶事来对这种高贵的品格做一个注解。据说，在阿伯克战争中，勇敢的拉尔夫身负重伤，被人用担架抬往急救中心。为了让他不那么痛苦，他们在他的头下枕了一个战士的毛毯，这种办法非常奏效，拉尔夫果然轻松了一些。他问身边的人他头下放的是什么，大家回答他："那是一块毛毯。""啊，这是谁的毛毯？"他急切地问着，身子都几乎坐了起来。"是一个战士的。""那它的主人是谁？""是第42号邓肯·罗伊的，拉尔夫先生。""好，我知道了，今天晚上一定要把毯子还给邓肯·罗伊。"即使是在这种濒临死亡，可以减轻痛苦的情况下，这位将军也不肯让一个战士忍受一晚没有毛毯的寒冷。这种事情并不罕见，在祖德芬战场，悉尼临死前把他的水壶留给了一个战士。

在描绘弗兰西斯·德雷克勋爵这位非常可敬的人物时，年迈风雅的富勒言简意赅地概括了一位真正的绅士所应具备的性格特征："朴素、公平、坦诚、仁慈，平生最讨厌懒惰。不管别人是多么可信和多么技术娴熟，在重大问题上他从不依赖于别人。他蔑视任何危险，他通过自己的勇敢、能力或功绩去战胜一切困难，遇到关键时刻他会第一个挺身而出。"

4

道德箴言录

(法)拉什·福科

拉什·福科(1613—1680),法国思想家,著名的格言体道德作家。一生作品不多,仅有《回忆录》和《道德箴言录》两部作品传于后世,但影响极为深远。

《道德箴言录》不是一本道德训条的集合,其内容相当于一部道德心理学著作。作者的用意并不是弄一堆规范和训条的集子,来告诉人们应该做什么,不能做什么,而是通过对人们行为品质的分析和描述,揭露人们实际上在做什么、想什么。它以出色的思想影响了包括马克思、尼采、纪德、爱因斯坦等世界著名的思想家和作家。其生命力的长久和它的篇幅的短小恰成反比。

道德箴言 <<<

那些过于专注于小事的人通常会逐渐对大事无能。

箴　言

1

人们所谓的德性,常常只是某些行为和某种利益的集合,由天赐的良机或自我的精明来成就。男人并不总是凭其勇敢成为英雄,女人亦不总是靠其贞洁成为贞女。

2

自爱堪称最大的奉承者。

3

我们对自爱的探索只是得到这样一个结果:自爱对我们来说仍然是一个未知的世界。

4

世界上最精明的人也比不上自爱精明。

5

当我们的生命停止时，我们的激情才会结束。

6

激情常常使最精明的人变得疯狂，使最愚蠢的傻瓜变得精明。

7

某些政治家的台上表演，那些如同名画一般炫人眼目的行动，也不过是一些情绪和激情造成的一般结果。同样，奥古斯都与安东尼的斗争——被人们说成是一场主宰世界的野心的战斗，可能也只是出于一种猜忌。

8

激情是惟一始终在进行说服的演说家。它们似乎将一种天生的技艺赋予在主人身上，其规则往往准确无误。即使是最笨拙的人，只要具有激情，也要比缺乏激情的最善辩的人更能说服人。

9

激情有自己不良的嗜好，会令主人有危险行为。即使在激情表现得似乎最合理的时候，我们也应当对它们谨慎提防。

10

激情会在人的心灵里源源不断地产生：一种激情的消失，同时也意味着另一种激情的出现。

11

激情时常触发起与自己处于对立面的东西。吝啬有时产生挥霍，挥霍有时导致吝啬；人们往往通过软弱而变得坚强，通过怯懦而变得勇敢。

12

在那虔诚与光荣的麒麟皮下，露出了人们颇费苦心想要隐藏的情欲的马脚。

13

跟我们意见的指引相比，我们的自爱心更多地遵循我们趣味的指引。

14

人们不仅忘恩负义，忍气吞声，而且恩将仇报，认敌为友；在他们看来，善有善报，恶有恶报，倒像是受人奴役。

15

君言的大度常常只是一种政治姿态，以此笼络人心而已。

16

被人们看做是德行的大度，其动机有时是虚荣，有时乃迟钝，有时为恐惧，更多情况下是三者合而为一。

17

幸运者的节制来自于运气赐予他们的心境安宁。

18

节制不过是担心会遭致人们的嫉妒和非议而已，因为这种嫉妒和非议会降临到那些痴迷于幸运中的人们的身上。节制也是我们自身精神力量的一种无谓的炫耀，说到底，它只是出于那些运气较佳的人们的一种欲望——他们不想让自己的幸运显得比自己更伟大。

19

我们每个人都有足够的力量去担负别人的不幸。

20

贤者的坚定执着，只不过是来自制止自己心灵躁动的艺术。

21

那些被判罪而备受折磨的人们，有时会装出一种坚定的态度来对死亡采取蔑视态度（事实上这种蔑视只是害怕直面死亡），这样会使得人们认为这种坚定和蔑视是属于他们的精神，就好比说遮眼布条是属于他们的眼睛。

22

那些已经过去的和将要来临的痛苦轻易地被哲学战胜，然而现在的痛苦却要打败哲学。

23

很少有人认识死亡。人们通常是靠愚钝、靠习惯,而非靠决心来承认它。大多数人赴死,只是将它看做一桩事实,不得不去面对。

24

直到被长久的厄运打倒,那些大人物才发现他们过去只是靠野心膨胀的力量,而不是靠灵魂的力量来支持自己,才发现周围有一种莫大的空虚。那些英雄的所作所为和普通人的行为其实并没有什么差别。

25

承受好运须有与恶相比更多的德性。

26

不灭的太阳亦不能令人们久久凝视。

27

我们常常以我们的激情,甚至最有罪的激情为荣,不过嫉妒作为其中羞耻和不光彩的一种,常会得到人们的矢口否认。

28

从某些方面来说,猜忌还是合乎情理的,既然它仅仅倾向于使人们保存属于自己或认为是属于自己的利益。然而,嫉妒却是一种无法忍受别人幸运的愤恨。

29

我们所行的恶给我们招来的迫害和敌视,还不及我们所行的善所招来的多。

30

我们的力量其实超出自己的意愿,而我们却时常自我辩解:有些事情不可能做到。

31

假如我们自己毫无缺点,也就不会从注意别人的缺点中得到如此多的快乐。

32

猜忌是在怀疑中滋生的,当人们从怀疑变得确信时,它就变成愤怒,或立刻消失。

33

骄傲总是能找到骄傲的理由,甚至在它不再虚荣的时候。

34

如果我们自己毫无骄傲之心,我们就不会对别人的骄傲加以抱怨。

35

所有人都是同样骄傲,只不过表现方式和手段不同。

36

正如自然极为明智地安排了我们身体的各种器官以使我们幸福,它也赐予我们骄傲以使我们免去发现自我并不完善的痛苦。

37

在我们对行为不端者进行劝导时,从他们的骄傲下手要比从他们的善良下手更为有效,我们与其去纠正他们,不如让他们相信:别人可都是没有这些缺点的。

38

我们依照我们的希望许下承诺;我们根据我们的畏惧而信守承诺。

39

利益以各种种类的语言发言,玩弄各式各样的人,甚至包括无私者。

40

利益令某些人盲目,却使另一些人澄明。

41

那些过于专注于小事的人通常会逐渐对大事无能。

42

我们缺乏足够的力量来完全按照我们理智的指引行事。

43

当人们被他人引导时,他常常误以为引导者是他自己,而当他凭借自己的精神向某一目标走近时,他的心灵则在不知不觉中将别的心灵带走。

44

精神的有力或软弱,实际上反映出身体器官的好或坏。

45

与运气的反复无常相比,我们心情的反复无常还要来得古怪和不可理喻。

46

哲学家们对于生命的眷恋或冷淡,只不过出于他们不同的自爱的口味,我们无需再去为那舌间味觉或色调的选择而争论。

47

命运所给予我们的一切,其价值都由我们的心情来决定。

48

幸福是在于事物,而不在于趣味。我们的幸福不在于我们拥有其他人觉得可爱的,而在于我们拥有自己所爱的东西。

49

我们既不像我们所想象的那么幸福,也不像我们所想象的那么不幸。

50

有些自视颇高的人把不幸当成一种荣耀,他们试图说服别人和自己:惟有他们才能配得上遭受命运折磨。

51

我们在某个时候赞成的东西,在另一个时候我们又会加以反对——看到这些,会削弱我们的自满之心。

52

无论人们的命运看起来有多大的差异,仍会有某种补偿存在,以保持好运与厄运之间的相互平等。

53

单凭天赋的某些巨大优势并不能造就英雄，有时还需要有运气相伴。

54

哲学家们对财富表示藐视，不过是想通过藐视命运没有赐予他们的东西，而隐藏自己对命运赏赐不公的报复心理。这种藐视也是一种可以保证自己在贫困中不致堕落的秘诀，是另外一种获得尊敬的方式——这尊敬是他们依靠财富不可能得到的。

55

厌恶恩惠不过是爱好恩惠的另一种方式而已。我们通过蔑视蒙受恩惠的人们，来使自己没有得到恩惠的苦闷获得抚慰和缓解；既然无法夺走那些人对芸芸众生的吸引，我们就拒绝尊敬他们。

56

为了在社会上获得成功，人们就努力做出在社会上已经获得成功的样子。

57

不管人们对自己行动的伟大如何夸耀，它们常常并非源自于一个伟大意向，而只是机遇的某种产物。

58

我们的种种行为充满了幸运或不幸，这些幸运或不幸成就了人们对这些行动的或褒或贬。

59

任何不幸的事,聪明人都可以从中汲取某种利益;任何幸运的事,迟钝的人也会把它弄得反而有损于自己。

60

命运会推动一切,使之对于它所青睐的人有利。

61

人们的幸福或不幸对于其情绪的依赖程度,并不亚于运气的好坏对于其情绪的依赖程度。

62

真诚是一种心灵的开放。十分真诚的人是很少的,通常我们所见的所谓真诚,只不过是一种想获得他人信任的巧妙掩饰。

63

讨厌说谎常常出于一种难以觉察的野心,是想为我们的话提供有力证据,并吸引人们以崇敬的口气来谈论它。

64

跟伪真理造成如此多的坏事不一样,真理并没有在世界上造成同样多的好事。

65

人们对于“明智”给予毫不吝啬的赞扬,但即使在最小的事情上,它也不能为我们提供担保。

66

一个精明的人必须将其利益等级安排好,使之秩序井然。在我们同时急着做许多事情时,我们的贪婪常常会使这一次序被扰乱,结果由于对太多不重要的东西抱有欲望,我们错过了那些最为重要的事情。

67

优雅之于身体,正如良知之于精神。

68

要给爱情下定义并非易事,我们只能说:在灵魂中,爱是一种占支配地位的激情;在精神中,它是一种相互的理解;在身体方面,它只是对我们藏在重重神秘之后的所爱的一种隐秘的仰慕和优雅的占有。

69

如果有一种纯粹的爱,是不与其他激情相掺杂的,那它一定隐藏于心灵深处,甚至我们自己都无法觉察。

70

爱情不可能长期地隐藏,也不可能长期地伪装。

71

当人们不再相爱时,几乎都会为他们曾经的爱感到羞耻。

72

当我们根据爱达成的主要效果来对爱进行判断时,它更像是恨而不像是爱。

73

从未有过私情的女子我们可能见过,但只有过一次私情的女子却很难找到。

74

爱情只有一种,但却拥有成千上万,千差万别的副本。

75

爱情如同火焰,没有不断的运动就无法继续存在,一旦它停止了希望和害怕,它的生命也会就此终结。

76

的确,爱就好比精灵的模样:满世界都在谈论,但却无人见过一眼。

77

爱情将它的名义出借给无数我们认为是属于爱情的交往,然而,对于这些交往,它所知道的并不会多过总督对威尼斯所发生的事情的了解。

78

在大多数人那里,热爱正义不过是害怕遭受不义。

79

沉默是缺乏自信的人最稳妥的选择。

80

我们交友如此多变,是因为我们难以认识灵魂的本质以及容易看到智力的优势。

81

与我们爱自己比起来,我们实际上并不爱什么人,当我们爱友超过爱己时,其实只不过是在遵循自己的兴趣和喜好。然而,正是靠这种惟一的爱人胜过爱己的情感,友谊才可能是真实和完全的。

82

与对手的和解,只是出于一种想使自身状况得到改善的欲望,或者是出于对斗争的厌倦,再不然就是对某种坏结果的恐惧。

83

人们称之为“友爱”的,实际上只是一种社会交往关系,一种对各自利益的尊重和相互间的帮助。归根结底,它只不过是一种交易,自爱总是在那里谋划着赚取某些东西。

84

不信任自己的朋友比被朋友欺骗更为可耻。

85

我们经常自以为我们爱别人胜过爱自己,可是,我们友谊的形成其实仅仅是出于利益,我们给别人好处,并非是为了要对他们行善,而是为了能得到回报。

86

我们的小心提防证明着别人可能的欺骗。

87

如果不是相互欺骗,人们就不可能在社会中长久地生存。

88

我们根据对朋友的满意程度，在心中增加或者减少他们的优点，我们按照他们与我们在一起生活的方式而非他们本人的生活方式来判断他们的价值。

89

人们都对他的记忆力加以抱怨，却没人抱怨他的判断力。

谁也不会满足于自己拥有的财产，可都满足于自己以为的聪明。——托尔斯泰

90

在日常交往中，我们更多是由于我们的缺点而非我们的优点而招人喜欢。

91

即使是最大的野心，在通往目标的路上遇到绝对不可逾越的障碍时，人们还会以为它是最小的野心。

92

雅典人中有一个疯子，他以为所有到港的大船都是属于他的。要使一个人从自高自大中醒悟过来，就需要像雅典人给予那个疯子的恶劣态度来对待他。

93

上了年纪的人喜欢给人以善的教诲，因为他们很宽慰，自己不会再做出坏的榜样来了。

94

对那些不知道自立自强的人来说,伟大的称号不仅没有提高反而会降低他们。

95

一个杰出功绩的标志是:即使那些最嫉妒它的人也不得不对它进行赞扬。

96

这样的人可谓忘恩负义:他在忘恩负义方面的过失,还没有别人给他的好处那么多。

97

当我们认为理智和洞察力是两种不同的东西时,我们其实是搞错了。洞察力只是理智的灿烂光芒,这种光芒渗进事物的深处,去注意值得注意的一切,领会看起来无法理解的东西。同样,也应当承认:那些我们归之于洞察力的功绩,也在理智之光的范围之内。

98

每个人都说自己的心灵好,但没有人敢如此说他的精神。

99

精神的高雅在于思考世间那些善良、优美的事物。

100

精神的文雅就是用一种令人愉悦的方式来谈论那些让人欢喜的事物。

101

经常是这样的:事物往往更完美地呈现在那些并不对其刻意雕琢的精神面前。

102

精神始终被心灵所欺骗。

103

并非所有了解他们精神的人都了解他们的心灵。

104

所有人和事都有各自的观察点,有时需要近观才能做出正确的判断,有时则只能远看才能判断得更好。

105

偶然发现他有理性的人并非是有理性,而那认识、判断、欣赏理性的人才可谓是有理性。

106

为了对事物进行正确的认识,应当了解其中的细节,而因为细节几乎是无边无际的,故而我们的知识就始终处于浮浅和不全面的状态。

107

夸赞一个人从不调情,其实本身也是一种调情。

108

精神并不能够长久地扮演心灵的角色。

109

年轻人根据血液的热度来改变其趣味,老年人则根据习惯来保持其趣味。

110

我们给别人任何东西都不如我们给别人劝告那样慷慨。

111

我们越是爱我们的情人,越是要准备被抱怨。

112

随着年龄的增加,精神的缺陷也如同面容的缺陷一样增加。

113

有好的婚姻,但其中并无最好的快乐。

114

我们不能原谅为敌所欺和为友所叛,但却常常满足于自欺自叛。

115

骗人而不为人知极其困难,相反,自欺而不自知却相当容易。

116

再没有什么比请求建议或给予劝告的方式更不真诚的:那请求建议的人貌似对朋友的意见毕恭毕敬,其实他只不过是想要人赞同他的意见,并为他的打算提供担保;而那给予劝告的人则表现出一种貌似真挚热情的无私来回报信任,尽管他在给予劝告时最常寻求的只是他自己的利益和荣耀。

117

在所有诡计中,最为狡猾的就是:善于巧妙地假装自己已落入他人设置的圈套。因为人们总是在打算欺骗别人时表现得自己最容易受骗。

118

不要骗人的意愿，常令我们被别人欺骗。

119

我们太过习惯于向别人伪装自己，以致到最后我们向自己伪装自己。

120

人们的背叛更多的是由于软弱，而不是出于一种背叛意图的产生。

121

我们行善常常是为了使自己可以不受惩罚地作恶。

122

倘若我们抵挡住了激情的诱惑，那么更多的是由于它们的软弱而非我们的坚强。

123

我们不自我奉承就几乎没什么乐趣。

124

有些看似最机敏的人毕生都假装在对诡计进行谴责，其目的不过是想在某个关键场合,自己为了某个重大利益来使用诡计而不被察觉。

125

使用诡计一般来说是智力低下的标志,几乎总是这样:使用诡计的人为了在一个方面掩盖自己,但却在另一个方面原形毕露。

126

诡计和背叛只不过是因为缺乏才能。

127

受骗的最稳当的途径,就是自以为比别人更精明。

128

过度的精明是一种假象的明智,真正的明智是一种稳重的精明。

129

一个精明的人要想不被骗,有时只需不要太精明。

130

我们惟一不会改变的缺点就是软弱。

131

在那些热衷于制造爱情的女人的缺点里,制造爱情不过是她们最小的一项。

132

明智地对待别人要比明智地对待自己来得更为便利自然。

133

只有那些使我们发现蹩脚的原本有多么荒谬的副本才是好的副本。

134

我们因自己所假装出来的品质而显出的荒唐,远远要比我们因自己所具有的品质而显出的荒唐更为可笑。

135

有时我们与自己的差别跟别人与我们的差别一样大。

136

有些人如果不是为了以后谈论爱这个话题,他们原本不会去爱。

137

当虚荣心沉默不语时,我们的话也不多。

138

与保持沉默相比,我们更喜欢谈论自己的痛苦。

139

我们总觉得在谈话中,很少碰到通情达理和令人愉快的人,原因在于:任何人都是宁可思考自己想说的,而不愿明确地去回答人们问他的。那些最精明和曲意奉承的人,也仅仅满足于只是表现出一副倾听的神情。与此同时,我们可以从他们的眼睛和神态中发现一种对我们所说的话茫然不解的神色,以及一种急忙想把话题引到他们关心的题目上的企图。他们没有想到:如此力求使自己惬意是一个取悦或说服别人的糟糕方式,而且,好好地听取、好好地回答是一种我们在谈话中所能拥有的最大的完善。

140

缺少蠢人的陪伴,一个风趣幽默的人常常会施展不开他的本事。

141

我们常常夸口说自己一个人并不觉得无聊,我们非常自负而不想得到糟糕的陪伴。

142

言简意赅是伟大精神的特征,相反,空话连篇则是渺小精神的标志。

143

我们过分夸奖别人的优秀品质,与其说是出于对其成绩的尊重,不如说是因为尊重我们自己的意见。我们想让人们称赞自己,好像是我们成就了他们。

144

我们并不是喜欢赞扬,没有利益我们对任何人都绝不会赞扬。赞扬是一种精明、隐秘和巧妙的奉承,它从不同的方面使给予赞扬和得到赞扬的人们觉得满足。得到赞扬的人就仿佛那是对他功绩的一个应有的回报,给予赞扬的人则是想使他的公正和判断力被人注意到。

145

我们经常会进行某些有害于被赞扬者的赞扬,这可以从我们赞扬人们的缺点所引起的反响中看到,这些缺点是我们不敢以另一种方式揭示的。

146

我们赞扬别人一般来说不过是为了被别人赞扬。

147

很少有人明智到这一程度:喜欢逆耳的忠言,甚于喜欢会损害他们的赞扬。

148

有一些责难是赞扬,有一些赞扬是毁谤。

149

拒绝赞扬出自一种想被人再次赞扬的欲望。

150

要配得上人们给予我们的赞扬的欲望,提高了我们的德性,人们给予理智、有价值和美的赞扬也有助于提高我们的德性。

151

阻止自己去支配别人比防止自己受人支配要更容易。

152

假如我们不自我奉承,别人的奉承就不会给我们造成损害。

153

上天给予了优势,机运使其成形。

154

我们身上某些理智改正不了的缺点,运气可以帮助我们改正。

155

有些人尽管有功绩却令人讨厌,有些人尽管缺点明显却招人喜欢。

156

有些人的价值就在于说一些有用的蠢话和做一些有用的蠢事,假如他们有所改变,反而会把一切弄糟。

157

在衡量那些大人物的光荣时,应当总是想想他们获取荣誉的手段。

158

奉承是一枚凭借我们的虚荣才得以流通的伪币。

159

只是拥有伟大的品质还不够,还要好好地运用它们。

160

如果一个光辉灿烂的行为并非崇高意志的产物,就不应把它归入崇高之列。

161

如果我们想判断出行为所能产生的所有结果，那在行为和意向之间应当存在某种确定的比例。

162

善于巧妙地利用自己平庸禀赋的人，往往能比真正的卓越者赢得更多的尊敬和荣誉。

163

有无数看似荒唐可笑的行为举止，其暗藏的理由却十分明智可靠。

164

胜任自己正在从事的工作比显出一副配得上自己没有得到的职位的模样，要更难一些。

165

我们的真正价值使我们受到正派人的尊重，我们头上的光环则使我们受到公众的尊重。

166

社会更经常地奖励功绩的外表而非功绩本身。

167

吝啬与善于理财比慷慨与善于理财更加对立。

168

希望——尽管它整个是骗人的——但至少可以引导我们以一种愉悦的方式走完生命的旅途。

169

当懒惰和怯懦使我们回避义务时,我们的德性却经常得到履行义务的所有荣誉。

170

很难判断一个干净、诚实和正当的举动是出于正直还是出于精明。

171

德行消失在利益之中,正如河流消失于海洋之中一样。

172

如果我们好好地考察一下无聊的各种表现,我们发现它更多地不是追求利益,而是想逃避义务。

173

有各种不同目的的求知欲:一种是出于利益——即想学会可能对我们有用的东西;另一种是出于骄傲——即想知道他人不知道的东西。

174

这样运用我们的理智是最好的:在不幸降临时帮助我们承受不幸,在不幸可能降临时帮助我们预见不幸。

175

爱情的坚贞不渝实际是一种不断的变化无常,这种变化使我们的心灵相继依附于我们的恋人的各种品质之上,迅速给予其中一个以喜好,又迅速转移到另一个。因此,这种坚贞不渝不过是发生在同一主体中的一种变易。

176

在爱情中有两种坚贞不渝:一种是由于我们不断地在爱人那里发现可爱的新特点,另一种则不过是我们想获得一种坚贞不渝的名声。

177

坚持不懈不值得谴责也不值得赞扬,因为它只不过是某些兴趣和情感的延续,这些兴趣和情感并不是我们能够抛弃或给予的。

178

我们热爱新知识的原因,并不是我们对于旧知识的厌倦或对新知识的喜好,而是因为厌倦了那些太了解我们的人的有限的钦佩,渴望着那些不太了解我们的人的更多的赞扬。

179

我们有时轻易地埋怨朋友,是为了提前为我们自己的小毛病辩护。

180

我们的忏悔与其说是对我们所做的坏事感到愧疚,不如说是对可能降临到我们身上的坏结果感到恐惧。

181

有一种变化无常,来自精神的轻率或软弱,它使人接纳所有其他人的意见;另外还有一种变化无常则是较可原谅的,这来自一种万物皆空之感。

182

恶行进入了德性的结构之中,正像毒药进入了药物的范围一样。审慎地聚集明智以缓解它们,有效地利用它们来反对人生的疾病。

183

我们还是应当同意(这是使德性光荣的):人们的最大不幸就是被罪恶压倒。

184

我们承认自己的缺点,是想用真诚来弥补人们因这些缺点对我们形成的不利看法。

185

邪恶和善良一样有它自己的好汉。

186

我们不蔑视所有沾染恶习的人,但蔑视所有毫无德性的人。

187

德性的名称可以像恶一样有效地屈从于利益。

188

灵魂的健康并不比身体的健康更有保障,无论我们看起来离激情多么遥远,被激情侵蚀的危险并不少于身体健康时突然患病的危险。

189

本性,似乎从每个人出生起就为他划定了善和恶的行为框架。

190

那些巨大的错误是属于伟人们的。

191

我们可以说:一些恶行正在人生的道路上等待我们,就像旅店老板必须不停地接待投宿的行客一样。并且,即使我们可以同一条路上走两次,我们也会怀疑经验能否使我们避免重犯这些恶行。

192

当恶行离开我们时,我们就会自吹自擂,相信是我们自己摆脱了它们。

193

灵魂的疾病就像身体的疾病一样,有其反复无常的时候,当我们以为自己痊愈时,实际上常常不过是一次间歇或者疾病的转移。

194

灵魂的缺陷犹如身体的创伤,无论我们采取什么样的方法治疗,伤口总在那里,且随时有复发的可能。

195

经常阻止我们沉浸于一种恶行的原因,是我们还有其他的恶习。

196

当我们的缺点没有暴露时,我们很容易就将其遗忘。

197

有一些人,如非亲眼所见,我们可能不会相信他们的恶行,不过实际上这并没有什么值得我们大惊小怪的。

198

我们渲染某些人的光荣,是为了对另一些人的光荣进行贬低;并且,有时我们较少地赞扬亲王殿下和德雷纳先生,那只不过是由于我们不想对他们直接批评。

199

想表现得精明的欲望常常会阻止了人在实际上变得精明。

200

如果虚荣心不陪着德性一块走,德性走不了那么远。

201

那些认为能够脱离整个世界而自足存在的人是自欺的,但那些认为我们不能独立于世界的人就更加自欺了。

202

假装正派的人会向别人和自己掩盖自身缺陷;真正的正派人则完全意识到自身的缺陷并坦白地承认它们。

203

真正正派的人绝不会无中生有地吹捧自己。

204

女人的严肃是一种可以增添美貌的面霜和扑粉。

205

女人的正派常常是因为她们爱好自己的名声和宁静。

206

真正的正派人是那些想使自己始终置身于正派人视线之内的人。

207

疯狂毕生都在追随我们。倘若有什么人看起来很理智,那只不过因为他的疯狂与他的年龄和运气是相匹配的。

208

笨人的自知之明在于能将他们的傻劲加以巧妙合理的运用。

209

未曾经历过疯狂的人并不如他自以为的那样理智。

210

我们在年老时变得愈加疯狂,同时也愈加理智。

211

有些人就像流行音乐,我们只是在特定的时候想起它们。

212

大部分人认识他人只是根据别人的时髦或者运气。

213

热爱荣誉、害怕耻辱、渴望成功、企求舒适和嫉妒他人——这一切成就了人类所谓的勇敢。

214

勇敢在纯粹的士兵那里,只是一种赖以谋生的冒险职业。

215

绝对的勇敢和绝对的怯懦是人们很少达到的两个极端。这两极之间有着广阔的空间,包含着各种各样的勇敢,其差别并不会小于面孔与性格之间的差别。有些人心甘情愿地开始冒险,但在冒险过程中又轻易地松懈和气馁,有些是满足于他们已履行了社会荣誉所要求的,并且努力多做了一些细小的事情就沾沾自喜,再也不想做更多的事情。我们看到人们并不能从始至终都同等地控制着他们的畏惧心理,有些人会被一般的恐怖所吓倒,另一些人向前冲锋则是因为他们不敢停留在原地;有些人因为习惯了那些最小的危险而增强了去冒更大危险的勇气;还有的人,不害怕刀剑的锋芒却害怕火枪的射击,另一些人面对火枪镇定自若,面对刀剑则心惊胆战。所有这些不同类型的勇敢在某种意义上说是相互协调的。黑暗通过增加恐惧和遮掩那些好的和坏的行为,给了我们谨慎行动的空间。还有另一种更普遍的谨慎做法是:由于绝无这样的人存在——这个人确信能在某个场合保有自己的性命,因而仍然竭尽所能地去做。那么,可见,对死亡的畏惧会令某些勇敢黯然失色。

216

绝对的勇敢无法向全世界展示其证据。

217

无畏是灵魂的一种杰出力量,它能够使灵魂超越苦恼、混乱和面对巨大危险时可能引起的情绪。正是靠这种力量,英雄们在那些突如其来并十分可怕的事件中,也能以一种平和的心境支撑自己,并继续自由地运用他们的理性。

218

伪善是邪恶向德性的致敬。

219

大多数人在战争中为了保持他们的名誉进行着冒险活动,但很少人愿意不顾一切地承担超过他们想要成功所必须承担的危险。

220

虚荣、耻辱,尤其是气质,常常造就男人的英勇和女人的美德。

221

害怕失去生命而想要获得荣誉的愿望,使得那些勇士在躲避死亡方面,比那些要保存他们财产的讼师们,存在着更多的灵活和机智。

222

几乎所有的人在中年以后都对身体和精神不可阻挡的衰退有所体验。

223

感激好比商人的信誉,这种信誉维持着商业贸易。我们支付欠款并非因为认为还清债务是理所应当的,而是为了更容易找到愿意再贷款给我们的人。

224

所有偿还了人情债的人,绝不能因此就自以为要得到别人的感激。

225

我们期待着别人对我们所给的恩惠表示感激,但发现这感激不如我们预想的那样大。造成期待与现实间存在差距的原因是:给予者的骄傲和接受者的自尊在恩惠的价格上无法达成统一意见。

226

我们过于急切地偿清了某一恩惠并对此加以渲染是一种忘恩负义的表示。

227

幸运的人很少反省自己,当运气使他们的错误也带来成功时,他们总是相信自己的行为是合理的。

228

骄傲的人不想欠账,自爱的人不愿付款。

229

过去某人给予了我们利益,是想要我们不计较他现在给我们带来的损失。

230

榜样是最具有感染力的，我们所做的大善大恶都会引起仿效。我们通过竞赛模仿好的行为，通过本性中的恶模仿坏的行为，这种恶本是耻辱的俘虏，却又因坏的榜样得以自由任行。

231

想靠一个人的力量得到明智是一种疯狂的想法。

232

我们给我们的悲痛以某种借口，但引起悲痛的常常不过是利益和虚荣。

233

在悲痛中有各种各样的虚伪，其中一种是借哀悼与我们亲近的一个人的死亡，来哀悼失去了他对我们的好感、他能带给我们的利益、快乐和对我们的敬意。同时，死者也有了使人流泪的哀荣，虽然这些眼泪只不过是为生者而流。我说这是一种虚伪，是因为在这些悲痛中人们是在欺骗自己。另一种虚伪却没有这样的天真无邪，因为它强加于全社会，这是那样一些人的悲痛，他们渴望着一种完全和不朽的痛苦的荣耀。当时光已经带走了所有的悲痛，他们还是不放弃，仍然坚持他们的悲伤、他们的呻吟和他们的叹息，他们表现出一副悲哀者的模样，通过他们所有的行动努力使人们相信：非到生命终结，他们的痛苦不会停止。这种悲戚、让人厌烦的虚荣心通常存在于那些有野心的妇女身上。仿佛因为她们的性别阻挡了她们通向光荣的道路，她们就拼命通过无法摆脱的痛苦来获得名声。此外，还有一种眼泪，其根源是微不足道的，它容易流出，也容易干涸，如人们为了仁慈的名声而哭，为了被哀怜而哭，为了被人哭而哭，最后还为了躲避不哭的羞耻而哭。

234

我们始终不断在观点上顽固对立的原因,更多的是由于骄傲的心理而非智慧的差异,是因为我们发现正确的一方那些最好的位置已被人占据,而我们又不想要那些最末的位置。

235

我们容易安慰我们朋友的不幸,当这有助于标志我们对他们的仁慈时。

236

自爱有时就像受了善良的欺骗,当我们为别人的利益工作时,似乎已把它置之脑后。然而就在此时,它实际上正在走一条最稳妥的路,在赠予的名义下施放高利贷,通过一种狡猾的手段最终获得一切。

237

只有那些具有强势力量的善良才值得赞扬,其他的所有善良最经常不过是意志的迟钝和无力。

238

对人们行太多的善比对他们行恶更为危险。

239

信赖名人实际上比骄傲更为自负,因为我们把这种信赖看做我们优点的一个标志，而并没有想到它常常只是出于虚荣或保守秘密的无能。

240

我们可以说，一个人的不同于美貌英俊的那种魅力，是我们尚不知道其规则的一种匀称，是这个人的各种特征以及这些特征和他的外表、神态的一种神秘的和谐。

241

调情可谓女人性格的基调，至于为何并非所有女人都会付诸行动，那是因为某些人的调情被畏惧和理智所阻挡。

242

我们常常在以为不会妨碍他人时而妨碍到他人。

243

从本质上说，很少有什么事情是做不到的，要促成它们更有赖于我们自己而非有赖于手段。

244

君主的精明在于对各种事物的价格了然于胸。

245

知道隐藏自己的精明才是最大的精明。

246

慷慨往往只是一种假装的野心，它蔑视那些小的利益其实是为了得到更大的利益。

247

忠实，对大多数人而言只是使别人信任自己的一种手段，目的是使自己高出别人一头，并成为一些最重要的秘密的保管人。

248

崇高只不过是为了拥有一切才蔑视一切。

249

人的声调、眼睛和神态中的雄辩，决不亚于语言修辞方面的雄辩。

250

真正的雄辩在于说所有应该说的，且只说应该说的。

251

有一些人凭缺点得势，另一些人因优点失宠。

252

改变癖好非常少见,相反,改变趣味却屡见不鲜。

253

所有的德性和恶行都有利益在后面推动着。

254

谦虚常常只是一种伪装的屈从,我们利用它来使别人屈服。谦虚是骄傲的一种诡计——通过表面降低自己来实际上抬高自己。骄傲的方式虽然各有不同,但没有一种方式能比它隐藏在谦虚的外表下更带隐蔽性、更能欺骗人的了。

255

所有情感都有自己特定的声调、姿态和面孔,正是这种好或坏、愉快或不愉快的附加物使人们喜爱或讨厌它们。

256

在所有职业中,每种职业都有一副面孔,以表示它想成为人们希望的那副模样。同样,我们也可以说,世界只不过是由各种各样的面孔组成的。

257

庄严的神态,是人们发明出来用以掩盖内心缺陷的一种法子。

258

高雅的趣味更多地来自判断力而非来自理性。

259

爱情的快乐来源于爱,并且人体验这种激情比激发这种激情要更幸福。

260

礼貌是一种希望有回报的尊重的愿望。

261

人们通常给予青年人的教育,不过是想通过青年来激起第二手的自爱。

262

在任何激情中,自爱都不像在爱情中那样强有力地实施自己的统治,我们总是准备着更多地牺牲我们爱人的宁静,而不是失去自己的宁静。

263

我们所谓的慷慨,经常只是作为一个给予者的虚荣,我们爱这种虚荣要超过爱我们的给予。

264

怜悯常常是一种我们自己的损失表现在他人损失中时产生的情感,是对我们今后可能遭遇不幸的一种预见,我们给予他人帮助是为了保证他们在今后类似的情况下给予我们帮助。应该说,我们给予他们,是一种提前为我们自己考虑而做出的有利安排。

265

精神的狭隘造成头脑的顽固,人们不轻易相信他们视线以外的东西。

266

以为只存在一些猛烈的能战胜其他感情的激情(像野心和爱情),这种想法不过是自欺欺人。懒惰——它完全是疲惫无力的,却不放弃自己主宰的地位,它僭越生活中所有的企图和行动,冷酷无情地摧毁和耗尽各种激情德性。

267

不经过足够的考察就很快相信邪恶的事情是由于骄傲和懒惰:既想发现别人的罪过,又不想付出考察罪恶的艰辛。

268

为了一些蝇头小利,我们会回避法官,我们很清楚我们的名望和荣誉有赖于某些人的裁决,他们甚至与我们是完全对立的,或者因为他们的嫉妒,或者是因为他们的成见,或者因为他们的愚蠢,而我们放弃我们的休息和生活诉诸裁判,只不过是为了要使判决有利于我们。

269

几乎没有人能明智到对他做过的所有恶事都有足够的认识。

270

已获得的荣誉是我们想再获得荣誉的保证。

271

青春是一种不断的陶醉,是理性的狂热病。

272

被广泛颂扬的有着伟大功绩的人们,无需比那些用一些小事来赋予自己价值的人更谦虚。

273

有一些在社会上受到称颂的人们,他们的全部功劳不过是具有某些可用之于社会生活的恶行。

274

新颖的优美之于爱情,就像花儿之于果实,放射出一种稍纵即逝、永不再来的光芒。

275

宣扬得如此了得的善良本性，常常要靠最小的利益得到满足。

276

心不在焉减弱了那些平庸的激情，增强了那些伟大的激情，就仿佛风吹灭了小小的蜡烛却助长了大团火的火焰。

277

女人们常常相信爱，但她们还是没有爱。一次私通的经历、大献殷勤的情感、对被爱的快乐的本能嗜好，以及遭到拒绝时的痛苦等等，这些行为使她们自以为拥有爱这种激情，其实只不过是在调情。

278

使我们常常对那些调解人厌烦的原因是：他们几乎总是为了调解成功而放弃朋友的利益，他们在自己职业中获得的荣誉使他们致力于此。

279

当我们夸大我们的朋友对我们的情意时，经常更多的是由于希望人们认识我们的价值，而非发自内心的对朋友的感激。

280

我们赞扬那些刚进入社会的人，往往是因为他们把对那些已在社会上确立了地位的人们的嫉妒隐藏了起来。

281

骄傲激起我们的嫉妒心,也常常帮助我们控制它。

282

有一些伪装起来的谎言显得是那样地真实,以致没有受骗反而成了失误。

283

听取别人的忠告跟好的自我劝告一样需要才智。

284

有一些恶人,假如他们毫无善意,其危险性反而要小一些。

285

“崇高”的意义是相当确定的,然而也可以说它是一种正当的骄傲,是一条通向被赞颂的最高尚的道路。

286

再去爱一个我们确实已经不爱的人是不可能的。

287

我们在同一个问题上想到好几种解决的办法——这并非心灵的丰富,而是一种智慧的缺陷,它使我们不再激发出更多的想象力,阻止我们去了解什么是最好的。

288

有些疾病在某些时候用药反而会导致疾病恶化,最大的明智就在于知道什么时候用药是危险的。

289

假装的单纯是一种巧妙的欺骗。

290

在性格中的缺陷比在精神中更多。

291

人的价值就像果子一样有它的时季。

292

我们可以说,人们的性情就像大多数建筑物一样有千差万别的外观:有些是看了让人喜欢的,有些是看了让人生厌的。

293

节制并不能压抑和克制野心:它们两者绝不会同时并存。节制是灵魂的萎靡和怠惰,野心则是灵魂的活力和勤勉。

294

我们总是喜欢那些崇拜我们的人,而并不总是喜欢那些我们崇拜的人。

295

我们永远无法弄清楚自己所有的意图。

296

爱那些我们不尊重的人是困难的,但是,爱那些我们尊重他们远胜于尊重自己的人也同样困难。

297

身体的体液按通常的路线和规律,不知不觉地推动和旋转我们的意愿,它们聚集到一起,对我们不断地实行着悄无声息的统治,以致它们在我们的所有行为中扮演了一个重要的角色而我们对此却一无所知。

298

大多数人的感激只不过是一种想得到更大恩惠的隐秘的欲望而已。

299

几乎所有人都会愉快地去偿还那些小的人情;有很多人对那些中等的人情也会表示感激;但几乎所有人都会对那些巨大的恩惠忘恩负义。

300

某些疯狂会像传染病一样四处蔓延。

301

不少人蔑视财产,但很少有人知道怎么花掉它。

302

通常只是在一些小的利益上,我们不被假象所迷惑而抓住了机会。

303

不管在我们面前的夸奖多么地热烈,它都不能教给我们什么新东西。

304

我们常常原谅那些使我们厌烦的人,却不能原谅那些厌烦我们的人。

305

利益——我们谴责它造成我们所有的恶,同时也应该赞扬它促成我们所有的善。

306

当我们的帮助还在进行时,很少看到他人的忘恩负义。

307

和他人一起享有荣耀是可笑的,仅仅自己享有荣耀却是正当的。

308

人们发明出一种节制的德性,是为了抑制伟人们的野心,安慰平庸者少得可怜的运气和无所作为。

309

有一些人注定是蠢才,他们不仅按自己的选择做蠢事,甚至命运也迫使他们做蠢事。

310

生活中有时会出现这种情况:为了得到好处,必须疯狂点。

311

假如有些人的荒唐没有显露出来,那是因为人们没有仔细去寻找。

312

情人们在一起从不感到厌倦,因为他们总在谈论自己。

313

为什么我们需要有足够的记忆力来回忆我们所经历的事情甚至最小的细节?为什么我们又没有足够的记忆力来记住我们已经把这些事情向同一个人讲过无数遍了?

314

我们在自我谈论中得到了极大的快乐,但这也给我们造成一种忧虑:我们几乎没有把任何东西给予听者。

315

通常阻止我们向朋友展示心灵的原因,并不是我们对他们的不信任,而是我们对自己的不信任。

316

意志薄弱的人很难能做到真诚。

317

施惠于忘恩负义者尚非大不幸,受恩于不正派的人才是令人无法接受的不幸。

318

医治疯狂有各种手段,但矫正怪戾的习性却非常难办。

319

人们不能长久地保持对朋友和恩人应当抱有的感情,一旦得到自由,他们就常常谈论这些人的缺点。

320

颂扬君主们并不具备的德性,实际上是为了诉说他们的不公而不受惩罚。

321

比起那些爱我们超过我们需要的人,我们会更接近那些恨我们的人。

322

只有卑鄙的人才怕被人鄙视。

323

我们的贤达和我们的利益一样需要命运女神的青睐。

324

猜忌中比爱情中有更多的自爱。

325

我们常常靠恶的弱小来安慰自己,理性的弱小却并无安慰我们的力量。

326

荒唐比不体面更不体面。

327

我们表现出小缺陷只是为了使人们相信我们无大缺点。

328

嫉妒比仇恨更难化解。

329

我们有时自以为厌恶奉承,实际上只是厌恶奉承的方式罢了。

330

有爱就会有原谅。

331

与受虐时相比,在幸福时更难对情人忠诚。

332

女人调情时往往并不自知。

333

若不是怕人反感,女人绝不会做到完全的严肃。

334

女人克服自己的调情比克服自己的激情更难。

335

在爱情中,欺骗几乎总是比提防走得更远。

336

有这样一种爱情,它的过度发展阻止了猜忌。

337

有某些好的品质就像感觉,它们完全属于个人内在的,既看不到它们又不能理解它们。

338

当我们的恨太强烈时,就会把我们降低到我们所恨的人之下。

339

我们只是按照我们的自爱来感觉自身的善与恶。

340

大多数女人的精神更有助于加强她们的疯狂而不是加强她们的理性。

341

青年人的激情并不比老年人的冷淡更危及生存。

342

人们出生的故国的声音不仅存在于语言之中,也存在于心灵和精神之中。

343

要成为一个伟人,就应懂得抓住所有的机会。

344

大多数人就像植物一样,一些潜在的属性只有在偶然的机遇中才能被揭示出来。

345

机遇使我们认识他人,更认识我们自己。

346

假如不是节制来调节,女人的精神和心灵里不会有什么准则。

347

我们仅把意见和我们相同的人看做有良知的人。

348

我们在爱的时候往往怀疑自己最信任的人。

349

爱情的最大奇迹,就是消除了做作的调情。

350

有些人帮我们讽刺对我们玩弄阴谋的人,是因为他们相信自己比我们更聪明。

351

当人们不再相爱时,分手也有许多的痛苦。

352

和那些不许别人厌烦的人在一起时,人们几乎总是感到厌烦。

353

一个正派人可能像一个疯子那样去爱,但不会像一个傻瓜那样去爱。

354

有某些缺点,如果好好地利用,会比德性更光彩照人。

355

我们有时对失去的人感到遗憾,甚至超过我们对他们的悲伤;而对另一些已逝者，我们却很少遗憾，更多的是悲伤。

356

我们通常只是赞扬那些赞赏我们的人。

357

渺小的精神太易受到琐事的牵制，伟大的精神看到这一切琐事却并不为其所累。

358

谦卑是基督教德性的真正标志，没有它，我们将保留我们所有的缺陷。这些缺陷只是被骄傲所隐藏，骄傲向他人并常常向我们自己掩盖它们。

359

不忠诚会毁灭爱情，并且，当人们有猜忌的理由时，就绝不会不去猜忌。那些避免猜忌的人正是备受人们猜忌的。

360

在我们看来，人们更多的是由于他们对我们做出的那些小的不忠而受到诋毁，而非他们对别人做出的那些大的不忠。

361

猜忌总是与爱一起产生，但并非总是与爱一起消失。

362

大多数女人为她们情人的死而哭泣,这不是因为爱他们,而是要显示自己配得上他们的爱。

363

人们施之于我们的强暴,常常使我们感到比我们的自虐要少一些痛苦。

364

人们相当清楚应该尽量少谈论他们的妻子,却不够清楚还应当更少地谈论他们自己。

365

有一些天生的优良品质会退化为缺陷,另一些后天的优良品质又并非完美。应当这样,例如,由理性来给予我们利益和信心,反过来,由本性赋予我们善良和勇敢。

366

不管我们怎样怀疑那些谈论我们的人的真诚,我们总是相信他们对我们说的话比对别人说的话更真实。

367

很少有不对她们的正派生活感到厌烦的正派女性。

368

大多聪敏正派女子是一些隐蔽的珍宝,她们平安无事只是因为别人没去寻找她们。

369

我们为克制爱情而施之于自身的强暴,往往比我们所爱的人对我们的严厉更为残忍。

370

很少有胆怯者总是能清楚了解他自己的害怕。

371

那热恋着的人几乎总是犯这样的过错:不知道什么时候别人停止了爱他。

372

大多数年轻人当他们粗鲁和没礼貌的时候,还以为这是理所当然的。

373

某些眼泪在欺骗了他人之后,常常接着欺骗我们自己。

374

如果有人以为他爱自己的情人是因为情人对他的爱,那他可就完全弄错了。

375

平庸的精神常常指责所有超越它们智力范围的东西。

376

真正的友谊驱除嫉妒,真正的爱情消灭调情。

377

洞察力的最大缺点不是达不到目标,而是常常超越了目标。

378

我们给予某些口头的劝告,却很少激发任何实际的行为。

379

当我们的人格降低时,我们的趣味也跟着降低。

380

命运显示出我们的德性和恶性,就像光线显示出各种物体的形状。

381

我们强迫自己继续对我们的爱人保持忠诚,很难说比不忠要好。

382

我们的行为就像某些押韵的诗词,每个人都能把它们放进自己喜欢的形式里。

383

谈论自己的欲望和向别人展示我们愿意呈现的那些缺点的欲望,构成我们的真诚的一大部分。

384

我们只应对自己还能够感到惊讶这一点感到惊讶。

385

在我们有许多爱的时候感到满足和几乎不再有爱的时候感到满足,差不多是同样困难。

386

没有什么人比那些不能原谅别人错误的人更经常犯错误。

387

一个蠢人往往缺乏足够的资质令自己变得聪明。

388

假如虚荣没有完全摧毁那些德性，至少它完全动摇了它们存在的基础。

389

我们难以忍受别人的虚荣，因为它伤害了我们自己的虚荣。

390

人们放弃他的趣味比放弃他的利益更困难。

391

对于没从命运那里得到好处的人们来说，命运是盲目的，可是事实并不像那样。

392

应当像把握健康那样把握命运：当它是好运时就享用；当它是厄运时就忍耐，若非绝对必需，不要做任何重大的改变。

393

庸俗的作风有时在军营中消失，但绝不会在宫廷中消失。

394

一个人可能比另一个人狡猾，但他绝不会比所有人狡猾。

395

有时我们自己从中醒悟的不幸往往超过我们被我们的爱人欺骗的不幸。

396

一个人会长久地留住他的第一个情人，当他还没找到替代者的时候。

397

我们不敢总结性地说我们完美无瑕，而我们的敌手一无是处，但在具体情况中，我们却接近于这种想法。

398

在所有的缺点中，我们能够最惬意地与之和平相处的是懒惰，我们自以为它与所有的宁静的德性相关联，相信它只是暂时将一些责任搁置一边，并没有完全逃避其他责任。

399

有一种完全与运气无关的高尚:它标志出我们与众不同的神态举止,似乎我们注定要从事伟大的事业,这是一种我们不知不觉赋予自我的价值,正是凭借这种品质,我们赢得了其他人的尊敬,也正是由于它,我们超越了那些门第出身,高官显爵和功绩本身。

400

有并不高尚的价值,但绝没有不带有某些价值的高尚。

401

高尚之于价值,犹如首饰之于美人。

402

在调情当中最为缺乏的是爱情。

403

命运有时利用我们的缺点来提高我们。有些人是让人如此讨厌,假如我们不是想摆脱他们的话,本不会给他们的功绩以奖赏。

404

看来,本性一直是隐藏在我们尚不了解的一种精明和智慧的精神深处,只有激情才能使之显露,时而给我们一些比技艺所能做的更为肯定和全面的见识。

405

我们要在生命的每个时期接触一些全新的东西，而且，在任何时期不管我们年龄有多大，我们常常还是缺少经验。

406

调情的女人给自己造成被情人们猜忌的光荣，以遮盖她对其他女人的嫉妒。

407

那些中了我们诡计的人，并不像我们所感到的那样荒唐可笑，而我们中了别人诡计时却更加显得荒唐可笑。

408

对曾经是可爱的人来说，到了老年最有害的荒唐就是他们忘记了自己不再是可爱的。

409

我们常常会为我们那些表面上看起来较好的行为感到羞耻，如果人们看清了我们这些行为的真正动机。

410

友谊的最大努力并不是向一个朋友展示我们的缺陷，而是使他看到自己的缺陷。

411

我们用来掩盖缺点的手段比我们的缺点更加不可原谅。

412

不管我们受到什么样的耻辱,我们几乎总是能想方设法恢复我们自己的名誉。

413

精神简单的人不会长久地给人带来愉快。

414

疯子和傻瓜只有通过他们的性情才被发现。

415

理性有时会放肆地帮我们做一些蠢事。

416

年老时增加的活力是跟疯狂相伴随的。

417

在爱情中,最先痊愈的也总是痊愈得最好的。

418

不愿露出媚态的少女和不想显得荒唐的老翁,千万不该像谈论一件他们也能参与的事情一样谈论爱情。

419

我们在一个低于我们价值的职位上能够显得伟大,但在一个高于我们价值的职位上却常常显出渺小。

420

我们常常以为我们在不幸中具有一种坚定性,其实那时我们只不过是筋疲力尽,我们只是在忍受不幸而不敢正视它,就仿佛那些害怕自卫而任人宰割的胆小鬼。

421

信任比机智更有助于谈话。

422

所有的激情都使我们做出错事,而爱情则使我们做出更荒唐的错事。

423

很少有人真正懂得衰老的含义。

424

我们会把与我们的缺点相对峙的缺点看做荣耀：当我们是软弱的时候，我们就吹嘘自己是如何顽强。

425

洞察力貌似一个预言家，它比其他所有的能力都更能恭维我们的虚荣心。

426

新鲜的优雅和长久的习惯，尽管它们是对立的，却同样妨碍我们发觉朋友的缺点。

427

大多数朋友败坏了我们对友谊的胃口，大多数虔诚者令我们对虔诚感到厌烦。

428

我们很容易原谅朋友的缺点，只要那些缺点不损害到我们。

429

爱恋中的女子，更易原谅那些大的冒犯，而不易原谅小的不忠。

430

爱情衰老时就像生命衰老时一样，我们还继续活着是因为痛苦，而不再是为了快乐。

431

没有什么比力求显得自然更有碍于自然的了。

432

对善的赞扬就是以某种方式让自己也拥有一份善。

433

生来就具有某些伟大品质的人有一个最可靠的标志，那就是生来就没有嫉妒。

434

当我们的朋友欺骗了我们时，我们只需对他们友谊的表示报以冷淡，但我们对他们的不幸却应当总是给予关心。

435

命运和情绪统治着世界。

436

单独地认识一个人比一般地认识人类要困难。

437

我们不应该根据一个人的优秀品质来判断他的价值,而应根据他对这些品质的运用来判断他的价值。

438

存在某种这样的感激:它不仅偿清了我们接受过的恩惠,甚至使我们的朋友还倒欠我们。

439

假如我们完全了解了我们的欲望,我们大概就不会那样热烈地追求那些东西了。

440

大多数女人很少为友谊所动,是因为当体验到爱情时友谊就变得索然无味了。

441

在友谊中与在爱情中一样,常常是那些我们不清楚的东西比那些我们清楚的东西更能使我们感到幸福。

442

我们试图以那些我们不想改正的缺点为荣。

443

那些最猛烈的激情有时会使我们放松一阵,而虚荣心却总是在挑逗我们。

444

老年人的疯癫更甚于年轻人的疯癫。

445

与恶行相比,软弱更有害于德性。

446

人们对受耻辱和被猜忌感到异常痛苦的原因实际上只是虚荣心受不了。

447

礼节是所有规范中最微小却最稳定的。

448

与引导乖戾的精神相比,健全的精神使自己服从于乖戾的精神会受到较少的折磨。

449

当命运在给予我们一个重要地位后,发现我们并没有逐步地引导自己,或者没有通过我们的希望提高自己,我们要继续保持和配上这个重要地位几乎是不可能的。

450

我们的骄傲常常可以使我们改掉其他的缺点。

451

没有比那些看起来有点理智的傻瓜更让人讨厌的了。

452

世上还没有这样的人:他相信自己的所有品质都不如在世界上他最尊敬的人。

453

在重大事件上,我们应该少用心去创造机会,而应该更多地注意抓住眼前的机会。

454

很少有这样的事发生:我们用一种恶劣的办法放弃了据说是属于我们的财产。只要人们认为这办法是恶。

455

不管这世界多么不公平,我们还是可以看到,对虚伪价值的溺爱要比对真理的践踏来得更轻易。

456

我们有时因为理智成为一个傻瓜,但绝不会因为判断力成为一个傻瓜。

457

让人们看见我们的本来面目,比我们努力表现出另外的模样会给我们带来更多的利益。

458

我们的敌手对我们所做的判断,比我们自己对自己的判断更真实。

459

医治爱情的药物有很多种,但它们并不是能保证灵验。

460

我们远没有弄清激情会对我们产生的影响。

461

老年是一个暴君,因自己处在生命的苦痛中就禁止青春的所有欢乐。

462

骄傲使我们谴责那些我们自以为已免除了的缺点,同时,使我们蔑视那些我们自己没有具备的优秀品质。

463

同情我们敌人的不幸,常常更多的是由于骄傲而非善良,对他们表示同情是为了使他们感到我们超越于他们之上。

464

有某种过分的善和过分的恶超出了我们所能感觉的范围。

465

天真无邪远远不能像罪恶那样保护自己。

466

在所有强烈的激情中,爱情是最不适合女人的。

467

与理智相比,虚荣心做了更多不合我们口味的事。

468

某些恶的品质造就了伟大的才能。

469

我们绝不会热烈地渴望那些仅凭理智所渴望的事情。

470

我们所有好的和坏的品质都是不确定和不靠谱的,它们几乎总是需要机遇的垂青。

471

女人在最初的激情中爱她的情人,在接下来的激情中则是爱爱情本身。

472

像其他的激情一样,骄傲也有它的古怪之处。我们在承认我们有过猜忌心时感到羞愧,而我们又以有过这种羞愧和能有这种羞愧而感到骄傲。

473

真正的爱情已经难得,真正的友谊更属罕见。

474

美貌已逝而价值犹存,这样的女子实属少见。

475

渴望被同情和被尊敬,常常构成我们信任的最主要的部分。

476

我们的嫉妒总是比我们所嫉妒的人的幸运持续的时间更长。

477

抵抗爱情的那种强大力量,同样也可用来使爱情更强烈和更持久;而那些软弱的人们,总是受激情影响,又几乎从不真正诉诸于行动。

478

各种各样的矛盾并非是想象力发明的,矛盾天生存在于每个人的心灵之中。

479

只有坚强有力的人才能有一种真正的温柔,那些表面上温柔的人通常只不过是软弱,这种软弱很容易转变成尖酸刻薄。

480

畏首畏尾是一种缺点,对于我们纠正那些我们想纠正的人极为不利。

481

再也没有什么比真正的善良更为罕见的了,甚至那些相信自己善良的人通常也只不过是有一种讨好和软弱的性格。

482

精神因为懒惰和惯性而依恋于那些使它舒适愉快的事情之上,这种惰性总是为我们的认识画地为牢,没有人愿意承担引导精神尽其所能地发展所必须付出的辛苦。

483

通常不是恶意而是虚荣使人们变得更为凶恶。

484

当我们的心灵还受到一种激情的残余影响时,我们宁可再获得一种新的激情,而不愿得到曾有过的旧的激情。

485

那些拥有过伟大激情的人们,毕生都感受着他们痊愈的幸福和悲哀。

486

没有私欲的人还是要比没有嫉妒心的人多些。

487

与我们的身体相比,我们的精神有着更大的惰性。

488

我们情绪的宁静或骚动并不是被我们生活中的重大事件所左右,而是更依附于每天发生的各种细小事情,对于它们或好或坏的处理影响了我们。

489

不管人们是多么凶恶,他们并不敢公开表现出自己与德性是对立的,当他们想要迫害德性时,他们就假设它是虚假的,或者设想它是恶。

490

我们常常由爱情转入野心,而很少由野心回到爱情。(可参照据说是帕斯卡尔作的《论爱的激情》中的一段话:“一个以爱情开始而以野心告终的生命是幸福的!”)

491

极端的贪吝几乎总是错误百出,它绝没有经常撇开自己目标的能力,也没法超越那会造成未来损失的眼前的激情。

492

贪吝常常产生各种对立的结果:许多人为了某些可疑和遥远的期望牺牲他们的所有财产;另一些人却为了眼前的蝇头小利而轻视将要降临的重大利益。

493

人们仿佛还嫌自己缺点不够多,还在通过某些奇特的品质增加其数量,他们爱用这些奇怪的东西点缀自己,并以十分的细心培植它们,以致最后使它们成为无法改变的天生的缺点。

494

别人谈论他们的行为举止时常使我们觉得他们是毫无过错的,这一事实说明他们比我们更清楚地知道他们的缺点。自爱在蒙蔽他们的同时通常会在那里照亮他们,给他们一种非常准确的洞见,使他们能够隐匿或略去那些可能受到指责的哪怕最小的事情。

495

进入社会的年轻人应当要么是腼腆的,要么是冒失的,那种表面能干的矫揉造作的神态通常会转变成愚蠢的失礼。

496

假如过错只在一方,争吵就不会持久进行。

497

年轻而不优美,或者优美而不年轻都是没用的。

498

有些人非常轻浮和浅薄,以致他们既远离坚定的德性,又远离真正的缺点。

499

人们通常只是在女人们第二次调情时才回忆起她们的第一次调情。

500

有些人是如此地自我膨胀,以至于当他们恋爱的时候,也找到了让他们的激情而非他们所爱的人占据自身的办法。

501

无论爱情多么令人愉快,但愉悦人的并非爱情本身,更多的是展示爱情的方式。

502

富于机智却拐弯抹角的精神,要比不够机智但却直截了当的精神更烦人一些。

503

所有恶中最大的恶是猜忌,它对被猜忌的人们给予的怜悯最少。

504

在谈过表面虚假的德性之后,接着谈谈蔑视死亡的虚假是有道理的,我这里的意思是指那种异教徒自吹自擂可以借助调动自身的力量来蔑视死亡,而无须憧憬一个美好的来世。事实上,坚定地忍受死亡和蔑视死亡之间存在着差别,前者虽罕见但却确有其事,而后者我以为是不真实的。然而,人们还是尽其所能地写出了种种能最好地说服人相信死亡并非一种恶的文字,那些最软弱的人和英雄们也给出了无数有名的范例来强调这种意见。可是我认为具有好的感知的人都会怀疑它,人们为说服自己和他人付出的辛苦就足以说明这种说服是非常困难的。人们可以在生活中有各种厌恶的对象,但他们绝无理由蔑视死亡,甚至那些自愿赴死的人也不能因为如此微小的理由而这样认为,当死亡按照出于他们意料之外的方式降临于他们身上时,他们会像其他人一样感到震惊和无法接受。人们注意到的无数勇士在勇气上的不等,来自于死亡在他们的想象力上有着不同的显示,一个时候比另一个时候表现得更为鲜明。因此,在蔑视了他们未知的东西以后,他们终于还是害怕起他们所知道的东西。如果我们不愿相信死亡是最大的恶,就应当避免直面死亡及关于死亡的所有情景。最明智和最勇敢的人是那些用最正当的名义来阻止自己思考它的人,但所有认识死亡的人看见它就像被死亡发现一样非常地恐怖。死亡的必然性造就了哲学家们的所有的坚定性。他们认为在我们认识到不能阻止自己的离去,不能无限延长自己的生命时,就应当优雅地死去。他们并没有为永存他们的名誉和挽救那不可靠的毁灭做什么事情。为了以从容镇定的姿态赴死,让我们满足于对我们思考的一切所保持的沉默状态吧,让我们更多地寄希望于我们的气质而非那些无力的推理吧,那些推理使我们误以为自己能够冷漠地接近死亡。坚定地迎接死亡的光荣;使人们感到懊悔的渴望;获得一种好名声的欲求;摆脱生活的悲惨和不再依赖莫测的命运的想法——这些都是我们医治恐死症的良药。但我们也不要以为这些药物都是百分之百灵验的。它们只是为保护我们起了一些简单的障碍物所起的作用,在战争中,障碍物是用来保护那些必须接近敌方火力网的人们的,当我们离它还遥远时,我们想象这可能是个好的掩护;但当我们接近它时,我们会发现这只是一个无力的援助。以为我们在近处感觉到的死亡就像我们从远处判断它时一样;以为我们那其实只是软弱的情感,是一种有力的足以使我们在最严峻的考验下也不倒下的坚强,这些都只是自欺欺人。认为自爱能帮助我们把那些一定要消解它的东西看得无足轻重,这也是对自爱作用的一种错误认识;至于那我们以为能从中获得力量源泉的理性,它也显得无比软弱,并不能如我们所希望的那样说服我们。相反,正是它,正是最常背叛我们的理性,不但不能激起我们对死亡的蔑视,反而向我们揭示死亡的所有可怕与恐怖。理性为我们所能做的全部只不过是劝告我们把视线转移到其他的目标上。加图和布鲁图斯选择的是千古留名。不久之前,一个仆从因可以在他将被处以车轮刑的断头台上跳舞而感到满足。这样,虽然动机各不相同,产生的结果却相同。因此,真的,尽管伟人们和普通人之间存在某种不相称,我们还是千百次地看到两种人都以同样的姿态接受死亡。然而,在他们之间还是有某种差别:伟人们对死亡所表示的蔑视,是一种对光荣的热爱以致使他们看不见死亡;而在普通人那里,不能意识到他们自己的巨大不幸,也不能自由地思考其他事情,只是由于一种智力的欠缺。

505

上帝在人类中安排了一些不同的人才,就像他在自然中种植了一些不同的树,因而每种人才与每种树,就都有自己特殊的性质和效果。世界上最好的梨树也不能长出最普通的苹果来;最优秀的人才也不能带来最普通的人才所带来的效果。也是由于这个缘故,想要造一些格言警句而自身却没有它的种子,就像人们并没有埋下郁金香的茎却想要花坛里长出郁金香花来一样荒唐可笑。

506

虚荣的类型数也数不清。

507

世界上到处都是嘲笑拨火棍的铲子。(参见505条。又,法国有谚云:“铲子讥笑拨火棍。”)

508

那些十分赏识高贵的人们,却不怎么赏识产生于高贵中的东西。

509

上帝为惩罚犯有原罪的人类,允许人造一个自爱的上帝,使他在生活的所有行动中都受到折磨。

510

利益是自爱的灵魂,因此,正像被夺去灵魂的身体没有视力、没有听觉、没有意识、没有情感、没有动作一样,自爱若是同它的利益分离(如果可以这样说的话),它也就不再能够看见、听见、察觉、感知和行动了。因此就会有这样一个人,他为自己的利益能行万里路,对别人的利益却会不闻不问;因此也就会有我们在谈论自己的事务时,听众却昏昏欲睡和死气沉沉,但当我们的叙述涉及到与他们有关的东西时,他们又迅速地清醒过来。可见,一个人会根据他自己的利益离开或者接近他的程度而失去或恢复知觉。

511

我们有如死者一样害怕一切,我们又不像未死者那样渴望一切。

512

好像是魔鬼完全故意将懒惰放在一些德性的边界上。

513

我们非常容易相信其他人有某些缺陷，因为我们总是相信我们所期望的事情并具有这种本领。

514

医治恐失症的药物就是直面并相信我们所害怕的东西（死亡），因为它引起生命的终结，或者爱情的终结；这是一个残忍的医治办法，但比起怀疑和恐失症来却要甜蜜许多。

515

希望和恐惧如影随形，没有希望就没有恐惧，没有恐惧亦没有希望。

516

不应当因为别人向你隐瞒了真相而生气，因为我们也经常这样向自己隐瞒实情。

517

对于那些证明德性虚伪的格言，我们常常不能正确地给予评价，因为我们会轻易相信它们对我们来说是真实的。

518

对君主的忠诚是我们一种间接的自爱。

519

福兮祸之所伏,祸兮福之所倚。

520

哲学家们谴责财富只是源于我们对待财富的恶劣方式,看我们在获得财富和使用财富上有无罪恶;他们认为财富并不会像木柴延续火焰一样养育和增添罪恶,而是能够被我们用来奉献给所有德性,甚至使它们更令人愉悦和灿烂夺目。

521

邻人的破产让他的朋友和对手都感到高兴。

522

世界上最幸福的人,是那种从很少的东西中即可得到满足的人。那些大人物和野心家在这一点上是最悲惨的,因为他们要积聚起无数的东西才能使自己幸福。

523

人类被创造之初不同于他现在的情况,一个令人信服的证据是:他在变得有理性的过程中,越来越对自己的情感、爱好的怪诞、卑鄙和腐败感到羞耻。

524

人们反对那些揭露人内心的箴言,原因在于他们害怕被揭露。

525

我们所爱的人对我们拥有的权力,几乎总是比我们自己对自己拥有的权力还要大。

526

我们很容易指责别人的缺点,但很少用这种指责来帮助别人改正缺点。

527

人类的处境非常悲惨,在调动他的所有行为来满足他激情的同时,他不停地在那些激情的暴政下呻吟:他不能忍受激情的暴力,又不能为解脱它们的桎梏而采取行动;他不仅对这些激情而且对医治它们的药物感到厌烦;既不能忍受疾病的痛苦,又不能接受治愈痛苦的行为。

528

对发生的那些好事和坏事,是因为我们对它们的敏感性触及到我们,而并不是由于其重要性触及到我们。

529

诡计只是一种贫乏的精明。

530

我们给予别人某些赞扬不过是为了从中获取利益。

531

激情只是自爱的不同口味。

532

极端的无聊可用来解除我们的无聊。

533

我们对大多数事情的赞扬和谴责,是因为赞扬和谴责是一种时髦。

534

很多人想要成为虔诚的人,但没有人想要成为谦卑的人。

535

体力工作可以泄导精神的苦痛,这正是穷人幸福的原因所在。

536

真正的苦修是那些不为人所知的苦修,其余的苦修则因虚荣变得轻松容易。

537

谦卑是上帝要我们为他奉献牺牲的祭坛。

538

使贤者幸福只需很少的东西,但却没有什么能使一个疯狂的人满足:这正是几乎所有人都不幸的原因。

539

我们为使自己相信我们是幸福的而折磨自己,比我们为变得幸福而折磨自己还要厉害。

540

根除第一个欲望远比满足随后的所有欲望更为容易。

541

智慧之于灵魂,犹如健康之于身体。

542

巨大的田产并不能给身体以健康,给精神以宁静,我们总是为购买所有那些并不能带来好处的财产付出昂贵的代价。

543

在强烈地渴求一件东西之前,应当考察那拥有它的人是不是幸福。

544

一个真正的朋友是所有财富中最大的财富,却也是人们打算获得的所有东西中考虑得最少的。

545

只有在情人们的如醉如痴结束时,他们才看到对方的缺点。

546

明智和爱情并非相得益彰,当爱情增加时,明智则会减少。

547

有一个猜忌的妻子有时倒是愉快的,他总是会听到对他所爱的那个人的谈论。

548

当一个女人拥有所有的爱情和德性时,她是需要同情的!

549

贤人盘算的结果,发现置身事外比卷入是非要好些。

550

研究人比研究书本更有必要。

551

幸福或不幸通常会走向那些已经最多地拥有其中之一的人们那里。

552

一个真诚正直的女子是一种隐蔽的财富,她的存在带来巨大的好处且毫不自夸。

553

当我们爱得太厉害的时候,很难辨认别人是否停止了爱我们。

554

人们谴责自己只是为了得到赞扬。

555

我们在为别人烦忧时几乎总是也在为自己烦忧。

556

当我们把沉默当做羞耻时,反而更难进行令人满意的谈话。

557

没有什么比相信我们是被人爱着的更自然也更自欺的了。

558

我们比较喜欢看见那些受恩于我们的人,而不是施恩于我们的人。

559

隐瞒我们心中的情感比假装我们没有情感更为困难。

560

重新恢复的友谊比那些没有破裂过的友谊更需要关心和照料。

561

一个不去喜爱别人的人比一个没有人喜爱的人要更为不幸。

562

晚年是女人的地狱。

563

对自己以及适合于自己的所有东西的爱就是自爱;它使人们成为自己的崇拜者,并且,假如命运给予他们手段,自爱会使他们成为其他人的暴君。自爱在自身之外无处安放,它像蜜蜂停留在鲜花上一样停在外部对象上,并从中吸吮于它有益的东西。没有什么东西像它的欲望那样强烈;没有什么东西像它的计划那样隐蔽;也没有什么东西像它的行动那样机敏。它的灵活令人无法想象,它的变化胜过那些奇形怪状的变形和化身,它的精致即使化学也难以企及。我们测不出它无底的深渊,也穿不透其重重的黑暗。在那儿,它可以遮蔽最有洞察力的眼睛,它可以不易觉察地做出无数次旋转和显现;在那儿它常常隐藏了自己,在那儿它孕育、培养、发展了许许多多的柔情和憎恨但自己却毫无觉察;它赋予它们如此多的形状,以至于当它把它们放到日光下时连自己也不认识,或者不敢果断地承认。从遮掩它的黑暗中产生出对自身拥有的可笑的确信,以及看待它实质的各种错误、无知、粗疏和愚蠢;由此它相信它的情感已经毁灭而实际上这些情感只是在入睡,它想象自己不再有嫉妒其实这嫉妒只是刚刚休息,它以为失去了所有的胃口实际上只是因为刚刚饱餐一顿。但是,这种隐藏自己的浓厚的黑暗,并没有阻止它完全地看见在它之外的东西,在这方面它就像我们的眼睛,看见一切却惟独看不见自己。事实上,在那些较重大的利益和事务上,它的强烈欲望唤起了它所有的注意,它看见、闻到、倾听、想像、揣测、洞察、分析一切,以致我们更愿意相信它的每一种激情都有一种自身特有的魔力。没有什么东西比它的束缚更加内在有力的了,甚至在极端不幸的景象的恐吓面前,摆脱束缚的努力都是徒劳。然而,有时它在很短的时间里,不费什么力气就做了它一直未能做到的事情,这些事情本来要几年时间才能完成的,据此我们可以相当可靠地推断出:点燃它的欲望的与其说是对象的美和价值,不如说是它自己;它的趣味是抬高这些对象的价值和美化它们的妆容;它追逐的是它自己,当它跟随它所意欲的事物时它是在跟随自己的欲念。它是整个矛盾的;它是专横的又是顺从的,是真诚的又是虚伪的,是仁慈的又是残忍的,是胆怯的又是大胆的;根据气质的多样它有着不同的爱好,这些气质左右着它,一会儿使它致力于光荣,一会儿使它致力于财富,一会又使它致力于快乐;这种变化随我们的年龄、运气和经验的变化而变化;但是,有几种爱好还是只有一种爱好对它来说是完全不同的,因为当有几种爱好时它就散开了,当只有一种它欠缺并且像是乐意的爱好时它又收拢了。它是变化无常的,并且,除了来自外部原因的那些变化外,还有来自它以及它自身基础的无数变化;它因为它的无常、它的轻薄、它的爱恋、它的好奇、它的倦怠和它的厌恶而变化不定;它是任性的,有时我们看见它以极大的热忱和难以置信的辛劳致力于得到某些对它不利甚至有害的东西，但它追逐它们，因为它想要它们。这是古怪的，常常把它所有的心思都用在一些最无聊的工作上；在最寡淡无味的事情上找到它所有的乐趣，在最被蔑视的东西中保留它所有的骄傲。它存在于生活的所有状态中和所有条件下，到处活动着，靠一切维持活力却又什么都不靠，提供给自己一些东西又把它夺去；它甚至渗透到与它斗争的一派人中间，进入他们的计划，并且，令人吃惊的是：它和他们一起恨自己，它恳求他们去损害它，甚至毁灭它；但它毕竟只是关心自己的存在，并且，为了自己的存在甚至想成为自己的敌人。所以，如果它有时和最苛刻的严厉结合在一起，或者大胆地和这种严厉结盟以摧毁自己也就不足为怪了。因为，当它在一个地方消灭自己的同时，在另一个地方又出现了；当我们认为它放弃了它的乐趣时，其实它只是暂时搁置或改变了自己的乐趣，并且，甚至当它被克服、被挫败的时候，我们又发现它在自己的失败中凯旋。这就是自爱的图画，它的全部生命只是一种巨大而漫长的骚动；海洋就是它的一幅形象化的图景。自爱在大海波涛的不断起落进退中为它的意图和漩涡式的永恒运动找到了一个忠实可靠的描述。

564

所有的激情不过是血液炽热或冷凝的不同表现。

565

在幸运中的节制不过是担心激动会带来耻辱，或者害怕失去我们拥有的东西。

566

节制就像节食：人们很想吃得更多，但又想避免给自己造成恶果。

567

每个人都找得到指责别人的机会，正像我们找得到指责他的机会。

568

在独自玩弄了人间喜剧中的所有人以后，骄傲似乎厌倦了它的诡计和不同的变身，转而以一种自然的表情出现，通过自豪来表现自己，可以确切地说，自豪是骄傲的登台亮相和严正声明。

569

造就那些平常才能的性格与造就那些伟大天才的性格是截然相反的。

570

认清我们应当是不幸的，可谓一种认识的幸运。

571

当一个人不能在自身中找到安宁时，在其他地方寻找也是徒劳。

572

我们绝非我们目前以为的那样不幸，也绝非我们曾经希望的那样幸福。

573

我们常常通过这样一种快意来安慰自己的不幸：我们找到了使不幸显现的办法。

574

为了能够确定我们将来要做的事情,我们首先要能够预见我们的命运。

575

既然我们此刻都不能确切地知道我们现在想要的东西,那我们怎么能够担保我们将来想要什么呢。

576

爱情之于那些正在爱着的人的灵魂,犹如灵魂之于由于爱情赋予生命的身体。

577

既然我们在爱或停止爱方面绝不是可以自控的,情人们就没有权利相互抱怨对方的变心和轻浮。

578

公正只是一种深深的畏惧,怕人们夺走属于我们的东西;由此就产生一种对所有他人利益的尊敬,和避免损害它们的认真的行为。这种畏惧使人退到出身或运气给予他的利益的界限之内;若是没有这种畏惧,就要发生对他人的不断的行动。

579

对于那些温和节制的法官来说,公正不过是对擢升的向往。

580

我们谴责不义,是因为它给我们造成了损失,而不是因为我们对它的厌恶。

581

当我们厌倦爱时,我们很容易忍受别人对我们的不忠,以便我们解除自己忠诚的义务。

582

我们因朋友的走运产生的最初的欢乐,并非来自我们本性的善良,亦非我们与他们的友谊,而是一个自爱的结果,是自爱使我们高兴地希望幸运将轮到我们,或者希望从他们的好运中获取某种利益。

583

在好友的厄运中,我们总是发现某种并非使我们不快的东西。

584

既然我们自己都没能对他保守秘密,我们怎么能要求另一个人保守我们的秘密呢?

585

人们的盲目是骄傲的最危险的结果:骄傲会培育和增长盲目,阻碍我们认识那些能够缓和我们不幸、治愈我们缺陷的药物。

586

当我们不再对别人的理性抱有希望时，我们也不再有理性。

587

当一直满足于自我懒散的懒家伙们，突然想表现得勤奋时，他们催促起别人来比任何人都积极。

588

我们抱怨那些教我们认识自己的人，就像雅典人中的那个疯子抱怨医生一样，虽然正是医生治愈了他那自以为是富翁的浅见。

589

那些哲学家们，尤其是塞涅卡，并没有用他们的规则消除罪恶，他们只是在努力建造一幢骄傲的房子。（塞涅卡——古罗马三大斯多葛派哲学家之一）

590

意识不到与朋友的情谊日趋变冷，是我们友谊很淡的一个证据。

591

最聪明的人对无足轻重的事情会毫不在意，但对那些较重要的事情却几乎总是做不到无动于衷。

592

最机敏的疯狂使自己成为机敏的明智。

593

节食是对健康的热爱,或者是对饱餐的无能为力。

594

人类中的每一种人才,同每一种树一样,都有完全特殊的性质和果实。

595

当我们厌烦谈及某些事情时,我们最好还是不要忽略它们。

596

好像在拒绝赞扬的谦虚,实际上只是想得到更为巧妙的赞扬。

597

我们只是根据利益遣恶扬善。

598

人们给予我们的颂扬至少有助于我们执着于德性的实践。

599

人们给予理智、美丽和勇敢的颂扬增加并完善了它们,使它们做出了比原先更大的贡献。

600

奉承者的自爱心适当地阻止了他们成为最奉承我们的人。

601

我们没有区分各种各样的愤怒,虽然其中有的来自火爆性格的愤怒是轻微和几乎无恶意的,而其余的却是非常罪恶的。恰当地说,它们是一种狂热的骄傲。

602

伟大的灵魂并不是比普通的灵魂有较少的激情和较多的德性,而仅仅是有较伟大的意向。

603

君主们像对待钱币那样对待人:他们随心所欲地给人们制定价格,于是大家不得不按照他们的市价而非他们真正的价值来对待他们。

604

自爱所做的残忍事比天生的凶猛还要多些。

605

我们的所有德性，正如一位意大利诗人在谈及女人的正派时所说：这常常不过是一种使其显得正派的技艺。（诗人是：瓜里尼 Guarini）

606

世人称之为德性的，常常只是一种通过我们的激情编造的幽灵，我们给它一个“正派”的名字，以便可以不受惩罚地为所欲为。

607

我们如此关心自己的喜好，以致我们看做德性的东西常常只是一些伪装的恶习，这是我们被自爱所蒙蔽。

608

有一些罪恶，凭借它们的巨大影响、庞大势力和趋于极端变得无罪甚至光彩起来，由此那些公开的抢掠成了才干，不法地霸占某些省份被称为征服。

609

我们承认我们的缺点只是因为虚荣心。

610

我们在人类中看不到极端的善和极端的恶。

611

那些不犯大恶的人不易觉察到其他人的大恶。

612

殡葬的排场更多的是考虑到生者的虚荣而非死者的体面。

613

世界显得变化无常,不过,我们还是可以从中发现上帝的安排具有某种隐蔽的连贯性,所有的时代都有规律性的秩序,上帝使每件事情都按它的序列行进,遵循它命运的轨迹。

614

无畏应当响应心灵的祈求来支持心灵,而不是仅仅靠勇敢来给予心灵在斗争的紧急关头所必需的坚定。

615

那些想寻找根源来定义胜利的人们,就像诗人一样,习惯于把胜利唤作上天的赐予,既然人们没有在大地上找到胜利的原因。实际上,胜利来源于无数这样的行动,这些行动并非抱定一个目标——胜利,而是仅仅关注着行为者自身的那些利益,组成一支军队的所有人都是为了自己的光荣和擢升而积极地活动着,这才带来了一种如此巨大和普遍的成功。

616

假如一个人从未经历过危险,我们不能保证他有勇气。

617

我们更经常地是限制我们的感激而不限制我们的欲望。

618

模仿总是不幸的,所有仿造的东西与其原型相比都是令人不快的,而那些自然的原型却富有无限的魅力。

619

我们为朋友的死亡所感到的遗憾,并不来自于他们的价值,而是根据我们的需要、根据我们相信他们给过我们的有价值的意见。

620

我们很难分辨普通的善和弥漫于全世界的巨大精明。

621

为了能够保持善良,必须使其他人相信他们绝不可能不受惩罚地对我们做恶。

622

依赖快乐常常是造成不快的一个通常的原因。

623

我们很难相信离我们视线稍远的东西。

624

我们对其他人的信任的最大部分是由我们对自己的信任构成的。

625

一场普遍的革命能像世间的命运一样彻底改变精神的趣味。

626

真实是完善和美的基础和根据:一件事情,不管它是什么性质,假如它不是它所应是的模样,假如它没有它所应有的一切,它就不会是美的和完善的。

627

有一些美的事物,当它们还保持着不完善的时候,其光芒反而远甚于它们太完善的时候。

628

崇高是骄傲的一种高尚的努力，凭借这种努力，人类成为自己的主人，并进而成为所有事物的主人。

629

奢侈豪华和过度风雅是某些国家中走向衰落的可靠征兆，因为所有的人都专心于他们自己的利益，并侵吞公共的利益。

630

在所有的激情中，懒惰是最不为我们所知的；虽然其猛烈难于观察，其造成的损害极为隐蔽，但它是所有激情中最炽热和最有害的。如果我们注意考虑它的能量，我们将看到它几乎在所有的交锋中都主宰了我们的情感、利益和快乐；它是一种鲫头鱼，吸附于大鱼身上或船底而移徙远方，具有使那些大船停止前进的能力；它是一种风暴前的平静，对于那些重要的事情而言，它甚至危险过暗礁和风暴；懒惰的安宁就如同灵魂的一种隐秘的魔法，它使那些最热烈的追求和最顽强的决心被突然搁置。最后为了给予这一激情一个真实的观念，应当说懒惰就像灵魂的一个真福，它安慰灵魂的一切损失，取代它的一切利益。

631

各种各样的德性，从机遇随意安排的各种各样的行动中产生。

632

我们乐于猜测别人，却不乐于被别人猜测。

633

依靠十分繁琐的规矩来保持健康,本身就是一种烦人的疾病。

634

我们有爱而想摆脱爱比我们没有爱时去追求爱更为困难。

635

大多数女人与其说是靠激情,不如说是靠软弱而顺从接受;因此尽管那些敢作敢为的男人并不是更可爱,但通常却比其他人更易获得成功。

636

要保证被爱,那么在爱情中施以很少的爱不失为一个可靠手段。

637

情人们相互要求的、以便知道彼此什么时候停止相爱的真诚,与其说是想适时地得到对方不再爱的消息,不如说是想使对方的爱得到更好的证实,只要对方不发违心之论。

638

把爱情比作热病,是我们能对爱情所做的最恰当的比较:因为无论是其猛烈程度还是其持续时间,都不是我们所能控制的。

639

对于不太精明的人来说,最大的明是懂得仿效其他人的好行为。

640

在刚刚与别人调情之后总是会害怕遇见自己的爱人。

641

我们应当为我们有勇气承认自己的缺陷而感到欣慰。

5

处世的智慧

（德）叔本华

叔本华(1814—1860),德国的悲观主义哲学大师。叔本华的著作从唯意志论出发,以哲人特有的敏锐和无畏道出了人生特有的悲剧性、荒诞、虚伪与不幸,提出了许多耐人寻味的见解和令人深思的内容。

《处世的智慧》是叔本华誉满天下的最后一部著作《附录和补遗》中最精华的部分,他用睿智和生动的笔触,谈社会、谈人生、谈处世、谈幸福、谈成功。具有很强的可读性,曾受到歌德的高度评价,历经百年而更加闪耀着智慧的光辉。

处世智慧 ‹‹‹

在我们的一生中，我们所能实际拥有的就是“现在”，也只限于现在。

悲喜人生

这个世界呈现给我们的样子，实际上只是我们看待它的一种反映。故而才有“一人眼中一世界”的说法。在有的人看来，它是枯燥乏味、浅薄无聊，但有的人看到的却是丰富多彩、乐趣无限。

◎福祉的划分

亚里士多德曾这样划分人生的福祉，他认为有三种福祉，一种来自外界，一种来自内心，一种来自身体。对于亚里士多德划分的具体内容我并不在意，在此我只是想引用“三”这个数字。根据我的观察，也可以用“三”来划分人的命运的根本不同之处：

第一，人的自身。这一点主要是针对广义的人格而言，它包括健康、精神、美、脾气、品性、才智和教养。

第二，人所拥有的。也就是包括财产和其他可能占有的各种物质。

第三，人的地位。就是指大家都知道的，在别人的眼中，你是什么样的人，或者更严格一点，别人看待你是依据什么。这可以从别人对你的看法中表现出来，而从你所获得的荣誉、地位和名声中，又可以明显地看出别人对你的看法。

◎一生的准备

要给我们的一生计划周详,是很常见而且非常愚蠢的行为,不管是什么样的计划。首先我们可以假定自己能活到人类长寿的最高年限,不过有几个人能活那么久呢,退一万步说,就算能活那么久,它对于我们所要完成的计划来说,也还是太短了。因为要使那么多的计划付诸实践,它所需要的时间远远超出了我们最初的设想;而且,一路上会发生很多意外和阻碍。究竟有多少人能够达到他的人生目标?也许最终实现了目标,但是我们会发现等到自己付出全部身心和努力想要得到的东西真的到手后,它已经不再适合自己。因为时间不停地在影响着我们,无论是我们的工作能力,或是享受能力,不可能一成不变。

我们为了实现某一宏伟目标而逝去的年华,已经在无形中使我们将其贯彻的真正力量被剥夺。一个人常常无法享用自己克服重重阻碍和艰难所积聚的财富,自己的勤劳所得只能让他人来享用;或者是,他经过多年的努力奋斗终于获取了自己理想的职位,但却已经没有担任的能力了。对他来说,幸福来得太晚了,或者换句话说,是他自己无缘享受幸福,因为他抵达得太晚。

◎人生的旅行

人生就像一次旅行一样,我们在沿途所见的景色已经不同于开始,随着我们的走近,它又会变化。真实的人生就是这样,对于我们的愿望来说,更是如此。我们真正想要寻找的东西,往往在另外一条小路上;而在我们追寻的路上,我们常常会找到一些甚至好过我们本想追求的东西。我们收获的并非是期望中的欢乐与喜悦,而是经验、世故与知识——这些才是一种真正而永恒的幸福,而非只有在幻想当中才有的昙花一现。

◎人生的抉择

这个世界呈现给我们的样子,实际上只是我们看待它的一种反映。故而才有“一人眼中一世界”的说法。在有的人看来,它是枯燥乏味、浅薄无聊,但有的人看到的却是丰富多彩、乐趣无限。

我们倾尽全力所能做到的惟一一件事,就是将我们的个人才智发挥得淋漓尽致，使其运用到我们所从事的事业当中，并尽可能地避免外界的纷纷扰扰。所以，我们必须选择最适合自己发展的职位、行业以及生活方式。

◎真正的快乐

如果要用我们所经历的欢乐或欣喜，去衡量我们的一生是否快乐，那这个标准显然是大错特错。实际上，欢乐毕竟是负面的，人们以为欢乐会产生快乐是一个错觉，这是受到羡慕心的偏爱所致，最终难免会受到惩罚。痛苦给人的感觉是最真实的，所以说快乐的真正标准就是没有痛苦。如果我们既没有受痛苦折磨，又没有感觉生活枯燥，那么就可以说我们已经达到了世上快乐的必要条件，其他所有都是虚妄的。

我们绝不应该为了得到欢乐而不惜使自己痛苦，就算它可能只是有一些会引起痛苦的风险，我们也不应该轻易冒犯。若要这样做，就是以正面的真实的痛苦去换取负面的虚幻的欢乐。不过若是为了避免痛苦而牺牲欢乐，却是可行的。至于说到痛苦究竟是跟随在欢乐之后，还是在欢乐之前来到，这些都无关紧要。很多人都企图将自己当前的苦难境况转变为欢乐的园地，努力想得到欣喜和欢乐，但却不采取行动使自己最大可能地免于痛苦，这完全是有悖于天理的。

伏尔泰说过："快乐不过是幻梦，忧伤却是真实的。"这句话非常可信。一个人若要对自己这一生是否快乐做出评估，那他一定要将自己所逃过的各种劫数一一记下，至于他曾享受的欢乐并不在其中。因为"幸福获致术"的初始，就是首先要承认其名称本身就说得非常委婉。"生活幸福"实际上是指"生活不是那么不幸福"——也说是这段生活他还可以容忍。毋庸置疑，我们之所以获得生命，是要去克服此生的重重困难——将人生之路走完，而并非享受此生。等我们年老时，想到自己已经圆满完成毕生的任务，会感到莫大的安慰。最幸福的命运，是将生命带到终点，其身体或精神没有遭受巨大痛苦，而并不是体验到最令人心怡的欣喜或是最大的欢乐。

◎人生的幸福

我们要注意，不要将人生的幸福建立在过于宽泛的基础之上，不能要求必须拥有很多条件来保持快乐。快乐如若建立在宽泛的基础上，最易遭到破坏，同时也会因此而增加遭遇不幸的机会——随时都会发生不幸的事故。在其他任何事情上，基础越广阔，就越安全。而建构"快乐"所依据的蓝图，则与上述情况正好相反。所以，避免极端不幸的最为可靠的途径，就是最低限度地降低你的要求。

我们内在的品质，也就是说我们是如何构成的，决定了个人幸福的主要因素，包括我们自下而上的整个模式。这是显而易见的事实，对于自己的感性、欲望和思想所获得的总效果，人的心灵是否觉得满足，这无疑与他的本质具有直接关系，外界对我们产生的影响只不过是间接的罢了。这就解释了为什么同样的外在事件或环境，对于任何两个人的影响都有所不同；就算是在完全相似的环境中，每个人生活的天地也都各自不同。一个人所能直接领悟到的，只是其自身的观念、感情和愿望，至于外在世界对他的影响，不过是促使他产生那些观念、感情和愿望罢了。

◎人生的不幸

有资格扰乱我们的，只有确定会在某个时间到来的不幸。但符合这个条件的不幸很少。不幸大致分为两种：一种只是有可能发生的，最多是极其有可能发生的；另一种则是不可避免的。纵然是一定会发生的不幸，也并不能确定它什么时候会发生。成天都在防备这两类不幸的人，不会有片刻安宁。有的不幸是否会发生根本就是不确定的，就算有的不幸确定会发生，但它发生的时间也不确定。所以，倘若我们不想因为对不幸的恐惧而让人生的所有快乐都失去的话，那么，对于前类不幸，我们就应该当它永远不会发生，对于后类不幸，应该将它看做不会马上发生。

如果不幸的事件已经发生，不可改变，我们就不应该再想着事情有可能会演变为其他的情况，更不应该想着自己当初如何如何，就可以避免发生此事。因为这种想法只会徒增苦恼，使事情无法忍受，让自己自讨苦吃。在这方面，我们最好是以大卫王为榜样。当他的儿子在病床上躺着时，他不断地向耶和华百般苦求，希望他能康复。等到儿子一断气，他就轻轻动动手指头，将这件事置之脑后。假如不能轻松做到这一点，你就需要在命运之神的庇护所躲藏，并接受一项伟大的真理：事情的发生都是必然的结果，它无可避免。

◎人生的睿智行为

在我眼里，人生睿智行为的首要规则，就在亚里士多德于《尼可马氏伦理》中所提到的一个观点中包含了，原文可译为：明智人士所致力的乃是免于痛苦，而非寻求欢乐。

人生睿智行为中的要点，可以使我们对目前和未来的看法维持适度的平衡，其目的是避免对其中一方面过分注意，而对另一方面却忽视不理。在生活上，很多人过分注意现在——在我看来，他们都是彻彻底底的轻率之辈；有些人则对未来太过在意，总是活得谨慎小心。极少有人能在这两个极端之间保持适度的平衡。有些人十分努力，只希望在未来之中生活，他们总是向前看，对于未来是迫不及待地盼望着，他们认为惟有将来会获得的东西，才能令他们快乐。尽管他们极度聪慧，但是其神情却好似意大利所见的驴子：它们之所以步伐匆匆，是因为有一根棍子捆绑在它们头上，几棵稻草在棍子顶端悬挂着；稻草老挂在前头，驴子一直想要吃到稻草。这些人终生在幻想之中生活，一直到终老死去，他们就这样"将就着"过活。

◎命运的真实

无论人的命运呈现的形式有多么不同，但是总会存在一些相同的成分。所以说，无论你是在农舍还是在皇宫，在军营还是在修道院度过你的一生，大致都没什么差别。请任意改变所处的环境吧！随你如何挑选奇遇、成功或失败都行！人生就好比一家糖果店，货物品种繁多，应有尽有——但原料都是同样的糖浆。人们谈到某人的成功时，跟一个失败者的命运相比，他看起来也没什么不同。世界上的不平等类似于万花筒的组合，每转一下，就会出现一幅新景象，可是实际上我们所看到的，仍然是先前所看过的同样的东西。

我们来到世上，都满怀着对快乐和幸福的憧憬，并且希望确实能够得偿所愿，一生完美。但命运老早就不客气地教训我们了，她统驭着世上的所有东西，包括我们所拥有的一切——我们的配偶或子女，甚至是我们的手臂、腿、眼、耳还有脸部正中的鼻子，都在她的权力范围之内，我们并不能真正拥有什么。无论是在何种情形下，我们很快就会从经验中领悟到，所谓的幸福和欢乐只不过是海市蜃楼，远远地可以看到，一旦靠近，它就会消失。而另一方面，折磨和痛苦却是真真切切的，绝对现实的，其间不容许有妄想或虚假的希望存在。

◎命运和机运

有一位古代作家说得好，世间只存在三大力量：精明、实力、命运。我觉得最后一项威势最强。我们的一生就好比一艘船的航行，其中命运——好运与厄运都包含其中——担任风的角色，它可以使船前行，或者使船驶离航道。而我们就像舵一样，能做的非常有限。要是一直努力操作，可能还有助于船的航行，但一阵狂风过去，就会令一切以失败告终；可是如果正好顺风的话，那根本就不需要掌舵，船可以一直走。"命运的力量"在西班牙的一句谚语中表达得最好：祈祷儿子好运，接着把他扔进海里。

“机运”可以算是一股恶势力，我们应该尽量不让它发生作用。你说说，什么地方会有这样一位施与者，他完全是出于善意和仁慈，而决定分发礼物；同时又让我们可以乐呵呵地盼望能再次从他手里领受厚赠呢？他明白训示收受者的最高技巧：在他的大恩大德面前，所有的勋绩和功德都失去力量，毫无用处。这位施与者还会是谁呢？除了“机运”。

◎回顾一生

当我们回顾自己一生走过的道路，对那“到处使人错失的迷津”审视之时，我们一定会发现在许多关键的地方都缺乏时运，难免会过分自责。其实我们的一生是两个因素的产物，绝不可能完全是自己造成的。这两个因素包括所发生的一系列事情，以及我们对其所做出的决定，而且两者又时常会在视野中发生作用。我们的所知严格地限于目前的计划和目前的事件，其中的原因也许是因为我们对所采取的计划看得不够远，也许是我们还无法对未来事件加以预测。因此，一旦目标有所偏离，我们便无法对准它驶去，不过方向大体正确就该满足了，因为在向我们认定的方向行进时，我们时常需要曲折前进。

◎财富与海水

穷人不会因富人的巨大财富而激动，反之，富人如果希望破灭，他也不能从他的既有财产中得到安慰。财富就像海水一样：你喝得越多，就越口渴。名声同样如此。损失财富会令人悲痛，但很快他的心态就会恢复如前。理由是，命运使他的财富减少，但同时也使他的权利要求随之减少。不过当遭遇不幸时，让我们减少对权利的要求，是最为痛苦的。一旦我们接受现实，痛苦便会逐渐减少，直至后来不再有痛苦感觉，就像一个已经痊愈的老伤口。与此相反，当幸运降临时，我们对权利也有着越来越高的要求，没有节制。当这种扩展完毕，欣喜也随之消失：对于眼前能够满足自己的财富量，人们十分淡漠，因为他们习惯于增加要求。

◎富人与穷人

对于生来就有钱的人来说，钱已经等同于空气，缺了它就没法活下去。他就像对待自己的生命一样,把钱牢牢地看着。通常这种人都对秩序极为喜爱,为人谨慎而且节俭。而那些生来就景况不好的人,没有把贫困当回事,要是他有什么机会发了财,那这些钱事实上会被他看做是身外之物。在他心中,钱就是用来花的,只要花得开心就值得,因为就算钱全部花光了,他也还是可以恢复过去的生活,还省了一桩麻烦呢。莎士比亚在《亨利六世(下)》第1幕第4景中曾经这样说过:

> 这句俗话一定可以得到印证:
> 乞丐骑马,马不累死不下马。

跟那些生于富贵之家、没有亲身经验过穷苦的人相比,有过贫困经历的人比较不怕贫困,因此他们也更容易就变得挥霍奢侈。从小境况美好的人,一般对未来都是抱着谨慎小心的心态,与某些一夜暴富的人比起来,要节俭得多。这好像在说,如果从长远来看,贫穷也没有那么可怕。

◎人生如棋

特伦斯(Terence)有一句话:"人生就如同一局骰子戏,假如所出现的点数并非你所想要的,你还是可以开动脑筋同样善用它。"在这里,特氏所想到的肯定是类似于"十五子棋"的一种游戏。我们可以说得更简单一些,人生就像是一场牌戏,洗牌和发牌是命中注定。就目前的讨论来说,似乎下象棋是最适当的比喻:当我们决定一盘棋该怎么走时,这个计划将受制于对手要怎么下——而在人生中我们则被命运的变幻无常所牵制。我们不得不对我们的策略进行修正,在实施过程中往往会作重大的改动,以致几乎没有一项可以看出原来计划的特点了。

◎直觉和预感

我们常常要比自己所感觉的要愚蠢得多。我们的聪明才智,常常会超乎自己的想象。不过,这一发现必须要有亲身感受,而且要经过很长时间以后才能得出。我们的大脑并非人体最聪明的器官。在人生的紧要关头,当我们要决定重要的步骤的时候,指导我们行为的不是理智的知识,而是一种来自内心的、几乎可以称之为直觉的冲动。倘若到后来,我们没有充分考虑"适于彼者未必适于己"的箴言,就用死板无情的正确理念,或是靠死记硬背记下来或是从他人那里得来的无济于事的抽象观念,或是我们开始遵循的一般规则,以及那些曾经指导他人的原则,来对自己的行为进行批评，那么，我们很可能要对不起自己。在最后，谁对谁错自会有分晓，只有那些有幸活到高龄的人才有能力公正地判断自己和他人的行为。

“预知感”能赋予某类神奇的平稳性和一致性于我们的生命，这是我们在清醒时心境不定所无法获有的。当我们处于知觉状态时，极易犯错或误入歧途。正是因为这种预知感，人们会觉得自己能在某一特别领域独有大成。自青年时期始，它就在内心有一种神秘的感觉，这正是他们的正途。他们朝着那个方向努力，就好像一只蜜蜂在相似的直觉下建造蜂巢一样。葛拉西安将这一冲动称之为“明哲保身的大才能”。我们直觉地认定它可以拯救我们，如果没有它，我们就会无所适从。

◎抽象的原则

根据抽象原则来行事极为困难，多多练习，才有可能偶然成功几次。原则无法适合我们的特殊情况，这是时有发生的。可是，我们每个人都会存在某些内在的“具体原则”，它们就好比是流动在我们静脉中的血液的一部分。实际上，它们就相当于我们全部思想、感情和意愿的总和或结果。只有当我们对一生所采取的途径进行回顾时，才知道我们一直受这些内在原则的引导，它们就好似构成了一条看不见的线索，令我们不自觉地一直跟从。而在此之前，对于这些内在原则的抽象形式，我们通常是一无所知的。

◎顺境与逆境

时间会造成巨变，就其本质来说，万事万物都是稍纵即逝——我们应该永远记住这些可信的话。故而，无论你处于什么样的情况，你都要对自己做出相反的设想：在顺境中，想到不幸之事；在情投意合时，想到对立；在天气晴好时，想到满天乌云；在热爱时，想到恨；在信任时，想到他人的背叛，对自己如此相信人家感到懊悔。同样地，如果自己身处逆境，也要保持开心时那种轻快感——这的确是处世智慧的不竭资源！所以，我们应该多多反思，避免自己轻易受骗。因为一般说来，我们应该能够对于年岁所带来的变化做出预想。

◎持久不息的“变”

如果我们能从个人经验领悟出一点，即世上所有的人和事物都是在变动的，这也许是我们最不可或缺的知识。万事万物在当时当地,都可谓是必然的产物,因此能够具有充分的合理性。正是由于这一事实,就使得每年每月甚至每天的景况,都似乎有权力可以一直持续下去。不过我们明白,这是永远不可能的,在这个瞬息万变的世界上,惟有"变"才是不变的真理。明智之人不但不会被表面的稳定所欺骗,而且还能够对变动所发生的路线加以预测。

人们一般总是抱着这样的看法,以为目前的处境会持久,所有事情都会如同过去一样在未来继续下去。他们会有这样的错误,是因为他们对所见事物的缘由不了解——这个缘由不同于它们所造成的后果,缘由是本身就已经含有未来变化的胚芽。人们只知道后果,他们信守那些后果的原因是基于一个假定:既然这类人们还无从了解的缘由足以导致后果,那也应该能够使得那些后果的现状得以维持。这是一个非常普遍的错误。因为大家都被这种错误所引起的祸害而影响,所以还容易忍受;不过要是哲学家独自犯错的话,那对他来说将是加倍的不利。

◎时间与疾病

"时间"可谓是最厉害的高利贷剥削者,如果你要预先支付时间,你就得为此付出最昂贵的利息。打个比方,如果一棵树被施以未熟化的石灰以及人工热气,那它可能在几天之内就会长叶、开花和结果,可是之后那棵树就会枯萎而死。同样道理,年轻人可以滥用体力——也就几个星期而已——在他19岁就做出30岁时很容易做到的事,时间会将那笔他要求的款项借给他,可是他却必须用他往后岁月的精力,甚至得用他生命的一部分来支付昂贵的利息。

其实有些疾病是可以彻底康复的,但是必须让病痛自然痊愈。这样痊愈之后的疾病会彻底消失,不留一点痕迹。要是病人性情急躁,仍在病中就坚持自己已经完全痊愈,对于这种情形,"时间"同样也肯借贷,而病痛也会有所好转,但他却要为此付出大笔利息,也就是一辈子的体弱和慢性病。

◎谨防欠时间的债

战争时期或是动荡年代,我们可能急需现金,那么我们的房产或政府公债,往往就必须以正常价格的三分之一或更少而出售;而假使我们愿意再等一下的话,经过一定时间市场总是会恢复正常。可是我们强迫时间贷款,那么我们所遭受的损失就相当于所付出的利息。又或者是有人想去作长途旅行,需要现钱,其实本来再过一两年,他就能够从收入中存下足够的一笔钱,可是他等不了,于是他去借钱,或者把一部分本钱都取出来了——换句话说,他要时间将钱预先借给他。而他为此付出的利息是收支混乱,亏空增加,遭受了永远无法弥补的损失。这些就是时间在用高利贷盘剥我们,如果不能等待,就会成为它的牺牲者。想要更改时间的步伐,是最为浪费的做法。这样说,我们必须小心谨慎,不要让自己欠时间的债。

◎政　界

在政界当中,私交、朋辈和各种关系都极为重要,其目的就是获得他们的帮助,并藉此向上步步爬升,然后才有到达梯子最顶端的可能。在这样的人生中,你在创业之初最好是一文不名;倘若有志者出身并不高贵,那他只要略有才干,赤贫对于他来说更是绝对有利。因为在一般的交际中,每个人都想证明自己有多优越,他们最乐意见到的就是别人不如自己,在政界尤为明显。这样,只有一无所有的人才会截然相信自己就是彻底地、完全地、绝对地在任何一方面都很卑下,觉得自己一无所长、毫无用处,如此才得以在政治圈中谋得一席之地。只有他会一直鞠躬,深深弯下他的腰身,如有需要还会不惜以脸贴地;只有他能够忍受一切,对所有事都置之一笑;只有他明白才干完全无用;只有他在说话或作文时,总是会用最响亮的语句将他的上司以及位高权重之人吹捧一番;只有他会将那些人胡乱写下的东西立刻就称之为杰作。因为惟有他懂得如何乞求,于是乎年纪轻轻就能成为熟悉那一套奥秘道理的大神棍,这一点歌德早有揭示:

> 对于下作和卑劣的行为
> 我们不必鄙夷;
> 无论人们如何看待,
> 世界就是这样运作。

◎玩　牌

在任何国家,玩牌都被作为社会上的主要消遣,因其可以衡量社会的价值观,同时它也是思想破产的表象。因为人们思想贫乏,没有思想可以把玩,于是就玩牌,都想把对方的钱赢过来。太傻了!为了公平起见,我还是先谈一谈玩牌的好处吧。人们通过玩牌,可以学习世故,学会钻营,对于那些由机运决定而不可变更的情况(比如说刚拿到的一手牌)知道该怎样巧妙应付。这就需要尽力为之,必须要学会伪装自己，即使情况恶劣，仍然满脸堆笑。可是从另外一方面来说，正因为如此，玩牌必定会使人玩物丧志，因为采取各种伎俩和计谋，去把别人口袋里的钱赢过来，就是它的整个目的。慢慢地，在牌桌学到的这些习惯，也会在我们的实际生活中深深扎根。在每天的事务中，人们逐渐将真实人生也看成是一副牌局，认为只要不超出法律的范围，就可以无所顾忌地运用优势。

◎俄国管号乐队

我们可以用完全由俄国管号组成的乐队所奏出的音乐来比喻一个普通的社会：每一支管号都只有一个音符，每一个音符在恰当的时候出现，这样就能奏出音乐。你能从单一管号所奏出的单调声音中，充分地看出大多数人是怎样的心理状态：我们的脑海似乎只能容纳那么一点思想，别的东西没有任何位置。我们很容易就能看出，为什么人们会如此烦闷，会乐于社交，会喜欢在人群中走动——为什么人类会是群居的？人们会无法忍受独处，因为个人自身性格的单调性。“诚然，愚蠢是自己的重负。”让许多人聚在一起，我们才能得出一点结果——也就是由我们的单音管号所奏出的一些音乐。

◎神智清醒

在日常生活中，我们有很多机会可以辨认一般人和谨慎人士在性格上的差异。在对从事一件工作所涉及的可能危险进行估计之时，一般人只局限于探听这类事情过去已经发生的风险。而谨慎之人则不同，他们会往前看，其忧虑的事情可能每一件都不会发生，但也可能在两分钟之内就会发生。

每个人会有不同的做法当然是很自然的，因为要将各种可能性都考虑到，需要一些辨别力，至于察看那些已经发生的事，就只要神智清醒就够了。

◎保　险

莫要忽略对凶神献出牺牲。我的意思是，倘若可以免受“不幸”的侵袭，需要我们花费一些时间、精力和财物，并舍弃舒适，或是缩小目标、有所克制，那都不可犹疑。那些最遥远最不可能发生的不幸也正是最可怕的。对“忧虑”的祭坛，公众所献出的供品就是参与保险，我所提出的这条规则，保险行规最能说明了。现在就去领取保险单吧！

◎悲与喜的花招

无论命运是如何降临到我们身上的，我们都不宜过喜，也不宜过悲。一方面是因为万事万物皆在变化，我们的时运也会随时变动；另外一方面是因为在判定事情对自己究竟是好是坏之时，易于受到蒙蔽。

在我们的一生当中，几乎每个人都有过这样的经验：一些我们曾为之悲伤的事，在以后却被证明为所发生过的最好的事；或者是我们曾经为之欢欣不已的事，日后竟会成为最大痛苦的来源。那么大家为了应付这种状况，应该采取一种什么样的心理态度呢？我要给予大家的建议，莎士比亚也曾经巧妙地说到过：

> 我觉得喜悲均有许多花招，
> 因此它们猛然间出现的面貌，
> 并未令我惶悚而不知所措。

◎坚忍主义者

一般来说，一个人在面对种种不幸时仍然能保持平静，说明他很清楚在人生的道路上会发生很多可怕的事；在他眼里，当前的困难只不过是可能降临的一部分。这就是坚忍主义者的气质——时刻不忘人类的悲惨命运，而且永远铭记，我们的生存到处都是苦难，我们可能会遭遇无数不幸。无论在什么地方，我们只要望一望四周，就能重新对人类的苦难有所感受。在我们视线所及，尽是人类在挣扎、奔波受苦——而这些只不过是为了可怜的生存，毫无生趣可言，也无任何回报！

◎对不幸有所准备

在我们已经认定不幸有可能到来的情况下，假如我们能做到像俗语所说的，“对不幸要有所准备”，那么我们就不会觉得它的降临有多严重了。这可能主要是因为以下的原因：如果我们在不幸降临之前，就已经平静地想到它是否会发生，我们会了解其全部程度和范围，至少我们能决定它对我们的影响。因此一旦它真的到来,我们便不会过度难受——因为它的实际分量不会比我们所感受到的要多。相反,如果事先没有准备,便会陷入惊慌,对于祸害的全部涵盖面,我们无法看出。不管怎样,看起来它的影响太大,以至于受害者会以为漫无止境,从而扩大事态。同样地,在黑暗中和情况不明时,总是能使危险感倍增。当然,如果我们考虑过不幸的可能性,我们也会同时作好打算,在何处可以寻求到帮助和安慰。至少,对"不幸"这个念头,我们已经很习惯了。

"世上所发生的任何一件事——从最小的到最大的生存事实——其发生都是有其需要的。"如果对这句话确实能够了解,我们将可以武装好自己,冷静地承受人世间的所有不幸。这样,对于不可避免的事——那些有其需要而发生的事,人们很快就能让自己适应。如果明白所发生之事都是其需要的产物,那人们就会发现事态就是这样无可更改,就算是世界上最为古怪的机遇,其发生必然也有其需要,就好像按照熟悉的定理、合于我们期望所出现的一些现象一样。

◎不如意的小事

对于生活中时常发生的不如意小事,我们可以将其看做是用来磨炼我们的途径,能使我们有能力承受更大的不幸,使我们不至于因为事业顺利而将自己的生存能力丧失殆尽。我们每天都会遇到一些小麻烦,例如人与人之间的一些小小的分歧、无关紧要的争论、他人的不当行为、流言飞语还有生活中很多别的类似的烦恼,对待这些,我们应该向全副武装的齐格飞(齐格飞,Siegfried,德国神话主人公,青年时代曾多次历经奇遇,其隐形外套令他勇斗 12 人)学习。我们不必为了这些小事而感慨,更不要记在心中平添烦恼,而要与其保持距离,就当它是路上的石头,我们要推开它,别让它挡道。千万别去想它,不要在我们的思想中给它留下任何位置。

◎作为武器的人脑

令我们感到恐惧并且预告危险即将到来的,是"诡诈",而非凶暴或粗鲁。作为武器,人脑的可怕远甚于狮子的利爪。

世界上最为高超的人应该是那些从不犹豫、从不慌张的人。我们的目标是对我们的周遭进行仔细观察,与不幸对抗并将其击退,在避免人生不如意之事上——不管是来自于我们的族类,还是来自于物质世界——能达到炉火纯青之境。我们要像一只狡猾的狐狸,才可能躲开大大小小的祸患。请记住,"祸患"往往都是我们自身"短拙"的化身。

◎大胆面对妖魔,勇敢面对人生

作为促进快乐不可或缺的气质,“勇气”是仅次于精明的。当然,我们不可能自己就具有这些气质,前者我们主要从父亲那里承获,而后者则主要来自于母亲。可是,对于这些已经存在的气质,我们却可以凭借自己的决心和锻炼而得到帮助。在这样一个“用假骰子玩游戏”的世界,我们必须具备钢铁般的性格,拥有能经受命运打击的甲胄,以及同他人抗衡以获得进展的武器。人生是一场持久战事,每前进一步都得拼命。伏尔泰说得对:“我们若要成功,只有靠剑刃,直到我们死去,手中还紧握利剑。”那些在暴风雨刚刚开始加剧,甚至只是乌云初起之时,就马上退缩或心灰意懒、不知所措的人,是十足的懦夫。我们的座右铭应该是这样的:

> 不向妖魔退让,而是更加大胆地面对它。

无论是任何危险,只要它还留有怀疑的余地,只要还有挽救的机会,我们就不该在它面前战栗,不该只作抵抗而不抱其他想法——就像对待天气一样,只要我们还能看见一丝蓝天,就不该对天气感到失望。确实,我们应该这样说:

> 哪怕全世界坍塌成为废墟,
> 我们仍要保持泰然心态。
> 无论它的福分
> 即便是我们的整个生命
> 也不值得我们如此胆战心惊。
> 所以,且让我们勇对人生,
> 毫不畏惧命运的每次打击。

◎人生的检讨和回顾

只有我们将自己的一生看做是一个有机联系的整体并对其进行检讨的时候,我们的性格和能力才能够得到真正显露。这时我们会发现,在处理某些事件时,我们是怎样受到特殊才能的引导,就好比得到灵感一般,帮助我们从一千条邪恶道途中选出一条正道。不仅是在实务方面有这种情况,在理论工作上同样如此;如果正好相反，那我们就会不幸沦为无用和失败。很少会有人在当时就了解到“现时”的重要性，很久以后它才会体现出来。

当我们人生的某一阶段得以完成，或是接近人生终点之际，我们才了解我们一切行为的真正关联所在——我们拥有什么成就，我们做过些什么。只有到那时，我们才能将因果的切实关系以及我们所有努力的精确价值看清楚。因为在日常的生活和工作中，我们为人处世总是依从自己的性格，受动机的左右，并且局限于我们的能力范围之内——一言以蔽之，自始至终，我们都受到“必然律”的控制。任何时候，我们都按照在自己看来是绝对稳妥的方式行事。只有到事后，当我们对整个一生和大致结果进行回顾的时候，我们才能看出为什么我们的一生会是这样。

◎过去、现在与未来

“现在”可以说是惟一的真实和肯定，“未来”几乎总是与我们的期望不相符合，而“过去”也不同于我们的假定。总的来说，过去和未来都不像我们想象中的那么重要。在肉眼看来，远处的物体会变得小些，而在回想的时候就会增大许多。惟有现在才是真切和实际的。“现在”是惟一完全可以掌握现实的时间，只有在它的范围内，我们的存在才有可能。因此，对于生命的这一现象，我们应该为之高兴，给予其应得的欢迎，享受当下没有痛苦和烦恼的每一刻，也就是能够忍受的时间，充分认识其价值。

在我们的一生中，我们所能实际拥有的就是“现在”，也只限于现在。只是，在人生开始之初，我们会盼着能有一个长长的未来，而在人生将尽之时，我们就会回顾一个长长的过往，这是惟一的不同。另外就是，我们的脾气（不是性格）已经发生了一些明显的改变，这就使得在人生的不同阶段，“现在”会显现出不同的色彩。

假使我们一直在被以往所经历的失望以及对未来的担忧所严重影响的话，那我们就没办法做到这些。拒绝享受现在的欢乐时刻，或者由于对过去和未来感到不安，而未能将目前的美好时光好好珍惜，就是愚蠢之至。对于现在，塞尼加曾说过，要把每一天都当做独特的一生来看待。让我们记住他所说的话。我们要竭尽所能将每一天都过得称心顺意，因为它是我们实际上所能拥有的惟一时间。

认识自我

在我们的一生中，我们所能实际拥有的就是“现在”，也只限于现在。

◎人生的阶段

几乎每一个人的性格都有自己对应的、特别适合的某一人生阶段，在这一阶段到来时，他会发展到一个高峰。例如有些人年轻时异常可爱，而在那以后，却无任何出色之处；有些人则在盛年时活跃有劲，但等其年纪渐长就失去了所有的价值；还有很多人在年老时优势最为明显，这时他们的性格显得颇为柔和，饱经世故，坦然笑对人生。法国人往往就是这样。

可能是因为有关人士的性格，与青年、壮年或老年的性质比较接近，所以才造成了这一特殊性。而这一性格或是可以与人生的某一阶段相辅相成，或是可以对他在某一阶段一些特别的缺点加以矫正。

◎童年的岁月

人生最为快乐的时光就是最前面的四分之一，在以后的岁月中回顾过往，会觉得童年似乎就是一种“失去的乐园”。在童年，我们跟他人的关系有限，很少产生欲望——总而言之,很少有对“意志”的刺激。所以,我们最在意的是扩大我们的知识。7岁的时候人的大脑已经完全成长,智力的发育同样较早,尽管它们还需要时间去成熟。智力在对周遭的整个世界探测过程中,不断寻求着滋养。孩提时代,生存本身就可谓是一种清新的喜悦,一切事物都闪烁着新奇的光辉。

在早年,生命是这样新鲜,感觉因为还没有被重复使用而显得如此敏锐,孩子在生活中对于自己要做什么并没有意识,他们总是在静默中去探究生命的本质——通过个别的情景和经验来获致其基本性质及大致轮廓。用斯宾诺莎的话来说就是:孩子从永恒的角度,在学习对周遭的人和事进行观察。

我们在早年对于外在世界的直观知识很有深度而且十分强烈,这足以对为什么我们会对童年时期的经验印象特别深刻做出解释。年轻之时,我们完全沉浸在周围的环境中,没有什么其他东西能拉开我们的注意力。我们认为四周的事物就是该类别中仅有的,其他东西好像并不存在。到后来我们发现整个世界万物争芳,慢慢没有了最初的这种心境,而我们的勇气和耐心也随之消失。

◎最初的世界观

在我们生命中最早的那段岁月,就已经将我们的世界观奠定,无论它是肤浅还是深刻。虽然在日后这一观念有可能被扩大并更加完整,但它在实质上不会有多大改变。这种纯粹客观而饱含诗意的世界观就构成了孩童时代的根本,并且能一直持续到活力尚未发达之时。在这种世界观的影响之下,我们在孩童时代更关心如何吸取纯粹知识,而并非运用意志力。所以,很多孩子的脸上,都会出现那种严肃而沉思的表情。拉斐尔在描绘小天使时,特别是“西斯廷圣母像”中的小天使,就最擅长用这种表情。就这样使得孩童时代的岁月充满了幸福,当我们回忆起那段日子时,总会不免有些向往和遗憾。

我们越年轻,那些个别事物就越是能够代表它所隶属的整体;而随着年龄增长,就越来越少有这种情况了。这就是为什么在童年和青年时代所获得的一些知识和经验,会成为我们日后所有知识的具永久性的大标题——那些早年的知识形式似乎在演变成项目,以后经历的成果就会根据那些项目进行分类,虽然这些知识在我们心中并不总是很明晰。

在童年的岁月中有一座想象的伊甸园,我们知道较多的是世界的外表,也就是心性的表象,而对于世界的内在性质,也就是心性的本身,却知之甚少。因为客观的一面总是讨人喜欢,而内在的或是主观的一面却是如此可怕,小孩子对它还很陌生,所以在他智力发展的过程中,他眼前所呈现的自然和艺术当中的所有美丽形式,都被他认为是天经地义的,他以为众生和万物都是如此幸福地生存着;在肉眼看来,它们的外表是美丽非凡的,于是他想,那内在的一面一定更加漂亮。在他面前展现的世界就好像另一个伊甸园。这是一片人间极乐世界,我们都是从这里降临人世的。

◎生命的布景

在这个世界中,我们对于事物或存在的另一面,也就是意愿的一面,有所领略。每当我们有所求的时候,都不会如愿以偿。接着,大幻灭(觉醒)时期来到了,这是一个极为漫长的时期。不过,很多人在这一时期的初始阶段,就会声称:(我)幻想的年代已经过去了。但是,整个过程才刚刚开始,它的触角仍在延伸,并且有控制整个人生的势头。因此,可以这样说,童年时期感觉生命看起来就像是戏院里的布景,因为我们是在远处观看;而到了老年,布景如故,只是我们已经到了距离布景很近的地方了。

◎幸福的幻影

春日伊始,树上长出的嫩叶颜色近乎一样,形状也差不多。在人生的最初几年里,我们也都是彼此相似,一派和睦。然而,随着青春期的到来,我们开始变得不同。就好像一个圆周的半径范围,我们越往前走,产生的分离就越大。

我们人生的前半段所拥有的优势,远甚于后半段。青年时期正是前半段的剩余部分,由于对幸福的渴望,而使得自己遭遇重重困苦;此时人们似乎觉得在自己的人生路途上一定可以遇到"幸福",但最后这一希望却总是失败,因此怨恨满腹。有一种幸福的幻影浮动在我们眼前,这种模糊的未来幸福诞生在梦想中,由空想构成。我们想要寻求它的实体,只是徒然。不管是怎样的处境,一般的年轻人都会对现实不满,因为全然不能达到他原来的期望,他将此完全归罪于自己一生初始的情况。究其原因,实际上是因为他刚刚才体验到人生到处充满空虚和痛苦。

◎诗样人生

如果在一个年轻人的早期教养中能除去这一观念——"世界对我们是宽宏大量的"——那将对他大有好处;可是教育的一般结果都是使这一妄念加强,我们对人生的初始观念,通常并非出自生活实际,而是来源于小说。

在我们春光明媚的青春时代，人生的诗歌将一幅壮阔的景色展现在我们面前，于是我们奋不顾身，热切地要看到它实现。我们简直是在期望能把彩虹抓在手里！年轻人对他的事业预期就像是有趣的浪漫，其中就隐藏着我一直在叙述的失望的胚芽。正因为这些景象是空想的，并不真实，所以它们才显得如此可爱。在远远观望它们的时候，我们是在一个自足的，纯知识的领域当中，真实人生中的那些熙攘和纷争都不存在。而一旦要实现这些想象，也就是将其定为意志的目标，必然会是一个痛苦的过程。

我们可以用一幅刺绣来比喻人生，在前半生我们所看到的是刺绣的正面，后半生所看到的是反面。反面不如正面那么漂亮，但是却更具有教导作用，从反面，我们能看到丝线是如何绣在一起的。

◎真实的痛苦

如果说我们的前半生，主要是在渴望幸福但却从未获得满足，那么我们的后半生就是担心自己遭遇不幸。随着年龄的增长，我们或多或少都会有所了解，一切幸福本质上都是梦幻似的，只有痛苦才是真实的。因此，在年长的时候，我们（或是我们当中较为明智的）会少去追逐快乐，而将重心转向消除此生的一切痛苦，以巩固我们的地位。或许，这样说也行：年轻时，我们善于默默承受痛苦；而年老时，对于“不幸”，我们比较能够阻挡它的到来。

◎心态的改变

年轻的时候，听到门铃响，我们总是很开心，会想：呵，肯定有什么好事。到了后一阶段，快乐的情绪却远远少于沮丧，我会这样想：我该怎么办哪？老天，求求你帮帮我吧！任何人，只要是稍有才能或杰出之士，都会有相似的情绪急转。正因为如此，他们不能说是真正属于这个世界，根据优越的程度不同，他们或多或少地都会有些与世隔绝之感。在青年时期，他们感觉自己被世界遗弃，而后来，他们觉得自己好似已从这个世界逃离。前一种感觉是出于愚昧，故而并不愉快；而后来感觉却与此相反，因为此时，他们已洞悉世界的真相。

后半生与前半生比起来，就如同一个音乐乐段的后一部分一样，那些热切的渴望已经有所降低，而更多的安谧和宁静被展现出来。为什么会有这样的情况呢？只因为在年轻时，我们幻想世间的幸福和欢乐多的是，只是不好碰到而已；到了年老，我们会发现事情并非如我们所想象。在面对这个问题时，我们是完全平静的，只是尽力享受当下,甚至只是为一些小事,我们也会高兴不已。

我们年轻的时候会想象,人生中最重要的事件,以及那些扮演重要角色的人物,都会在号鼓齐鸣的情形下登场;当我们老了,再去回首往事之时,却发觉他们的到来都是悄无声息,就像从边门溜进来一样,几乎没有被觉察。

◎视野明晰

"视野明晰"是人生阅历为我们带来的主要结果。它标志着我们的成熟,同时也使得这个世界看起来是如此不同于我们青少年时期末所见到的。到这个时候,我们才把事情看得很平常普通,按照事物的本来面目去接受它。但是年轻的时候不一样,那时在我们眼里出现的是一个梦幻的世界,它是由我们心中的奇思异想、从前人继承来的偏见,还包括奇异的妄想拼凑而成的。我们没有看到真实的世界,或者说,出现在我们眼中的景象是扭曲的。使我们从大脑的幻想,也就是从年轻时所得的错误观念中解放出来,这是经验要做的头一件事。

◎最佳的教育方式

不要让那些错误观念入侵我们的脑海,尽管它的目标有些消极,可这是最佳的教育方式。不过,要完成这一任务可是困难重重。首先是我们要尽可能地限制孩子的见闻,在这种限制中也只能让他们接受清晰和正确的观念;只有当此范围内的事物都能被孩子适当领悟之后,范围才可以扩大。我们必须注意禁止这样的情况发生:有些东西含糊不清,或是令人一知半解或者产生误解。通过这种训练,可能会使孩子们对人和事的观念在性质上显得有限而简单,但从另一方面来讲,他们的观念是明晰而且正确的,以后只须将其扩展而非改正。一直到青年期,都要维持同样的路线。小说是被禁止阅读的,其地位可以用适当的传记文学代替。这是此种教育方法特别强调的。

◎智力上的优越

除非你已经年近四十,否则智力上的优越,即便是最高级的,也不可能使得谁在谈话中占据崇高的地位。就算是一个才智最为平庸的人,只要他有足够的年龄和经验,就能与才分颇高的人相抗衡,只要后者年岁不大。当然,我这里所说的优越并非是针对凭借作品而取得的地位而言，我指的是个人本身的优越。

◎年过四十

一旦年过四十，稍有智力之人——老天使六分之五的人们都拥有极为平庸的智力，所以只要超出这些人就可以称得上稍有智力——都会或多或少流露出一些愤世嫉俗。到了这个年纪，我们通过审视自己的性格，就能很自然地对他人的性格做出推断。然后我们会逐渐感到失望，因为我们发现他们都未能超越自己，无论是针对理智的品质还是感性的品质（通常是两者都有）而言。所以，如果能不再与他人有任何纠葛，那我们会很乐意。一般来说，每个人都对独处——也可以说“遗世独立”——或喜爱或憎恨，其程度会根据个人对自己价值的看法不同而有差异。

◎早　熟

如果年轻人对于这个世界的了解和处世之道过于早熟，也就是说，要是他很早就知道该怎么与人相处，在踏入社会之时好似胸有成竹，那么不管是从智力或是从道德观点来看，都并非一个好现象。它代表的是市侩的性格，而另一方面，如果对人们的行为感到惊讶，在跟人交往时笨拙而且脾气执拗，这样显示出的气质会比较高尚。

◎感觉死亡

在攀登人生的山峦时，青年是看不到死亡的（因为死亡的山峦位于另一边的山脚），这可以部分地解释，为什么青年时期总是那么愉快、充满生机。可是一旦我们越过山顶，就会看到死亡的踪影——在此之前，我们对死亡的了解只是依靠听闻才略知一二。这使我们感到十分气馁，因为此时，我们开始感到自己的精力在逐渐衰退。从前是朝气蓬勃，现在却只剩下严肃认真；甚至直接从我们的脸上就可以看出这种变化。我们年轻的时候，会觉得什么都无所谓，在我们心目中，生命是无穷无尽的，所以我们漫不经心地消耗着时间；年岁渐长，我们更加厉行节约。而在迈向生命的终点之际，我们每过一天，就会感觉自己像死囚一样在一步步向绞刑架迈进。

◎日　子

年轻的时候,时间的脚步似乎要慢得多,因此我们生命最初的四分之一,不仅是最快乐的,也是最长的,它给我们留下了很多回忆。如果有必要计算一下的话,那么关于人生的第一个四分之一,我们可以向他人娓娓道来的内容,会比其后两个阶段的总和还要多。说实话,在一生的春天,好比一年的春季,日子漫长无尽头,简直会令人生厌;而到了秋天,不管是一年的还是一生的,虽然日子短了一些,倒是感觉更为温煦而且融和。

◎记　忆

为什么对于一个老人来说,他所度过的那段生命是如此短暂?原因就在于:他的记忆是短暂的,所以在他的想象中,他的一生同样也很短暂。生命中那些不重要的部分他已经不再记得,那些不愉快的生活也大都已经忘记。唉,能够留下来的记忆太少了!一般而言,我们的智力并非是完美无缺,我们的记忆也同样存在缺陷。所以我们就必须时常反思,以免自己遗忘那些曾经学习到的教训,以及我们所经历的事件。不过,有些不重要的事我们并不习惯去反思,特别是不愉快的事。如果要记住它们的话,我们就有必要那样做。可是,这样一些我们认为并不重要的事会不断发生:也许刚开始它们大多看起来还是挺重要的,可是由于其反复发生,渐渐变得无关紧要。于是到最后,我们实际上已经忘记它发生过几次了。因此,对于早年的事我们记得更多,而另一些年月的事却记得较少。我们活得越久,那些我们认为很重要、并且值得铭记的事就越少。单是因为这一点,我们就不会记下很多事,也就是说,事情一过去,我们就会将其遗忘。时光之水不断流动,其所到之处留下的痕迹会越来越少。

由于不断地有新的事情占据他的大脑,所以那些已经发生的事情在一个人的记忆中就变得相对短暂。那些发生于很久以前的事,我们早年曾做过的事,就如同岸上的目标,对于已经启航的水手来说,每一分钟都会变得更小更模糊,而且更难于辨认。

我们身上常会发生不愉快的事,这些是我们不愿意再想起的,至于那些有损颜面的事就更是如此。因为在这些发生于我们身上的不幸遭遇中,我们自己完全无可责备的很少。所以,那许多不愉快的事,以及不重要的事,很容易就会被人们所遗忘。

◎昔日重现

有时，很久以前发生的情景会突然出现在我们的记忆里，好像就在昨天一样，所有的事件似乎就在我们眼前呈现。之所以会出现这种经验，是因为我们脑海中可能无法出现一幅图像，可以对中间时段所发生的事进行同样生动的回忆，而且涵盖了那个时期，但也有可能在一瞥之间就将它们全部回忆起来。另外，我们对于那个时期所发生的大部分事情都已没有了记忆，惟一留下的只是我们曾经经历过那段生活的一般了解——它仅仅是一种抽象的概念，而并非某种特殊经验的直接画面。这使得发生在很久以前的某一单独事件，就好像发生在昨天一样。没有了中间时段，整个人生看起来是如此不可思议地短暂。确实，当我们年老时，可能无法相信我们竟会这样衰老，或者是我们那长长的过往是否真的存在过——之所以产生这种感觉，主要是因为我们所见到的目前处境，看起来似乎永远稳定，不可改变。

◎年轻时的生命感觉

年轻的时候，我们觉得生命是如此漫长，不免会用我们活过的那么几年，来对整个人生的寿命进行衡量。在早年，所有东西对我们而言都是新的，所以它们看起来都很重要。当它们发生之后，我们还会想到并记住它们。所以，在年轻时，生命被各种不断发生的事所占据，这个过程就显得特别悠长。

◎36 岁的界限

36 岁以前，我们对于生命力的使用方式，可以用依靠资金生息而过活的人来做比喻：我们今天花掉钱，明天还会再有新的。可是，从 36 岁以后，我们的地位变化就好比投资者开始动用他的资金。最初，他不会注意到有什么不同，因为他大部分的开销都由本钱的利息来支付。要是超支并不大，是不会引起他的注意的。可是，超支在不断增加，有一天他终于觉察出这个问题的日渐严重。于是他的状况变得越来越不稳固，他觉得自己越来越穷，但又没办法不去吃老本。他像一件固体在空中下降，到最后毫无任何空间，就这样从富裕向贫困下降了。如果人的生命力和财富，也就是这一比喻的两个条件，都真的同时开始消解的话，那这个人的处境的确堪称可怜。正是出于对这种不幸的恐惧，人年纪越大，对财物就越为爱惜。

◎生命的本金与利息

我们的生命力在人生开始之际——也就是在我们成年之前的阶段以及成年之后的短时间内——就好像有些人每年都会在本金里面把一部分利息加进去一样。换句话说,他们不仅可以照常收到利息,而且其本金也在不断地增加。只要监护人悉心呵护,这种令人开心的状况——无论是健康还是财富——有时是可以实现的。噢,幸福的青春,悲哀的老年!

◎神童的结局

即使是在年轻的时候,一个人也应该节省他的精力。亚里士多德指出,那些奥林匹克运动会的所有胜利者当中,能在两个不同的时期都获得奖品的仅有两位或三位,这两个时期分别是少年和成年。因为人们在成年之前接受训练所涉及的努力,会耗尽他们的精力,这样就很难维持到盛年。不仅在体力方面这样,在精神活动方面更是如此,而我们所有的智力成就正是精神活动的体现。因此,那些由温室教育所培养出来的成果——也就是神童,他们在儿童时代是聪明绝顶,令人大为赞叹,但是到后来却变得平常普通。至于为何那些博学之士晚年竟是那么迟钝并且缺乏判断,也许可以从孩子们早早被迫学习古典语文当中得到解释。

◎第一千次看一幅艺术作品

岸上的东西慢慢在远处消失,而且变得越来越小,水手们正是以这种方式来观察船只的进程。同样地,当我们看到那些年纪大过我们的人都显得年轻时,我们才觉察到自己已经在慢慢变老。

我们所见所做所经历的一切在心中留下的痕迹,会随着我们年岁的增长,变得越来越少,产生这种现象的原因我们曾经作过解释。如果对其中含义加以引申,我们也许可以这样说,只有在年轻的时候,我们才意识到自己是充分而清醒地活着,而到了年老时,我们充其量只是半活半死。岁月不停流逝,周遭发生的事情,我们越来越没有感觉,人生万事匆匆而过,我们没有对其留下任何印象,就好像我们第一千次看一幅艺术作品一样。手边有什么事,我们就做什么,之后我们就已经将其彻底遗忘。

◎生命的旅途

生命越是向那一切知觉都将停止的终点接近，就会越发变得缺乏知觉，而时间似乎在增加转变的速度。人们在孩提时期，觉得所有的事物和境遇都是那么新奇，这就足以令我们清醒，完全感觉到生存的存在。所以，那时候我们会觉得每天都很漫长。旅行的时候同样如此：在外面的一个月，要长过在家里的四个月。无论是年轻时或是在旅行时，时间都似乎漫长得难以打发，实际上就是新奇感也无法消除我们的这种感觉。

◎最佳岁月

对于我们生存的每一阶段的整个性质，最具决定性作用的，是时光流逝的速度在我们的感觉上所造成的不同。首先，它使得儿童时代——虽然仅仅只有15年——似乎是人生中最长的一个阶段，因而其回忆也最为丰富；第二，它让人容易产生烦闷无聊的感觉，年纪越小越明显。例如，大家可以想一下，孩子们时常表现出他们需要有事做——无论是工作还是游戏。如果他们的工作和游戏都已经做完了，随之而来的就是一阵可怕的烦闷感。甚至到了青年仍然如此，我们都害怕无所事事。成年后，这种烦闷感会逐渐消失。老人会觉得时间太短，光阴匆匆。当然，那些老朽的畜生并不在我所说的老人范围之列。随着岁月的流动，烦闷无聊大多会在人生进程中消逝，此时，激情及其所伴随的痛苦都会安分地沉睡。具体说来，与青春期相比，人生在后期的负担要明显减轻，当然，这个前提是还能维持健康。因此，拥有人生“最佳岁月”之美名的，就是紧接着衰弱、困苦的老年之前的那个阶段。

◎青春期的种子

青春期可谓我们心智的春天，这个时期的知觉是很活跃的，可以接受一切印象，种子在此时播下发芽，这是青春时代所拥有的特权。对于深刻的真理，青春期的人们可以领略，但却无法构想——也就是说，对于深刻真理的初始认识是即刻的，是由一时的印象而产生的。人们要获得这种认识，只有当印象深刻活跃时才有可能。我们必须善用前段岁月，才对深湛真理有所了解。在人生的后期，由于我们的天性已经发展完备，不会再受新观点控制，我们可能更有能力去影响他人——影响世界。这个时期是我们诉诸行动和获取成就的时候，而青春期则为我们的思想、观念的形成奠定了基础。

◎外表与思索

在年轻时，最吸引我们的总是事物的外表，等到年老，思索就成为我们心智的主要特质。所以，青春期会对诗歌特别钟爱，而哲学是老年的偏好。在实务方面也一样：年轻时，我们的决心常由外表世界所给予的印象而成，而在年老时，决定我们行动的是思想。一个人只有当他年纪大了的时候，他观察外表所得的成果才够分量，才能将这些成果按照它们所代表的观念进行分类——这一过程又能使他在各个方面对那些观念了解得更为充分，它们的正确价值以及可予信赖的程度，才可以被他加以评定。在这同时，他已经对人生各种姿态所灌输的印象习惯了，这些印象对他的作用会不同于从前。

◎想象的图画

在年轻的时候，各种事物（也就是人生的外观形式）在人的头脑中所形成的印象，非常强烈，那些性情活泼、想象丰富的人们感觉更甚，在他们的心目中，世界就是一幅图画。他们只是担心，在这幅图画中，他们会是什么人物，样子是怎样的？不，他们其实并不明白其程度是否与实情吻合。年轻人在个人虚荣以及对华服的爱好上（如果不是在其他方面），其表现就是不一样，大家所看到是心智的本质之一。

◎智力的持久与衰退

无疑，年轻的时候是我们的智力最能做大量和持久努力的时期。有人可将这一阶段维持到35岁。过了这个阶段之后，我们的智力就开始衰退，虽然速度非常缓慢。不过，我们也不能说在我们生命的后期，甚至包括晚年，就没有任何智慧上的补偿。只有在这时，我们才可称得上是经验丰富，或是学识渊博；只有在这时，我们才有充足的时间和机会，从各方面去对人生进行观察和思考；只有在这时，我们才能将两件事物作比较，并从中找到其接触点和相连的链条。因此也只有在这时候，我们才对事物之间的真实关系有了正确的了解。另外,我们在年轻时所获得的知识会更为深入;现在有更多的例子可以对我们在过去所获得的观念做出说明;而年轻时自以为已经深知的事物,现在的了解更为深刻。还有,年轻时候的知识总有一些缺陷,比较片面,而现在我们的知识范围扩大了,能构成一致的并且互相关联的整体,无论是朝哪个方向延伸,它都是彻底的。

◎人生的入口与出口

任何人在进入老年之前,都不可能对人生有完整而适当的认识。只有老人才可以看到人生的所有,了解它的自然进程。对于人生的入口,所有人都有所认识,但对于人生的出口,却只有老人才有认识,这一点颇为重要。所以,其他人从不停止努力,因其总免不了抱有"车到山前必有路"的错误想法,只有老人才充分了解到人生的极度虚妄。

◎果实与基础

年轻的时候,我们的想象力更为丰富,那时候,我们常常可以"举一反三"。到了年老,我们却对判断、深入和彻底特别中意。为了对这个独特而奇异的世界有所体认,年轻时代是他搜集有关资料的时候,藉此写下他对人生的创新观点,也就是说,一位天才给同时代人留下了无数瑰宝。可是,只有到了后期,他才能够对这些资料善加利用。所以我们会发现,一般伟大的作家最好的作品都是大约50岁才完成的。虽然知识的树要待长成后才会结果,但是却须在幼小时就为树根打好基础。

◎错误的看法

任何一个世代,无论其特征有多么贫乏,都会认为跟上一代相比,自己这一代要聪明得多,至于那些更久远一些的时代,就更不用提了。同样,我们一生的各个阶段也是如此,总觉得这一阶段要优于上一阶段,不过对于这两件事情的看法,往往都是错误的。事实上,每天在我们身体生长的时候,我们的智力和知识也在增长。我们似乎已经习惯了在今天轻视昨天,其实这时我们倒应该在今天佩服昨天。因此,对于自己年轻时候的成就和判断,我们常会不适当地进行贬抑。

◎智力的变化

虽然从主要品质来说，一个人的智力和心地都是天生的，不过毕竟跟后者相比，前者并不是完全无法改变。实际上，智力会经历很多变化，其变化一般都会实际显露出来。之所以会出现这种现象，一方面是因为智力在身体中基础深厚，另一方面则是因为智力所处理的素材，是由经验而提供的。因此，我们发现，从身体的观点来说，假如一个人具有特殊的才能，那这种才能会逐渐增进实力，然后达到高峰，转而走向缓慢衰退，最后完全成为低能。

◎人生似书，人生如戏

人生的前40年就如同写出了一本书的正文，而剩下的30年就对该书进行注释。如果没有注释，我们就无从正确了解正文的真义、系统，该书所隐含的寓意，以及它可以接受的微妙引申。

生命的真正核心在激情消退之后，就已悄然离去，没有留下任何东西，仅余一具躯壳而已；从另外一方面来看，人生就如同一出喜剧，开幕的时候是真正的演员，而此后一直到最后落幕，都是由穿着他们衣服的机械人扮演。

◎人之将死

正如化装舞会结束之际，大家除下面具后所发生的情况那样，在人生将尽之时，我们能将谁是谁看个明白究竟，在我们的人生旅途中，我们都跟谁有过接触。在生命弥留时刻，所有人都露出自己的真实面目，因为行动已有结果，成就已得到正确的评价，一切虚假和伪装都已暴露出来。所有这些事件的发生，只是需要"时间"这个必要条件而已。

只有在生命即将完结之时，我们才对真实的自己有了真正的认识和了解——我们这一生遵从了何种目标和方向，特别是我们跟其他人乃至全世界建立了怎样的关系。因为这些认识，最后我们往往会将自己先前认为应该获得的地位稍稍降低。不过也有例外，偶尔我们会也可能会将自己此前所评估的地位加以提升。这是因为过去我们并没有认识到世人的卑下，相较于其他人来说，我们一向所坚持的目标要更加崇高。

◎热　情

青年是人生的快乐阶段，而老年是人生的悲哀阶段，这是一般人的看法。假如说“热情”能使我们快乐，那这话就说得没错。青年人完全是被热情所控制的，在热情所给予我们的所有情感中，痛苦占据了极大的比例，而欢乐所占的比例却极小；到了老年，热情减弱，让人得以休息，我们的心情开始向深思熟虑转变，这时占据上风的是理智。因为理智在痛苦的范围之外，所以只要理智挂帅，我们就会感到快乐。只要我们记住一点，“快乐”是负面性质的，而“痛苦”是正面性质的，我们就会明白热情绝对不会是快乐的来源，老年人也不会因为无缘享受许多欢乐而被认为是不值得羡慕的。因为无论是怎样的欢乐，都只不过是一些缓和剂，使需要和渴望得以满足。而正如饱餐之后无法再进食，一夜酣睡之后不能再次入眠一样，一旦需求消失，欢乐就告完结，任何人都应该接受这句话。

◎约束与自由

一般而言，忧郁和悲情是年轻人身上常见的东西，而老年人身上则满含和煦的情操。当然，某些个别情况和特殊气质除外。原因很简单，因为年轻人仍然被那邪神所控制，服侍它，甚至是服劳役，永无终日。现在几乎所有降临或危害这个世界的祸端，都可以直接或间接地由此溯源。因为老人摆脱了长时期的激情的约束禁制之后，现在可以自由行动，所以老人会感觉祥和愉快。

◎快乐的要素

无论其才智有多平庸，几乎每一个老人，都能拥有一丝智慧，这也正是他区别于年轻人的地方。而所有这些变化产生的主要结果，就是随之而来的心境安宁——这是快乐的重要因素，实际上，可谓是快乐的必要条件。年轻人幼稚地幻想，世界上到处都是美好的事物，就等着我们去寻找了；年长者则在《旧约·传道书》的真理中沉浸，对他来说，一切事物皆虚妄——他明白，无论皮囊多么好看，其中心都是空洞无物。

贺拉斯曾经说过：“（面对欲望和恐惧）不要让自己烦忧。”人只有到了暮年，才会真正欣赏这句话。此时他是直截了当地、诚心诚意地相信，凡事皆为虚空，世间的荣耀都是徒然。他的错觉消失了,他不再想象在世界的某个角落,在宫殿或是在茅舍,会存在某些特别的快乐。实际上,所有快乐无非都是在自己的身心未受痛苦之际而享受到的。对于他来说,世人在伟大和渺小、高贵和低贱之间所做出的那些划分,不再存在。身处这种幸福的感觉当中,对于任何错误的念头,老人往往都一笑置之。他完全明白,不管用何种精品装饰,佩戴在何处,对人生进行怎样的加工粉饰,我们的周身仍然没有任何改变——如果说此生有真正价值,那它不在于享有多少欢乐,更别提炫耀摆场面了,它只在于不受痛苦的侵扰,仅此而已。

◎醒　悟

醒悟是老年时期的主要特征。那曾使生命多彩,并激励其有所作为的幻想,此时已经离我们而去了。世间的辉煌已被证明为是无用空洞之物,它的排场、光耀和雄伟,都已经褪去原有的光华。到了这个时候,人们会发现,自己所追求的大多数东西以及所渴望的大部分欢乐的背后,其实质毕竟是极其稀少的。因此,他慢慢有所领悟,明白人类的存在充满了空虚无奈。《旧约·传道书》开头说:“空虚,人生空虚,一切皆是空虚。”人到了70岁才对这句话有了真正意义上的了解。至于为什么老人有时候会有焦躁和乖僻的感觉,也可以从中得到解释。

◎老人的不幸

老人的不幸就是得病,对人生感到厌倦,这是人们常说的。其实疾病并不仅仅局限于这个年龄段,特别是如果我们要刻意长寿的话。因为随着年岁的增长,身心健康的失调也会增加。至于说到厌倦生活,我在上面已经有过讨论,相比于青年来说,老年遭受此类不幸的机会更少。烦闷未必是与寂寞密不可分的,对于寂寞,老年人无法逃避,这不需要作解释。有些人没有能让自己的头脑受到启发,或增长自己的才智,而只知道感官享受,还有通过与他人的交往而获得乐趣,那么对于他们来说,在年老时必然会感到寂寞。确实,我们越接近老年,智力就会越来越衰退,不过只要我们的智力本来还可以,就算在衰退,但是剩下的总还足以抵挡寂寞的侵袭。另外,我也谈到,老人在结合自己的经验、知识以及反思之后,可以更加准确深刻地了解事情;他的判断变得十分恰当,他对于人生有一个系统的观点,他的心胸和见地更为广阔了;他所积累的知识不断会发现有新的用途,而一旦有机会这些知识又会得到补充;他又时刻在内心进行自我教育,使其头脑得以运用,并获得满足,这样所有努力都能得到相应的回报。

◎防止寂寞无聊

随着年纪增长，时间的脚步就似乎跑得更快，这种感觉本身就可以防止寂寞无聊。要是不需要靠体力谋生的话，那么年老体弱并没有多大关系。老而又贫才是莫大的不幸。倘若经济条件还不错，健康状况也还行的话，那老年算得上是这一生值得度过的美好时光。这时生活舒适是最需要的，不要为了生活而发愁，所以金钱要比以前更为珍贵，它可以对老年人体能上的衰退进行补足。由于被爱和美的女神所遗弃，老人只有到酒神那里去寻找欢乐。同过去喜欢观察事物，实施研究不一样，他现在想要发言，对他人进行教导。若是还能保持有一些对学问、音乐或戏剧的爱好，若是还能对周遭的事物仍然有相当敏锐的感觉（有些人到垂暮之年仍是如此），那么作为一个老人来说，就够幸运了。在人生的这个阶段，我们内在的品质会比以往任何时候都对自己更有裨益。

◎生命的“残渣”

毋庸置疑，大部分人一生都是顽固愚昧，到年老时就越来越僵化。他们的思想和言行，几乎跟邻居们毫无两样。现在无论有任何事发生，都无法令他们的性情改变，或是采取其他行动。同这些老人谈话，就好比在散沙上写字一样，就算你能写出什么字来，它也会立刻消失。这种老人只能称之为生命的“残渣”，因为他身上已经没有任何作为人的要素。有些老年人会偶然第三度生长牙齿，老年期正如第二次童年，很显然，这是老天爷要告诉我们的。

◎衰　老

到了年老，人的才智会衰退，而且速度会越来越快，诚然这是十分令人悲伤的。可是，这样的安排却是必需的，甚至是有所助益的，否则死亡会令人难以忍受，衰老正是为我们做了这一准备。所以，活到垂暮之年的最大好处就是安乐死——这种死亡不是由疾病所致，什么痛苦和挣扎都没有。无论人活到多大年纪，他所拥有的时刻一直都不过是不可分割的“现在”。到了晚年，每天我们的记忆力都在减退，心智都在耗损，重新获得的那部分极为有限。

◎生命与死亡

青年渴望生命的发展,而老年期待死亡的降临。这就是青年和老年永远的区别。年轻人的过去短暂,未来却是长久的,老年人正好与此相反。有句话说得好:“人老了,等待他的惟有死亡;年轻时,他所期望的是生存。”这里引出一个问题:在这两种命运当中,到底哪一种的风险更多?关于人生的素质,从整体上来说,是否年纪大要比年纪轻更为理想?“死去的日子优于出生的日子”,传道者不就这样说吗?盼望长寿显然有些轻率。

◎人生与星斗

占星术认为,每个人一生的事业都可以凭靠观察星斗而预测出来,事实并非如此。不过,可以用行星的接续运行来比喻人生的一般过程中各个不同的阶段,因此可以说,人们是依次在每一行星的影响下度过自己的岁月。

人在 10 岁时,是由水星(使神)控制:与水星一样,10 岁的人在一个小范围之内十分活跃,任何事都对他影响很大。不过在这位能言善辩的使神指导下,他的进步很大。

20 岁由金星(爱神维纳斯)接管,这时男子全心全意爱着女人。

30 岁时,火星(战神)位居前列,这个时期的人浑身充满了劲力——勇猛、好斗、桀骜不驯。

40 不惑之年,就开始由 4 个小行星管事。这时人的生命范围有所扩大。他很实际,换句话说,因为谷神星的帮助,他对有用的事物特别偏爱;而受灶神星的影响,他有了自己的炉灶;小惑星(智慧女神)将必要的知识传授于他;他的妻子(婚姻女神)则是管家的女主人。

到了 50 岁,木星(主神)开始对其产生主要影响。此时很多与他同时代的人已经不在人世,他自认是当代的杰出之士。他依然拥有旺盛的精力,而且知识阅历又很丰富。这样凭借他的个性和地位,在周围的一些人当中,他具有权威性。对于他人的命令他不再倾心接受,他要自己拥有话语权。这个时候他最适合的工作,是在其个人范围内,从事指导和管理。这也显示了罗马主神朱庇特的胜利结局,50 岁之人登到了人生的顶峰。

然后大约到了 60 岁时,主神是土星,这时的人就像一条迟钝而缓慢的船一样:

但老人啊,很多看来就像是已经死去;
如同铅块一般笨拙、迟缓、沉重而苍白。

最后是天王星的到来。用一句俗话来说就是,人要到天国报到去了。

对于海王星,我不知道该如何处理,由于这颗行星的命名不当,所以我不便用它的确切称呼——爱神厄洛斯,否则我就可以指出人生的开端和结束是如何相连,厄洛斯跟死亡的关系是如何密切,以及冥王星如何是所有事物的毁灭者和创造者。死亡就像是生命的一个大储藏库,各种实体都是从冥王星而来——那里是此刻存在的每一个鲜活的实体都曾经呆过的地方。我们若是能洞悉其中的奥秘,那一切都将一清二楚!

处己智慧

痛苦和烦恼是与人生快乐作对的两大仇敌。还可进一步说，如果我们能有幸离开其中一个仇敌，那么我们就会以同样的距离去接近另外一个仇敌。而事实上，人生似乎也就是在这两者之间剧烈摆动的一个过程。

◎自我规划

在一个普通的建筑工人的头脑中，可能对于他所建房屋的整体设计毫无概念，他心里可不会老记挂着那个设计图纸。而一般人也是如此：他每天进行着各种各样的琐事，但却对自己的一生的整体性所思甚少。

假如一个人要使自己的事业具有价值和重要性，或者说他要精心策划完成某个特定的任务，那么，他就需要不时地将注意力转向一生的"蓝图"，这个"蓝图"也就是一张具有设计概要的小草图。当然，要做到这一点，他就必须对于"认识自己"的格言有所运用；他必须逐步找到如何了解自己的方法；他必须清楚占据他人生的真正主要和最为关键的目标是什么，以及他最想拥有的快乐是什么；还有，仅次于此的第二和第三的目标是什么；他还必须明白，从整体上来说，什么是他这一生真正的使命，他应该扮演的角色是怎么样的，他与这个世界有着怎样的关系。如果一个人能按照以上所言为自己的人生勾画蓝图，那么这张小图一定最能刺激他，鼓励他，提升他，并促使他采取行动，不至于误入歧途。

◎天性的智慧和品德

我们是如此热心致力于对事物的外观进行认识,用原始的方式来对我们周遭的事物进行了解;但是另一方面,教育却将“概念”直接灌输给我们。不过,对于事物的真实的和基本的性质,概念并不能给予充分信息,可是这些了解正是所有知识的基础和真正的内涵,它只能通过“直观”的途径才能获得。我们绝不可能通过外界将这一类的知识直接注入我们脑中就能对其有所了解,它们的获取只能靠我们自己。

所以说,一个人的智慧和道德品质并非外来影响的结果,这些都是从他自己天性深处发展而来的。无论是什么样的教育计划——裴斯泰洛齐(Pestalzzi)也是,或是别的教育家也好——都不能把天生的笨人变成一个通晓事理的人。绝不可能发生这样的事!生下来是笨人,到死也不会有所改变。

◎活在当下

我们心境的平静越少被恐惧所扰乱,我们就可能更多地被欲念和期望所鼓励。歌德的那首广受世人欢迎、名为《我不作任何寄望》的诗歌,其真正意义也就在于此。我们只有先排除所有虚荣炫耀,投身于朴实无华的生活中,才有望做到心境平静——也就是抵达人生幸福的坚实基础。心境平静是我们得以享受当下的必要条件。我们只有享受一个个的片刻,才能有缘窥见人生幸福的全貌。“今日”只会出现一次,永远不会再来,对此我们应该时刻铭记。我们常常会忘记,每一天都是生命中不可或缺、故而也就是无从补偿的一部分。我们总是会将生命看做一个集体的意念或名称,以为一个组成分子遭受毁灭,不会损害整个生命。

◎身在福中当知福

当处于病中和忧愁当中的时候,在我们的记忆中,那些未受痛苦和困扰时所度过的每个时辰都会被视为值得羡慕的日子,它就好像失去的乐园,又像是到此时才明白某人一向够义气。等到我们处于身强体健的美好时刻时,若有时会回想前时经验,那么对于“现在”,我们就应该更会欣赏和享受。可是,身在福中不知福,只有当我们遭遇不幸时,我们才会盼望那些幸福的日子再度降临。上千个欢欣快乐的钟头就浪费在情绪低落之中了，我们还没有享受那些美好的时光，就让它们白白地溜走了，而当天空再度乌云密布时，我们又会对已逝的幸福时光发出徒然喟叹。永远要记住，当下的每时每刻，无论它们是何其古板或普通，或是在我们不经意中溜走，或是被我们不耐烦地将其打发——这些就是我们应该珍惜的时刻。时光之河的涌动现在就在将其推向“过去”，随后我们的记忆会打扮好它们，将其安置于深闺——在以后某个时刻，尤其是我们困苦之时，才将它们的面纱掀起，当做我们最为喜爱和失之交臂的美人，向我们隆重介绍。

◎快乐的获得

我们是否快乐，与我们的视野、工作范围、我们与外界的接触所受限制和界定的程度是成一定比例的。倘若这些限定过于宽广，我们可能就会较为忧心和焦虑。范围宽广同时也意味着我们的关心、意欲和恐怖也会随之增大并加剧。我们总是预先假定瞎子是不快乐的，实际上也不尽然，否则怎么会有那种温和、近乎安详的平静表情出现在他们的脸上。

我们已经明白，受苦才是正面的状态，快乐只是负面的。使自己外界活动的领域受到限制，就是使自己的心意少受外界的刺激；使我们才智的努力范围受到限制，就是使心意受到内在刺激的来源得到舒缓。“无聊沉闷”可算是无数苦痛的直接来源，而把它放进门，正是后一类的限制所带来的一个缺点。为了打发无聊沉闷，人们往往会不择手段——放荡、结交损友、挥霍、赌博以及胡吃海喝等。这些不当行为同样会使一连串荒谬、毁灭和愁苦接踵而至。无所事事，就很难循规蹈矩。将对外活动限制在一定范围内不仅对获得快乐大有助益，而且它也是获得快乐的必要条件。惟一描写人们在快乐中生活的文学是田园诗，这种体裁在处理素材的本质上，着眼点就是将人物置于简单而有限的环境当中。也因为这种感受，我们会在所谓的“世态画”上找到乐趣。

我们的心境是快乐抑或痛苦，取决于占据着我们意识的事情属于何种类别。在这一方面，对于智力可以配合得上的人们来说，纯粹劳心的职业对于促进幸福所做的贡献，通常远远超过一般实务性工作。因为后一类人的成功和失败，是时常变动的，难免会有许多震撼和折磨。在这一点上，必须指出的是，外务活动会使我们对读书和研究不再喜欢，同时也不能让我们安静地集中精神，而要从事这类工作，集中精神是必要条件。但另一方面，长期思想使得我们对实际人生的嘈杂喧嚣多少有些不太适应，因此，如果环境需要我们在处理实际事务上花些精力的话，我们就应该暂时停下劳心工作。

单纯甚至是单调，都将会促成我们的快乐。所以，我们要争取单纯，只要能够做到，而且倘若我们的生活方式，是单调而非沉闷无聊，我们也要接受它。因为处于这样的环境下，生活还有生活的重负（生活与重负根本无法分开），最不会与我们为难。我们的生活将在不受波浪或漩涡侵扰的小溪中，平静地向前滑行。

◎时常反思

生活倘若要绝对慎重精明，并且要将经验的所有教训都吸取到，那就必须做到一点：经常反思——有点像把我们曾经做过的事、我们的印象和感觉进行简要的复述。将我们以前的判断与现在我们为之全力以赴、希望有所成就所定下的目标作对比，就相当于在接受由“经验”私下里给我们一次次上课——每人都有让经验上课的机会。我们可以用一种教科书来比喻处世的经验，而对于该书的讨论则可以看作是由反思与知识所构成的。有些书每页的正文只有两行，而讨论却有四十行，就如同我们经验甚少，但反思和知识较为丰富；而有些古典文献的版本，其中没有注解，许多内容含义不明，就正如我们经验多而反思和知识不足。

◎自省与回忆

毕达哥拉斯所建议的一条规则，跟我们在这里所给出的忠告是一样的：每天夜里临睡前，都检讨一下自己当天所做的事。如果成日将就过活，忙于工作或享乐，却不对过去进行任何反思的话——就好比机械地将棉线不断从生命的卷轴中拉出——完全不知道自己何去何从。我们很快就可以从他谈话的突兀和零碎中——如同一种杂拌——看出，像这样生活的人，在情绪和思想上都免不了有些混乱。在这个世界上，于众多缤纷的印象之中过着永无宁日的生活，而且自己能活动的心智相对不多，极易使自己的情绪和思想都出现问题。

当那些对我们有所影响的事情都如过往云烟般消逝，当时曾在我们心中激起的某种情愫，往往再也无法找回并重温。不过，如果我们能记得自己是怎样被当时情况所引导而说过和做过些什么——这些可以说就是那些事情的结果，或是其外在表达和对其测度的准绳，那么情况将会大有不同。所以，我们应该把自己在一生中关键时刻的想法，仔细地保留下来，在这一点上，写日记是个不错的办法。

◎自律与强制

不管初学者怎么努力学习，让他看各种乐器的谱子，或是学习击剑的不同姿势，肯定会犯错。每当他犯错的时候，他准会想，要能根据眼睛看乐谱的速度，或是在剧烈的决斗之中去遵守那些规则，是根本不可能的事情。尽管这样，在不断犯错和重新努力之后，他通过逐步练习，慢慢变得完美。

在刚开始学习拉丁文的写和说时，我们会不记得文法规则。一定要经过长时期的练习，傻子才能成为侍臣，冲动之人才会变得精明而世故，直言之人才能学会含蓄，高贵之人才会变得玩世不恭。虽说这类自律是长时期习惯的产物，它总是要在外界的强制之下才能做到，但是人的本性一直都在与之抗拒，有时甚至能出人意料地冲破一切。依照抽象的原则所实施的行为，与出于天性所做出的行为，两者之间的差别就好比巧夺天工的人造品与一个有生命的有机组织之间的差别，后者的形式和物质浑然一体，不可分开。

◎谎言的帷幕

若将追名逐利、寻欢作乐、过奢华的生活看作是通往快乐的途径，那是大错特错。因为这样做，是在企图将我们苦难的生存转化为一连串的欣喜、高兴和欢乐——这种过程到最后一定会被失望和妄想取而代之。接下来，大家会彼此谎话连篇，这是它所带来的必然伴奏。我们的心灵是在谎言的帏幕背后隐藏的，就好像我们的身体为衣服所遮盖。帏幕总会存在，就像通过别人的衣着外观而获知其体型一样，我们只能有时透过帏幕来对他人的思想做出猜测。

◎孤独与才智

所有的社会都必然要求其成员互相包容克制，这是社会得以存在的必要条件。也就是说，社会的规模越大，其性质就越加乏味。人只有在独处时方将本色显露；倘若独处非他所爱，他就不会爱自由。因为只有在独处时，人才能拥有真正的自由。人处于社会当中，时时刻刻都需要克制自己。一个人越是拥有独特的个性，对于与其他人交往时必须做出的牺牲，他就越难以忍受。我们或是对孤独无比欢迎，或是对其采取容忍和躲避的态度，这完全取决于个人的价值大小——比如，如何看待独处时的孤寂感,各人所受痛苦的全部重负怎样。大智者喜欢高估个人的价值。总而言之,每个人都是有异的。

倘若在大自然的簿籍中,某人位居前列,那他自然而然、无可避免地会感觉孤独。如果环境对他的这种孤独感能够不加妨碍,对他来说将会大有助益。因为要是他需要增多与异类人士的交往,那些人将会扰乱他的心境,对他的内心平静极为不利。他的个性真的会被他们剥夺掉,而其损失也不会得到他们的任何补偿。

在品行和才智上,上天对于不同的人所设定的差别程度是相当大的,但是这些差别总是被我们的社会所忽视,甚至于要被消灭,或者说,社会建立了阶级和地位的分等,要用这些人为的差别来代替它。这些往往是完全颠倒了上天所建立的高下次序。作如此安排,会使一些才智低劣的人往上提升,而少数天赋超群的人却被压制下去。一般碰到这种情况,有才有识之士会选择从社会退出,而这类人一旦增多,平庸之辈就更加趾高气扬。

在社会中,"权利平等"是令大才大智人士为之恼怒的,正因为有此观念,故而人人都可自命不凡,大家当然都喜爱这样;而在自然中,才智上有所差别就意味着应该拥有相对不同的社会权利。理想的社会对于任何类别的要求都予以承认,惟独不重视才智,才智被列为违禁品。对于各式各样的愚蠢、乖戾和鲁钝,人们都表现出无限的耐心;如果你具有才华,必须获得他人的赞同,否则就要完全韬光养晦。智慧上的优越自然就会使别人觉得有所冒犯。

◎理想的社会

所谓理想的社会,给我们带来无法赞美或喜爱的同伴还不算最糟糕的,它还不允许我们保持自己的天性和本色。为了达到和谐,我们被强迫至蜷缩,甚至完全变形。对于普通人来说,充满智慧的谈话,无论严肃还是幽默,完全是对牛弹琴,它只适合智慧型的社会。若要使普通人高兴,就必须得大众化。这就要求我们严格压抑自己。为了众人大同,我们得将自己四分之三的智力丢弃。当然,我们在这方面的损失可以用得到友伴来弥补,可是,你越有价值,你就越会发现自己的所得并不能补偿所失。收支两抵后,结果是负债,因为与我们交往之人,大都是破产的,也就是说,与他们交往所带来的烦闷、不安和龃龉,是不能从与其交往所得中得到补偿的,或是我们必然要对自我做出抑制。所以,在大多数社会中,选择独善其身之人都会从中得到实质性的利益。

◎虚假的卓越

人们很难遇到真正的卓越——也就是在才智上的卓越，就算遇到了也会无法忍受。所以我们的社会就随意采取一种虚假的卓越，将真正的卓越取而代之。依照习俗，建立在任意的基础之上，可谓前者的特性——这种传统似乎是承袭自较高的上层人士，而又类似于“口令”，可能会有所变更。在这里，我所指的是“好范式”。一旦与真正的卓越之间发生冲突，这类卓越就会暴露出它的弱点。而“好范式”一出现，“好见识”就离去，这是更重要的。

◎内心的安谧

除了自己，任何人都无法与其他人完全契合——哪怕是最好的至交，或是终身伴侣。个性和脾气的差异，总会创造某些不和谐的音符，纵然在程度上是微不足道的。在尘世中仅次于健康所能给予我们的最高祝福，就是那种真正的心境平静，内心的完全安谧，这些只有在个人独处时才能够达到；如果要使其成为一种持久的情绪，只有令自己完全退隐人世。倘若这个人本身有点长处和禀赋，那么，在这个可怜的世界中，他将拥有最为快乐的生活方式。

◎精神的空虚

我所说的精神上的空虚，和心灵的贫瘠，还将使另一种不幸降临。当一群杰出之士，为了提倡某一高尚或理想的目标而集会结社时，结果会使无数的大众一拥而上。各地均是如此，后者只是为了打发烦闷寂寞，或是其天性上的其他什么缺陷。任何事情，只要能让他们生活得更快乐，他们就会不假思索地马上去攫取。这些人当中，有的会偷偷摸摸地溜进去，有的则会拼命挤进去，接下来就是将它完全摧毁，或是放肆改变，到最后它的目的会变得与当初完全相左。

◎聪明人和愚人

聪明人首先要争取的，就是使自己免于痛苦和烦恼，求得安静和闲暇，也就是一种宁静朴实、无人干扰的生活。故而，在稍微了解“世人”之后，他会宁愿默默无闻，倘若他身具大才智，甚至会选择独居。一个人如若内心越为充实，他对其他人的需要就越少——其他人越不能替他做什么。这就是高度的智慧会使人不合群的原因。当然如果可以用智慧的“量”来弥补“质”的话，那在这个大千世界中还有值得过活的理由。但是，不幸的是，一百个愚人也抵不上一个聪明人。

普通人一旦摆脱了贫困的痛苦，便会不惜一切要消遣、交朋结伴，逢人就结交，生怕独自一人。因为所有人在独处时，都惟有依靠自己，各人的自身条件如何都会显露出来。可怜的个性乃是人的终身负担，愚人纵然出身不凡，仍会为其个性所累，而充满才智的人由于具有生动的思想，在他眼里，荒地也能人群密布。塞尼加说：“愚蠢即是负累。”确实是至理名言，《圣经·德训篇》的一句话也可与之进行比较：“愚人的生命远逊于死亡。”一般而言，有人喜欢交朋结友，正是由于他智慧低下，个性从俗。一边是独处，另一边则是庸俗、随波逐流，我们在这世上的选择，大抵很难超出这两端。我曾经读过一份法文报纸，上面介绍，北美有些黑人最喜欢一大群人在小块地方聚集，因为他们就是乐于彼此相伴。

◎明智之人

明智之人就好比是独奏一件乐器的音乐家，无须借助其他人就能独力完成演奏会。这样的人，自身就相当于一个小世界。他心智专一，独立奏出的音乐所得的效果，不亚于各种乐器共同演奏所得。他就好比钢琴一样，在乐队中没什么地位：如果他是一位独奏者，也许由其个人担纲演出；或者，如果是跟其他乐器在一起，那么他只能担任主奏；又或者，他在合唱中担任主唱。不过，这个比喻也许能使有些不爱交际的人有所领悟，然后定出一条常规：如若我们所交往之人缺乏高素质，可以增加其数量，以做某些补偿。如果对方乃聪慧之士，有此一人做伴便已足够；但倘若与你交往的尽是普通大众，就可多认识几位，因为根据演奏俄国管号的类推，让他们一起合作，就能产生一些好处。愿上天赐予你耐心，让你将任务完成！

◎伟大的心灵

正如学校老师不愿意与他身边闹哄哄的孩子在一起游戏一样，作为人性的真正导师，伟大的心灵自然不愿意时常与他人为伍。那些伟大心灵的使命，是指导人类从“错误”的海洋中渡过，并安全抵达真理的彼岸——使人类摆脱野蛮而庸俗的深渊，而上升到文明与教化的光明之中。具有伟大心灵的人，虽然在这个世界生活，但却并不真正属于这个世界。从很早的时候起，他们就觉得自己与其他人之间有着明显差异，不过这个过程是逐渐的。随着时间的流逝，他们开始慢慢明白自己的地位。由于实际上的退隐生活方式，使得他们在心智方面的孤独又得到巩固。除非是那种在某种程度上摆脱流行庸俗的人，否则难以接近他们。

任何伟大的心灵都注定是孤独的——可能有时人们会对这一命运感到遗憾，不过选择孤独总是会少有灾祸。"该怎么做我就敢怎么做"，当我们年事渐长时，会很容易就说出这句话。年龄越大，时间过得越快，我们就越会想到要将余生专注于智慧上的事，而不再关心人生的实务。只要我们神智健全，再将个人才能与我们过去所取得的那些知识和经验加以配合，那不管我们从事什么学科的研究，都会感觉轻松有趣。当我们处于蒙昧之时，对于许多事物都所知有限，但现在这些事物都已变得明朗清晰，每有成果都会使我们觉得困难已经克服。长时间与他人相处的经验，令我们不再对别人抱有过高期望。我们发现，与人交往得更深入，并不会收获更多。在以前，乐于独处需要牺牲自己走向社群的欲望，而现在它已成为我们自然内在的单纯品性——如同水之于鱼，它就是我们生命中的本有素质。具有独特个性的人不同于一般人，他必然是孤立的，为什么说这样的人越老越感觉到他的处境不再像年轻时那么背负沉重的负担，这就是原因所在。

◎独处的好处

独处对于有才智的人来说，其好处是加倍的。首先，可以使他清静；其次，他不必同其他人在一起——这一点十分重要。因为在与世人打交道的时候，我们需要抑制自己来面对厌恶甚至危险。拉·布鲁耶(La Bruyere)说得好：我们所有的祸害都是因为不能独处。喜欢与人交往确实非常危险，有时甚至会致命，因为它意味着要接触世人，而这些人当中绝大多数都是道德低劣，而且资质愚钝或者刚愎自用者。如果不爱社交，对那些人就不必理睬。倘若自身有足够的条件，不需要同那些人来往，实在是一大幸事，因为我们的痛苦都来自需要与人交际、交往。与人交际会使我们心境的平静被破坏，而在幸福的要素当中，心境平静是仅次于健康的，这一点我已经说过了。如果没有相当时间的独处，是不可能做到心境平静的。我们进行社交的主要理由是彼此有所需要；当彼此的需要得到满足之后，本要分手的人们又因为烦闷寂寞而聚集到了一起。如若不是这两个理由，人们很有可能都会一个人独居。这是因为在每个人的心目中，自己就是这世上惟一的人，只有在独处时，才能充分领略这种绝对重要的感觉，而在喧嚣嘈杂的真实人生中，这种感觉却极易受到令人痛苦的否认，很快就会萎缩，消散不见。根据这个观点，独处可谓是人类最原始的自然状态，在此种状态中，我们每个人都好似亚当，快乐无比。

如果一个人能面对自己，独立自处，那将会有无穷尽的好处。西塞罗甚至还说过这样的话：一个可以完全自立、并独具才干的人，他的生活不可能不快乐。一个人越有独立的才能，那别人对他的重要性就越少。正是由于这种自足的感觉，使得许多具有真才实学的人为了不跟世人相处而宁可做出不小的牺牲，至于实际上是克制自己去积极参与那些活动就更不用说了。一般人乐于社交，能与人相处和睦，则是出于一种相反的感觉——他们容易与别人相处，却不容易与自己相处。此外，对于具有真才实学的人，这个世界并不敬重，受到敬重的尽是一些不学无术之徒。因此，某些人的隐居独处就能说明他们独具特异才华，换句话说，他们的隐居独处是拥有特异才华的结果。所以，自尊自重的明智之士都会限制自己生活的必要条件，以便使其自由得以保持或扩大，不过由于每个人还是得与世人有所往来，他就尽可能地将深交限制到最少。

◎幽居的烦恼

很明显，爱好孤独是次要的、慢慢养成的习性，而并不是人性中最直接的、最原始的冲动。作为高贵心灵的较为显著的特征，它的发展一定要克服某些本能的欲望，而且还要不时与魔鬼的诱惑作实际的对抗。后者诱使我们“与人为伍”，走向社群，而将那令人忧郁、摧毁心智的“独处”摒弃。魔鬼如是说，就算是最坏的社交活动，也充满意义，能使人们感受到一份人类情谊：

这样的痛苦生活会将你舍弃，
它像一只兀鹰在啄食你的胸膛！
所见最坏的社会也能使你显出，
你是属于大众之中的人物之一。

贺拉斯说得不错，人生中的所有事物都是带着若干缺点的。或者用印度的一句谚语来说就是，莲花尚且有梗茎。幽居固然好处众多，但是其不便和缺点也不在少数，不过跟与人相处的诸多烦恼比起来，那就不值一提了。所以，身怀真才实学之人不与他人交往，一切会顺利得多。不过，幽居有一项不易被人觉察的坏处，那就是：由于整天都呆在家里，对环境的变化，身体会非常敏感，甚至连从门缝吹进来的小小微风都可以令他们病倒。同样，我们的性情也是如此，因为长期幽居，我们的脾气会变得异常敏感，即使是最微小的事故，最无所谓的话或态度，都足以使我们感到困扰和冒犯——通常普通人是不会注意这些小事的。

◎社交与年龄

我们还可以从别的观点来对喜爱社交的冲动进行审视。在严寒的季节,人们聚集在一起可以互相取暖。我们通过某种方式,与他人有所接触,来使我们的心灵得到慰藉。不过,一个本身在才智上已积聚了大量热量的人,是不需要依靠那种办法来取暖的。一般而言,一个人的社交能力跟他的才智是成反比的:假如要说某人很不友善,那几乎等于是说他才干能力极强。

喜欢与人交往的程度,一般与自己的年龄大小成反比。一个小孩子只要被单独留下几分钟,就会惊恐不已,可怜地哭泣;接着,如果不让他离开房间,对他来说就是严重的惩罚了。一群年轻人在一起,很快就能够打成一片,除了极少数心灵高尚的青年会乐意独处——不过如果整天都一个人又不合适了。成年人整日都是独自一个人也无所谓。年龄越大,就越不会把独处当回事。那些知交零落、对交际毫无兴趣的老人,就最适宜独处了。从有些个别例子来看,智力同这种喜欢与世隔绝、一人独处的倾向直接相关,说到底是有某种贵族情结在其中作祟。

只有那些性格极度贫乏和世俗的人,才会到了老年,还是像年轻时那样喜欢交际。虽然从前他们是极受欢迎,不过这时,这个社会已不再适合他们,别人对他们感到万分苦恼,最多只能勉强忍受罢了。

◎无法忍受的孤独

人性之中那些最为卑下、最不高贵,也就是那些平庸、琐碎、卑俗的部分,也就是人与人之间的共同之处。我们成日与庸俗之辈为伍,究竟能从中获得什么快乐呢?那些人不能做到令自己向更高的层次提升,却要让一切都变得与自己一样低下。他们的目的就是如此,我们还能对他们有什么要求呢?

当这个社会令你生厌时,你觉得有理由远离人群时,你可能无法忍受独处所带来的沮丧,因为你的本性并非如此。如果你是一个年轻人,情况就大多是这样的。那么,听听我的劝告,在与人交往时要保持孤独感,跟朋友在一起时要依然故我,并不马上说出自己的想法;另一方面,对于别人所说的话,不必过于推敲字义,也不要对别人的道义或智力有过高期望,并让自己不要在意他人的意见,培养自己的容忍精神。如果你能做到这些,那么虽然你的人就穿梭在他们之间,但你在生活上看起来是相当独立的:你跟别人完全保持着君子之交,带有一种客观性。这种谨慎可以使你不跟他人接触频繁,从而避免受熏染或被他人激怒。在这个方面,社交群体就好比一把火——聪明人会保持适当的距离来取暖，而不会像傻瓜一样靠火靠得太近，被灼伤之后，就跑到一边独自发抖，并且叫嚷火会把人烧伤。

因为无法忍受独处，所以人们以和气友善的态度待人。他们变得对自己十分厌恶，出于内心的空虚，他们与人交往，到国外去旅行。因为他们的心智完全缺乏自身活动，所以慢慢变得失去弹性，他们就想法子来刺激它，例如喝酒。许多人完全就是因为这个原因而酗酒的。他们跟臭味相投的人在一起会很兴奋，这也是他们一直在找寻的某种刺激，他们所能忍受的最强烈的刺激。如果没有朋友的陪伴，他们的心情就会陷入谷底，变得十分消沉。我们可以说，这些人还不能称其为完整的人，因为他们的自身只具备成为人的条件的一小部分，除非加上相当多的人数，否则无法凑出可观的分量，并自觉有资格成为人。优秀的人本身就是完全的，它并不是由某一小部分所组成的，而是包括一个整体。

◎妒忌的天性

妒忌作为人的天性，既是一种恶习，也是苦恼的来源之一。我们应当将其视为阻挠我们幸福的敌人，要抑制它邪恶的念头。塞尼加曾以精辟的语言给予我们劝告，他说：如果我们不去自寻烦恼，非得把自己的命运去跟那些更为幸福的人相比的话，那我们所拥有的一切将会令自己感到满足；还有，假如我们看到很多人过得比我们好，那我们就应该想想还有很多人过得不如我们。如果我们面临了实际的灾难，那么去设想一下别人可能遭受着更大的灾难，可能是最有效的安慰之法——虽然安慰跟妒忌根源相同；还有一个最好的安慰就是与那些跟我们遭遇了同样不幸的人们——我们共忧患的伙伴们在一起。

有一点我们应该永远铭记：出于妒忌的憎恨最难得到消除。所以我们要时刻小心，要控制自己的言行，以免招致别人的忌恨；我们最好就像克服其他种种恶习一样，完全摒弃在这方面有可能获得的快慰，因为它会产生严重后果。

每一个尊贵的人身边都会围绕着一大群羡慕者，如果你正是这样一个尊贵之人，那他们会暗中对你心怀忌恨，除非被恐惧所抑制。他们会很迫切地让你明白：你并不比他们强。从他们这种热切地示威的态度，你可以看出他们明显自知与你相距甚远。如果你遭到别人的妒忌，那么你最好与他们保持距离，尽可能不跟他们接触，好像有一道鸿沟隔在你们中间一样；如果没法做到这点，那你就要忍受他们的攻击，并处之泰然。在第二种情况下，引起他们从事攻击的因素也会使得攻击有所缓和。似乎大家都采用过这方法。不同类别的尊贵人士之间，通常都能相处和睦，他们之间不需要妒忌，因为他们各自所拥有的特权并不相同，这样会产生出一种平衡。

◎成熟的自信

任何计划在实施之前,都要对其进行深思熟虑。就算已经经过彻底的考虑,你也要把人们判断失误的种种可能都考虑进来,因为总会出现一些无法探究或预知的意外,会将你的计划全盘推翻。对于收支账上的负方,这种想法永远都会有影响——在重要事情发生时对你做出不能轻举妄动的警告:不要弄动静止的东西。不过只要你下定决心,并且已经开始着手,那你就要坚持到底——不要再去回想已经完成的事,或是对许多可能的危险再次顾虑,因为这些而无比忧心;要将这个问题完全从你脑中抛开,不要再去想它,你只要牢记你已经在适当的时候做过成熟的考虑了。有一句意大利的谚语说的也是同样的劝告,它被歌德译为:系好马鞍,然后自信地纵马驰骋。

◎冷静判断

对于那些对我们的祸福可能有所影响的事情,我们要注意不能操之过急。我们不要过分忧心,而要保持一种冷静、心平气和的态度去考虑,把它看做是一件与我们没有多大关系的抽象的问题。在此,我们不应让想象来充当任何角色,想象是无法做出判断的——它只会造成幻象,并使我们的心情极为痛苦。

◎一日之计在于晨

夜晚时分,就算是灯火齐明,我们的心灵也如同我们的眼睛一样,不能像在白天那样把事情看得那么清楚。所以此时不宜进行严肃的思考,尤其是思考那些不愉快的问题。最适当的时候是在清晨——不管你在思想或是身体方面做任何努力,都是这样,毫无例外。因为一天当中,早晨就是青春,所有事物都是一派明艳、鲜活和轻盈。那时候我们觉得体力充沛,各种官能都很灵敏。我们千万不要很晚起床,缩短早晨的时间,或是做一些琐事,或是闲谈,而浪费掉大好晨光。早晨是生命之精华,它应该是近乎神圣的。夜晚就像老年一样,这时候我们没有精神,喜欢唠叨,稀里糊涂的。我们可以用一个小生命来比喻每一天:每一次醒来和起身都是小型的出生,每一个早晨都是短暂的青春,而每一次休息和睡觉都是小型的死亡。

◎不可预知的新观念

在某些不确定的情境或时间还没有来到的时候,我们永远无法产生新观念,或者提出新的思想。同样,我们也永远无法事先就决定好某个确切的时间,或是在我们打算要做某事的时候,能对其做到充分考虑。因为有些思绪不需特别召唤,就可能在适当的时候突然变得活跃,这时候我们只要顺着思绪走就行了。要不断反省和回顾。在选择时间方面,也是同样的情形。

◎控制想象

在这里,我建议要适当控制我们的想象,同时我们也要尽力不去回想以前那些不幸的往事,诸如我们所遭受的不公正或是伤害。我们曾经蒙受的损失,我们曾经经历的屈辱、轻视和困扰,这些都足以构成一幅黑暗的画面,我们不要再去对它详加描绘。如果那么做,我们身上那些沉睡已久的可恨的情绪就会被唤醒——让那些扰乱和破坏我们天性的愤怒和憎恨,在现实龙活中重现。新柏拉图主义者普罗克鲁斯(Proclus)在一篇绝妙的寓言中指出,在任何一个市镇,哪里会有贱民与富贵人士比邻而居呢?同样,我们每一个人,无论他有多么高尚和尊贵,在他的内心深处,仍然有一大堆低贱而庸俗的意欲存在,这些足以使他变成野兽。我们不能让这些低下的意欲造反夺权,甚至不能让它们有行动的机会。它们的模样恐怖,而我之前所描绘的“想象”正是它们造反的领袖。一件小小的困扰,无论它是来自我们的同伴或是来自我们周围的事物,都可能摇身而变成为面目可怕的妖魔,令我们不知如何应对——原因就是我们一直在自己的苦难中沉迷,用最鲜艳的色彩,把比例放到最大,来形象地将其描画出来。我们最好用平常心去看待那些不如意的事,这也是最容易忍受的一种方法。

◎失去才知珍贵

看到别人有什么东西,我们往往会想:啊,如果那东西是我的该多好!我们总觉得自己缺了点什么。其实我们非但不应该有那种感觉,我们还要经常把自己放在与之相反的境地:啊,希望那东西不是我的!这是一种更好的方法。我是这样的意思,有时候我们应该把自己的所有物,包括财产、健康、朋友、配偶、孩子,或是其他我们喜爱的人或物,不管是什么,都看做是可能会丢失的。因为在大多数情况下,我们只有在失去他们时,才开始发现其价值。如果大家能按照我的建议去对待人和物,我们获得的好处将会是双倍的:一方面从他们那里我们获得了比从前更多的乐趣,另一方面我们会尽力不让他们失去。比如说,不拿自己的财物去冒险,不去激怒朋友,不让配偶受到无谓的诱惑,或是不重视自己孩子的健康等等。

◎为了生存而毁坏生命的目的

我们在处理某件事情时,第一步要做的就是将注意力从其他所有的事情上移开。这样我们可以在不同的适当的时间,去照料每一件事,并享受或是忍受它,而不会将其他的事情牵扯进来。我们应好好整理自己的思绪,就像是把它们分门别类放在不同的小抽屉里,我们可以将其中某一抽屉打开,但却不会对其他任何抽屉有所影响。

这样,我们就可以不让忧虑的重负对自己产生过大的压力,不至于连我们当前的一点点生活乐趣也被破坏,或是使我们的休息时间被剥夺。否则,对某项重大事情的重视,可能会使我们忽略许多看起来似乎不那么重要的事。对于那些高尚之士而言,要使自己的心灵不完全被琐事和世俗的烦恼所占据,不倾注自己所有的注意力,不让那些更有价值的事情被抛在一边,是非常重要的。就一个很现实的意义来说,那就是“为了生存而毁坏生命的目的”。

◎节欲与制怒

我们必须对我们的愿望有所克制,对我们的欲求进行抑制,对我们的愤怒加以节制。我们应该永远铭记,所有那些值得拥有的东西,我们每个人只可能获得无穷小的一部分;但是,在另一方面,我们每一个人却都会遭遇人生的许多磨难。总而言之,我们要做到“一忍再忍”。如果不能做到这一点,那么任何财富或权力都无法使我们摆脱痛苦,贺拉斯也曾经在《书函集》卷1第18节中提到这一点,他说:

要仔细考察并勤于摸索,
怎样才能达成一生宁静,
可以免于被无谓的意欲,
恐惧或渴求无用之物所困扰。

克己也很必要。如果不能克己,我们就无法按照上面的话来控制自己。试想一下,任何人都要受到环境的颇多严厉的克制,如果不受克制,那么任何存在都不可能。这样想想,看起来自我克制也并非那么困难;再说,在适当的时候稍微克制一下自己,还能使自己免受外界的大力排挤。就像塞尼加所说的,要使每一事物都听从于你,万一发生了最糟糕的情况,或者是我们的敏感部分被触及,那我们总可以稍稍放松一些,不再那么严厉克己。可是别人是不会考虑我们的感受的,倘若我们被其施以强力排挤,那我们不会得到任何的怜悯或慈悲。所以说,采取克己的方法来对别人的强力排挤进行预防,是稳妥而又明智的。

◎生命在于运动

亚里士多德说的很好:生命在于运动。从实质上来讲,我们存在的原因,是因为我们的有机体在不断地运动。假如我们要生存得明智清醒,就必须不断地使我们的"心"有所活动——无论是做什么,只要是一些实际的或者是内心的活动。有一些人无所事事,也无事可想,他们总爱用手指头或身边的某个东西来敲击桌子,这种情况就可以对我前面的话有所证明。事实上,从本质上来说,我们的天性就是"永无休止"的。如果无所事事,那我们很快就会感到厌倦,这种沉闷令人无法忍受。我们应该调节一下这种希望有所作为的冲动,将规律什么的引入其中,这样将使我们生活得更加有序。

人要有所作为,就是找点事做,至少要学习点什么——不管是创作一本书或是编一个篮子,他将会获得最完全的满足感。亲眼目睹自己手头的工作每天都有进展,直到最后得以完成,这会带来一种直接的乐趣。这种乐趣牵涉到艺术或文学作品,就算是劳力产品也包含在内。当然,如果成品的性质越高尚,它所能给予我们的乐趣也就越大。

◎健康与财富

发财是人世间最无助于快乐的东西,而健康却是最能促进快乐的。那些脸上常常流露出快乐与满足之情的,不就是那些所谓的劳工阶级、下层人民,特别是那些生活在乡村的人们吗?在那些富有的上等人士的脸上,不是总满含忧虑与烦恼吗?所以,我们要尽力维持良好的健康,快乐就如同健康所绽放的花朵。为了维持健康,我们应该做点什么,比如说任何事情都不能过度,避免那些剧烈而不愉快的情绪,不要过分操心,每天做户外运动,洗冷水澡等合乎卫生的举措,这些都不用我来叨唠了。如果每天不适当地运动,没人能保持健康。生命的整个过程,都要求运动的存在,以保证身体各种功能的正常运作,这些运动不仅是针对比较直接和有关的肢体,而且还包括全身。体内这些不停的运动,还需要一些外在的动作加以配合,如果不运动就跟压抑情绪一样,连树木长得茁壮都需要风的摇动呢。

我们的快乐是依靠我们的情绪,那我们的情绪对于我们的健康状况的依赖呢?我们可以通过比较同一外在情景或事件,分别在我们心情好坏之时的影响而看出。影响我们快乐的,并非事物的客观性质或其本身,而是在我们看来,它们对于我们有着怎样的影响。这正是艾匹克提塔斯(Epictetus)所说的:“事物并不对人有所影响,而是我们对事物的看法在影响我们。”一般来说,我们的快乐十之八九都仰赖于健康。拥有了健康,任何事都令人开心;失去了健康,没有什么能让人高兴,甚至是那些其他的福分——比如伟大的心灵、乐观的性格,也都会因为没有健康而变质和退化。因此朋友一见面,首先要彼此问安,祝愿对方健康,的确是很有道理:人生要获得幸福,良好的健康毕竟是第一要素。由此我们可以看出,为了某些其他福分——财物、晋升、学问或名誉,更不用说为了满足一时的感官享受,而不惜牺牲自己的健康,是最最愚蠢的事情。健康是首要的,任何事物都应该放在其后。

◎幸福的人

所有心怀远大目标、并且知道自己有力量去创造伟大作品的人士,是最为幸福的。它会使那些人的一生拥有更为高尚的兴趣,这是一种罕有的恩典。与此相比,一般人由于缺乏这种机会,其生活便变得相当乏味。对于那些禀赋超群的人来说,他们有一种特别的兴趣,这种兴趣更为高尚,正经而严肃,跟每个人每一天都能享受的兴趣是不同的。他们从人生和世界中为其作品收集材料,一旦他们不再有个人生活需求上的压力,就会全力投入资料搜寻工作。他们的智慧同样如此:在很大程度上,它是具有双重性格的,其中一部分用来处理日常事务,也就是所有人都会遇到的有关意欲的事物,另一部分就用在他们的特殊工作上——以一种纯粹而客观的态度来对人类的生存进行反思。大多数人在这个世界的舞台上,各自扮演着自己的一个小角色,演完后下台。而大多数天才的生活是复式的,既要担任演员,又要担任观众。

◎品格与幸福

对于人生的欢乐,个性不太健全之人的感受,就好比在含着苦胆的嘴中品尝美酒一样，滋味怎样都是苦涩的。故而，所谓人生的幸福和痛苦，并不直接取决于我们的遭遇，而是在于我们如何去对待它，以及我们感受它的性质和程度。一言以蔽之，我们的性格和品质，是惟一可以即刻并且直接影响我们快乐和幸福的因素。所有其他因素的影响都是间接的，而且不是马上发生作用，可能对其影响进行化解和消除；但是人的性格却不同，它的影响是永远的。为什么因性格而引起的忌妒最难平息——忌妒也是最会掩饰的，也可以由此得到说明。

在我们做任何事或者是在遭受痛苦之际，我们的意识一直都是存在并且是持续的；只要我们活在世上，那我们的个性就会一直或多或少地发生作用，而其他的那些影响都会随着外界事物的变化而成为一时的、偶然的、转瞬即逝的东西。所以，亚里士多德有一句话：持久不变的不是财富，而是人的性格。

同理，对于完全来自于外界的不幸，我们比较容易忍受，但是对于自己招来的不幸却应付困难。因为时运总会有所变更，而性格却不然。所以说，主观方面的福分——包括高贵的性格、精明的头脑、愉快的性情、乐观的精神、健康的身体，总而言之，身心健康对于幸福来说是最为首要的因素。因此，与获得外在的财富和外界的荣誉相比，我们更应该对自己身心健康的提高和维护加以注意。

◎生活的快乐

心情快乐对于幸福来说助益最为直接了，因为心情快乐本身就可以说是直接的奖赏。一个人开心快乐总有各种理由，但大多与天性有关。就算缺少其他福分，乐天的个性也最能弥补。一个人可能既年轻多金、相貌堂堂，又受人尊重，倘若你想知道这个人是否幸福，你只需要问一句，他的性格是否乐观；而从另一方面来说，如果这个人性格乐观，那不管他是年轻还是年老，背直还是背驼，富有还是贫穷，这一切都不重要了——因为他是快乐的。所以，当“快乐”来敲门时，我们不必顾忌重重，思前想后是否要让自己开心，而应该敞开心门去迎接“快乐”。我们轻易不让自己开心，之后又怕心情愉快会对严肃的思考或是重大事件有所影响。开心是直接而且即刻就能收获的，其他的福分只是“幸福”的支票，而它却好像是现金一样。惟有它可以令我们马上变得快乐，在两个永恒之间，我们的生存占据的只不过是无限短的一瞬。使这样的愉快感得以把握和促进，应该是我们努力追求幸福的最高目标。

无论我们在何处遇到什么阻挠，不管是生活事务方面也好，还是商业生意方面也好，或是出于探究精神想要充分掌握对象而遭遇的困难也好，在努力或胜利中，总会有令人愉快的事。实际上，克服困难本身就是在体验生存的充分快乐。要是我们没有机会使自己振奋，我们就会尽力去制造一个出来。我们根据自己的不同个性,或是打猎,或是玩游戏,或是被天性所左右。我们与人争吵,密谋暗算,或是欺骗,做一些非法勾当——而之所以做这一切,都是因为无法再忍受平静无事了。前面我说过:无所事事,是不容易保持安静的。

美貌也跟快乐有一定关系。脸蛋漂亮的人可谓好处多多,虽然准确地说,它对我们的快乐并没有直接的促进作用。美貌对于促进快乐所起的作用是间接的,因为它能使人产生好感。它带来的好处可不少,即便是对于男人来说。长得漂亮就好比一封公开的推荐信,让人马上就会喜欢推荐信的持有者。

◎幻想的幽灵

我们要尽量避免被幻想的幽灵所牵引。概念经过明晰的思索便构成指引,接受这种指引与任凭幻象牵引是有区别的,不过大多数人却选择违背人生的这些规律。如果我们经过仔细观察,就会发现,无论在何种思考中,导致我们最终做出采取某一特别途径的决定的,总是那些看起来似乎可代表该途径的某一幻想的图像,而并非将各个概念进行明确的安排然后一步步推导而来的正确判断。

我们永远不要让一时的印象来操纵自己,也不要被事物的表象所迷惑,这些印象和表象对于我们产生的影响力之大,要远甚于思想或系列概念的单纯作用。它们影响力如此之大,并不是因为这些一时的印象能给我们提供丰富的资料(事实往往与此完全相反),而是因为我们的知觉对它们有一种熟悉的感觉,其作用非常直接。我们的心灵被它们强行入侵,我们的平静被其扰乱,我们的决心也被其摧毁。

◎滥用智力

很多天才和伟大的学者在年老时都变得心智衰弱、幼稚,甚至疯狂。例如 19 世纪初几位著名的英国诗人,包括司各脱、华兹华斯、骚塞等,他们到了年老,甚至只是在六十几岁时,其智力无疑已经变得迟钝衰弱。事实是,当他们到达那一时期时,由于经受不住大笔酬劳的诱惑,竟然将文学当做买卖,为了钱而进行写作。他们之所以成为低能的原因也正在于此。这种情况就诱使他们超乎常态地滥用智力。那些不断奴役灵感、支使诗神的人,终将受到惩罚,在其他类的精力上过分地沉溺,也会得到同样的后果。

◎乐天派与悲观派

柏拉图将人分为两类,一类人性情开朗,另一类人则个性阴郁。他指出,对于快乐和痛苦的印象,不同的人会表现出不同程度的感受性。有些人会对某事感到失望,但这件事对另外的人来说却是小事一桩。一般来说,对于痛苦的感受性越强,他对于快乐的感受性就会相对较弱。反之亦然。对于一件既有可能转好也有可能转坏的事情,柏拉图所说的两类人也是持不同的态度。如果这事变得不利,个性阴郁的人会因此而懊恼或悲伤,就算变得有利,他也不会高兴;与此相反,对于不利的问题,性情开朗的人既不会忧虑也不会不安,而如果转为有利,就会欣喜不已。十件事情成功九件,前者并不会高兴,反倒还会因为尚有一事未成而心烦;但后者却是就算仅有一事成功,也能从中找到慰藉,心情开朗。

◎天才都是忧郁的

虽然对于心情愉快来说,健康之力匪浅,而且我们要幸福就必须要心情愉快,然而心情愉快也并不完全仰赖于健康,因为有些人的身体可能是完全健康的,但他的性情却仍很忧郁,成日愁眉紧锁。每个人的天性和体质不同无疑是最主要的因素,特别是我们的敏感性同体力和精力之间的一般关系。过分的敏感会使心绪不太平衡,会产生一种过分的抑郁,而且时常会表现为不可抑制的精神亢奋。天才正是这样一些神经作用或敏感性过分的人。亚里士多德说得很正确:“哲学家、政治家、诗人或艺术家,看起来都是性情忧郁之人。”西塞罗也常这样说:“亚里士多德说过,天才都是忧郁的。”

◎独立和闲暇

有幸被上天和命运赋予智慧的人,对于其内在的快乐源泉将会进行热切而小心地维持呵护。独立和闲暇正是做到这些的必备要素。一个人会自愿节制其欲望,珍藏其资源,这样才能获得独立和闲暇。别人的快乐只限于外在的世界,而他跟别人不一样,正因为此,他也会更加克制和谨慎。所以,他绝对不会为了想得到官职、财物或是他人的好处和赞许,不会为了迎合低级趣味和恶俗品位而不惜出卖自己。面对这种情况,他会谨遵贺拉斯在给米西纳斯(Maecenas)的信中所提出的劝告:如若为了"外我"而牺牲"内我",也就是为了荣耀、官职、排场、头衔和名声而宁愿放弃自己所有或部分的安闲和自主,愚蠢之甚莫过于此。

大多数人在闲暇时分能创造些什么呢?他们只会感到厌烦和无趣,当然正在寻欢作乐,或是做傻事要除外。我们可以从大家怎样打发闲暇看出,这些闲暇几乎没什么价值,就像亚里奥斯图(Ariosto)所说的,愚蠢之人的空闲时刻是如此可悲啊!普通人只想着该如何把时间"消磨"掉,而稍有才智的人则想着如何尽量将时间"利用"起来。对于才智有限的人来说,其才智仅是意志的动力的工具,所以他们极易感到烦闷。如果没有什么特别的事情需要让意志发生作用的时候,意志就会休息,才智也会随之停工。跟意志一样,这些人的才智同样需要外因的发动,所以最后就会造成人的烦闷,也就是说人的各种能力都可怕地停滞了。为了能够消除这种可悲的感觉,人们纷纷寻找一些琐事,以得到一时的欢娱,他们希望这样可以使意志产生作用,而由于智能是完成意志的动机,因此也可能使智能得到运用。这些动机与自然的真正动机比起来,就好比纸币和银币的关系,因为它的价值可以随意确定,例如之所以发明纸牌和麻将牌等,就是为了实现这样的目的。一个人在百无聊赖之时,可以活动自己的手指,或是敲打任何东西,就算只是拿着一支雪茄烟也好,我们可以用这些来代替大脑活动。

并非人人都能拥有不受打扰的闲暇,从根本上来说,它与人的天命是互相抵触的。一般人终其一生只是为了得以糊口,养活家庭,这就是他们的命运。所以说人的天命并非才智非凡的天之骄子,它是贫困的、需要努力打拼的。对于不受打扰的闲暇,一般人要不了多久就会感到烦闷。如果闲暇没有一些设想的或必然的目标,例如各种游戏、消遣和嗜好,来使之被充实的话,那么闲暇马上就会变成负累。正因为如此,闲暇就很有可能十分危险,所谓"人在无所事事时,很难保持安静"。从另一方面来说,超越一般人的那份智慧非但不自然,而且颇为反常。可是如果确实有人拥有那份智慧,而且想获得快乐,那么在其他人看来是负担或是危险的那份"不受打扰的闲暇"就正是他所需要的。如若没有闲暇,就好像全副辔头被牢牢地捆绑着的飞马神一样,他不会有快乐。如果很凑巧的是,一个人身上恰好集中了不受打扰的闲暇和极高的才智这两种不寻常的外在和内在条件,那将是天大的幸事。倘有如此幸运,那人们就能过着高品质的生活,痛苦和烦闷——这两个人生的相对的苦源,就不会再对其有所侵扰。我们既不用再为了生存而苦苦挣扎,同时又有能力享受闲暇。人们惟有使这双重不幸彼此抵消,才可从中逃离。

◎内心的幸福

我们从外在世界所能获得的东西极其有限。悲哀和痛苦充斥着外在的世界,倘若我们离开，又会在各处遭遇那些烦闷。不但这样，一般占尽上风的都是邪恶，而吵得最响亮的尽是那些愚蠢的叫闹声。命运如此残酷，而人类却如此可怜。内在丰富之人生活在这样的一个世界当中，就好比圣诞节之际的一间明亮、温暖、洋溢着欢乐的屋子，而外边是冰雪交加的严寒夜晚。个性丰盈的珍贵禀赋无疑可称是世上最快乐的命运，而如果具有可羡的才智就更为特别了。这种命运可以说是最幸福的，虽然它可能并不是最光辉灿烂的。

普通人总是将自己毕生的幸福寄托在财产、地位、配偶和孩子、朋友、社团之上，并非置于自身，而一旦那些身外之物有所丧失或令人失望，他们也就无所谓幸福了。也就是说，这些人并没有把重心放在自己身上，他们的重心会随着其愿望和幻想而变动。如果他拥有财富，那可能他今天的快乐是乡间的别墅，明天又变成买马，或是宴请朋友，或是去别处旅行。总之，一生享尽富贵，因为他在自身之外去寻求乐趣。这就像一个丧失健康的人，他不想发展自身的生命力，不去探究他失去健康的真正缘由，而试图依靠补品和药物来恢复健康。

亚里士多德的观点也对我在此所强调的真理——即人生的幸福，主要源于内心，提供了证明。他在《尼可马氏伦理》中说："要得到乐趣都必须先进行某种活动，也就是先要对某些能力进行运用。如果不能做到这些，就不可能有乐趣。"亚氏认为，人的快乐幸福主要在于个人的最大才智得以自由运用。上天赋予人那些能力，原本是为了帮助他跟大自然作搏斗，但如果这样的搏斗已经不必要了，那未能使用的能力或精力反而变成了人的负担。所以我们就得用工作或娱乐来使精力得以消耗，这样做仅仅是为了避免生活烦闷的痛苦。那些有钱的上层人士应该是感到烦闷的最大受害者。

◎保持和刺激意志

任何人在年轻时，肯定都是体力充沛、精力旺盛的，只是与心智能力有所不同，体力和精力无法长时期保持在高峰状态。到了后来，那些绅士淑女或是心智能力欠缺，或是心智能力未能得到发展，或是心智能力的发挥缺少足够条件。他们的状况十分可悲，但是他们仍然存有意志，因为惟有意志力永远不会枯竭。所以他们会以极度的激情，例如输赢巨大而最终会令人走向堕落赌博，使自己的意志有所刺激。一般来说，人要是没什么事做，他一定会选择跟他的能力比较适合的娱乐——打球，下棋，狩猎，绘画，骑马，搞音乐，玩牌，写诗，研究宗谱、哲学或是其他业余爱好。

人感兴趣的事一般都与自己的利害关系很密切，只能对自己的意志有所刺激。不管怎么说，经常去刺激意志都不能算得上是一件好事，换句话说，它会牵涉到痛苦。玩牌正是提供这一类刺激的消遣工具之一，在各处的“高尚社会”都很普遍，因其涉及的刺激甚小，所以造成的痛苦也不大，还很短暂，并不是真实而长久的。事实上，玩牌充其量只不过是给意志挠挠痒而已。

◎智力超群之人

对于那些纯粹属于“知识”而跟“意志”无关的事物，智力超群之人有能力对其抱有浓厚的兴趣。而且对他来说，这类兴趣也是必需的，这可以令他好似生活在毫无痛苦的神仙境界中。于是有两种景象是我们可以见到的：一种是普通大众的生涯，他们为了个人的微小利益而倾尽全力，为了对抗而作长期无奈的奋斗和努力。当这些目的得以实现，稍稍可以返回自我时，又被不可忍受的烦闷所吞没，这时要使自己再度振作惟有依靠激情。另一种则是智慧高超的人，他的生命里思想丰富，生活充实而富于意义，他本身已具备高贵的快乐源头，一旦能从凡俗中摆脱，就会忙于一些有价值和有趣的事情。他所需要的外界的激励，大多源于自然的现象，对人生百态的思考，以及古今中外的人事，只有这类优异分子才能对这一切充分欣赏、理解和同情。正因为这类优异分子的存在，那些伟人才真正地生活过，并被看成是伟大的。其他人对于那些伟人及其追随者，都只是道听途说，一知半解。当然，这一特点决定了睿智人士要比其他人多一层需要，他需要阅读、观察、研究、思考、练习，总而言之，他需要不受打扰的闲暇时间。

◎两个生命

伏尔泰说得精辟：“没有真正的需求，就不存在真正的乐趣。”自然、艺术与文学各具魅力，有些人之所以欣赏这些趣味，是因为他们有这些需要，而另一些人却与此无缘。若要使那些无此需要，也不懂欣赏的人来享受此种乐趣，就好像期待满头白发的老者再沉溺于热恋一样困难。会有两个生命存在于具有这些天赋的人当中，一个是自身的生命，另一个是睿智的生命。前一个生命仅是后一生命的手段而已，而后一生命会逐渐成为真实的生命。自身的生命是自下而上的，不但肤浅、空虚而且充满困难，它会被智者之外的其他人当做生命的目的。睿智的生命会得到智者的优待：因为人的知识在不断增长，所以睿智生命就好比一件精工细雕、费时颇长的艺术品，它需要持续、长久的强烈情感，以及一种越来越完整的同一性。同这一生命比起来，那种执着于实现自身安乐的生命，就好像一场拙劣的表演，其范围或许可以拓宽，但其深度却永远无法达到。可是，就是这种卑下的自下而上的自身的生命，却被一般人奉之为生命的目的。

◎可能的乐趣来源

第一类是从维持和满足“生命力”而来的乐趣，这些包括食物、饮料、消化、休息和睡眠，世界上有些种族就以此作为他们典型的民族性的乐趣；第二类是从“体力”而来的乐趣，比如步行、跑步、摔跤、跳舞、斗剑、骑马，以及各种类似的体能活动，这些有的被当做运动，有的则是军事生活或者真实战争的一部分；第三类是为满足自己的“感受力”或感性而来的乐趣，包括观察、思考、体验、欣赏诗文、听音乐、学习新事物、阅读、静修、从事发明、研究哲学等等。大家都知道，我们所运用的能力越为高尚，它所能带给我们的乐趣就越大，因为乐趣总是关系到我们对能力如何去运用，而不断地重复“乐趣”就会产生“快乐”。在这方面，相较于其他两类基本乐趣而言，由感性所带来的乐趣，无疑是最大的。因为在动物中同样存在其他两类乐趣，甚至还更为显著。而正是这种独特的感性使得我们跟其他动物区别开来。感性的各种形式构成了我们的智力，我们也因为充足的感性而能享有心智方面的乐趣，也就是所谓的“知性的乐趣”。感性越为充分，乐趣就越大。

◎心境平和的来源

无论你拥有多么亲密的友谊、爱情和婚姻，到头来还是完全要靠自己来照顾自己，最多可以向孩子求助而已。在事业上，或是在交情方面，你越是不需要与一般人进行接触，那你的生活就越为理想。虽然寂寞和独处坏处多多，但就算我们不能立刻一一感觉出来，至少我们也能知道它们藏身何处；而另一方面，与他人的交往中却包藏着阴险奸诈。表面上看来，我们可以从社会中获得愉快的事物，却往往会带来不可弥补的大祸害。应该很早就对年轻人进行训练以使其能够独处，因为独处是快乐和心境平和的来源之一。

◎心灵的内在财富是真正的财富

那些被上天赋予了充分智慧的人，是最快乐的，所以相对于客观条件与我们的关系，主观因素要更为密切。不管是哪一种客观条件，它对于我们都只是起到间接和次要的作用，而且它们必须要经由主观因素，才有着落。关于这一条真理，鲁西安(Lucian)有段话说得最好：

> 心灵的内在财富是真正的财富
> 其他一切都可能弊大于利。

拥有内在财富的人,不须凭借外界的帮助就能使自己的聪明才智得以发展,并使之开花结果,也就是说他可以享用自己的财富。总之,他需要在一生中的任何时刻,都能够保持“真我”。如果他有天分将他的独特思想留给全人类,那么决定他是否快乐就只有一个标准——即他能否将其才智发挥得淋漓尽致,完成他的作品,其他一切都不重要。所以,古往今来的伟大之士,都将不受干扰的闲暇,看得如同他自身那样价值不菲。

◎伟大的天分

伟大的天分就意味着一种性质异常敏锐的活动,也就是对于任何痛苦都极其敏感;并且,这种天分还喻示着一种极为强烈的性情,其观念范围大而生动,这就使得拥有者在情绪表达上是如此强烈,一般人远远无法与之相提并论。在这个世界上,比起那些能使他产生快乐的事物,给他带来痛苦的事物要多得多。天分高的人,极易同他人以及他人的所作所为相疏远。因为天分越高的人,他能在别人身上发现的天分就越少,别人所喜欢的任何事物,他都会觉得浅薄无聊。或许我们还可以找到另外一个反例,也是我们时常听到的,那就是:说到底才智一般的人才是最幸福的。虽然他的命运并不值得人们羡慕,但这句话听来也不无道理。

◎人类的需求

幸福研究大师伊壁鸠鲁将人类的需求分为三类,其区分非常精确。首先是自然而且是必然的需求,比如吃穿。如果这些无法得到满足,那就会带来痛苦,而这类需求也是很容易就能满足的;第二类需求虽然也合乎自然,但却并非必要,比如说我们在性欲上的满足。我要补充一点,在戴奥基尼·赖尔提斯的记述中,伊壁鸠鲁并没有说明是对什么感官的满足,所以我在这里的叙述要比原文更加确定。这类需求是比较难于满足的;第三类需求则既非自然也非必要,这些需求包括奢侈、挥霍、讲究排场和炫耀。它们是永无止境的,是非常难于满足的。

◎财富的欲求界限

如果我们要理性地将我们对于财富的欲求划出一个界限，就算可以做到，也是极其困难的，因为不可能有一个绝对的或确切的财产数字，能使每一个人得到满足。这个数字永远是相对的，只是在他的“所求”和他的“所得”之间维持着一个比例。如果要衡量一个人的幸福，只是依靠他得到什么，却不知道他希望得到什么，这就好像你想算出一个分子式的数值，但是只知道它的分子，却不知道分母一样，最终只会徒劳无功。一个人若是对某些东西毫无欲望，那他绝不会感到自己有所缺失，因为没有那些东西，他也照样快乐。另一个人的财物比他多一百倍，但只要有一件他想要的东西没有得到，就会痛苦不堪。实际上，在任何方面都一样，每个人都有自己的地平线，他所期望的只是他觉得自己有可能得到的。在他的地平线范围之内的每一件东西，倘若他认为自己有信心可以得到，他便会快乐，但是如果中间发生阻碍，他就会感到痛苦。至于在他的地平线范围之外的东西，则对他没有任何影响。

◎财富的支配

人们爱财是很自然的，甚至可以说是必然的。钱财就像那永不疲惫的海神，不管人们有何意愿，你只要决定要什么，他就马上能变成什么。

在此，我奉劝大家，应该小心保存自己赚来或是继承的钱财，这个话题我认为是值得探讨的。人在一生刚开始的时候，如果能有一笔钱使自己独立，也就是不需要工作就能生活得很好(就算是只能养活个人而不是全家)，那么它所带来的好处将是无法估量的。贫困就好比瘟疫一般，在人们的生活中紧密相随，而钱财能使人避免被这一慢性病所侵害，它让我们得到解放，不再从事自然命运的强迫劳动。

如果财产继承者智力超群，他又决心要从事与赚钱毫不相干的事业，那这笔遗产能实现其最大价值。在接受命运如此双重的馈赠之后，还能按自己的天分而生活，这样的人所达到的成就是他人无法企及的，他的伟大作品可以对大众的福祉有所促进，为全人类增光添彩。还有些人可能会利用其财富来从事公益事业，也颇令人钦佩。无数的人由于在有钱的时候，为了消除烦闷所带来的压迫感，就任意挥霍，只为求得片刻的平静，所以最终他们会陷于贫穷境地。

◎适度的比较

如果我们将自己在自己心目中的价值,与他人对我们的看法,作一个适度的比较的话,那么将会有利于促进我们的幸福。在另一方面,如果别人对我们有所认识,那这些是在他们的意识中发生的,而绝非我们的意识范围。我们只是在他们眼中所呈现出来的人物,以及他们由于我们的形象所引起的思想。不过对于我们来说,这些并非直接的和立即的存在,它们的影响只是间接的,因为别人在评价我们的行为时会受到那些印象的指导。就算是这样,那些看法和行为对于我们的影响,也不过在于它们对我们"心目中的自我"有所修正罢了。

◎幸福的因素

幸福最主要的因素非健康莫属,其次就是使自己生活独立并免于忧患的能力。一面是我们前面所说的那些基本因素,另一面则是荣誉、排场、勋位和名声。对这两者我们无从比较或补偿,但无论我们有多重视后者,如果为了换取前者而须牺牲后者,任何人都不会犹豫。

我们眼见人们竭尽全力去争取某些事物,历尽艰难险阻,不惜冒险犯难,其目的只是为了使人另眼相看;我们看到不仅是猎取官职、头衔、勋章,就是获得财富甚至知识和艺术修养,居然都只是为了赢得他人更大的尊重——这些不都是确凿的凭据吗?不足以证明人类的愚蠢已到了令人极度悲哀的程度了吗?过高地评价他人的意见,几乎已成为一种通病。人性本身可能是这毛病的根源,或者说文明和一般社会制度是其产生的原因。但是无论它是源自何处,它对于我们都有太大的影响,并且在我们通往幸福的道路上也设置了重重障碍。

人的幸福主要在于心境平静和满足,所以倘若我们可以将人性中的这一冲动,降低到合理的程度,那么将极大地促进幸福。做到这一点,我们心腹中的一大祸患应该能够得以消除。不过,这是极其困难的事,因为它是我们人性中自然的和内在的悖谬。

◎他人的看法

对于他人的意见,不管它是迎合我们还是会令我们痛苦,我们都要认真考虑并对其相对价值进行适度评估，以尽量减轻他人意见产生于我们身上的高度敏感性。因为他人的言词无论是令我们高兴的还是让我们沮丧的，都会引起我们的同一情绪。如果我们不那么做，就会成为他人意见的奴隶：

> 渴求赞美的人，
> 极易因一些琐事
> 变得时而抑郁时而兴致勃勃。

要判断一个人在社会上是否有用，是取决于他人的看法，而并非根据自己的意见。因此人们就千方百计想要博取他人对自己的好感，这个"他人的好感"在他们心目中价值非凡。这是人生中固有的内在特质，我们将其称之为"荣誉感"，而从另一角度又可以叫它做"羞耻心"。假如我们要被某人就一件事来做出评价，我们的脸上就会泛起红晕，正是出于这种心理（令我们羞惭的事情，其中包括我们明知自己是无辜的，或是对所谓的过失并没有绝对责任，只是自愿承担而已）。与此相反，一旦我们相信或了解到他人对我们是无比信任，我们就会获得前所未有的勇气，因为这样就意味着大家都会给予我们帮助和支持。与我们各自捍卫自己相比，合众人之力去对抗人生的不幸要容易多了。

◎相信自己

我们应当劝谏他人，不必过于重视别人对自己的看法。我们从日常的经验可以知道，这一错误被人们不断地一再重复。大部分人对别人的看法都很在意，反而不怎么关心自己意识中的最直接的认识。自然秩序被他们颠倒了——他人的意见被看做是真实的存在，而自己的意识却被当作可疑之物；衍生的次要东西被他们当成主体，同时他们把外界眼中的自我形象，看得比他们自身还更重要。从一种并非直接的存在得出直接的结果，他们这样做便陷入了一种荒谬，这种荒谬称之为"虚荣"——"虚荣"这一用语之所以妥帖，就因为它的含义就是缺乏实质内容、没有内在价值。就类似于守财奴，一心一意只想得到手段，却忘了真正的目的。

◎空中楼阁

面对可能对我们的祸福有所影响的任何事情，我们都要提醒自己不要胡思乱想，不要去构建一座虚幻的空中楼阁。首先，要构建这座空中楼阁，花费是很大的，因为我们又得马上拆掉它，这也是悲哀的来源之一。我们也要小心，对于那些只是有可能发生的祸患，不去胡乱臆测，以免自己无谓地忧心。假如这些祸患完全只是心中的想象，或者说根本不可能发生的那一类，我们就应该好像从梦中醒来一样，即刻就能看出整个事件只是虚幻而已；我们应该感到欣慰，因为现实并非如梦境那般恐怖，大不了我们就当它是一个警告，一个虽然很遥远但仍有可能发生的祸害的警告。不过，我们的想象力对这些把戏并不感兴趣，我们只会在轻松悠闲之际，有一些令人愉快的描绘性的遐想；而在某种程度上，那些令我们忧心忡忡的内容，才是真正对我们产生威胁的祸害，尽管它距离我们还有些远。与实际情况相比，这些想象中的祸害看起来要更严重，更贴身，更可怕。这一类的梦跟美梦不一样，在我们醒来后，美梦很快就会被现实所驱散，最多只留下一些微弱的、有可能实现的希望而已；而这样的梦却不会那么快就消失。

◎回归自我

有一点我们应该明白，那就是荣誉所有的只是间接的价值，它本身并没有真正直接的价值。对这一普遍的愚昧，如果我们能做到大体摆脱，那么我们的心境将达到一种前所未有的平和与愉快。总的来说，人们将不再像以前那么害羞和抑制，而是用一种更为坚定和自信的态度去面对世界。由此可见，这种隐逸的生活模式对于我们心境的宁静大有裨益，因为我们不必终日在意别人的眼光，听他人大放厥词。一言以蔽之，我们可以回归自我。与此同时，我们还可以避免自己被他人误导而白费力气，或者更准确一些，避免自己沉溺于一种恶作剧的愚昧而造成许多实质上的不幸。所以我们要多关注和享受真实的东西，而不像现在阻挠如此之多，不过，“那些值得做的事也是很难做到的”。

◎自负与自豪

自负之人总是多言多语，自豪之人却时刻缄默不语。不过自负的人应该明白一点，如果坚持沉默不语，一定会很容易而且肯定能得到他人的好感；但是如果想靠说话来达到这一目的就困难多了，尽管你可以卖弄满腹经纶。骄傲写在脸上的人并非自豪之人。任何假扮出来的个性都会被摒弃。

只有那些坚定不移地相信自己具有卓越才干和特殊价值的人，才真正称得上骄傲自豪。也许他据以自豪的信念是错误的，或者说只是在偶然的几个传统优点之上所建立的。但是自豪毕竟是自豪，只要它发自诚挚。因为如同所有其他形式的知识一样，自豪是植根于信念的，我们自己不能对其加以裁决。骄矜可称是自豪的最大敌人，也可以说是它最大的障碍。自豪与骄矜有着天壤之别，后者就是要博取他人的喝彩，只有这样，他才能肯定自己的价值；而前者则是以原来已经存在的信念为基础的。

◎笨猪要给智慧女神上课

由于世人大多蛮横无理，所以如果你还不想完全被人遗忘在角落，那么你只要有任何长处或优点，就应该紧紧地盯牢它；如果你总是跟一些平庸之辈结交，而对自己的长处却视而不见，那么你很快就会被他们不客气地当做其中的一分子。我特别要以此劝告那些才华一流——也就是有真才实学的人。真才实学毕竟与勋章和头衔不一样，可以整天都在他人的眼睛或耳朵范围之内。要知道，太亲近了就会引起他人的轻视，或者就像罗马人常说的，“笨猪要给智慧女神上课”。如果这些人不听我的劝告，他们很快就会发现这一点。阿拉伯也有一句谚语极为恰当：“同奴隶开玩笑，对方立刻就会忘形。”贺拉斯的话同样应引起我们的重视：“你有资格自豪就应当自豪。”很显然，当“谦虚”成为一种美德之后，那些愚人们可是把便宜都占尽了，因为所有人都希望别人说自己是个蠢人。让整个世界都充斥着愚人，这真是完全的平等啊！

◎个性的重要

不管怎样，与国家性、民族性相比，个性要重要得多，尤其是针对个人而言，更应考虑个性。民族性所涉及的人士有亿万之数，你不可能在高度赞扬别人的同时仍然保持诚实。而国家性只不过是一个别称，用来形容人类的褊狭、悖逆和卑劣性格在各国所表现出来的特殊形式。如果我们讨厌某一国家性，但对另一国家性大加赞赏，那很快我们也会对其感到同样厌恶。每一个国家都讥笑其他国家，其实大家的讥笑都没错。

◎荣誉的定义

如果我说“荣誉是外界的良心，良心是内在的荣誉”，相信很多人会同意我的这一论断，可是这样的定义根本没有涉及到问题的本质，只不过虚有其表罢了。我比较中意下面的定义:“荣誉兼有主客观两方面,客观方面的荣誉是他人对我们的价值所持的意见,主观方面的荣誉则是我们对待他人意见的尊重。”从后面的这个观点来看,对于信守荣誉的人而言,荣誉通常具有一种影响力,这种影响力是非常有益的,但并非纯粹道德意义上的。

荣誉感和羞耻心是每个人都具有的,除非这人极度腐败,荣誉更被各地公众认为具有特别的价值。之所以这样说,是因为人只有在社会群体当中才能充分发挥自己的能力,在荒岛上独自漂泊的鲁滨逊,他所能获得的成就是极为有限的。当我们的意识觉醒之后,很快就会发现自己迫切地希望得到他人的承认,成为对社会有用的一分子,并尽到自己做人的职责,取得一些社会权益。为实现这一目标,人们必须做到两件事:第一,每个人不管在哪都应该去做的事;第二,每个人由于自己的特殊位置而应该去做的事。

从外界对“荣誉”进行攻击的惟一武器就是“诽谤”,要将其驱退,我们可以采取以下方法:用中肯的宣传对诽谤进行一一驳斥,并且将散布诽谤者的真面目适度地暴露出来。

◎职位荣誉

通常我们是这样看待“职位荣誉”(Official Honor)的,即担任某一职位的人真正具有执行有关任务的资格。某人在政府执行的职务越大越重要,他所担任的官位也就越高越有影响力,也就越会被普通人认为他应具有适合担任该职位的特殊的品德和才干。所以,我们应该给那些地位更高的人,给予更大的头衔和官职,这些荣誉也会使其得到别人更为谦恭有礼的对待。尽管人们可能会因为没办法了解一个人职位的重要性而对他的态度有所不同,但一般而言,他的官位就对其应得的尊崇有所暗示。不管怎样,事实上那些担任特殊职务的人所获得的荣誉远远多于普通老百姓,避免无荣誉是后者的主要荣誉。

◎女性荣誉和男性荣誉

一般人是这样看待女性荣誉的,在少女时代是纯洁,出嫁以后是贞操。这一看法的重要性是出于以下考虑:女性在诸多方面都要依赖于男性,而男性却只有一件事需要依靠对方。这样便建立了男女双方彼此依赖的安排——女子及以后所生子女的一切需要由男人来承担,这种安排是考虑了整个女性的福利。要使这一计划得以实行,女性必须表现出集体精神,紧密团结在一起,并统一战线来对付她们共同的敌人——男性。凭借优越的体力和智力,男性将世上的一切美好事物占有殆尽,女性就必须使出浑身解数来包围和征服男性,达到人财两得的目的。

女性荣誉基于“集体精神”所创造的产物就是男性荣誉。婚姻对于女性来说是非常有利的,一旦男人成为婚姻的俘虏,对于合约中的各项条款他都必须信守不移。一方面是使条约能够被严密遵行,另一方面也是希望能够在放弃一切之后,至少他所得到的好处——即独占权能有所保障。所以,如果妻子破坏婚姻,那男性荣誉会迫使他对妻子不加饶恕,最起码也要跟她离婚。要是他对此事不加以追究的话,那会被其同伴耻笑,不过还不至于像女人丧失了荣誉那么糟。因为对于男人来说,他这一生还有许多其他的大事要做,所以这一缺陷只是次要的。

◎贬抑与侮辱

只要有任何人,不管这个人多坏或多愚蠢,对我们说出一些贬抑之辞,那么即使我们的作为和品格能使他人不能不对我们致以最高的敬意,我们的荣誉也会因之受到损害,甚至完全消失。他人所想并不重要,重要的是他人所说的话。我们还有另一项证据,那就是,别人可以撤销他所说过的侮辱之辞,如果有需要,他还可以道歉,这样就好像他从来也没有说过这些侮辱之辞似的。而至于侮辱之辞所表达的看法是否已经得到改正,他人会说那样的话的原因,就根本不重要了。只要收回了所说的话,所有一切都跟以前一样。这类行为的意图,是强使他人尊敬,而并非赢得尊敬。

即使我们的所有行为所秉持的原则是最为公正和高贵的,我们的精神是最为纯洁的,我们的理智是最为上乘的,但是不管是任何人,只要他高兴,他就可以指责我们,我们的荣誉就会一扫而尽。也许这里所指的任何人还并没有对荣誉有所触犯,但他在其他方面却可能是任何种类的不耻之徒,或是最坏的恶棍,或是最愚蠢的蛮子,或是游手好闲之辈,或是赌徒,或是负债累累之人。而一般就是这些家伙最可能侮辱他人。塞尼加说得好:“人越是可鄙和可笑,越是喜欢说别人的坏话。”我们刚才所说的那些高尚人士通常就是他侮辱的对象,因为品位不同的人无法成为朋友,那些卑劣之徒看到别人的优点,常常会私下产生忌恨。所以歌德说:

为何要对仇敌不满?
我们的天性会让他们
永远在暗地自惭,他们
还可望与我们结交吗?

◎指控与报复

在面对证据不足的谴责时,“荣誉人”应该表达出强烈的愤恨之情,并对此声称要以流血作为报复。也许以上所言会令人感到诧异,因为现在谎言是满天飞。但这已发展为一项根深蒂固的陋习,特别是在英国。实际上,中世纪的刑事审判中还出现过更加简短的方式呢。面对指控,被告只需要以一句“指控是谎言”来回应,就立刻把案子扔给上帝去裁判了。所以,如果对方说谎之后就靠武力解决,是天经地义的事,这在武士荣誉的典范里是有明确规定的。

假如你对一只狗咆哮,它也会报以同样的嗥叫;但是如果你摸摸它,它就会向你摇尾乞怜了。人们以牙还牙,以暴制暴,面对任何轻视或仇恨都会有痛心和不安的感觉,这就是人类的天性。西塞罗说:“侮辱和谩骂所带来的伤痛,就算深明事理之人也觉得无法忍受。”除了少数教派之外,这个世界上的任何人对侮辱或挨打都是无法泰然接受的。不过,我们的报复总得跟对方的冒犯程度成比例,那些指责我们说谎、愚昧或怯懦的人也罪不至死吧,这也是合乎自然观点的。古代日耳曼有一种说法,“挨打要以血偿还”,这是一种对于豪侠精神的迷信,令人生厌。不管怎样,我们对侮辱采取报复的原因只是出于愤怒,而绝非某些鼓吹“豪侠”的人士妄图强加的荣誉感和责任心。

◎两个勇猛之人

如果两个勇猛之人相遇,互相都不肯让步,如果稍有碰撞,两人就会咒骂不休,然后动武,紧接着再来致命的一击。如果他们直接拿武器解决,而省去中间的步骤,这样才真正称得是更为体面的行为。直接用暴力解决有它自身特殊的规矩,后来这些规矩还发展为严格的法律系统和条文,它们凑在一起就是一出最为庄严的闹剧——好比一座专门供奉愚昧之神的神庙。一般情况下,两个勇猛之人为了小事起了一些争执(如事件严重仍需要法庭介入),其中较为理智的一个自然会让步,最终他们将同意保留各自的意见。从事实我们可以得知,那些对武士荣誉不予承认的一般人,都会任争执自然发展下去。一般人由于动武而导致对方致命的比例,只是占惯常决斗阶层的百分之一,占整个社会的比例恐怕还不足千分之一,在这些人中,连打斗事件也极少发生。

◎破除有关荣誉的迷信

能对自身价值进行真正欣赏,会使我们毫不在意他人的侮辱。不过如果面对这些,我们没法不憎恨的话,那么我们可以借用少许的世故和教养,来隐藏我们的愤怒,这样不致丢面子。只要我们能破除有关荣誉的迷信(例如认为人一旦受了侮辱,就荣誉全无,只有奋起反击,才能挽回荣誉),那么我们就会将侮辱和贬抑他人看做只是一场打斗,胜利者只是一个输家而已。这正如蒙惕(Vincenao Monti)所说,"责骂人"就好比是一场教会的游行,它最终将回到起点。倘若我们能这样看待侮辱,那面对这些,我们就无须为了证明自己没有错而以牙还牙。

◎荣誉与名声

名声和荣誉是一对双生兄弟,好比宙斯的孪生子波卢克斯(Pollux)和卡斯托(Castor)一样,一个永生不朽,另一个却生年甚短。当然,这里我所说的名声是最高级的那种,完全不打折扣。名声有很多种,有些名声只有一天的寿命。就荣誉来说,它是每个人在相似的情况下所应有的表现,而名声则不同,不要指望每个人都能拥有它所要求的品质。因为与荣誉相关的品质,每个人都有权赋予自己;而与名声相关的品质,却必须得到他人的承认。我们的荣誉只局限于那些认识我们的人的范围当中,但名声却是美名远播,只要是它所到之处,我们就会被人所知晓。荣誉或操守是每个人都认为自己可以拥有的,但名声则不然,只有那些成就非凡的人才有资格具有名声。

因为荣誉或操守是每个人都能拥有的,除非有的人已经臭名远扬,否则一般都会被公众所赏识,不致引起别人的妒忌。但是要获得名声却须克服他人的妒忌,并靠自己争取而来。那些颁发名声的仲裁庭的裁判们,从根本上来说,都对申请人存在着偏见。荣誉是我们能够也很乐意与他人分享的,但名声却易受到侵害,越多人求名,它越不容易获得。

不过,求得名声虽然很难,但只要得到之后就会一直保持下去。在这方面,它又跟荣誉处于对立面了。因为我们已经认定每个人都无须赢取即可拥有荣誉,但是荣誉却不能轻易丧失,这也正是它的难处所在。只要有过一次不当行为,就会立刻荣誉扫地。可是按理说,名声是永远不会消失的,因为创造名声的那些功绩和作品是永存的。名声与立功者或创作者时刻伴随,尽管也许他后来再无其他创作。如果说有些名声也会消失,那它一定是虚假的,或者说只是出于一时的过分评价,是名不符实的。

◎名声的本质

一个人有名说到底是与他人相对而言的。从性质上来讲,名声并非绝对的,它的价值只是间接的。如果所有人都变得跟“名人”一样有名,那他的名声就彻底消失了。绝对价值只可能是人们无论在何种状况下都能持有的,它就只能是直接的、其人本身所具有的本质。因此,真正有价值的并不仅仅是有关的名声,而是伟大的心胸或是伟大的头脑,幸福也是由于个人的本质而致的。我们应该重视那些名声藉以赢得的本质,而绝非名声本身。

人的本质就如同真正的基本的实体,名声只是一种偶然罢了,如果说它会对本人有所影响,主要是由于它的外在表征性,可以用其来确认他人对自己的看法而已。除非光线遇到反射体,否则我们是看不见的;“天才”也只有听到外界赋予他的声名,才对自己有十足把握。不过,名声不一定就象征着优越,因为我们往往不能两者兼得。勒斯(Leasing)有句话说得好:“有些人获得名声,还有些人本值得有名声却未得。”

◎通往名声的途径

有两种途径可以获得名声:一是凭借功业(立功),一是依靠作品(立言、创作)。立功这条道路所需的主要条件是伟大的心胸,而伟大的头脑则是立言和创作这条道路所必备的。两条途径都存在利弊,其主要区别在于:功业会转瞬即逝,而作品却会万古长存。

立功存在一个弊端,就是它要凭借机遇,所以说,人们由立功所赢取的名声并非完全藉由其内在价值,它还需要机遇所带来的重要性和光辉。比如说在战争中往往只凭少数几个证人的证词就可决定某人是否获得由功勋所得的名声,实际上,这些证人不一定真正亲临战场,就算是在场也不可能一直秉持公正、毫无偏私。不过以上所说的功勋的弱点也可用其他优点来加以制衡,如“功勋”具有实际性,一般人能够理解它。因此,一旦功勋被正确地报道出来,当事人可立刻获得奖励,除非人们不了解或不欣赏其有关动机。如若其动机不明,那么我们也无法了解其功勋。

立言和创作的情况则正好与此相反。作品完全依赖于作家自身,机运并没有决定性作用。只要作品本身存在,其实质和价值就可以保持。另外,对于作品进行适当地评定也是一件难事,品格越高,其评定的困难性也越大。有时,评定人会对作品缺乏了解;有时,批评家持有成见或者是不诚实。不过,一位裁判并不能决定一部作品的名声,其他裁判也有权力。至于功勋,正如我前面所说的,它只在后人的记忆当中存在,而且不过是人云亦云罢了。但作品却不一样,它是本身流传下来,除了有些部分亡佚之外,均是保留原样。这种情况下,是不可能篡改事实的。随着时间的流逝,那些对作品有所偏颇的判断已经消失不见。能对某部作品真正评定的人往往是在一段时间过去之后才会出现,这些独特的批评家专门对独特的作品进行品评,不断发表颇具分量的评语,并成为对其完美、正确鉴赏不可或缺的一部分。虽然有些伟大的作品可能要经过几百年,才会得到重视,但是它的名声却非常巩固,也是必然的结果,此后无论经过多少岁月,这一鉴定也不会改变。

◎成名的途径

有些人可能觉得自己没有很高的天分,但是理解力不错,判断正确,那这个时候他就不应当惧怕辛苦。只要勤于钻研,最终会脱颖而出,登堂入室。在这个领域中,很少有敌手,你只需要具备中等才能,很快就能研究出不但新颖,而且数据吻合的理论。也许最初只有本领域的学者才对他研究的主题有所了解,等学者们的掌声传到那些远处的大众耳朵时,已是极其微弱。但如果他能遵循这条路线坚持走下去,到最后他已经不需要去建构什么理论,仅凭他所拥有的各种资料,就足够建立声名,因为这些资料本身都是很难获得和了解的。这就像一个人到遥远且不为人知的国度旅行,他的见闻就足以使他成名,至于他的思想反倒没有多大作用了。

人类心灵的最大成就在诞生之初,大都不会被顺利接受。那些杰作长时间地默默无闻,直至得到一批才智较为高超的人士的赏识,再通过这些人的影响力,才使其得到应有的地位。这也跟该领域已经有某些作品取得权威性有关。

◎名声与机遇

作家能否有一线希望在有生之年成名,那就要看机遇如何了。他的作品越为高尚和重要,那这种可能性就越少。“名声与作品的真正内在价值之间的关系,就好像身体投出的影子一样,它偶尔会在身体前面,偶尔会在后面。”这是塞尼加的话,他还说,“虽然在同时代,会有忌妒之人一致保持沉默,但终有一日会得到公正的、不含任何敌意与偏私的评判。”很显然,从这段话中我们可以看出,就算是在塞尼加的时代,也有可耻之徒为了压抑真正有价值的作品,而恶意忽视其存在;或者是不让优秀作品公诸于世,好让他们继续推介劣质之作。现在,这种“密谋式的沉默"仍然为某些人所赏识。

因为优秀的作品需要时间来积累,所以一般来说,越是有可能持久的名声,它会出现得越晚。能一直长存的名声就像是一棵生长缓慢但却长寿的橡树;短暂的名声,就好比是只生长一年就死去的植物;而用朝生暮死的菌类来形容虚假的名声则最恰当不过了。

◎名声与德行

真正使人快乐的并不是名声本身,而是能为自己带来名声的优秀品质,更明确一点说,也就是人们在德行上或是在才智方面所仰赖的优秀品质。对个人影响最为重要的就是自己最好的本性,至于他人是如何看待自己的,也就是反射在别人眼里的个人天性如何,实在是不值一提。这些优秀的品质对于能够成名但却未能成名的人来说,是使人快乐和幸福的重要因素,而且或多或少也能对自己未获名声有些许安慰。

有一种人可以称为幸福之人,他在死后才得到名声,虽然他本人已经无法领受了,但这个名声却是最为真实的。之所以说他幸福,是因为他既有给他带来名声的伟大品格,当时又没有名声之累,可以悠闲地、随心所欲地发展自己,使自己能够毫无机心地全心投入到自己所喜爱的事业当中去。那些最终折桂的作品,正是源于心灵深处的激情。

那些让我们钦佩的伟人,是靠他们的真正伟大之处而建立地位的,绝非是靠那些受到迷惑的盲目大众所吹捧出来的。伟人并不在乎是否会被后人铭记,他们真正欣慰的是他们所创造的思想值得珍藏,并能一直被后人研究下去。

◎音 乐 家

一位音乐家的演出得到了听众们的热烈掌声。可是如果他知道几乎大部分听众都是聋子,而且为了掩饰自己的缺陷,在看到一两个人带头鼓掌便随之附和时,你觉得他还能感受到喜悦吗?如果他知道最先鼓掌的这一两个人只是受雇而来,是为了确保将最响亮的掌声送给这个最无天分的表演者时,他又会作何感想?

◎名声资产

我们的人生并不富足,所有好东西都要尽量节约。名声就如同一笔享之不尽的大资产,人们应该对此心满意足。人一旦年华老去,生命的喜悦和欢乐就会像秋天的树叶一样慢慢消失。而名声则好比冬季的一棵常青树,不断在发芽生长;名声又像那种经历了整个夏天的生长最后才在圣诞享用的果实。如果一个人年老时,仍然觉得自己耗尽美好年华、倾尽全力创作的作品依然青春不老,那他这一生就无憾了。

◎各有所好

那些合乎自己本性和气质的东西,总是人们到头来真正能了解和欣赏的。就像笨人中意蠢笨之物,平凡人喜欢平凡之作,观点模糊的人同样会被混乱的思想所吸引,没有头脑的人会特别青睐"愚昧"。而最好的例证莫过于每个人都对自己的作品喜爱有加,因为那完全就是他自己的格调。

某物轻如羽毛,就算用最强壮的手臂将其抛出,也不可能使其快速有力击中目标;而与此相反,因为自身毫无重量可言,所以极轻之物在被投出后难以吸收外力,很快就会坠落。同样,如果由一群狭隘、卑微和自高自大的心灵来欣赏的话,那么再伟大高贵的思想,再杰出的天才之作,仍然是一无是处。历史上的智者早已对此发出同样的慨叹。哈姆雷特(Hamlet)曾说:"一句妙语在愚人的耳中睡着了。"歌德也曾说过:"最得体的话也会受到愚笨者的讥笑。"

◎嫉妒与排斥

正如歌德所言,人类不仅缺乏认识和欣赏世间美好事物的智慧,而且品格也极为卑劣。这的确是随处可见的,此刻它表现为"嫉妒"。一旦你的名声高出同辈之人,那他们就会顺理成章地变得相对低下。一切显赫功绩的取得,都需要一般人士付出代价。歌德的《西东诗集》中就曾有这样的诗句:

我们对他人的赞颂,
就是对自己的贬抑。

一旦有杰出之辈涌现,那群为数众多的平庸之辈就会打着勾结暗语——“打倒优越”,从而不谋而合地群起而攻之,甚至对其加以扼制。而此外,就算是那些已经有所作为享有名声的先驱者,他们同样不愿意有后起之秀,因为自己的光辉会被别人的成功所掩盖。故而歌德曾如是说:

倘若我的出生,
要得到别人的准许,
那我至今仍不在人世。
你或许知道,
当你看见,
他们如何轻视我,
他们是如此不可一世,
互相炫耀,互相展示自己。

◎求善必须避恶

如果只是出于功利的野心,而非自己的爱好和兴趣,那么人类可能永远无法欣赏珍贵的不朽之作了。一心要追求真善美的人,就必须要从“恶”身边躲开,而且要做好准备,可能要公然对抗大众的评判,甚至要对公众及其代言人的态度丝毫不以为意。因此,奥索留斯(Odorous de Gloria)对下面这句话尤为强调:“名声会远离追求它的人,却去追求远离它的人。”确实一语中的,因为前者只会一味地去迎合别人的品位,而后者却勇于抗争。

◎存在的价值

如果要靠别人来评定我们的存在是否具有价值,那不得不说我们的生命太过可悲。不过,如果要以名声以及世人的称许来作为自己存在的价值的话,那么英雄或天才的生命正是如此。每个人都需要为自己而活,所以对自己最为重要的,要属个人的本质以及自己的生活模式。如果一个人连自立都无法做到的话,那他在别的方面也不可能有多高的价值。你的生存在别人眼里看来是怎样,这只是次要的、衍生的,就算对你有影响也只是间接的。另外,不要把个人的真正幸福寄托于别人的头脑中，此地绝非理想之所，托赖于他人看法的幸福只可能是一个幻象。

◎虚 荣 心

在人对于幸福的理解看来，名声不过是一道甜点，用于满足人的骄傲和虚荣心的胃口。不管你如何小心掩饰，仍然可以看到每个人对于这一胃口的渴求都是非常强烈的，最甚者或许要属那些不顾一切一心成名的人。这一类人通常会有一段时间无法让人肯定他的价值，必须等到有机会让他可以向世人证实他究竟是否有才华。在这之前，他一直会觉得自己怀才不遇，遭受了不公正的对待。

无论是何种性质或何种领域的骄傲，说到底还是要看别人会怎样说，从而会使我们造成多大的牺牲！任何人身上都可以看到这种心态，甚至是儿童也不例外。而人生的不同阶段也都会存在，但最为明显的却是老年时期。因为老年人已经无法再享受感官上的乐趣，那么虚荣和骄傲就一跃而上与贪婪同等地位了。

虚荣心对于法国人来说，就好像瘟疫一样，会时不时地爆发一次。有时它会表现为一种奇怪的野心，或是可笑的狂妄，甚至是无耻的吹嘘。可惜这样做只会引来其他民族的耻笑，为自己换得一个“自大”的恶名。

◎心智的优越性

何为心智的优越性？在我看来，它可以用建构理论来概括，也就是将若干客观事实再重新进行组合。这些客观事实尽管各式各样，但都是在大家所能明白的日常经验范围之内。不过如果将这些简单事实提到理论的高度，那藉此博得的名声会更为广阔。比如说，一些数字、线条甚至是某专门学科，诸如物理学、动物学、植物学、解剖学、古典文献考证或是疑难史料探索等等学科的有关事实，由于被学者们恰当地运用而使其获得的此类名声，大多局限于各个学术圈子之内。这些人为数不多，而且大部分都没有功利心，他们对在其他专业享有盛名的人也仅有羡慕而已。

处世智慧

如果我们在人生旅途中愿意并且能够做到眼光远大、容忍别人的话，那我们会发现获益匪浅，否则目光短浅会使我们蒙受损失和伤害，而不能容忍异己会使我们陷入争论和口角当中。

◎以他人为鉴

人在承受自己的体重时是毫无感觉的，但是如果有其他物体负荷在自己身上，那它的重量立刻就会被感觉到了。同样地，人很难看到自己的缺点，但别人的短处和恶习却尽收眼底。上帝这样安排是别有用意的：他人可以作为自己的一面明镜，从中我们可以照出自己本性之中那些恶劣、粗俗、毫无教养、可厌的种种恶习。只是，在生活中我们常见的却是狗对着自己的影子狂吼的惯例，实际上他看见的是他自己，而非他所想象的是另外一只狗。

如果说我们会被他人的看法所影响的话，那只会在他们对待我们的态度上表现出来，而且还得要是我们跟他们在一起共同生活，或者是我们不得不跟他们打交道的情况之下。但是，我们必须得承认完全是仰仗整个社会，我们才得以在文明的状态下享有人身和财产安全。不管怎样，我们需要他人的帮助，而他人愿意跟我们交往，也要靠我们能让他们信赖。这样看，尽管他人是如何看待我们的，并不会直接或者是立刻影响到我们，但在间接上却对我们关系重大。

◎尊重长者

我们之所以要敬重老人,是因为老人在其一生中已经明明白白地显示了他是否具有荣誉;而年轻人只是被假定具有荣誉,他还尚未通过这一考验。活得长久(有些低等动物照样也活得久,有的甚至活得更久)和经验丰富(只是更加熟悉这世界),都不足以对年轻人应该敬重老人的原因做出说明。假如只是活得长久,我们需要对老人有所体谅,因为他们的身体衰弱,但却并不需要敬重。显然,苍苍白发总会使人不由得产生敬意——这种敬意是真正内在的和发自本能的。皱纹只是说明年老的一种更可靠的表象,但却不能激发敬意:我们很少从人家嘴里听到"皱纹可敬",不过"白发可敬"却是很常用的。

◎荣誉与侮辱

"遭人侮辱为耻辱,侮辱他人乃光荣。"我来举个例子吧。我的对手站在自己一方说的是实话,而且正确有理。不过这并不妨事。只要我对他进行侮辱,公正和荣誉马上就会从他身边离开,转到我这一方;而要夺回公正和荣誉,他只能还以粗暴。在公正和荣誉被夺回之前,他是失去它们的,而且所采用的手段也并不公正合理。这样来看待荣誉,粗鲁就能取代一切,而且其重要性甚于其他一切。最粗鲁的总是正确的一方。我们还能有别的要求吗?无论某人是多么愚蠢、下流或卑劣,只要他采取粗鲁手段,那么他的一切错误都可原谅和合法化。

若是你害怕有什么不好的后果,或者没法确定挑衅人是否尊奉武士之道,那么最好的办法就是"胜人一筹"。其具体做法是:对方粗鲁你更粗鲁;要是侮辱没有效果,你可以动手,使我们在挽救荣誉中掀起高潮。比如说,对方打你一耳光,你可以拿起棍子还击;如果人家用棍子,你就上马鞭;向对方吐口水是最高明的一招,这是某些人建议的。如果这些通通都不管用,那你就一定要让对方见红。

无论在什么讨论或谈话中,如果另一人表现得比我们更有知识、更热爱真理、判断力更为健全、更为了解事物,或者他在整体上所体现出来的理智气质,令得我们黯然无光,那我们只需对他进行污辱或攻击,马上就可以使自己的浅薄和对方的优越都消失殆尽,而且我们反而会显得比他优越。原因就是任何辩论都比不上粗鲁,理智的光芒全部被它所掩盖。要是对方对我们的攻击模式不太喜欢,没有更加粗鲁地还手的话,那我们就能保持"胜人一筹",胜利者仍然是我们。荣誉属于我们这一方,什么真理、知识、理解、才智、机灵都得闪得远远的,让全能的傲慢大显其威。

◎苏格拉底和克莱特斯

时常有人在讨论会之后,对苏格拉底动粗,他总是淡然承受。比如说有一次,他被人踢了一脚,而他对于侮辱的忍耐程度之高,令他的一个朋友大为吃惊。苏格拉底说:“有一头驴子踢我,难道你认为我应该对它表示憎恨吗?”还有一次,有人问他:“那家伙不是在辱骂你、侮辱你吗?”他回答说:“你错了,他的话并不是针对我而言。”

有一次,著名的哲学家克莱特斯(Crates),被音乐家尼可德罗姆斯扇了一记耳光,他的脸变得肿胀,又黑又紫,于是他就在额头贴上标记:“这是尼可德罗姆斯打伤的”,使得这位笛手大失颜面,因为他竟然敢对这位在雅典赫赫有名的哲学大师下重手。戴奥基尼斯(Dopgenes)在写给美莱西普斯(Melesippus)的一封信中,告诉我们,雅典一位醉酒的年轻人打了他,不过他补充说只是一件小事。塞尼加说:“聪明人挨打了,应该怎么办?卡托(Dato)被人打了一巴掌,他既没有生气,也不想对这种侮辱进行报复,甚至于连手都不想还,他的做法很简单,就是对其不予理睬。”

◎每个人的位置

如若不能远离人群,对每个人我们都不应该断然弃绝,因为任何人在大千世界中都有其应有的地位,无论他是多么邪恶、可鄙或可笑。我们必须接受他,当他是无法改变的事实——事实是不会改变的,因为那是一条永恒的基本原则所产生的必然结果。当情况恶劣时,我们应该将恶魔梅费斯托斐兹说的话记住:世上总有愚人和恶徒(见歌德著《浮士德》卷1)。假使我们不这么做,那就有违公正,无异于与我们所弃绝之人做一番生死对决。任何人都不能令自己的独特个性、道义性格、智慧能力,以及自己的脾气或体形得以改变。要是我们对别人处处挑剔,那毫无疑问,他们都会被迫成为我们的死对头,因为我们实际上是在给别人开出条件:他要想生存下去就必须换成另外一个人。这个条件根本不可能做到,因为他的性格不允许。

◎容忍异己

假如我们要与他人共同生活,那就必须允许任何人都有按照自身性格生存的权利，不管他的性格怎样。我们应该为之努力的，是善用他的性格，当然要采用其本性所许可的方式，而非寄希望于他的个性有所改变，或是直接对人家性格的缺陷进行指责。这也就是格言“自己活也让别人活”的真实内涵。不过这话虽然含有至理，要做到却极为困难。一个人若能够永远避免同若干人打交道，那么他将快乐无比。

在我们的人生路途中，倘若我们愿意并且能够做到两点：一是放眼前途，一是容忍异己，那我们将会获益匪浅。前者令我们免受损失和伤害，后者令我们远离争论和口角。

我们可以通过用无生命的物体来练习我们的忍耐力，以提高容忍他人的艺术。对于我们的肆意所为，那些无生命的物体，由于其某种机械的或一般物理上的必然性，会对此做出坚决对抗——这种形式的忍耐力我们每天都需要。通过此种方式所获得的容忍力，在与人交往时经常可以得到应用。对于他人的反对，我们从此会变得习惯，不管是在哪遇到，我们都会认为这是别人的性格使然。由于丝毫不变的必然律，他们的性格蓄意要对我们进行反对，这就与无生命物体对我们做出抵抗的情况毫无二致。对别人的行为感到气愤是愚蠢之举，就跟冲着滚到我们面前的石头发火差不多。“我不要改变他们，我要善用他们。”这是我们对于很多人所能提供的最明智的想法。

◎排斥与共鸣

一旦两个人开始交谈，他们马上就能感觉到彼此在思想和性情上的相同或相异之处，每一个细节都能有所体现，人们往往对如此容易和快速地就能感觉到表现得异常惊讶。两个性格截然不同的人一起谈话，哪怕是讨论无关紧要的话题，或者话题与双方都没有真正的利害关系，任何一方所说的任何一句话，都会多少令对方不快，很多时候简直会使对方极度厌恶；而另一方面，性格相似的人马上就会产生一种共鸣。假如他们就像由一个模子铸造出来的，那他们交往后有望达成完全和谐或一致。

◎两个坏蛋或两个傻瓜

为了实现某一具体目标，一大群人组成了一个团体。假设其中有两个坏蛋，那这两个人就好像佩戴了相同的徽章一样，立刻就能将对方认出来，而且马上就会在一起密谋诡计。同样地，你可以试想一下，在一大群异常明智聪慧的人（当然这是根本不可能的)里,只有两个傻瓜混迹其中。由于同情心的驱使,这两个人一定会聚集到一起,并且暗自高兴不已,他们都认为在一大群人之中,至少发现了一个跟自己一样聪明的人。我们可以对这两个人进行观察,特别是假如他们在操守和智慧上都低人一筹,他们如何在初次见面就认出对方,如何迫切地想结为至交,如何亲热和高兴地跑去同对方打招呼,就好像他们以前就是老朋友。这些情景的确值得一看——其动人的程度,甚至有可能会诱导我们接受佛教关于轮回的说法,认为他们在前世就已经认识了。

◎一致的心情

两个人的心境完全一样,是很难看到的。我们的生活状况、职业、环境、健康、个人偶尔的思绪等等,都会影响我们心境的变化。这些不同使两个性情最为投契的人之间,也会产生不和。要能够随时对此做出必需的校正,使这种扰乱力去除,并且将一致温度那样的要素引进来,这将是一项涉及到高度教养的成就。从一致心情对于一大群人的影响上,我们极易测定一致心情对导致亲密友谊的相关程度。比如说,当很多人聚集在一起,假使出现某一客体性的有关事物,无论是什么,共同的危险或希望也好,某个好消息、某种奇观也好,一出戏曲、一首音乐也好,或其他任何类似的东西,那些能够以相似的方式影响他们的事物,你就会发现他们都会倾心于某一想法的相互表达、某种由衷地关心的表露。一种共有的愉快感受在他们之间存在。那些使他们的注意力为之吸引的有关事物,克服了一切隐私的和个人的兴趣之后,产生了心情上的一致。

我们在各个社会都可见到,因为有关人士一时的心情不同而引起的不和睦。这类不和睦还可以部分解释,为什么我们的记忆对于过去各阶段我们所持有的态度都会加以理想化,有时甚至使它完全改观——之所以会有这种改变,是因为对于过去每时每刻都扰乱我们心情的所有的一时的影响力,我们无法全部记得。从这一点来说,记忆力跟照相机的透镜很像,会缩小它视域内的所有东西,所以才会创制出远远精致于原来景色的图像。对于一般人来讲,无法相聚总是可以获得几分这样的好处,虽然完成记忆的理想化趋势需要时间,不过这一理想化的趋势是马上就开始进行的。明智的做法是,一定要过一段时间再去探望新朋旧友。这时,你的记忆已经开始理想化了,当你再次见到他们时,你就会发觉这一点。

◎无人能看到自己的高度之上

“无人能看到自己的高度之上。”我来解释解释这句话吧：

你在他人之中所能看到的，仅仅局限于你自己所拥有的范围之内。你自身的智慧的高下，严格地决定了你了解别人的程度。倘若我们的智慧很低，那他人的智慧力，就算是最高超的那一类，也不会对我们产生任何影响，除了他个性之中最卑劣的那一面之外——换句话说，从他身上我们看不到任何东西，除了其人格和个性中存有缺点的那些部分。我们对于他的整个评价仅限于其缺点，对我们来说，他的比较高超的才智是不存在的，就好像盲人与色彩的关系一样。

◎委屈自己

与人交往就要牵涉到一个“拉低”自己的过程。在两人相见时，如果某个品质仅是其中一个人所具有，而另一个人却缺乏，那这个品质不会发生作用。前者必然遭受的损失，并不会被另一人所察觉。

世人大多是如此世俗、低劣和平庸，考虑到这一点，我们就要暂时使自己变得平庸，否则便无法与之交流。下面有句话，你会充分欣赏它的真实和妥当性：有时做人需要委屈自己，某些人与你交往的惟一接触点，就是你性格中最不喜欢的那部分。如果不用跟他们交往，那将是莫大的幸事。很快你就会明白一点，对付愚人的方法，同时也是惟一能显现出你的智力的方法，就是不跟他们来往。这就是说，我们在与人交往时，时常会感觉自己很像一个擅长跳舞的人应邀参加舞会，但是到场之后，却发现所有人都是跛子，那我们到底该跟谁跳舞呢？

◎爱与敬意

拉劳士福古曾经说过一句话，令人深思：同一个人，我们很难同时对他又崇敬又热爱。倘若此话可信，那我们对于世人所可能要求的，就只能在敬与爱之间进行选择。

人们不会轻易敬重他人，也正由于如此，敬意大多是隐藏着的。故而，“敬”比爱更能给人带来真正的满足，因为“敬”关系到个人价值。而“爱”就不能直接这么说，其性质是主观的，“敬”的性质却是客观的。说实在的，与受到敬重相比，被爱更为实惠。

人们的爱总是自私的,虽然爱的方式不同。我们并不总以他们用来获得爱的手段而感到自豪。我们要获得他人的爱意,是对于他人的智力和善意,不做出过分的要求。但我们与人交往时一定要真心诚意,不带任何伪装——不能仅仅是出于容忍,容忍说到底只能算是一种轻视。这令我们想起艾尔维修的一句体察入微的话:我们通常可以从能够令我们欣喜的那些才智中,准确地估计出我们所拥有的才智的分量。以此为前提,很容易得出结论。

◎正确的见解

不论是在公众场合、或在社团、或在书中,有什么不当的意见发表了,并且被大众所接受——不管怎样,并未受到批驳——我们都没有理由失望,或者认为事情到此终结。为了使自己心安,我们应该这样想:有关问题会在以后被人所注意;会有新的看法加上去;会有人对该问题进行质疑、深思、讨论,并且最后通常会得出正确结论。经过一段时期之后(时间的长短似乎要视困难程度而定),大家都会了解那些早就被明眼人看出的答案。

◎适当的藐视

人们跟孩子差不多,你要是对他们宠爱,他们就会调皮不已。所以,我们不能纵容每个人,或是对其都宽宏大量。一般说来,你不把钱借给某人不会使一个朋友丧失,你把钱借给他反倒有可能失去这个朋友。同样地,我们会由于举止有些高傲和粗心,立刻就使朋友与自己疏远;可要是我们对人极为和蔼殷勤,对方就常会变得傲慢而令人难以忍受,终致分手。

实际上,如果我们在对待别人时偶尔将一些藐视的态度掺杂其中,对于大多数人来说都没什么关系,那将会使他们对你的友情更为珍惜。意大利有一句谚语十分奥妙:“藐视就能得到重视。”假如我们对某人是真正地非常敬重,那可千万不能让他知道。虽然我们并不想这样做,但是这样做是应该的。老实说,家犬尚且没办法容忍我们过度的溺爱,何况人呢!

◎不同的人

当人们觉得你要依赖他们时,这是最令人无法招架的事情。一旦有了这种想法,人们对你的态度就会变得无理而专横。有些人,只要你跟他们建立任何关系,就会变得不礼貌。比如说,若是你在某些场合对他们谈到秘密的事,他们马上就会异想天开地试图逾越礼貌的原则,觉得对你可以随便乱来。这可以解释,你为何愿意只同极少的人结交,为何不能太亲近粗俗的人。有人一旦认为他依赖于我远不如我依赖于他,他马上就会有他的什么东西被我偷过的感觉。他会想办法报复,试图夺回点什么。想要在与人相处时获得优势,只有一个方法,那就是让对方看到,我们并不依赖他。

在品性高贵、心胸广阔之人身上,对世故的缺乏往往是罕有的,他们对人们知之甚少,尤其是年轻时更是如此。因此,要对他们进行欺骗或误导极为容易;而另一方面,性格平凡的人反而更能适应世界,取得成功。

大多数人都完完全全地主观,没有什么能引起他们的兴趣,除了他们自己之外。无论是说什么话,他们总能想到自己,只要偶然有机会提到与个人相关联的任何事,哪怕关系极其疏远,他们也会将自己的全部注意力倾注其中,聚精会神。这样做的结果就是,一旦转移话题,他们就无法客观地评价事物,对于那些有损其利益或虚荣的话,他们也无从对它的有效性进行承认。所以,他们的注意力极易被分散。他们动不动就发恼,觉得自己被污辱或者被冒犯,因此要跟他们讨论任何一般性事务,我们都得加倍小心,千万别让我们的话,与我们面前之人的价值观和敏感想法,发生丝毫的可能关系,因为我们说的所有东西都或许会对他的情绪有所伤害。

倘若对自身没有影响,人们大多对任何事都不在乎。那些真实动人的观感,或是精巧、微妙和机智的谈话,与他们完全无缘:他们不懂,或者毫无感受。可是,对于那些最为间接、可能性极少的、会对他们无聊的虚荣有所扰乱的事物,或是对他们极为珍贵的自身会有不利反映的任何东西——只要是这些,他们就再细心敏感不过了。在这方面,他们就像可能被你不经意地踩到脚趾的小狗——从它的狂吠乱叫你就知道;或者像全身都是溃疡和脓疮的病人,对他们可要小心,得避免无谓的照料。在有些人当中,这种情绪已经达到极限,倘若在跟人谈话时,对方将自己的才智表现出来或者未能全部掩饰,就会被他们认为是绝对的侮辱。纵然他们当时将自己的恶意隐藏,事后这位无心的冒犯者也想不通他们为何有此行为,他拼命回忆,想找出自己到底做过什么事,竟使得人家如此痛恨和仇视。

在对他人批评时,就是在对自我进行改造。那些习惯于在暗中对他人的一般行为进行审视,对别人所做或未做之事都给予严厉批评的人们,能够使自己得到改进,尽可能完善自己,因为在他们身上具备足够的正义感,或是毕竟有足够的骄傲和虚荣,使自己不会做出在他处招到更为严厉责备的行为。宽容的人正好与之相反,他们会对他人宽容,也会对自己宽容。

◎臆　测

在经验欠缺或是毫无经验时,若要对事物做出判断,我们必定要依靠臆测的概念。此时,臆测的概念总是无法与经验相提并论。对于一般人来说,臆测的概念实际上就是出自其私心的看法。那些在心性上高出一般大众的人士,就不是如此——在"不自私"这一点上,他们不同于其他人。他们会按照自己的高标准去对其他人的思想和行为进行判断,但往往会得来不符合自己盘算的结果。

◎远离卑劣之人

一个品德高尚之人通过自己的经验,或是学习别人的教训,最终仍会看出,有六分之五的大众都在道德和智力上存在问题,对于一般人你所能期望的也就仅此而已。所以,除非环境使得你跟那些人存在亲谊关系,否则最好还是避开他们,尽量和他们远离,不同他们发生任何关系——即使这样,你仍未能足够对其卑劣性有适当了解:对于他一向所持的关于人性卑劣的估评,需要不断地扩大和加深范围。与此同时,他将会犯大错而使自己受损。

◎上天的才能

上天可跟那些拙劣的诗人不同,当我们看到后者介绍傻子或坏人时,其做法是如此笨拙,设想是如此肤浅,我们几乎能看到诗人就站在他所写的每个人物的背后,一直在剥夺人物的情感,他会用警告性的语言来告诉你:这个人是坏蛋,那个人是傻子。对于他说的话,我们不必去听。上天的才能是好比莎士比亚和歌德这样的大文豪一样的,他们笔下的每一个人物(甚至包括魔鬼),都拥有自己的多面性格,当其以不同角色出场时都恰如其分。文豪们对于每个人物都是如此客观地进行描写,激起我们的兴趣,让我们没法不对他们的观点产生共鸣。大文豪所创造的人物,跟真实的人没什么两样,他们都是受到某一明显定律的作用,他们的言行是那么合乎自然，因而那样发展下去也就是必然的。要是我们期望魔鬼头上都长着尖角，傻子一走路就会叮当作响，那我们将一辈子都成为他们的受害人。

◎摇尾巴的狗可能最为凶狠

在跟其他人交往的时候，人们只会让自己的其中一面被你看到，就好像月亮或者驼子一样。每一个人都是天生就会伪装——利用自己的容貌来造出一副面具，故而他总能将自己想要假装的模样演得十分逼真。因为他总是在其个性范围内来谋划，能装扮出极为适合自己的外表，别人很容易被迷惑。每当他想讨好某人，企图赢得某人好感的时候，他就会把面具戴上。对于这种面具，我们须加留意，要当它是蜡制的，或是硬纸片做的。有一句意大利的绝妙谚语可千万别忘了：摇尾巴的狗可能最为凶狠。

◎日常小事

一个人的性格可以从他处理小事的方式上看出来，因为这个时候他不会特别留心，完全不会对他人有所顾虑。这常常会为我们观察一个人性格上的极端自私提供好机会。倘若在一些小事上就会显露出这些缺点，或从一般行为中可以看出，那我们就会知道在处理大事时，这些缺点也会同样在他身上潜伏，尽管某些事实可能已有所掩饰。我们不要错过这种机会。在一些日常生活的小事中，以及“法律不会追究”的琐事中，如果某人置公众利益于不顾而中饱私囊，那我们可以断定，他心中不存在正义，要是没有法纪和强制力来对他进行束缚的话，他必然会是一个十恶不赦之徒。对于他，我们不可信任，应禁止让他进门。这种在小事上不怕破坏法纪的人，一旦有机会觉得自己就算触犯国家法律也可逃脱的话，他们会不惜以身试法。

◎知人断事

如果跟我们有关系或是我们必须与之打交道的人，显露出一些令人不快的习性，那我们就要问问自己：这个人是否有那么大的价值，以至于我们竟要忍受他那接二连三、变本加厉、不断展现的坏习性？如果答案是肯定的，那么可说的话不多，因为空谈无用，我们只有任事情继续发展下去，不管我们是否对此表示过不满；但是我们要记住,这样做无异于令自己处于再度被冒犯的危险中。倘若答案是否定的,那就要马上断绝与这位尊贵的朋友之间的往来,不再恢复关系。要是对方是仆人,立刻辞掉他,因为尽管他曾信誓旦旦地保证自己不会再犯,但是一旦出现同样的情况,他仍然会不可避免地重犯同样的或类似的过失。不管是什么事,人们都可以忘记,绝无例外,可是惟独自己,以及自己的性格无法忘记。性格是没办法改变的。人们的一切行为都是被内心的原则所驱使,所以如果碰到同样的情景,毫无疑问,总是会做同样的事。

如果一个普通人的善性超过他的恶性,那么在与其交往时,我们可以无所顾忌,尽可以对他的正义感、公正心、感恩、忠实、博爱与同情保持依赖。可是实际情况正相反,大多数人都是恶性超过善性,对此我们就要采取较为谨慎精明的措施。"宽恕不计较"实际上就意味着,扔掉自己花高价买来的经验。

◎环境变更后的期望

一旦人们的兴趣有变动,其行为和情绪也会随之改变。在这一方面,他们的图谋就好比近视眼所开出的票据,而如果对此毫无异议地接受,那这个人一定更为近视。所以,若你打算将一个人安置在某个机构,你想了解其行为的话,你就不能仰赖于他的允诺和保证。因为,就算我们接受他是诚心诚意的,但对于所谈论的问题,他并不明白。要对他的行为进行估计的惟一办法是,考虑他将被安置的环境会如何,以及可能与他的性格发生冲突的程度,这样才会看出点端倪。

◎真实素质

构成大多数人的性格的真实素质都颇令人为之沮丧,若想要对这些素质了解得清楚而深刻(做这种了解是有必要的),我们不妨从文学作品中来学习,对于其中各类人物行为的描写,都可将其作为一篇对于他们在实际生活中行为的评论,相信会获得不少教益。从相反的方式来看,人们的性格也是如此。无论是用来避免对自己还是对他人抱持错误的看法,这样得来的经验都会相当有用。不过倘若你在真实的人生或作品中,碰到任何异常卑鄙或愚蠢的脾性,都一定要小心别为此烦恼或难过,你只需将它看做是一项能够令你的见闻为之增广的材料,或是一桩在研究人性时不妨可以考虑的新事实。对待这些卑鄙和愚蠢,我们所采取的态度,应该和矿物学家偶然发现极为特别的矿物标本时没有多大区别。

◎行为规则

要去了解一条与人相处的行为规则,甚或是发现这条规则,并且将其精确地写出来,都是很容易的事;但是,很快你就会发现,在实行这条规则时需要观念和箴规去制约,还不如自己想怎么活就怎么活。在这里,跟所有想获致实际效果的论说一样,首先是对规则进行了解,其次是学习怎样将其付诸实践。如果致力于推理,可能立刻就能懂得理论,但是要真正做到则需要时间。

任何人都不具备充分的条件能够独自发展,并完全按照自己的方式来行事。每个人都需要得到预先设想好的计划所做出的指引,并对一般性的若干规则进行遵循。不过,假如有人过分循规蹈矩,努力培养一个不合乎自己天性的性格,这种性格的取得是靠人为的功夫,并完全依靠推理才有所进展,那他不久就会发现,贺拉斯的话可以得到确认:

用棍棒赶走自然,她仍然会返回。

◎不自然的东西是不完美的

拿破仑大帝说过:“不自然的东西是不完美的。”这句话对于一个人的习惯性格同内在本性之间的关系进行了表达,同时我所说的话也在此得到确认。它可以应用到各方面,物理或伦理方面均可。金石英是我所能想到的惟一例外,矿物专家比较了解这种物质,其人造品要优于天然状态。

◎动物的简单举止

在交谈中,如若有人感觉对方在智力上远甚于己,他就会暗中漫不经心地得出结论:对方一定会对自己的能力十分低估。这是一种省略推理法,而正是这种推理法激起了他怨恨交织的痛苦之情。葛拉西安说得好:如果你想受人欢迎,就要表现出最像动物的简单举止。

◎表现与隐藏

一个人表现出自己的才智和精明,就可以受到世人欢迎——如果你这么想,那你一定是初涉人世。大多数人都会对别人具有这些优点产生憎恨和愤慨,而且自己发怒的真正缘由还需要隐瞒(甚至是对自己),这就更加令人难以忍受。

如果人真正具有才智,他不会想到要将其大肆显露:他清楚自己底蕴厚实,而且颇为满足。有一句西班牙谚语正好可以用在这里:叮当作响的铁蹄少一颗钉子。当然,我先前说过,任何人都不应该完全放松缰绳,而使自己的真实面目显露。因为我们的天性中有很多邪恶凶暴的一面,是需要隐藏的。这也就是说,人们可以接受消极的掩饰,但如果本来没有这种品格,就不能假装自己有。还有一点需要记住,别人立刻就能发觉矫饰伪装,甚至在他还不清楚所伪装的是什么之前。最后一点,伪装造作不可能持久,面具终有一天会掉落。塞尼加说:"没人可以长期伪装不存在的性格,因为天性很快就会依然故我。"

◎赞扬自己

有时尽管你有赞扬自己的理由,但千万可别受诱惑这么做。"优质"并不多见,"虚荣"却很普遍。如果有人赞扬自己,哪怕十分含蓄,人们也会以百倍的赔率来打赌,认为那人如此讲话定是出于虚荣,他太糊涂,以致没有看出自己是在献丑。虽然这样,但培根的这句话仍然很有道理:扔出去的泥巴够多了,总会有一些沾上去,无论是对于诬蔑他人还是赞扬自己都是如此。恰当地赞扬自己是值得做的,这是他的结论。

◎理想与现实

某些品格高贵的人,在年轻时会有这样的想法:从性质上来说,人类之间盛行的关系,以及这些关系所导向的结盟,毕竟是"理想的"。这也就是说,是相似的情操、气质、智慧力等等才导致其产生。可是到后来,他发现那些结盟都是在"实际的"基础上建立的,其着眼处是某种"实质的"利益,所有结盟的真实基础几乎都是这样。老实话,除了这种结盟之外,对于任何其他基础的结盟,很多人根本是一无所知。

◎惯　例

我们发现，一个人的职位、职业、国籍或家庭关系总是决定了他所获得的评估——总之，好比一件工厂给货品贴上标签一样，人们按照惯常措施对其地位和角色进行指派，这就是他所受到的对待。根据一个人的特性，来谈论他具有何种内在品质，这个很快就会被人弃置一旁而不顾，除非有人发现它不相宜。这种情况时有发生。一个人的内在价值越多，他从这些惯常措施中所获得的乐趣就越少，他也就会从这些地方退出。而这些措施之所以存在的原因是，苦难和贫困是这个世界的主要特色，所以，想尽办法解除民困是各处生活中首要的任务。

◎真正的友谊

就好像这个世界流通的是纸币，而非真的银币一样，在人生中，我们所能见到的也仅仅是那些外表——一些尽量根据原物仿制的赝品，而非真实的尊敬与真正的友谊。

另一方面，我们可以提出质问，那么，真的银币，究竟有谁值得获得呢？至于对我自己来说，与他们表示关怀的千姿百态相比，一只忠实的狗摇尾巴，更能吸引我的注意。

真纯的友谊基本上要做到一点，对于另一人的祸福必须具有强烈的同情心，这种同情的性质是完全超然的，其间没有掺杂任何利害冲突。这也就意味着自我与友谊对象的绝对认同。而对于这样的同情，人性的自我本位是持强烈敌对态度的。所谓真正的友谊，大概跟海蟒之类的东西差不多，它是否荒诞无稽，还是真正在何处存在过，没有人知道。

当然，在人与人之间的关系中，毕竟还有很多有一丝丝真正的友谊存在，虽然它的基础一般还是某种私下的个人利益，那种出于“自私”构成的诸多方式。这一点点真情在这个不完美的世界上，有着十分高尚的影响，让我们有理由将其称之为友谊。它在高处耸立，直到你听到好友如何在背后议论你——你一句话也不会再跟他说了。

◎检测友情

要判断友情是否忠诚,除了某些需要朋友做出相当牺牲来支持你,且对你真正有所帮助的情况之外,最好的方法就是观察他听到你刚发生不幸时所表现的状态。那个时候,他的脸上或是表现出对你的真实而诚挚的同情,或是波澜不惊,或是展露一些蛛丝马迹说明他并不同情你。相信拉劳士福古一句有名的话可以从中得到证实:哪怕是最好的朋友发生不幸,我们也总会找到令我们高兴的某些东西。不错,此时一般所谓的朋友会发现,要将脸上一丝欢喜的笑容拼命压抑,是一件不太容易的事情。如果你想使人心情愉快,那就告诉他们你最近烦事缠身,或者把自己的弱点完全暴露出来,这是最好的办法。人性在此得到了多好的说明啊!

◎交友的忠告

对于友谊来说,天涯远隔,长期不见面,是很不利的,无论我们有多么不愿意承认这一点。对于那些不见面的朋友——即使是最亲近的朋友——我们的关切也会不出几年就慢慢枯萎,转而变成抽象的观念,最后我们对于那些朋友的兴趣就完全只存在于理念上了——是啊,这样的友谊仅仅是陈陈相因罢了。我们对于眼前常见的事物,哪怕只是可爱的小动物,也会保持活生生而且非常浓厚的兴趣。这说明人们的感觉是有限度的。

重新跟断绝关系的朋友往来,是人的弱点之一。因为一有机会,对方将会对你做同样的事,到那时我们就会自食其果,当初要跟他断绝往来的原因也正在于此。而且,因为他私下知道你一定要对他有所依赖,他还会变本加厉。我们再度雇用已经辞退的佣人,也会有同样的情况发生。

你的朋友会宣称自己是诚恳的,但实际上你的敌人才是真的诚恳。把敌人的谴责当做一剂苦口良药吧,我们可以藉此来认识自己。

俗话说,患难之交很少。这话说得不对。一旦你结交到一个朋友,他就会自称有难,然后向你借钱。

◎才智的遭遇

显露自己的才识,无异于在对他人的迟钝无能进行间接谴责。此外,庸俗之人一旦发现任何与自己相反的品质,就会自然感觉震动极大。这样,他与人处于敌对状态,其私下理由便是忌妒。因为我们成日所见都是人们把虚荣心的满足作为自己最大的快乐;而不与他人比较,是无法满足虚荣的。正是因为拥有聪明才智,才使得人们在动物界中占据优势,这也是我们最引以为傲的一点。如果被对方知道你一定强于他,而且让这一点也被其他人看到,是相当莽撞的。因为他会想着报复,而且一般是找机会利用侮辱的方式来报复,因为问题已经不再属于理智范围,它已转到"意志"范围,事情发展到这个地步,怀有"敌意"就会让人站在同等地位之上。

地位和财富总可望被敬重地对待,才智就绝不可作如此期望。才智被人忽视倒可以说是别人最大的好意。如果某人的才智被人们注意到,那它就会被看做是一种傲慢,或者大家会认为这人委实不配有此才智,且竟敢以之为傲。于是为了报复,人们背地里找其他方式来对他进行侮辱。不过他们不急于进行,而是伺机而出。尽管此人谦虚有加,但如果要使别人忽视他因过分聪明所招致的罪过,却相当少见。萨迪在其所著的《玫瑰园》中说:智者耻于与愚人为伍,愚人更是百倍地不乐意与智者会面。

◎愚钝者与丑女

对身体来说,温暖是舒适的,同理,人们也觉得优越与心理相宜。就是因为朋友可能会给予我们这种感觉,所以我们才想结交友伴,就好比要取暖时我们会出于直觉面向火炉或走进阳光。这也就是说,有人会因为气质不凡而招人厌恶。如若我们想讨人喜欢,最好智力低下。女子在美貌上也是如此。在我们所碰到的一些人当中,要显露自己确确实实地智力低下,并非易事。

男子可能会认为身体上的优越并没有那么重要,不过我敢打包票,你肯定希望坐在你身旁的人比你矮小,而不是比你英俊魁梧。之所以男人之中的愚昧无知者和女人之中的丑婆,总是被人青睐,大受欢迎,这就是原因所在。也许我们会说,这些人性情十分温良,其实这只是借口,大家都要为自己接近他们找借口——这种借口会使自己和其他人瞎眼,看不出喜欢他们的真正理由。这也是为何心理上的优越,总会使得优秀之人——不管属于何种类别——被孤立:人们完全是出于憎恨而离开他,并通过各种方式来说他的坏话,以证明自己的行为合理。

◎才能与姿色

倘若你想在世上出人头地,那么通往幸运的最好护照非朋友和志同道合者莫属。拥有才能令人骄傲,但这往往会使才能欠缺的人觉得自己被冒犯。因此在与这些人交往时,如果你具有大才大能,就要韬光养晦。相反,明白自己智力有限,一方面要使自己的性格谦虚、平易,别人乐于结交,而另一方面要做到对于卑鄙可耻之辈也能尊重。

绝色女子没有闺中密友,就算是要找另一女子做伴都有困难。如果女子稍有姿色,就不要申请担任陪伴的职务,因为那盼望雇人的女主人一看到她进入约见的房间,就会因为她的美而感到不悦,认为她是蠢物,为了自己和女儿必须把她给打发。不过,有地位的女子就不同了,因为个人的气质是靠"比较"的,而地位是靠"反衬",这与人的某种脸色由其周围的主要色调而定颇为相似。

◎信任与怀疑

在很大程度上,我们之所以信任别人,纯然是由于我们自身的懒惰、自私和虚荣心。懒惰是说,我们不去把事情的原委打听清楚,行事一点也不积极谨慎,却宁可把信任寄托于他人身上;自私是说,我们感到事情的压力,就会找人倾诉苦闷;还有虚荣心是说,我们要求他人保密的事,正是我们为之骄傲的事。尽管这样,我们还是期望别人能对我们所加诸他们的信赖保持忠实。假如别人不信任我们,我们也不应该生气,因为这说明他们对于"忠实"是诚心赞美,认为它是世间少有——少得会令我们怀疑"忠实"只是一个虚幻的存在。

我们有时会有这样的想法,人们对于有关我们私人的话可能无法完全相信,但他们从未想到要对其真实性表示怀疑,不过倘若他们有一丝丝怀疑的机会的话,他们就会发现自己绝对无法再相信它了。我们常常会透露些事情,暴露自己,只是因为我们猜想别人肯定已经注意到了——就好像人会从高空跳下,是由于他慌张,换句话说,因为他觉得自己已经没法再站稳,他所处的位置给他带来很大的痛苦,他觉得还不如马上了结生命。我们用"恐高症"来称呼这种不正常行为。

◎礼貌和尊敬

在华人看来，“礼貌”是一种基本美德，这是得到大家私下认同的。无论是对道德上还是智力上的不幸缺陷，人们都需要彼此容忍，不应以此为由进行谴责。“礼貌”使这些缺陷变得不那么明显，其结果对于双方来说是一种互利。

有礼貌可谓明智，粗鲁乃愚笨之举。采用不必要的、任性的、不文明的行为来为自己树敌，这种疯狂的做法，无异于在自己家里面放一把大火。礼貌只是一种筹码——这是大家公认的假钱，舍不得用是极为蠢笨的——明智之士毫不吝啬，大把使用。西方所有国家在写信时，都会在结尾处用下列词不达意之句：您的最忠实的仆人。不过，讲礼貌到了使自己利益为之损害的程度，倒有点类似于明明可以使用代币，你却给的是真钱。

蜡的自然状态是一种紧硬而易脆的物质，只要稍微加热，就会变软，就能将其塑成自己喜欢的样子。同样，只要你温和有礼，就可能使别人也变得随和亲切，尽管他们一般都显得执拗粗暴。这样说，礼貌之于人，就好比热度之于蜡。

讲礼貌并非易事，因为这表示我们要尊敬每个人，然而大多数人根本不值得尊敬。礼貌要求表面上对人亲切关心，但内心里却希望再也别跟他们来往。将自尊同礼貌加以结合，堪称智慧的杰作。

在一方面，如果对于自己的价值和尊敬，我们并没有做出过分的估计，也就是说，我们并没有过于自豪；在另外一方面，如果我们对于每个人在内心里面是如何看待他人的，能稍作了解，那么面对侮辱——委婉地说，就是我们未受到尊敬的对待——我们就不至于动辄大发雷霆。如果大部分人对于仅仅只是一些涉及到谴责自己的轻微暗示，都很厌恶的话，那么你完全可以想象，万一相识者数落他们的话被他们无意中听到，他们将会是怎样的情绪。你应该明白，一般的礼貌仅仅是一副带笑的面具而已，假如这个面具的位置有所移动，或是短暂地摘除，你大喊大叫是毫无作用的。人在粗鲁的时候，就好比全身衣服都脱掉了，整个人赤裸裸地站在你面前。在这样的情况下，大多数人都不会有多好看，你也一样。

◎该做的和不该做的

我们不能够以任何人为榜样，来决定自己什么该做，什么不该做，因为不可能有处境和情况完全一样的两个实例，而且每个人的个性不同，也使我们的行为带有特殊的个人色彩。所以，同一件事被两个人来做，会产生不同的结果。人一旦经过仔细考虑要做什么,他就该依从自己的个性去做。

这样行事的结果就是,“独创”在实际事件中不可免除,否则,我们的行为就与自己的本性不符。

◎不可对他人的见解进行辩驳

绝不可对任何人的见解进行辩驳,因为即使你活得像彭祖那么高寿,你也不可能对别人所相信的荒唐事物逐一纠正。如果别人言谈中有错误,那无论你的动机有多纯正,也不要试图去改正。因为这极易得罪人,而且就算有可能改变他人,那也是一件难事。

倘若他人的荒谬言谈被你无意中听到,并让你为之恼怒,你就当是喜剧中的两个小丑在对话吧。此法屡试不爽。

人来到这个世界上,如果认定自己可以在最为重要的事理方面对这个世界进行教导的话,那他要是能把老命保住,就该向幸运之星千拜万叩了。

◎心　意

若要使别人接受你的看法,说话的口吻要冷静而不带感情,其实所有激情都是根源于我们的“心意”。所以,如果你用激烈的情绪说出自己的看法,那会被认为这是出于“心意”的努力,而非“知”——其性质是冷峻无情的产物。人性的首要的和根本的成分是心意,而“知”仅是附带发生的其次之物。人们多半会觉得,你如此激烈地表达自己的意见,只是因为你的心意被激动,而并没有想过,你心意激动的原因仅是出于你的意见的强烈性。

如果有理由怀疑某人在说谎,那你要表现得对他说的每一个字都深信不疑,这会鼓励他继续往下说,他的言辞会更为激烈,最后会自露马脚。

如果某人企图隐瞒你什么,但却不太成功,被你看出来了,那你要假装不相信他。这种反其道而为之的做法,会刺激他为了打消你的疑虑,而透露真情,将实情和盘托出。

◎守口如瓶

我们的任何私事都应该被当做秘密,在这些事情上,尽管你跟你的相识者意气相投，你要把他们当做完全陌生的人，除了他们自己能看出的事情之外，什么都不要告诉他们。因为在一段日子之后，情况有所改变，你可能会发现，即使是他们所知道的最无关紧要的事情，对你也是不利的。

对于处世智慧公开发表意见的人，都会罗列诸多理由，请人们特别注意要“慎言”，故而在此我毋庸赘述。不过，或许我可以添几句阿拉伯谚语，我认为是极为合适且少有人知的：

不能告诉敌人的任何话，也不能告诉你的朋友。
假使我能守住“秘密”，那它就在我的看管之中；
倘若它不胫而走，我便反过来被判监。
沉默之树会结出和平的果实。

一般而言，以沉默而非说话来显示你的智慧，更为可取。因为说话总会带有一些虚荣意味，沉默少言是一种谨慎。实际上，人们有同样的机会来表现这两种品质，但却往往舍弃可获取长远好处的沉默，而多选择能给人带来短暂快感的说话。

◎叙述时的谨慎

有一点我们不该忘记，对于与自己无关的事，人们总是显得非常聪明，虽然在其他事情上倒并不怎么灵敏。人们对于下面这类代数特别擅长：给他们一个已知数，他们就能据此解答最复杂的问题。所以，倘若你想讲述一件很久以前发生的事情，其中并没有提及任何人的名字，或是指出你所谈的人是谁，那么你一定要加倍注意自己的言辞，不要引入任何可能指向实情的东西，无论它有多么间接，包括某一地点、日期或者只是稍有牵连的某人的名字，甚或只是与事件关系遥远的某些情况。否则人们会马上就以一些肯定的事实作为起点，再加上他们天生就很善于做这类代数，就能把其余的一切都挖出来。他们在这类事情上的好奇心，会演变为一种狂热：他们的智力被其心意激励，并驱使向前，直至达到最难找到的结果。尽管人们毫无兴趣去探寻一般及永恒的真理，但是对于那些莫名其妙的细节，他们的热情不可谓不高。

有些生气蓬勃之人，在无人处会高声说话，自觉颇能抒发情绪。最好别这样做，否则会养成习惯。因为这样会使思想逐渐与说话融为一体，说话便可能变成自言自语。谨慎对我们提出要求，要在所思和所言之间隔出一道鸿沟。

俗话说：“钱财被骗，获益良多。”这是花钱买教训，而“谨慎”我们马上就能买到。

◎处世智慧

如有可能，对任何人都不要怀有恶意，但必须对他人的行为举止进行仔细观察并记下来，这样才能够对其价值（至少对你自己来说）做出估计，从而决定对其采取何种态度。有一点千万不要忽视：人的性格是无法改变的，如果忘记别人的坏德性，就跟把辛苦赚来的钱扔掉没什么两样。做到这些，你可以保护自己，不至于尝到由于不明智的亲密以及乱交朋友而产生的恶果。

处世智慧的一半是“不轻易爱人，也不轻易恨人”，而另一半是“不轻易说话，也不轻易听信他人的话”。老实说，这个世界要我们遵守上述的一些条规，我们大可以背相向。

对人恶言以对，充满憎恨，这种行为完全没有必要——它极其危险、愚蠢、可笑、鄙俗。除非是在行动中，否则不要流露出愤怒或憎恨。行为最能有效地表达强烈的情绪，只要你能避免通过其他方式显露。惟有冷血动物的互相咬噬是有毒的。

明于处世之道者都深知一条：“说话无须强调”。这就是说，你不要强调你说过什么话，应该让别人自己发现，如果他们迟钝的话，你还有逃避的机会；另一方面，虽然“说话时加强要点”是想激起对方的情感，但是结果总会适得其反。假使你看起来温和有礼，语气礼貌有加，那么就算你是在不折不扣地污蔑许多人，那也不致马上就得罪他们。